液压回路
分析与设计

唐颖达　刘 尧　编著

YEYAHUILU
FENXI YU SHEJI

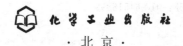

化学工业出版社

·北京·

这是一本有多年液压元件、液压系统设计、制造经验的液压工作者编著的书。

本书给出了液压系统及回路图定义，根据此定义并按照标准、正确、实用、创新的原则选取、分析、修改、设计了 300 余例典型液压回路图。所有图样全部由笔者按照 GB/T 786.1—2009《流体传动系统及元件图形符号和回路图　第 1 部分：用于常规用途和数据处理的图形符号》标准绘制。

本书可帮助读者全面、正确地把握液压原理，深入、细致地从正反两个方面认识、理解液压系统及回路图，快速、准确地选取典型液压回路，用于设计、制造、安装和维护液压装置、液压机械、液压设备等，同时也为液压系统及回路的创新提供了一个坚实的基础。

本书可供涉及液压系统及回路图的液压工作者使用，主要为液压装置、液压机械、液压设备设计、审查（核）、加工、装配、试验、验收、安装、使用和现场维护、事故分析人员以及高等院校相关专业教师、学生等参考和使用。

图书在版编目（CIP）数据

液压回路分析与设计/唐颖达，刘尧编著. —北京：
化学工业出版社，2017.5（2023.6 重印）
ISBN 978-7-122-29412-8

Ⅰ.①液…　Ⅱ.①唐…②刘…　Ⅲ.①液压回路
Ⅳ.①TH137.7

中国版本图书馆 CIP 数据核字（2017）第 066655 号

责任编辑：张兴辉　　　　　　　　　　　　文字编辑：陈　喆
责任校对：宋　玮　　　　　　　　　　　　装帧设计：王晓宇

出版发行：化学工业出版社（北京市东城区青年湖南街 13 号　邮政编码 100011）
印　　装：涿州市般润文化传播有限公司
787mm×1092mm　1/16　印张 17¾　字数 471 千字　2023 年 6 月北京第 1 版第 8 次印刷

购书咨询：010-64518888　　　　　　　　售后服务：010-64518899
网　　址：http://www.cip.com.cn
凡购买本书，如有缺损质量问题，本社销售中心负责调换。

定　　价：89.00 元　　　　　　　　　　　　　　　版权所有　违者必究

前　言

FOREWORD

究竟什么是液压系统或液压传动系统、液压控制系统，在 GB/T 17446—2012《流体传动系统及元件　词汇》中没有直接定义。同样，究竟什么是在 GB/T 786.2《流体传动系统及元件图形符号和回路图　第 2 部分：回路图》中规定的回路图或液压回路图（以下回路或回路图皆指为液压回路图），在 GB/T 17446—2012 中也没有直接定义。况且 GB/T 786.2 至今也没有发布、实施。

在液压传动系统中，功率是通过在密闭回路内的受压液体来传递和控制的。液压传动是利用受压液体作为工作介质来传递、控制、分配信号和能量的方式、方法，其中一般还应包括液压能量的产生和转换。所以，把液压传动系统定义为：通过配管和/或油路块等相互连接的元件及附件组成的产生、传递、控制、分配、转换液压能量和/或信号的装置或配置。其中附件在一般液压传动系统中是必不可少的。

根据液压传动系统定义，液压回路图即应定义为：使用规定的图形符号表示的液压传动系统或其局部功能的图样。其中液压传动系统局部亦可称为液压传动子系统或子系统。

据此，液压回路不是惯常所讲的"构成液压系统结构和功能的基本单元"。

根据液压传动系统定义，液压传动系统或称为液压传动与控制系统更为适当，但上述定义中已包括了液压控制功能。因此，在本书液压回路（图）中没有严格地区别液压传动系统和液压控制系统。况且，笔者认为将液压系统这样分类本身就值得商榷。所以，本书多处使用省略了"传动"和/或"控制"的"液压系统"这样简称或统称。

有压力的液体具有能量，有压力、有流量的液体具有液压能量；液压能量通常以液压功率表示；压力由不同方向作用于执行元件中的可动件，如活塞或活塞杆，可将液压能量转换成机械功（能）。

除液压系统规定的各项技术要求外，液压回路图还应具有以下一些特征：

① 液压传动系统或其局部的图样是按规定图形符号绘制或表示的。

② 液压回路图中元件、附件及配管内液体能够受压，且受压液体的压力作用于可动件的方向明确。可动件包括执行元件，如液压缸中（上）的活塞及活塞杆的动作可重复。

③ 液压回路图中至少包括了液压能量和/或信号的产生、传递、控制、分配或转换的其中一项功能。

④ 液压回路图中各元件未受激励的状态（非工作状态）和受激励的状态（工作状态）时的工作介质流动方向明确。

⑤ 液压回路图中元件和附件或主要元件，其所有连接油口的表示油口功能的符号标识明确。

基于液压回路图的以上特征，本书对选编的典型液压回路进行了设计原理、功能状态的描述以及特点及应用的介绍，并对在各参考文献中的一些典型液压回路进行了正反两方面的分析。

笔者按照 GB/T 786.1—2009《流体传动系统及元件图形符号和回路图　第 1 部分：用于常规用途和数据处理的图形符号》绘制了书中所有液压回路图，包括重新绘制了书中用于分析的各种参考文献中的一些典型液压回路图。 对其中与任何版本标准都不相符的图形符号做了特殊说明；对一些原理、状态、功能不全或不正确的各种参考文献中的一些典型液压回路进行了重点分析，包括利用笔者现有文献、资料对这些问题典型液压回路的追根溯源，并对可以继续作为本书选编的典型液压回路进行了修改设计及说明。

尽管 GB/T 786.2 至今还没有发布、实施，但笔者在编著本书过程中参考了大量的文献、资料，并结合笔者长期液压元件、液压系统设计与制造的实践经验及总结，对各种参考文献中已有的典型液压回路进行了认真筛选、初步分类，本着标准、正确、实用、创新的原则修改、设计了一些新的典型液压回路。

液压系统设计应符合相关标准规定的技术要求（条件），液压回路图中的各元件、附件及配管等，其性能参数（指标）大多也是有相关标准规定的。 这些作为液压系统及回路图（笔者注：或可将此处和第 1 章中的多处"图"字删掉，但局限于本书所涉及的内容，权衡再三后予以了保留）分析与设计的技术基础，笔者根据相关标准及实践经验的总结，在本书的第一章中编写了该部分内容，包括叠加阀、插装阀液压系统及回路图设计准则。 同时，笔者将其作为分析各种参考文献中的一些典型液压回路的依据。 同样，读者也可将其作为分析、判断、筛选、设计、评价液压系统及回路图的依据。

笔者根据相关标准及实践经验的积累和总结，编写了液压系统和液压泵站设计禁忌，液压元件、配管和油路块设计与选用禁忌，其中包括压力控制阀、流量控制阀、方向控制阀以及液压缸等设计与选用禁忌。

笔者编著本书所做的上述工作，有利于液压工作者全面、正确地把握液压原理，深入、细致地认识、理解液压系统及回路图，快速、准确地选取典型液压回路，用于设计、制造、安装和维护液压装置、液压机械、液压设备等。 同时也为液压系统及回路的创新提供了一个坚实的基础。

液压系统及回路千变万化，各种各样。 随着电控制、电操纵或电调制以及数字化元件的大量应用，一定会出现更多的具有典型意义的液压系统及回路。 应用新元件、新附件及新的连接方式、方法创造出新的液压系统及回路图，是每位液压工作者的责任。

这是一部严格地按照 GB/T 786.1—2009 国标，并参考了 BS ISO 1219-1: 2012+ A1: 2016 国际标准绘制液压回路图的关于液压系统工程方面的专著。 因笔者学识、水平有限，敬请专家、读者批评指正。

最后，感谢汪强硕士、唐博修等在本书编著过程中所做的资料收集等方面的工作，感谢老师、同学、朋友及家人的陪伴、关怀、鼓励、支持和帮助！

编著者

目 录
CONTENTS

第4章　速度控制典型液压回路分析与设计

第5章　方向和位置控制典型液压回路分析与设计

第6章 其他典型液压回路分析与设计

参 考 文 献

图样说明

① 本书所有图样全部由笔者按现行国家标准绘制，包括注明原图的图样，其中在注明原图的图样中图形符号的基本要素及其相对位置可能已经修改。

② 原图中有必要特别指出其错误的液压元件图形符号及连接，笔者在重新绘制原图中或予以了保留，但一般随后都有特别说明，且在修改图、局部修改图或设计图中进行了修正或删除。

③ 在本书引用的所有参考文献中的各个图例，其中阀上弹簧（控制元件）几乎都与现行标准不符，但一般已经在重新绘制原图中进行了修改，且并没有一一列入在修改说明中，其他类似情况还有如液压缸图形符号等。

④ 在液压系统局部图中可能使用了封闭管路或接口图形符号，但其一般不是回路图中固有的组成部分，只是为了说明液压传动系统中工作介质可以受压，且一些（局部）液压回路应是密闭的。

⑤ 以 X10500 标识的溢流阀图形符号，其表示的溢流阀可能是直动式溢流阀，也可能是先导式溢流阀；其他压力控制阀如以 X10510 标识的顺序阀、以 X10550 标识的减压阀等，也为相同情况；进一步还可能包括比例压力阀。

⑥ 变量液压泵一般没有给出或指定具体的控制机构和调节元件，包括控制器。

⑦ 图题下序号不同但名称相同的各种元件、附件，并不表明其规格、型号一定相同。

⑧ 在本书叙述及图题下元件、附件名称中，经常使用电液换向阀和液控换向阀，而一般没有使用液压电液动换向阀和液动换向阀。

⑨ 应将普通单向阀与液控单向阀加以区别，本书单向阀只是普通单向阀的简称。

⑩ 没有将各主阀口、油口的牌（符）号（字母或数字）全部标识，也没有完全按相关规定在其上方或左边标识。

⑪ 二位三通换向阀的主阀口一般选定为 P、A 和 T，而没有选定 P、A 和 B。

⑫ 即使图样中蓄能器的图形符号为隔膜式蓄能器，也不排除可采用其他型式的蓄能器，如囊式蓄能器或活塞式蓄能器。

⑬ 图样中的回油过滤器或压力管路过滤器一般没有将其所带旁路节流阀或单向阀及压力指示等一同绘制出，只是这些功能单元在实际产品中一般集成在一个总成上了。

⑭ 本书中有按液压阀制造商产品样本绘制的叠加阀液压系统或回路图，其中有的图形符号不符合 GB/T 786.1—2009 的规定，但表示的功能或操作方式、方法一般没有错误。

⑮ 液压二通插装阀的图形符号参考了 JB/T 5922—2005《液压二通插装阀　图形符号》。

⑯ 叠加式液压阀和二通插装阀控制盖板等的序号还是按通常习惯标注在包围线内。

⑰ 为了对回路功能进行说明，没有将所有集成于一个总成和/或功能相互联系的两个或者多个元件图形符号全部用实线或点画线包围标出。

⑱ 本书所有液压系统及回路将其工作介质限定为矿物油型液压油或性能相当的其他液体。

⑲ 特殊场合、特殊（或专门）用途的如高寒（结冰与冰冻）、高温、高海拔、高盐雾

（潮湿）、高粉尘（污染）、强振动、强射线（紫外线）照射，需防火、防爆、防辐射、防雨淋、防泥浆喷溅等液压系统及回路，其设计、制造、安装和维护及使用应遵守相关标准规定的（安全）技术要求（条件）。

⑳ 液控单向阀（或单向阀）设置于液压缸油口最近处，具有防止管路（配管）爆破功能。尽管管路防爆对一些行业来说不是特殊要求，但本书中所列液压回路一般不具有这一功能。

㉑ 本书所列出的液压系统及回路的应用，仅供读者参考。

第 **1** 章

液压系统及回路图分析与设计技术基础

1.1 液压系统及回路图的分类与设计概述

1.1.1 液压系统及回路图的初步分类

（1）按用途分类

一些液压系统或液压泵站是有指定或专门用途的且有相关标准，具体请见表 1-1。

表 1-1 按用途分类的液压系统及其标准

序号	液压系统名称	标 准
1	机械或机器上的液压系统	GB/T 3766—2015《液压传动 系统及其元件的通用规则和安全要求》
2	金属切削机床液压系统	GB/T 23572—2009《金属切削机床 液压系统通用技术条件》
3	煤矿用液压支架液压控制系统	GB 25974.3—2010《煤矿用液压支架 第3部分:液压控制系统及阀》
4	船用液压系统	CB/T 1102—2008《船用液压系统通用技术条件》
5	登陆舰艉部液压泵站	CB 1375—2005《登陆舰艉部液压泵站规范》
6	登陆舰液压艉锚机控制系统和液压艉门控制系统	CB 1377—2005《登陆舰艉部液压控制系统规范》
7	舰船用液压泵站	CB 1389—2008《舰船用液压泵站规范》
8	民用飞机液压系统	HB 7117—2014《民用飞机液压系统通用要求》
9	锻压机械液压系统	JB/T 1829—2014《锻压机械 通用技术条件》
10	液压机液压系统	JB/T 3818—2014《液压机 技术条件》
11	数控机床液压泵站	JB/T 6105—2007《数控机床液压泵站 技术条件》
12	农业拖拉机半分置式、分置式液压悬挂系统	JB/T 6714.1—2007《农用拖拉机液压悬挂系统 技术条件》
13	冶金、轧制及重型锻压等机械设备液压系统	JB/T 6996—2007《重型机械液压系统 通用技术条件》
14	风力发电机组液压系统	JB/T 10427—2004《风力发电机组一般液压系统》
15	矿井提升机和矿用提升绞车控制用液压站	JB/T 3277—2017《矿井提升机和矿用提升绞车 液压站》
16	单机控制或多机集中控制的液压系统	LS/T 3501.8—1993《粮食加工机械通用技术条件 液压系统技术要求》
17	煤矿机械液压系统	MT/T 827—2005《煤矿机械液压系统通用技术条件》
18	自卸汽车液压系统	QC/T 825—2010《自卸汽车液压系统技术条件》

还有一些液压装置、液压机械和液压设备有液压系统或液压泵站设计、安装、调试、试验、维护、修理及冲（清）洗等标准，具体设计时可用于参照执行。

在一些参考文献中，还有按主要用途"液压传动系统"和"液压控制系统"划分液压系统类型的，且在特点中指出，液压传动系统的特点是以传递动力为主；液压控制系统的特点是注意信息传递，以达到液压执行元件运动参数（如行程速度、位移量或位置、转速或转角）的准确控制为主。

这种分类缺乏依据，且存在诸多问题：

① 将液压系统分为液压传动系统和液压控制系统本身即存在问题；

② 液压传动系统和液压控制系统不是液压系统的用途；

③ 液压控制系统传递信息这样的表述有问题等。

在液压执行元件如 GB/T 24946—2010《船用数字液压缸》中规定的数字液压缸和 DB44/T 1169.1—2013《伺服液压缸　第1部分：技术条件》中规定的伺服液压缸都没产生、传递、控制、分配、转换"信息"这样的表述，可以进一步认证笔者指出的上述问题。

因此，笔者认为将液压系统这样分类本身就值得商榷。

（2）按液流循环方式分类

如图1-1所示，在液压系统及回路中，回油在重复循环前被引入（向）油箱的回路称为开式回路；如图1-2所示，返回的油液被引入（向）液压泵进（入）口的回路称为闭式回路。

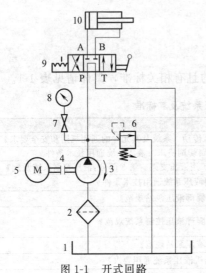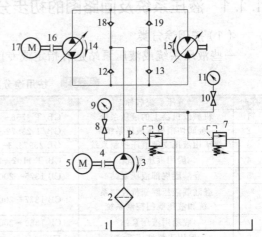

图1-1　开式回路

1—油箱；2—粗过滤器；3—液压泵；
4—联轴器；5—电动机；6—溢流阀；
7—压力表开关；8—压力表；9—三位四
通手动换向阀；10—液压缸

图1-2　闭式回路

1—油箱；2—粗过滤器；3—液压泵；4,16—联轴器；
5,17—电动机；6,7—溢流阀；8,10—压力表开关；
9,11—压力表；12,13,18,19—单向阀；
14—变量液压泵；15—变量液压马达

如图1-1所示，液压泵3通过吸油管路粗过滤器2、配管等从油箱1中吸油，液压泵3将电动机5通过联轴器4输出给液压泵3的机械能量转换成液压能量，液压泵3或将液压能量通过换向阀9、配管等输出（排）给液压缸10，液压缸10可将输入油液的液压能量转换成机械功（能量），液压缸10回油通过换向阀9、配管等回油箱。在液压泵3卸荷时，液压泵3输出的液压油液没有进行（有用的）能量转换而回油箱。

如图1-2所示，变量液压泵14的吸、排油口直接与液压执行元件——变量液压马达15的出、进油口相连，油液在相互连接元件间形成一个闭式循环（回路）。

但在实际液压系统及回路中，因液压泵和/或执行元件需要补油，如由1、2、3、4、5、6、8、9、12、18等组成的补油回路；液压泵和执行元件需要限压，如由7、10、11、13、19等组成的限压回路等。一般没有完全的闭式回路。

还有将开式回路按带与不带升压泵进行的分类，如图1-3所示为不带升压泵的开式回路简图，液压泵2直接从油箱1中取得全部用油；如图1-4所示为带升压泵的开式回路简图，液压泵4借助升压泵2取得其全部供油。

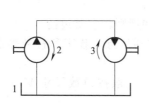

图1-3　不带升压泵的开式回路简图

1—油箱；2—液压泵；3—液压马达

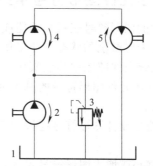

图1-4　带升压泵的开式回路简图

1—油箱；2—升压泵；3—溢流阀；4—液压泵；5—液压马达

还有将闭式回路按带与不带升压泵进行的分类，如图1-5所示为不带升压泵的闭式回路简图，液压泵4从液压马达5取得其大部分供油，而其余部分直接得自油箱1的回路；如图1-6所示为带升压泵的闭式回路简图，液压泵6从液压马达7取得其大部分供油，而其余部分得自一个辅助升压泵2的回路。

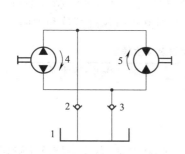

图1-5　不带升压泵的闭式回路简图

1—油箱；2,3—单向阀；4—液压泵；5—液压马达

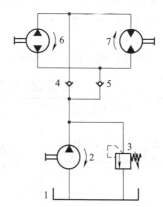

图1-6　带升压泵的闭式回路简图

1—油箱；2—升压泵；3—溢流阀；4,5—单向阀；6—液压泵；7—液压马达

　　笔者注：执行元件如液压缸或双旋向液压马达的两油口不能表述为进、出或出、进油口，上述表述只是为说明闭式回路液压原理的通俗说法。液压泵的连接油口在各标准中表述也不一致，如吸油口、吸入口、进油口、进口、排油口、出油口、出口等。

（3）按其他方式分类

实践中液压系统及回路还有以液压泵、阀安装形式、液压泵与油箱安装（布置）形式、液压系统工作压力（或公称压力、额定压力）高低、液压系统复杂程度、电控制（含电操纵和电调制）方式等进行分类的，如定量泵液压系统、变量泵液压系统；叠加阀液压系统、插装阀（或螺纹插装阀）液压系统；上置式液压泵站（系统）、分置式液压泵站（系统）、超高压（≥32MPa）液压系统、高压（16.0～31.5MPa）液压系统、中压（2.5～8.0MPa）液压系统、低压（0～2.5MPa）液压系统；大型液压系统，中、小型液压系统；手动控制液压系统、常规电磁阀控制液压系统、比例阀（电调制）控制液压系统、伺服阀控制液压系统（或含伺服缸液压控制系统、数字缸液压控制系统）等。

总之，液压系统及回路（图）分类没有标准，不管是本书或是其他参考文献，其所述液压系统分类只能说是初步分类。

1.1.2 液压元件图形符号常见错误及深度解读

液压元件的图形符号表示其功能或操作方法，尽管其一般不代表元件的实际结构，但却表示的是元件未受激励的状态（非工作状态）。

在液压系统及回路图中绘制液压元件图形符号应遵守一些规则，主要包括：

① 各种液压元件图形符号的基本要素应按规则绘制，包括字母、数字和符号等也应按相关标准书写；

② 各种液压元件图形符号应按固定的尺寸绘制（设计），一般按模数尺寸 $M=2.5mm$ 来绘制；

③ 为了缩小或增大图形符号尺寸，可以采用其他模数尺寸，但一般字符大小都应为高 2.5mm，线宽 0.25mm，且在一幅图样中各种元件的图形符号的模数尺寸应一致；

④ 液压元件的图形符号应给出所有接口（油口），并按需要对其进行标识；

⑤ 以基本形态或初始状态表示的液压元件图形符号，在不改变其含义的前提下可将其水平翻转或（90°）旋转；

⑥ 如果一个符号用于表示具有两个或更多主要功能的流体传动元件，并且这些功能之间相互联系，则这个符号应由实线外框包围标出；当两个或者更多元件集成为一个元件时，它们的符号应由点画线包围标出。

根据在 GB/T 786.1—2009 中规定的液压元件图形符号及以上所列绘制（书写）规则，现在表 1-2 中列举如下液压元件图形符号的常见错误，并对其进行深度解读和说明。

表 1-2 液压元件图形符号常见错误及深度解读

序号	常见错误	正确表示	深度解读和说明
1	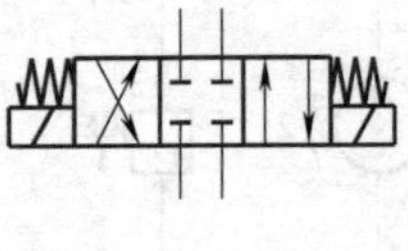 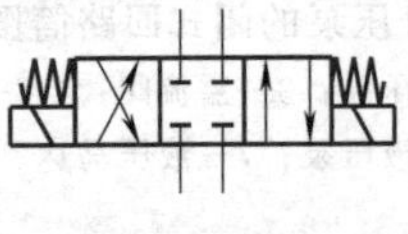	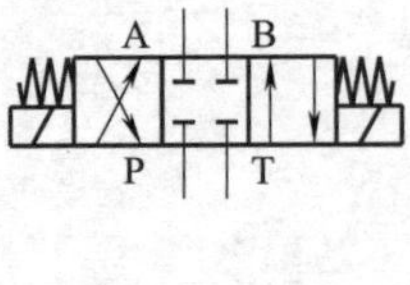 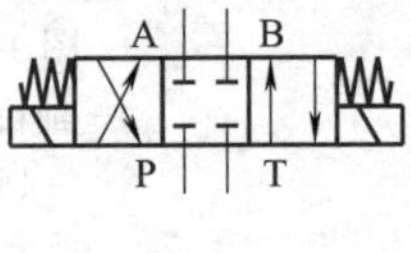	电磁铁动作一致指向阀芯或背离阀芯，且不可同时通（得）电
2	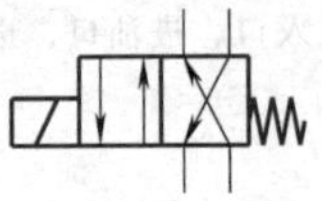 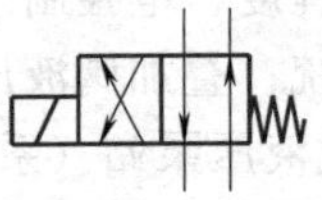	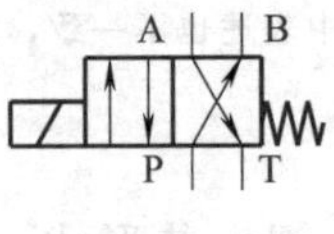 	流体流过阀的路径和/或方向错误

序号	常见错误	正确表示	深度解读和说明
3			溢流阀、顺序阀和减压阀等弹簧缺少可调整图形符号,使该阀丧失(手动)调节功能
4			压力控制阀的内部控制管路与弹簧(包括先导控制)的相对位置错误,致使阀芯(心)无法平衡,其与压力控制阀工作原理相悖
5			顺序阀缺少(外)泄油管路接口,丧失了与溢流阀仅有的区别要素单元
6			三位四通电液动换向阀的中位机能 P 与 T 阀内部(的流动)路径连接位置不对;先导式泄油(先导回油)管路接口位置不对
7			三位四通液动换向阀油口标志(或使用)不对;缺少中位机能 A、B 和 T 阀内部(的流动)路径连接点;油口末端应在 2M 的倍数网格上
8			外泄型先导式(二通)减压阀的外泄油管路接口不对
9			单向节流阀中节流孔的可调整图形符号方向错误;节流阀与单向阀缺少在一个符号内连接(节)点,或错误绘制成两条管路连接接点

序号	常见错误	正确表示	深度解读和说明
10			错误地以框线大小来区分液压泵排量大小；错误地选取了小尺寸（1M 边长）液压力作用方向图形符号；错误地标注了液压泵旋转方向指示箭头且与其他符号重叠（特殊情况下可重叠） 液压泵或液压马达的旋转方向指示箭头应在与其同心 9M 直径的圆上，大小为 60° 圆弧长
11			限制摆动角度，双向流动的摆动执行器或旋转驱动缺少液压力作用方向图形符号
12			油（接）口错误地标识在两个功能单元上；比例流量控制阀或涉及正遮盖、零遮盖或负遮盖应标识出功能单元上的工作油口，并标识功能单元未受激励的状态（非工作状态）
13			压力表指针方向不对 不管压力表接口位于何方，压力表指针方向始终不变
14			错误地将电动机或步进电机的表示符号书写成拉丁字母 M（在 GB/T 18597—2001 中规定的 CB 型）
15			流道错误地穿过了流量指示图形符号 笔者注：在 GB/T 786.1—2009 中流量指示图形符号与测量仪表框线不匹配
16			没有明确过滤器所带单向阀（旁通阀）必须是带有复位弹簧的单向阀；且所带压力表指针方向不对

笔者注：1. 此节中液压元件含义为"由除配管以外的一个或多个零件组成的独立单元，作为流体传动系统的一个功能件。"

2. 在 GB/T 786.1—2009 中图形符号为图形和符号，而在 GB/T 5922—2005 中却没有加以区分，本书一般也没有严格地区分。

3. 参考了 BS ISO 1219-1：2012＋A1：2016《Fluid power system and components—Graphic symbols and circuit diagrams—Part1：Graphic symbols for conventional use and data-processing applications》。

1.1.3 液压系统及回路图设计的内容和步骤

液压系统的设计、制造应符合供需双方协议，应符合有关单位审查、批准、生效的设计图样、技术文件以及相应的标准、工艺规范的规定。

以执行元件为液压缸的液压系统为例，说明液压系统及回路图常规设计的内容和步骤。如图 1-7 所示，其为笔者基于设计经验的积累和总结的液压系统及回路图常规设计方法的一般流程。

（1）额定（设计）工况的确定

额定工况是通过试验确定的，以基本特性的最高值和最低值（必要时）表示的工况，元件或配管按此工况设计以保证足够的使用寿命；设计工况是人为设定的基本设计条件，通常以规定工况表示，是在液压系统运行和试验期间需要满足的工况。

额定工况在设计初始阶段很难准确准，需要通过试验逐步修正。况且，如果没有试验装置，而且未经寿命试验，想要准确确定这组特性值，几乎是不可能的。

根据设计者的实践经验积累，综合需方要求及相关标准规定，在现有元件、附件和配管可以达到的技术指标范围内，确定设计工况是比较现实可行的。

确定设计工况应注意以下几点：

① 设计工况应包括极限工况。尽管极限工况是假设元件、配管或系统在规定应用的极端情况下满意地运行一个给定时间，其所允许的运行工况的最大和/或最小值，且在一些情况下不可重复或无法试验，但根据设计者的实践经验的积累对其预判是必要的。

② 不可忽视疲劳寿命。尽管设计工况的确定不是以（提高）疲劳寿命为设计目标的，但如果设计工况确定不合理，其疲劳寿命一定低，最后也会导致设计失败。

③ 注意设计工况的完整性。特定的一台液压系统可能有很多项技术要求和性能指标，除其主要的特性值不能在确定设计工况时缺失外，其他次要的特性值也应尽量给出。

④ 设计工况应与技术要求相互参照。不管是以文字表述的还是以参数（量）表示的设计工况，其都应与技术要求（条件）相互参照。有产品标准的液压系统设计工况不应超出其标准规定；没有产品标准的应参考相关标准、文献资料，并根据设计者实践经验的积累和总结确定设计工况。如果任意确定设计工况，其后果是非常可怕的。

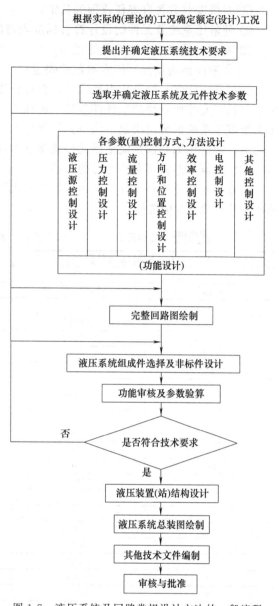

图 1-7　液压系统及回路常规设计方法的一般流程

（2）液压系统技术要求的确定

液压系统技术要求（条件）可由需方提出，也可经供需双方协商共同遵守某项或某几项相关标准。写入合同的技术要求包括规则的具体条款，具有法律效力。

一般用途的液压系统及回路图的技术要求（条件）见本章第1.2节。

一般用途的液压系统及回路图是指用于工业制造过程的机械设备上的液压系统及回路图。切不可任意扩大"一般用途"所指范围，如扩大至（所有的）机械或机器，则可能造成意想不到的严重后果或留下重大的安全隐患。

如果供需双方协商共同遵守某项或某几项相关标准，这有助于：

① 对液压系统及元件的要求的确认和规定；

② 对供需双方各自责任范围的认定；

③ 使液压系统及元件的设计符合标准规定的要求；

④ 对液压系统安全性要求的理解。

（3）液压系统及元件技术参数的确定

液压系统的主参数是压力和流量。在运行工况下，液压系统或子系统的（工作）压力取决于（执行元件所承受的）外部载荷（负载），由外部负载所产生的压力称为负载压力；液压系统或子系统的流量决定了执行元件可控的运行速度；（额定）流量与压力的乘积即为液压功率；额定压力和额定流量是元件或配管的设计依据，由动力源（液压泵）所产生的供给压力和供给流量是液压系统运行的基础。

通常，液压系统和元件是为指定的压力范围而设计和销售的，液压传动系统及元件的公称压力应在表 1-3 中选择。

表 1-3　公称压力（摘自 GB/T 2346）系列及压力参数代号（摘自 JB/T 2184）

MPa（以 bar 为单位的等量值）		压力参数代号	注
1	(10)		优先选用
[1.25]	[(12.5)]		
1.6	(16)	A	优先选用
[2]	[(20)]		
2.5	(25)	B	优先选用
[3.15]	[(31.5)]		
4	(40)		优先选用
[5]	[(50)]		
6.3	(63)	C	优先选用，C 可省略
[8]	[(80)]		
10	(100)	D	优先选用
12.5	(125)		优先选用
16	(160)	E	优先选用
20	(200)	F	优先选用
25	(250)	G	优先选用
31.5	(315)	H	优先选用
[35]	[(350)]		
40	(400)	J	优先选用
[45]	[(450)]		
50	(500)	K	优先选用
63	(630)	L	优先选用
80	(800)	M	优先选用
100	(1000)	N	优先选用
125	(1250)	P	优先选用
160	(1600)	Q	优先选用
200	(2000)	R	优先选用
250	(2500)		优先选用

注：方括号中的值是非优先选用的。

数控机床液压泵站是以额定压力、额定流量作为基本参数的；登陆舰艉部液压泵站是以公称压力、公称流量、控制压力和背压作为主要技术参数的；登陆舰艉部液压控制系统是以公称流量、额定压力和最高压力作为主要技术参数的；舰船用液压泵站是以公称压力、公称流量、电机功率及油箱公称容积作为主要技术参数的。

（4）完整液压回路图绘制

液压回路图是使用规定的图形符号表示的液压传动系统或其局部（子系统）的功能的图

样。完整的液压回路图绘制应具有以下几项基本内容：

① 表示了液压传动系统的至少某一项功能；

② 此项功能可被专业人士正确理解、可以重复（复制）、可以验证；

③ 以规定（标准）的图形符号未受激励的状态（非工作状态）表示；

④ 元件、附件及配管连接正确，液压油液流经的路径、流动的方向清楚；

⑤ 至少应含有液压动力源——液压泵；

⑥ 一般应具有液压能量（功率）的产生、传递、控制、分配及转换的功能；

⑦（外部）连接油口标识清楚。

笔者注：不同意将液压回路简单理解或定义为"在传动装置中液压油液的（流动）路径"。

（5）液压系统主要组成件的选择

1）液压泵的选择 容积式液压泵的型式多种多样，如手动泵、（外）齿轮泵、内啮合齿轮泵、摆线泵、叶片泵、（摆盘式、斜盘式、斜轴式）轴向柱塞泵、径向柱塞泵、直线柱塞泵、螺杆泵、单流向泵、流向可逆泵、双向泵、多级泵、多级串联泵、多联泵、供油泵、循环泵、液压泵—马达等。根据主机技术要求及对液压系统及液压泵性能的具体要求，首先应选择合适的液压泵型式，然后根据液压系统（主要是执行元件）的基本参数选择该型式液压泵的具体规格型号。

液压泵选择时应考虑的因素很多，主要应考虑额定工况，其他如排量、自吸性、变量特性、容积效率和（泵）总效率、噪声、压力振摆、低温性能、高温性能、低速性能、超速性能、密封性能、满载性能、超载性能、抗冲击性能，滞环、耐久性等也不可忽视，还包括液压泵的装配质量和外观质量等。

① 液压齿轮泵 （液压）齿轮泵是由两个或多个相啮合的齿轮作为泵送件的液压泵。

液压齿轮泵的基本参数包括：额定压力、额定转速、公称排量。

② 液压叶片泵 （液压）叶片泵是油液被一组径向滑动叶片所排出的液压泵。

叶片泵按其工作机能分为两类：

a. 定量泵（额定压力：$p_n \leqslant 6.3MPa$；$6.3MPa < p_n \leqslant 16MPa$；$16MPa < p_n \leqslant 25MPa$）；

b. 变量泵（额定压力：$p_n \leqslant 16MPa$；$16MPa < p_n \leqslant 25MPa$）。

叶片泵的基本参数包括：额定压力、额定转速、公称排量。

③ 液压轴向柱塞泵 （液压）轴向柱塞泵是柱塞轴线与缸体轴线平行或略有倾斜的柱塞泵。

轴向柱塞泵按结构分为斜盘式轴向柱塞泵和斜轴式轴向柱塞泵，其中斜盘式轴向柱塞泵是驱动轴平行于公共轴且斜盘与驱动轴不连接的轴向柱塞泵；斜轴式轴向柱塞泵是驱动轴与公共轴成一定角度的轴向柱塞泵。

轴向柱塞泵按流量输出特征分为定量轴向柱塞泵和变量轴向柱塞泵。

轴向柱塞泵的基本参数包括：额定压力、额定转速、公称排量。

2）液压阀的选择 液压阀是控制油液的方向、压力或流量的元件。

常见的板式压力控制阀包括远程控制溢流阀、直动式溢流阀、先导控制溢流阀、低噪声型溢流阀、高压溢流阀、电磁控制溢流阀（包括低噪声型）、H 型压力阀（低压溢流阀或顺序阀或卸荷阀）、HC 型压力控制阀（平衡阀或单向顺序阀）、座阀型压力控制阀（单向顺序阀或平衡阀）、减压阀、单向减压阀、平衡阀（减压溢流阀）、制动阀、卸荷溢流阀、压力继电器等；常见的板式流量控制阀包括节流阀、单向节流阀、调速阀、单向调速阀、先导控制调速阀、先导控制单向调速阀、减速阀和单向减速阀（螺纹连接型和底板安装型）、进给控制阀等；常见的板式方向控制阀包括电磁换向阀、（低功率型、带电子开关的、耐压防爆型）电磁换向阀、电液换向阀、可变缓冲型电液换向阀、液控换向阀、手动换向阀、转阀型换向阀（螺纹连接型和底板安装型）、凸轮操纵换向阀、座阀型电磁换向阀、座阀型电液换向阀、座阀型二通电磁阀、座阀型二通电磁换向阀、直角单向阀、液控单向阀等。

液压阀按功能可分为：压力控制阀；流量控制阀；方向控制阀。

液压阀按连接方可分为：螺纹连接控制阀；板式连接控制阀；法兰连接控制阀；插装阀；叠（迭）加式连接控制阀。

液压系统的设计和液压阀的作用决定了阀的类型选择。

① 压力控制阀的选择　液压压力控制阀的油口采用下列代号：

A，B——工作油口；　　　　　　　　　　　L——泄油口；

P——压力油口；　　　　　　　　　　　　　X——控制油口。

T——回油口；

压力控制阀的基本参数名称见表1-4。

表 1-4　压力控制阀的基本参数名称

压力控制阀名称	基 本 参 数					
	公称通径	公称压力	额定压力	额定流量（公称流量）	调压范围	公称切换压差比率
远程调压阀	+	+		(+)	+	
溢流阀	+	+	+	+	+	
电磁溢流阀	+	+	+	+	+	
卸荷溢流阀	+	+	+	+		+
电磁卸荷溢流阀	+	+	+	+		+
减压阀	+		+	+		
单向减压阀	+		+	+		
内控、外控顺序阀	+	+	+	+		
内控、外控单向顺序阀	+	+	+	+		
液压压力继电器		+			+	

② 流量控制阀的选择　液压流量控制阀的油口采用下列代号：

P₁——压力油进口；　　　　　　　　　　　L——泄油口。

P₂——压力油出口；

流量控制阀的基本参数名称见表1-5。

表 1-5　流量控制阀的基本参数名称

流量控制阀名称	基 本 参 数				
	公称通径	公称压力	额定压力	额定流量	最小控制流量
节流阀	+	+	+	+	
单向节流阀	+	+	+	+	
调速阀	+	+	+	+	+
单向调速阀	+	+	+	+	+

③ 方向控制阀的选择　液压方向控制阀的油口采用下列代号：

A，B——工作油口；　　　　　　　　　　　L——泄油口；

P——压力油口；　　　　　　　　　　　　　X——控制油口。

T——回油口；

方向控制阀的基本参数名称见表1-6。

阀的油口标识在各标准中并未统一。表1-7摘录于GB/T 17490—1998《液压控制阀油口、底板、控制装置和电磁铁的标识》中的表1，供读者参考使用。

表 1-6　方向控制阀的基本参数名称

方向控制阀名称	基本参数						
	公称通径	额定压力	公称压力（开启压力）	最大流量	公称流量（额定流量）	滑阀机能（座阀机能）	背压
直通单向阀	+	+	(+)	+	(+)		
直角单向阀	+	+	(+)	+	(+)		
液控单向阀	+	+	(+)	+	(+)		
电磁换向阀	+	+			(+)	+	+
手动换向阀	+	+			(+)	+	+
滚轮换向阀	+	+			(+)	+	+
电液动换向阀	+	+	+		(+)	+	+
液动换向阀	+	+	+		(+)	+	+
电磁换向座阀	+		+		+	(+)	+
多路换向阀	+		+		+		

笔者注：1. 电磁换向阀的基本参数限于 6 通径和 10 通径的液压电磁换向阀。

2. 液控单向阀还有反向开启最低压力、反向关闭最高压力等性能要求。

3. 多路换向阀的负载传感性能要求对采用其他阀的液压系统设计也有参考价值。

表 1-7　标识规则汇总

主油口数		2		3	4
阀的类型		溢流阀	其他阀	流量控制阀	方向控制阀和功能块
主油口	进油口	P	P	P	P
	第 1 进油口	—	A	A	A
	第 2 进油口	—	—	—	B
	回油箱油口	T	—	T	T
辅助油口	第 1 液控油口	—	X	—	X
	第 2 液控油口	—	—	—	Y
	液控油口（低压）	V	V	V	—
	泄油口	L	L	L	L
	取样点油口	M	M	M	M

注：本表不适用于 GB 8100、GB 8098 和 GB 8101 中标准化的元件。

另外，在 GB/T 17490—1998 中有关于电磁铁标识的规定："主级或先导级的电磁铁应该用与靠它们的动作而有压力的油口相一致的标识。"

3）液压执行元件的选择　液压执行元件是将液压能量转换成机械能量（功）的元件，最常见的为液压缸和液压马达。其中液压缸是可提供线性运动的执行元件；马达是提供旋转运动的执行元件。

① 液压缸选择　液压缸的型式多种多样，但液压缸进一步分类（划分下位类）很困难，到目前为止，只有在 JB/T 10205—2010《液压缸》中有一个明确分类，即：液压缸以工作方式划分为单作用缸和双作用缸两类。其他标准如 JB/T 2184—2007《液压元件　型号编制方法》中列出了七种液压缸，即：代号为 ZG 的单作用柱塞式液压缸、代号为 HG 单作用活塞式液压缸、代号为※TG 的单作用伸缩式套筒液压缸、代号为※SG 的双作用伸缩式套筒液压缸、代号为 SG 的双作用单活塞杆液压缸、代号为 2HG 的双作用双活塞杆液压缸、代号为 MG 的电液步进液压缸；在 GB/T 17446—2012 和 GB/T 17446—1998（已被代替）中定义了 20 多种液压缸；在 GB/T 9094—2006《液压缸气缸安装尺寸和安装型式代号》中规定了 64 种安装型式等。

液压缸选择时应考虑的因素很多，主要应考虑额定工况，其他如最低启动压力、内泄漏量、外渗漏、低压下的泄漏、负载效率、耐久性、耐压性、缓冲性能、高温性能等也不可忽视，还包括液压缸的装配质量和外观质量。

液压缸的基本参数包括：缸内径；活塞杆外径；公称压力；缸行程；安装尺寸等。

② 液压马达的选择　容积式液压马达的型式多种多样，除在 JB/T 10829—2008《液压马达》中规定的液压马达外，还有液压内曲线低速大扭矩马达、船用内曲线径向柱塞式液压马达、船用轴向球塞式液压马达、船用曲轴连杆式径向柱塞液压马达、船用横梁顶杆式叶片马达、船用圆弧顶杆式叶片马达、摆线液压马达、低速大扭矩液压马达、内燃机车用斜轴式定量柱塞液压马达、矿用非圆齿轮液压马达等。

液压泵选择时应考虑的因素很多，主要应考虑额定工况，其他如容积效率和总效率、启动效率、低速性能、噪声、低温性能、高温性能、超速性能、超载性能、抗冲击性能、密封性能、耐久性等也不可忽视，还包括液压马达的装配质量和外观质量。

JB/T 10829—2008《液压马达》所涉及的液压马达分类如下：

按排量是否可变分为：定量马达和变量马达。

按选择方向分为：单旋向马达和双旋向马达。

按结构形式分为：齿轮马达、叶片马达和柱塞马达。其中柱塞马达分为斜轴式马达和斜盘式马达。

液压马达的基本参数包括下列内容：公称排量；额定压力；额定转速；额定转矩。

4）液压附件的选择

① 液压过滤器的选择　按安装位置，过滤器可分为：

a. 吸油过滤器　安装在吸油管路上的过滤器。

b. 回油过滤器　安装在油箱回油口和回油管路上的过滤器。

c. 压力管路过滤器　安装在压力管路上的过滤器。

液压过滤器的基本技术参数包括：过滤器精度；额定流量；公称压力；纳垢容量；过滤器初始压降；发讯器性能（当装配有发讯器时）；旁通阀性能（当装配有旁通阀时）。

② 液压蓄能器的选择　隔离式充气蓄能器包括囊式蓄能器、隔膜式蓄能器和活塞式蓄能器。

a. 液压囊式蓄能器按结构型式分为 A 型、B 型、C 型三种，每一种结构型式按连接方式又分为螺纹连接和法兰连接。

液压囊式蓄能器的基本参数包括：公称压力；公称容积。

b. 液压隔膜式蓄能器按结构型式分为 A 型、B 型、C 型三种。

液压隔膜式蓄能器的基本参数包括：公称压力；公称容积。

c. 舰船用活塞隔离式蓄能器分为主蓄能器（代号为 A）和备用蓄能器（代号为 B）。

舰船用活塞隔离式蓄能器的基本参数包括：公称压力；公称容积。

舰船用活塞隔离式蓄能器的重量应不大于 350kg；试验用介质为 SH/T 0111 要求的合成锭子油。

③ 液压用热交换器选择　列管式油冷却器按其型式分为：

a. GLC 型换热管型式为翅片管，水侧通道为双管程填料函浮动管板式。

b. GLL 型换热管型式为裸管，水侧通道为双管程或四管程填料函浮动管板型式。GLL5、GLL6、GLL7 系列具有立式型式。

液压系统用冷却器的基本参数包括：公称压力；公称传热（冷却）面积。

5）油箱的选择　油箱可分为常用油箱、压力油箱等，但不管是油箱、常用油箱或压力油箱，都没有现行标准。油箱容量是油箱可以存储油液的最大允许体积，以液压油或性能相当的其他液体为工作介质的液压泵站油箱的公称容积可在 JB/T 7938—2010《液压泵站　油箱　公称容积系列》中选取，具体请见表 1-8。

			1250
	16	160	1600
			2000
2.5	25	250	2500
		315	3150
4.0	40	400	4000
		500	5000
6.3	63	630	6300
		800	8000
10	100	1000	10000

表 1-8　液压泵站油箱公称容积系列　　　　　　　　L

注：油箱公称容积大于本系列 10000L 时，应按 GB/T 321 中 R10 数系选择。

1.2　液压系统及回路图设计技术要求

1.2.1　液压系统及回路图设计一般技术要求

至今各行各业，各种用途的液压系统没有也很难有一个通用技术要求或条件，其中工业制造过程的机械设备、金属切削机床含数控机床、重型机械含锻压机械和液压机、风力发电、舰船、汽车、农业机械、煤矿机械等有国家或行业标准。

各标准提供了用于工业制造过程的机械设备上液压系统的一般规则，用于液压系统的设计、制造、安装和维护等，以此作为对供方和需方的一种指导，来保证：

a. 安全性；

b. 系统的连续运行；

c. 维修容易和经济；

d. 系统的使用寿命长。

液压系统及元件的通用规则和安全要求具体包括液压系统的装配、安装、调整（试）、运行、维护和净化、可靠性、能量效率和环境等。

当为机械设备设计液压系统及回路时，应考虑系统所有预定的操作和使用；应完成风险评估（例如按 GB/T 15706—2012 进行）以确定当系统按预定使用时与系统相关的可预测的风险。可预见的误用不应导致危险发生。通过设计应排除已识别出的风险，当不能做到时，对于这种风险应按 GB/T 15706—2012《机械安全　设计通则　风险评估与风险最小》规定的级别采取防护措施（首选）或警告。控制系统应按风险评估（例如按 GB/T 16855.1—2008《机械安全　控制系统有关安全部件　第 1 部分：设计通则》）设计。应考虑避免对机器、液压系统和环境造成危害的预防措施。

（1）液压系统及回路设计的基本要求

1）元件和配管的选择

① 为保证使用的安全性，应对液压系统中的所有元件和配管进行选择或指定。选择或指定元件和配管，应保证当系统投入预定的使用时它们能在其额定极限内可靠地运行。尤其应注意那些因失效或失灵可能引起危险的元件和配管的可靠性。

② 应按供应商的使用说明和建议选择、安装和使用元件及配管，除非其他元件、应用或安装经测试或现场经验证明是可行的。

③ 在可行的情况下，宜使用符合国家标准或行业标准的元件和配管。

2）意外压力

① 如果压力过高会引起危险，系统所有相关部分应在设计上或以其他方式采取保护，以防止可预见的压力超过系统最高工作压力或系统任何部分的额定压力。

任何系统或系统的某一部分可能被断开和封闭，其所截留液体的压力会出现增高或降低（例如：由于负载或液体温度的变化）；如果这种变化会引起危险，则这类系统或系统的某一部分应具有限制压力的措施。

② 对压力过载保护的首选方法是设置一个或多个起安全作用的溢流阀（卸压阀），以限制系统所有相关部分的压力。也可采用其他方法，如采用压力补偿式泵控制来限制系统的工作压力，只要这些方法能保证在所有工况下安全。

③ 系统的设计、制造和调整应限制压力冲击和变动。压力冲击和变动不应引起危险。

④ 压力丧失或下降不应让人员面临危险和损坏机械。

⑤ 应采取措施，防止因外部大负载作用于执行器而产生不可接受的压力。

3）机械运动　在固定式工业机械中，无论是预定的还是意外的机械运动（例如，加速、减速或提升和夹持物体的作用），都不应使人员面临危险的处境。

4）噪声　在液压系统及回路设计中，应考虑预计的噪声，并使噪声源产生的噪声降至最低。应根据实际应用采取措施，将噪声引起的风险降至最低。应考虑由空气、结构和液体传播的噪声。

笔者注：关于低噪声机械和系统的设计，可参见 GB/T 25078.1—2010《声学　低噪声机器和设备设计实施建议　第1部分：规划》。

5）泄漏　如果产生泄漏（内泄漏或外泄漏），不应引起危险。

6）温度

① 工作温度　对于系统或任何元件，其工作温度范围不应超过规定的安全使用极限。

② 表面温度　液压系统的设计应通过布置或安装防护装置来保护任意免受超过触摸极限的表面温度的伤害。当无法采取这些保护时，应提供适当的警告标志。

笔者注：关于避免表明温度多高对人体可能造成的伤害，请参见 ISO 13732-1《Ergonomics of the thermal environment—Methods for the assessment of human responses to contact with surfaces—Part1：Hot surfaces》。

7）液压系统操作和功能的要求　应规定下列操作和功能的技术规范：

a. 工作压力范围；

b. 工作温度范围；

c. 使用液压油液的类型；

d. 工作流量范围；

e. 吊装规定；

f. 应急、安全和能量隔离（例如：断开电源、液压源）的要求；

g. 涂漆或保护涂层。

（2）通用规则和安全要求的附加要求

1）现场条件和工作环境　应对影响固定式工业机械上液压系统使用要求的现场条件和工作环境做出规定，具体可包括以下内容：

a. 设备的环境温度范围；

b. 设备的环境湿度范围；

c. 可用的公共设施，例如，电、水、废物处理；

d. 电网的详细资料，例如，电压及其容限、频率、可用的功率（如果受限制）；

e. 对电路和装置的保护；

f. 大气压力；

g. 污染源；

h. 振动源；

i. 火灾、爆炸或其他危险的可能严重程度，以及相关应急资源的可用性；

j. 需要的其他资源储备，例如，气源的流量和压力；

k. 通道、维修和使用所需的空间，以及为保证液压元件和系统在使用中的稳定性和安全性而确定的位置及安装；

l. 可用的冷却、加热介质和容量；

m. 对于保护人身和液压系统及元件的要求；

n. 法律和环境的限制因素；

o. 其他安全性要求。

2）元件、配管和总成的安装、使用和维修

① 安装 元件宜安装在便于从安全工作位置（例如，地面或工作台）接近之处。

② 起吊装置 质量大于15kg的所有元件、总成或配管，宜具有用于起重设备吊装的起吊装置。

③ 标准件的使用

a. 宜选择商品化的，并符合相应国家标准的零件（键、轴承、填料、密封件、垫圈、插头、紧固件等）和零件结构（轴和键槽尺寸、油口尺寸、底板、安装面或安装孔等）。

b. 在液压系统内部，宜将油口、螺柱端和管接头限制在尽可能少的标准系列内。对于螺纹油口连接，宜符合 GB/T 2878.1、GB/T 2878.2 和 ISO 6479-3 的规定；对于四螺钉法兰油口连接，宜符合 ISO 6162-1、ISO 6162-2 或 ISO 6164 的规定。

c. 当在系统中使用一种以上标准类型的螺纹油口连接时，某些螺柱端系列与不同连接系列的油口之间可能不匹配，会引起泄漏和连接失效，使用时可根据油口和螺柱端的标记确认是否匹配。

④ 密封件和密封装置

a. 材料 密封件和密封装置的材料应与所用的液压油液、相邻材料以及工作条件和环境条件相容。

b. 更换 如果预定要维修和更换，元件的设计应便于密封件和密封装置的维修和更换。

⑤ 维修要求 系统的设计和制造应使需要调整或维修的元件和配管位于易接近的位置，以便能安全地调整和维修。在这些要求不能实现的场合，应提供必要的维修和维护信息。

⑥ 更换 为便于维修，宜提供相应的方法或采用合适的安装方式，使元件和配管从系统拆除时做到：

a. 使液压油液损失少；

b. 不必排空油箱，仅对于固定机械；

c. 尽量不拆卸其他相邻部分。

3）清洗和涂漆

① 在对机械进行外部清洗和涂漆时，应对敏感材料加以保护，以避免其接触不相容的液体。

② 在涂漆时，应遮盖住不宜涂漆的区域（例如，活塞杆、指示灯等）。在涂漆后，应除去遮盖物，所有警告和有关安全的标志应清晰、醒目。

4）运输准备

① 配管的标识 当运输需要拆卸液压系统时，以及错误地重新连接可能引起危险的情况下，配管和相应连接应被清楚地标识；其标识应与所有适用文件上的资料相符。

② 包装 为运输，液压系统的所有部分应以能保护其标识及防止其损坏、变形、污染和腐蚀的方式包装。

③ 孔口的密封和保护 在运输期间，液压系统和元件暴露的孔口，尤其是硬管和软管，

应通过密封或放在相应清洁和密闭的包装箱内加以保护；应对螺纹采取保护。使用的任何保护装置应在重新组装时再除去。

④ 搬运设施　运输尺寸和质量应与买方提供的可利用的搬运设施（例如，起重工具、出入通道、地面承载）相适合。如必要，液压系统的设计应使其易于拆解为部件。

1.2.2　叠加阀液压系统及回路图设计准则

如图1-8所示，此为一种应用于组合机床上的集中供油叠加阀液压系统。

因叠加阀是位于另一个阀体和其安装底板或两台阀体之间的阀，采用叠加阀组成的液压系统，除应符合一般液压阀如管式、板式液压阀组成的液压系统的技术要求外，设计时还应遵循以下一些设计准则：

① 在集中配置的叠加阀液压系统中，至少每一组叠加阀（子系统）的主换向阀、叠加阀和底板之间的通径及连接尺寸必须一致；各个子系统间的通径可以不同，在集中配置时，可以采用变径底板。

② 在集中供油液压系统中，一般有单液压泵和蓄能器、双联液压泵和蓄能器、双联液压泵等三种液压源型式。当液压源为单液压泵和蓄能器这种型式时，只能采用顺序阀27控制单液压泵压力；而当液压源为另外两种型式时，则可采用溢流阀或顺序阀控制高压液压泵压力。所以，三种液压源一般都采用顺序阀控制高压液压泵压力。

在集中供油液压系统中，顺序阀27的通径应按高压液压泵流量及所在子系统叠加阀通径确定。

顺序阀的安装位置应选择在通径小、流量少、叠加阀数量也较少的任何一个子系统上。

③ 在集中供油液压系统中，低压液压泵出口油路上应设置溢流阀35。该溢流阀的通径应按液压系统各液压泵的总流量和所在子系统叠加阀通径确定。

溢流阀可安装在任何一个子系统上，且安装原则与顺序阀相同。

④ 当外控式减压阀17与（双）液控单向阀18并用时，液控单向阀18应安装在外控减压阀17和液压缸之间，这样有利于液压缸的锁紧。

⑤ 当外控式减压阀24与单向节流阀25并用时，单向节流阀25应安装在外控减压阀24和油缸之间，这样有利于液压缸的运动平稳。

⑥ 在ϕ10通径叠加阀系列中，以顺序节流阀6、13或节流阀19、33为界限，以上为T_2回油路；以下为P_1高压油路。

因双溢流阀12中B油路的溢流阀出口（溢流口）接T_2回油路，经子系统Ⅱ主换向阀10与T_1回油路连通，所以，此双溢流阀12应尽量安装在靠近主换向阀的位置。其他应用T_2回油路的叠加阀也应按上述原则安装，包括在ϕ10通径系列中有泄漏油路的叠加阀的安装。

⑦ 回油路上的调速阀5或节流阀的安装位置应紧靠其子系统的主换向阀，这有利于减少回油路的压力损失，使其他叠加阀回油或泄油通畅。

⑧ 当外控顺序节流阀6与A油路进口电动单向调速阀7并用时，应将电动单向调速阀7安装在外控顺序节流阀6和液压缸之间，这样有利于外控顺序节流阀6打开、避免外控顺序节流阀6的泄漏影响、保证液压缸的运动平稳。

⑨ 当双单向节流阀32与双液控单向阀31并用时，应将双单向节流阀32设在双液控单向阀31和油缸之间，这有利于液压缸的运动平稳及锁紧。

采用液控单向阀的液压系统或子系统，其液控单向阀应靠近主换向阀安装，且主换向阀的中位机能应为Y或YX等型。

⑩ 因只有底板上才有与压力表开关匹配的油路，所以，压力表开关的安装位置必须抵

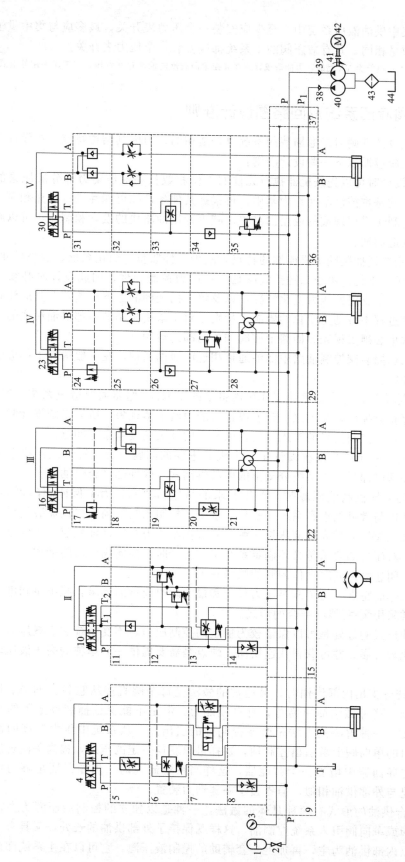

图 1-8　集中供油叠加阀液压系统

1—蓄能器；2—截止阀；3—压力表；4—子系统 I 主换向阀；5—调速阀；6,13—顺序节流阀；7—电动单向调速阀；8,14,20—单向节流阀；9—子系统 I 底板；10—子系统 II 主换向阀；11,26,34—单向阀；12—（双）溢流阀；15—子系统 III 主换向阀；16—子系统 II 底板；17,24—减压阀；18,31—（双）液控单向阀；19,33—节流阀；21,28—压力表开关；22—子系统 III 底板；23—子系统 IV 主换向阀；25,32—（双）单向节流阀；27—顺序阀；29—子系统 IV 底板；30—子系统 V 主换向阀；35—溢流阀；36—子系统 III 底板；37—连接板；38,39—管式单向阀；40—双联液压泵；41—联轴器；42—电动机；43—粗过滤器；44—油箱

靠在底板上。在集中供油液压系统中，至少应安装一个压力表开关，最多应与集中供油液压系统中减压阀的数量相同，凡有减压阀的子系统都应安装一个压力表开关。

笔者注：当换向阀中位机能为 YX 型时，可能造成其所在液控单向阀反向油流存在背压，应考虑采用外泄式液控单向阀。

1.2.3　插装阀液压系统及回路图设计准则

一般液压系统设计准则对二通插装阀系统也是适用的，但因其结构特点，在设计二通插装阀系统时，一般应遵循以下一些设计准则：

1）液压系统设计时可以先按机器执行元件的工作腔数目和液压动力部分液压泵的台数设定与之数量相当的基本控制单元作为基础，再根据其他条件和可能性进行扩充和简化，最后确定方案。这有利于采用现成的通用油路块，减少专用油路块的设计和制作，可以减少设计工作量，缩短制造周期。

2）应充分利用二通插装阀多机能性的特点，减少元件数量，简化系统，缩小尺寸。

3）注意防止压力干扰。由于二通插装阀是一种压力控制元件，因此设计时必须充分掌握整个工作循环中每个支路的压力变化情况，以及每个插装阀的上下压差，尤其应注意分析各动作转换时过渡过程中液动力变化的影响。特别是对于采用控制油内部供油形式的液压系统更为重要。在这里必须重视先导回路中梭阀和单向阀的运用。

油路块中同二通插装阀控制油路中回油通道相连的泄油通道，在一般情况下都应能单独而无背压地接回油箱。

4）注意"路路通"的存在给系统工作可能带来的影响。"路路通"造成系统短时失压，引起液压缸加压停止或掉压，立式缸上升或停止时的短时下落现象。所以系统设计时必须注意先导电磁阀的选择，控制信号的输入时间，以及阀的开关速度调整等问题。

5）（先导）控制液压源是系统设计中一个极其重要的问题。有三种形式：独立的（先导）液压控制源外部供油式、主系统分支出的内部供油式、内外部结合供油式。

① 采用独立的先导控制液压源时，首先要求的是压力要高，为了保证阀的可靠关闭，防止反向开启，所以与常见的滑阀系统一般仅要求低压控制系统不同，二通插装阀系统要求一个高于系统最大工作压力的高压液压控制源。其次控制压力必须保证稳定，否则会造成系统工作的不可靠。对流量的要求是必须满足系统工作各个时期换向阀所需的最大流量，它与插装阀的通径、关闭速度、同时动作的阀的数量有关。

根据其间断工作的特点，为了满足压力稳定和最大瞬时流量的要求，减小泵和电机的功率，控制液压源常采用泵-蓄能器结合的形式。

这种外部供油形式的好处是可以保证较为稳定的控制压力，不受系统和负载压力变化的影响，系统工作比较可靠，并可获得快速换向；缺点是需要提供一套单独的高压液压动力装置，费用较高。

② 采用主系统分支出内部供油时，最通常的做法是每个阀直接从它各自的 A、B 口引出控制油进行控制。这种做法简单易行，有自锁能力，但是不能保证插装件上下的有效压差，关闭速度较慢。一种解决的方法是改变控制油的引出点，从系统中压力较高的地方引出，例如从泵出口的单向阀上游引出控制油，这样可以获得一定的压差，提高关闭速度；另外一个办法是在先导回路中增加一个蓄能器，这样当系统卸荷时，仍能保证足够的控制压力，它的工作情况与外部供油相似，但省去了一套动力装置。

③ 内外部结合供油的形式有两种具体的做法：一种是以独立的控制液压源为主，可在某些阀上通过梭阀或单向阀引入系统控制油，这样既保持了外部供油的长处，又具有了自锁能力；另一种是以内部供油为主，再加上一套辅助的控制液压源，它可以在主系统卸荷时提

高阀的可靠性，实现阀的快速关闭。这时，辅助控制液压源的压力可以降低，功率较小，可节省费用。

6）注意内泄漏。插装阀密封性虽好，但仍存在先导电磁阀和插入元件阀芯结合面处的内泄漏。因此对于要求可靠锁闭或保压的应用场合以及对于应用低黏度工作介质的系统，设计时不仅要选择少、无泄漏的元件，还要注意流动方向和连接形式。

油路（阀）块、控制盖板、插装件阀芯上的阻尼塞应有紧固和防止通过螺纹间隙泄漏的措施。因配合间隙引起的泄漏，其允许值一般不得大于其公称流量的 0.1%。为了保证 O 形圈的使用寿命，在工作压力大于 10MPa 时应加装 O 形圈用挡圈。

7）电磁滑阀是二通插装阀系统的一个关键部件，对于系统的工作性能影响最大。因为其用量多，工作负荷重，是最容易出现故障的地方，也是内泄漏最多的部位，所以设计时应仔细分析，尽量采用集中控制，减少电磁阀的数量，以提高工作的可靠性，降低成本。

8）注意先导回路中阻尼塞（器）的作用。它对二通插装阀和整个系统的静态特性都起着重要的调节作用，设计时必须仔细选择阻尼塞的安装位置和尺寸，在系统的调试过程中阻尼塞总是一个既方便又重要的调节元件。所以它的位置和尺寸往往要在系统调试完毕后才能确定下来。阀芯上装有阻尼塞时，阻尼塞应能更换（或表述为可代替的），并有防松措施；控制盖板内装阻尼塞时，在相应部位应做出标记，阻尼塞应便于更换。

9）注意经济性。单个二通插装阀虽然结构简单，但是用作换向阀时必须用数个插装阀组成，例如四通换向阀必须用四个插装件（四通换向阀可由两个三通回路组合而成）。与换向滑阀相比，显得结构复杂，零件数也多。当系统流量不大时，二通插装阀组成的四通阀的外形尺寸和重量都比滑阀大，价格也贵。在简单的液压系统中，以它来代替中小型换向滑阀单纯实现换向动作是不适合的。所以在设计时，根据具体情况可采用由二通插装阀和滑阀共同组成混合系统的方案，这样可以降低成本，提高经济性。

10）在系统各重要的工作回路和先导回路中应设有压力检测口，以利于调试、维护和查找故障。

1.3 液压系统及回路图常用元件技术要求

1.3.1 液压泵技术要求

（1）液压泵的一般技术要求

液压泵是将（旋转的）机械能量（功率）转换成液压能量（功率）的元件。

除了极少数例外，所有液压泵都是容积式的，即它们带有内部密封装置，该密封装置使它们能在很宽的压力范围内保持转速与油液流量之间的相对恒定的比值。液压泵通常使用齿轮、叶片或柱塞。非容积式元件，如离心式或涡轮式，很少用于液压传动系统。

液压泵有定量式或变量式。定量式有预定的内部几何形状，保持元件轴每转中通过元件的油液体积相对恒定。变量元件有用来改变内部几何尺寸的装置，使元件轴每转中通过元件的油液体积可以改变。

笔者注：在 GB/T 17446—2012 中的"液压功率"定义有问题，应为液压油液的流量与压力的乘积。

1）液压齿轮泵的技术要求

① 一般要求

a. 液压齿轮泵的公称压力应符合 GB/T 2346《液压传动系统及元件　公称压力系列》的规定。

b. 液压齿轮泵的公称排量应符合 GB/T 2347《液压泵及液压马达 公称排量系列》的规定。

c. 安装连接尺寸应符合 GB/T 2353《液压泵及马达的安装法兰和轴伸的尺寸系列及标注代号》的规定。

d. 油口连接螺纹尺寸应符合 GB/T 2878.1《液压传动连接 带米制螺纹和 O 形圈密封的油口和螺柱端 第 1 部分：油口》的规定。

e. 壳体技术要求应符合 GB/T 7935—2005《液压元件 通用技术条件》中 4.3 的规定。

f. 制造商应在产品样本及相关资料中说明产品的适用条件和环境要求。

② 性能要求

a. 排量应符合 JB/T 7041—2006《液压齿轮泵》中 6.2.1 的规定。

b. 自吸性能应符合 JB/T 7041—2006《液压齿轮泵》中 6.2.2 的规定。

c. 容积效率和总效率应符合 JB/T 7041—2006《液压齿轮泵》中 6.2.3 的规定。

d. 噪声应符合 JB/T 7041—2006《液压齿轮泵》中 6.2.4 的规定。

e. 压力振摆应符合 JB/T 7041—2006《液压齿轮泵》中 6.2.5 的规定。

f. 低温性能应符合 JB/T 7041—2006《液压齿轮泵》中 6.2.6 的规定。

g. 高温性能应符合 JB/T 7041—2006《液压齿轮泵》中 6.2.7 的规定。

h. 低速性能应符合 JB/T 7041—2006《液压齿轮泵》中 6.2.8 的规定。

i. 超速性能应符合 JB/T 7041—2006《液压齿轮泵》中 6.2.9 的规定。

j. 密封性能应符合 JB/T 7041—2006《液压齿轮泵》中 6.2.10 的规定。

k. 超载性能应符合 JB/T 7041—2006《液压齿轮泵》中 6.2.11 的规定。

l. 耐久性应符合 JB/T 7041—2006《液压齿轮泵》中 6.2.12 的规定。

③ 装配和外观要求

a. 液压齿轮泵的装配质量应符合 JB/T 7041—2006《液压齿轮泵》中 6.3 的规定。

b. 液压齿轮泵的外观质量应符合 JB/T 7041—2006《液压齿轮泵》中 6.4 的规定。

④ 其他要求 在与客户签订的合同或技术协议中约定的其他（特殊）要求。

⑤ 说明 当选择遵守《液压齿轮泵》标准时，在试验报告、产品目录和销售文件中应使用以下说明："本公司液压齿轮泵产品符合 JB/T 7041—2006《液压齿轮泵》的规定。"

笔者注：1. 有专门（产品）标准规定的液压齿轮泵除外。

2. 上述文件经常用作液压齿轮泵供需双方交换的技术文件之一。

2）液压叶片泵的技术要求

① 一般要求

a. 液压叶片泵的公称压力应符合 GB/T 2346《液压传动系统及元件 公称压力系列》的规定。

b. 液压叶片泵的公称排量应符合 GB/T 2347《液压泵及液压马达 公称排量系列》的规定。

c. 安装连接尺寸应符合 GB/T 2353《液压泵及马达的安装法兰和轴伸的尺寸系列及标注代号》的规定。

d. 油口连接螺纹尺寸应符合 GB/T 2878.1《液压传动连接 带米制螺纹和 O 形圈密封的油口和螺柱端 第 1 部分：油口》的规定。

e. 壳体技术要求应符合 GB/T 7935—2005《液压元件 通用技术条件》中 4.3 的规定。

f. 制造商应在产品样本及相关资料中说明产品的适用条件和环境要求。

② 性能要求

a. 排量应符合 JB/T 7039—2006《液压叶片泵》中 6.2.1 的规定。

b. 容积效率和总效率应符合 JB/T 7039—2006《液压叶片泵》中 6.2.2 的规定。

c. 自吸性能应符合 JB/T 7039—2006《液压叶片泵》中 6.2.3 的规定。

d. 噪声应符合 JB/T 7039—2006《液压叶片泵》中 6.2.4 的规定。

e. 低温性能应符合 JB/T 7039—2006《液压叶片泵》中 6.2.5 的规定。

f. 高温性能应符合 JB/T 7039—2006《液压叶片泵》中 6.2.6 的规定。

g. 超速性能应符合 JB/T 7039—2006《液压叶片泵》中 6.2.7 的规定。

h. 超载性能应符合 JB/T 7039—2006《液压叶片泵》中 6.2.8 的规定。

i. 密封性能应符合 JB/T 7039—2006《液压叶片泵》中 6.2.9 的规定。

j. 压力振摆应符合 JB/T 7039—2006《液压叶片泵》中 6.2.10 的规定。

k. 滞环应符合 JB/T 7039—2006《液压叶片泵》中 6.2.11 的规定。

l. 耐久性应符合 JB/T 7039—2006《液压叶片泵》中 6.2.12 的规定。

③ 装配和外观要求

a. 液压叶片泵的装配质量应符合 JB/T 7039—2006《液压叶片泵》中 6.3 的规定。

b. 液压叶片泵的外观质量应符合 JB/T 7039—2006《液压叶片泵》中 6.4 的规定。

④ 其他要求　在与客户签订的合同或技术协议中约定的其他（特殊）要求。

⑤ 说明　当选择遵守《液压叶片泵》标准时，在试验报告、产品目录和销售文件中应使用以下说明："本公司液压叶片泵产品符合 JB/T 7039—2006《液压叶片泵》的规定。"

笔者注：1. 有专门（产品）标准规定的液压叶片泵除外。

2. 上述文件经常用作液压叶片泵供需双方交换的技术文件之一。

3）液压轴向柱塞泵的技术要求

① 一般要求

a. 液压轴向柱塞泵的公称压力应符合 GB/T 2346《液压传动系统及元件　公称压力系列》的规定。

b. 液压轴向柱塞泵的公称排量应符合 GB/T 2347《液压泵及液压马达　公称排量系列》的规定。

c. 安装连接尺寸应符合 GB/T 2353《液压泵及马达的安装　法兰和轴伸的尺寸系列及标注代号》的规定。

d. 油口连接螺纹尺寸应符合 GB/T 2878.1《液压传动连接　带米制螺纹和 O 形圈密封的油口和螺柱端　第 1 部分：油口》的规定。

e. 壳体技术要求应符合 GB/T 7935—2005《液压元件　通用技术条件》中 4.3 的规定。

f. 制造商应在产品样本及相关资料中说明产品的适用条件和环境要求。

② 性能要求

a. 排量应符合 JB/T 7043—2006《液压轴向柱塞泵》中 6.2.1 的规定。

b. 容积效率和总效率应符合 JB/T 7043—2006《液压轴向柱塞泵》中 6.2.2 的规定。

c. 自吸性能应符合 JB/T 7043—2006《液压轴向柱塞泵》中 6.2.3 的规定。

d. 变量特性应符合 JB/T 7043—2006《液压轴向柱塞泵》中 6.2.4 的规定。

e. 噪声应符合 JB/T 7043—2006《液压轴向柱塞泵》中 6.2.5 的规定。

f. 低温性能应符合 JB/T 7043—2006《液压轴向柱塞泵》中 6.2.6 的规定。

g. 高温性能应符合 JB/T 7043—2006《液压轴向柱塞泵》中 6.2.7 的规定。

h. 超速性能应符合 JB/T 7043—2006《液压轴向柱塞泵》中 6.2.8 的规定。

i. 超载性能应符合 JB/T 7043—2006《液压轴向柱塞泵》中 6.2.9 的规定。

j. 抗冲击性能应符合 JB/T 7043—2006《液压轴向柱塞泵》中 6.2.10 的规定。

k. 满载性能应符合 JB/T 7043—2006《液压轴向柱塞泵》中 6.2.11 的规定。

l. 密封性能应符合 JB/T 7043—2006《液压轴向柱塞泵》中 6.2.12 的规定。

m. 耐久性应符合 JB/T 7043—2006《液压轴向柱塞泵》中 6.2.13 的规定。

③ 装配和外观要求

a. 液压轴向柱塞泵的装配质量应符合 JB/T 7043—2006《液压轴向柱塞泵》中 6.3 的规定。

b. 液压轴向柱塞泵的外观质量应符合 JB/T 7043—2006《液压轴向柱塞泵》中 6.4 的规定。

④ 其他要求 在与客户签订的合同或技术协议中约定的其他（特殊）要求。

⑤ 说明 当选择遵守《液压轴向柱塞泵》标准时，在试验报告、产品目录和销售文件中应使用以下说明："本公司液压叶片泵产品符合 JB/T 7043—2006《液压轴向柱塞泵》的规定。"

笔者注：1. 有专门（产品）标准规定的液压轴向柱塞泵除外。

2. 上述文件经常用作液压轴向柱塞泵供需双方交换的技术文件之一。

（2）基于液压系统组成件的液压泵技术要求

1）安装 液压泵的固定或安装应做到：

① 易于维修时接近；

② 不会因负载循环、温度变化或施加重载荷引起轴线错位；

③ 泵任何驱动元件在使用时所引起的轴向和径向载荷均在额定极限内；

④ 所有油路均正确连接，所有泵的连接轴以标记的和预定的正确方向旋转，所有泵从进口吸油至出口排油；

⑤ 充分地抑制振动。

2）联轴器和安装件

① 在所有预定使用的工况下，联轴器和安装件应能持续地承受泵产生的最大转矩。

② 当泵的连接区域在运转期间可接近时，应为联轴器提供合适的保护罩。

3）转速 转速不应超过规定极限。

4）泄油口、放气口和辅助油口 泄油口、放气口和类似的辅助油口的设置应不准许空气进入系统，其设计和安装应使背压不超过泵制造商推荐的值。如果采用高压排气，其设置应能避免对人员造成危害。

5）壳体的预先注油 当液压泵需要在启动之前预先注油时，应提供易于接近的和有记号的注油点，并将其设置在能保证空气不会被封闭在壳体内的位置上。

6）工作压力范围 如果对使用的泵的工作压力范围有任何限制，应在技术资料中做出规定。

7）液压连接 液压泵的液压连接应做到：

① 通过配管连接的布置和选择防止外泄漏，不使用锥管螺纹或需要密封填料的连接结构；

② 在不工作期间，防止失去已有的液压油液或壳体的润滑；

③ 泵的进口压力不低于其供应商针对运行工况和系统用液压油液所规定的最低值；

④ 防止可预见的外部损害，或尽量预防可能产生的危险结果；

⑤ 如果液压泵壳体上带有测压点，安装后应便于连接、测压。

1.3.2 液压阀通用技术要求

（1）液压阀的选择

选择液压阀的类型应考虑正确的功能、密封性、维护和调整要求，以及抗御可预见的机械或环境影响的能力。在固定式工业机械中使用的系统宜首选板式安装阀和/或插装阀。当需要隔离阀时，应使用其制造商认可适用于此类安全应用的阀。

（2）液压阀的安装

当安装液压阀时，应考虑以下方面：

① 独立支撑，不依附相连接的配管或管接头；

② 便于拆卸、修理或调整；

③ 重力、冲击和振动对阀的影响；

④ 使用扳手、装拆螺栓和电气连接所需的足够空间；

⑤ 避免错误安装的方法；

⑥ 防止被机械操作装置损坏；

⑦ 当使用时，其安装方位能防止空气聚积或允许空气排出。

（3）油路块

① 表面粗糙度和平面度　在油路块上，阀安装面的粗糙度和平面度应符合阀制造商的推荐。

② 变形　在预定的工作压力和温度范围内工作时，油路块或油路块总成不应因变形产生故障。

③ 安装　液压阀应牢固地安装油路块。

④ 内部流道　内部流道在交叉流动区域宜有足够大的横截面积，以尽量减小额外的压降。铸造和机加的内部流道应无有害异物，如氧化皮、毛刺和切屑等。有害异物会阻碍流动或随液压油液移动而引起其他元件（包括密封件和密封填料）发生故障和/或损坏。

⑤ 标识　油路块总成及其元件应按 ISO 16874 规定附上标签，以作标记。当不可行时，应以其他方式提供标识。

（4）电控阀

① 电气连接　电气连接应符合相应的标准（如 GB 5226.1 或制造商的标准），并按适当保护等级设计（如符合 GB 4208）。

② 电磁铁　应选择适用的电磁铁（例如，切换频率、温度额定值和电压容差），以便其能在指定条件下操作阀。

③ 手动或其他越权控制　当电力不可用时，如果必须操作电控阀，应提供越权控制方式。设计或选择越权控制方式时，应使误操作的风险降至最低；并且当越权控制解除后宜自动复位，除非另有规定。

（5）调整

当允许调整一个或多个阀参数时，宜酌情纳入下列规定：

① 安全调整的方法；

② 锁定调整的方法，如果不准许擅自改变；

③ 防止调整超出安全范围的方法。

1.3.3　压力控制阀技术要求

其功能是控制压力的阀称为压力控制阀。

标准规定的压力控制阀有比例压力先导阀、液压溢流阀、液压电磁溢流阀、液压卸荷溢流阀、液压电磁卸荷溢流阀、液压减压阀和单向减压阀、内控液压顺序阀和单向顺序阀、外控液压顺序阀和单向顺序阀、电调制（比例）溢流阀、电调制（比例）减压阀、数字溢流阀、液压压力继电器；其他还有双向溢流阀（组）（制动阀）、平衡阀等。

区别于液压控制阀的液压控制是通过改变控制管路中的液压压力来操纵的控制方法，而其本身不具有控制管路中液压压力的能力。

（1）液压溢流阀和电磁溢流阀的技术要求

1）一般要求

① 溢流阀的公称压力应符合 GB/T 2346《液压传动系统及元件　公称压力系列》的规定。

② 板式连接的溢流阀的安装面应符合 GB/T 8101《液压溢流阀　安装面》的规定，叠加式溢流阀的连接安装面应符合 GB/T 2514《液压传动　四油口方向控制阀安装面》的规定。

③ 其他技术要求应符合 GB/T 7935《液压元件　通用技术条件》的规定。

④ 制造商应在产品样本及相关资料中说明产品的适用条件和环境要求。

2）性能要求

① 压力振摆应符合 JB/T 10374—2013《液压溢流阀》中表 A.1 的规定。

② 压力偏移应符合 JB/T 10374—2013《液压溢流阀》中表 A.1 的规定。

③ 内泄漏量应符合 JB/T 10374—2013《液压溢流阀》中表 A.1 的规定。

④ 卸荷压力应符合 JB/T 10374—2013《液压溢流阀》中表 A.1 的规定。

⑤ 压力损失应符合 JB/T 10374—2013《液压溢流阀》中表 A.1 的规定。

⑥ 稳定压力-流量特性应符合 JB/T 10374—2013《液压溢流阀》中表 A.2 的规定。

⑦ 电磁溢流阀的动作可靠性应符合 JB/T 10374—2013《液压溢流阀》中的相关规定。

⑧ 调节力矩应符合 JB/T 10374—2013《液压溢流阀》中表 A.2 的规定。

⑨ 瞬态特性应符合 JB/T 10374—2013《液压溢流阀》中表 A.3 的规定。

⑩ 噪声应符合 JB/T 10374—2013《液压溢流阀》中表 A.2 的规定。

⑪ 密封性应符合 JB/T 10374—2013《液压溢流阀》中的相关规定。

⑫ 耐压性应符合 JB/T 10374—2013《液压溢流阀》中的相关规定。

⑬ 耐久性应符合 JB/T 10374—2013《液压溢流阀》中的相关规定。

3）装配和外观要求

① 溢流阀的装配和外观应符合 GB/T 7935《液压元件　通用技术条件》的规定。

② 溢流阀装配及试验后的内部清洁度（要求）应符合 JB/T 7858《液压元件清洁度评定方法及液压元件清洁度指标》的规定。

4）说明　当选择遵守《液压溢流阀》标准时，在试验报告、产品目录和销售文件中应使用以下说明：“本公司液压溢流阀（包括溢流阀、电磁溢流阀）产品符合 JB/T 10374—2013《液压溢流阀》的规定。”

笔者注：1. 有专门（产品）标准规定的液压溢流阀除外。

2. 上述文件经常用作液压溢流阀供需双方交换的技术文件之一。

（2）液压卸荷溢流阀和电磁卸荷溢流阀的技术要求

1）一般要求

① 卸荷溢流阀的公称压力应符合 GB/T 2346《液压传动系统及元件　公称压力系列》的规定。

② 板式连接的卸荷溢流阀的安装面应符合 GB/T 8101《液压溢流阀　安装面》的规定。

③ 其他技术要求应符合 GB/T 7935《液压元件　通用技术条件》的规定。

④ 制造商应在产品样本及相关资料中说明产品的适用条件和环境要求。

2）性能要求

① 压力变化率应符合 JB/T 10371—2013《液压卸荷溢流阀》中表 A.1 的规定。

② 卸荷压力应符合 JB/T 10371—2013《液压卸荷溢流阀》中表 A.1 的规定。

③ 重复精度误差应符合 JB/T 10371—2013《液压卸荷溢流阀》中表 A.1 的规定。

④ 单向阀压力损失应符合 JB/T 10371—2013《液压卸荷溢流阀》中表 A.1 的规定。

⑤ 内泄漏量应符合 JB/T 10371—2013《液压卸荷溢流阀》中表 A.1 的规定。

⑥ 保压性应符合 JB/T 10371—2013《液压卸荷溢流阀》中表 A.1 的规定。

⑦ 电磁卸荷溢流阀的动作可靠性应符合 JB/T 10371—2013《液压卸荷溢流阀》中的相关规定。

⑧ 调节力矩应符合 JB/T 10371—2013《液压卸荷溢流阀》中表 A.2 的规定。

⑨ 瞬态特性应符合 JB/T 10371—2013《液压卸荷溢流阀》中表 A.2 的规定。

⑩ 噪声应符合 JB/T 10371—2013《液压卸荷溢流阀》中表 A.2 的规定。

⑪ 密封性应符合 JB/T 10371—2013《液压卸荷溢流阀》中的相关规定。

⑫ 耐压性应符合 JB/T 10371—2013《液压卸荷溢流阀》中的相关规定。

⑬ 耐久性应符合 JB/T 10371—2013《液压卸荷溢流阀》中的相关规定。

3）装配和外观要求

① 卸荷溢流阀的装配和外观应符合 GB/T 7935《液压元件　通用技术条件》的规定。

② 卸荷溢流阀装配及试验后的内部清洁度要求应符合 JB/T 10371—2013《液压卸荷溢流阀》中的相关规定。

4）说明　当选择遵守《液压卸荷溢流阀》标准时，在试验报告、产品目录和销售文件中应使用以下说明："本公司液压卸荷溢流阀（包括卸荷溢流阀、电磁卸荷溢流阀）产品符合 JB/T 10371—2013《液压卸荷溢流阀》的规定。"

笔者注：1. 有专门（产品）标准规定的液压卸荷溢流阀除外。

2. 上述文件经常用作液压卸荷溢流阀供需双方交换的技术文件之一。

（3）液压减压阀和单向减压阀的技术要求

1）一般要求

① 减压阀的公称压力应符合 GB/T 2346《液压传动系统及元件　公称压力系列》的规定。

② 板式连接的减压阀的安装面应符合 GB/T 8100—2006《液压传动　减压阀　顺序阀　卸荷阀　节流阀和单向阀　安装面》的规定，叠加式减压阀的连接安装面应符合 GB/T 2514《液压传动　四油口方向控制阀安装面》的规定。

③ 其他技术要求应符合 GB/T 7935《液压元件　通用技术条件》中 4.10 的规定。

④ 制造商应在产品样本及相关资料中说明产品的适用条件和环境要求。

2）性能要求

① 压力振摆应符合 JB/T 10367—2014《液压减压阀》中表 A.1、表 A.2 的规定。

② 压力偏移应符合 JB/T 10367—2014《液压减压阀》中表 A.1、表 A.2 的规定。

③ 减压稳定性应符合 JB/T 10367—2014《液压减压阀》中表 A.1、表 A.2 的规定。

④ 外泄漏量应符合 JB/T 10367—2014《液压减压阀》中表 A.1、表 A.2 的规定。

⑤ 反向压力损失应符合 JB/T 10367—2014《液压减压阀》中表 A.3、表 A.4 的规定。

⑥ 调节力矩应符合 JB/T 10367—2014《液压减压阀》中表 A.3、表 A.4 的规定。

⑦ 瞬态特性应符合 JB/T 10367—2014《液压减压阀》中表 A.3、表 A.4 的规定。

⑧ 噪声应符合 JB/T 10367—2014《液压减压阀》中表 A.3、表 A.4 的规定。

⑨ 动作可靠性应符合 JB/T 10367—2014《液压减压阀》中的相关规定。

⑩ 密封性应符合 JB/T 10367—2014《液压减压阀》中的相关规定。

⑪ 耐压性应符合 JB/T 10367—2014《液压减压阀》中的相关规定。

⑫ 耐久性应符合 JB/T 10367—2014《液压减压阀》中的相关规定。

3）装配和外观要求

① 减压阀的装配和外观应符合 GB/T 7935《液压元件 通用技术条件》4.4～4.9 的规定。

② 减压阀装配及试验后的内部清洁度应符合 JB/T 7858《液压元件清洁度评定方法及液压元件清洁度指标》的规定。

4）说明 当选择遵守《液压减压阀》标准时，在试验报告、产品目录和销售文件中应使用以下说明："本公司液压减压阀（包括减压阀、单向减压阀）产品符合 JB/T 10367—2014《液压减压阀》的规定。"

笔者注：1. 有专门（产品）标准规定的液压减压阀除外。

2. 上述文件经常用作液压减压阀供需双方交换的技术文件之一。

（4）液压顺序阀和单向顺序阀的技术要求

1）一般要求

① 顺序阀的公称压力应符合 GB/T 2346《液压传动系统及元件 公称压力系列》的规定。

② 板式连接的顺序阀的安装面应符合 GB/T 8100—2006《液压传动 减压阀 顺序阀 卸荷阀 节流阀和单向阀 安装面》的规定，叠加式减压阀的连接安装面应符合 GB/T 2514《液压传动 四油口方向控制阀安装面》的规定。

③ 其他技术要求应符合 GB/T 7935《液压元件 通用技术条件》的规定。

④ 制造商应在产品样本及相关资料中说明产品的适用条件和环境要求。

2）性能要求

① 压力振摆应符合 JB/T 10370—2013《液压顺序阀》中表 A.1 的规定。

② 压力偏移应符合 JB/T 10370—2013《液压顺序阀》中表 A.1 的规定。

③ 内泄漏量应符合 JB/T 10370—2013《液压顺序阀》中表 A.1 的规定。

④ 外泄漏量应符合 JB/T 10370—2013《液压顺序阀》中表 A.1 的规定。

⑤ 卸荷压力应符合 JB/T 10370—2013《液压顺序阀》中表 A.1 的规定。

⑥ 正向压力损失应符合 JB/T 10370—2013《液压顺序阀》中表 A.1 的规定。

⑦ 反向压力损失应符合 JB/T 10370—2013《液压顺序阀》中表 A.1 的规定。

⑧ 稳态压力-流量特性应符合 JB/T 10370—2013《液压顺序阀》中表 A.2 的规定。

⑨ 动作可靠性应符合 JB/T 10370—2013《液压顺序阀》的相关规定。

⑩ 调节力矩应符合 JB/T 10370—2013《液压顺序阀》中表 A.2 的规定。

⑪ 瞬态特性应符合 JB/T 10370—2013《液压顺序阀》中表 A.3 的规定。

⑫ 噪声应符合 JB/T 10370—2013《液压顺序阀》中表 A.2 的规定。

⑬ 密封性应符合 JB/T 10370—2013《液压顺序阀》的相关规定。

⑭ 耐压性应符合 JB/T 10370—2013《液压顺序阀》的相关规定。

⑮ 耐久性应符合 JB/T 10370—2013《液压顺序阀》的相关规定。

3）装配和外观要求

① 顺序阀的装配和外观应符合 GB/T 7935《液压元件 通用技术条件》的规定。

② 顺序阀装配及试验后的内部清洁度应符合 JB/T 7858《液压元件清洁度评定方法及液压元件清洁度指标》的规定。

4）说明 当选择遵守《液压顺序阀》标准时，在试验报告、产品目录和销售文件中应使用以下说明："本公司液压顺序阀（包括内控顺序阀、外控顺序阀、内控单向顺序阀、外控单向顺序阀）产品符合 JB/T 10370—2013《液压顺序阀》的规定。"

笔者注：1. 有专门（产品）标准规定的液压顺序阀除外。

2. 上述文件经常用作液压顺序阀供需双方交换的技术文件之一。

（5）液压压力继电器的技术要求

1）一般要求

① 压力继电器的公称压力应符合 GB/T 2346《液压传动系统及元件　公称压力系列》的规定。

② 其他技术要求应符合 GB/T 7935《液压元件　通用技术条件》中 4.10 的规定。

③ 制造商应在产品样本及相关资料中说明产品的适用条件和环境要求。

2）性能要求

① 调压范围应符合 JB/T 10372—2014《液压压力继电器》中表 A.1 的规定。

② 灵敏度应符合 JB/T 10372—2014《液压压力继电器》中表 A.1 的规定。

③ 重复精度应符合 JB/T 10372—2014《液压压力继电器》中表 A.1 的规定。

④ 有外泄口的压力继电器的外泄漏量应符合 JB/T 10372—2014《液压压力继电器》中表 A.1 的规定。

⑤ 动作可靠性应符合 JB/T 10372—2014《液压压力继电器》的相关规定。

⑥ 瞬态特性应符合 JB/T 10372—2014《液压压力继电器》中表 A.1 的规定。

⑦ 密封性应符合 JB/T 10372—2014《液压压力继电器》的相关规定。

⑧ 耐压性应符合 JB/T 10372—2014《液压压力继电器》的相关规定。

⑨ 耐久性应符合 JB/T 10372—2014《液压压力继电器》的相关规定。

3）装配和外观要求

① 压力继电器的装配和外观应符合 GB/T 7935《液压元件　通用技术条件》中 4.5～4.9 的规定。

② 压力继电器装配及试验后的内部清洁度应符合 JB/T 7858《液压元件清洁度评定方法及液压元件清洁度指标》的规定。

4）说明　当选择遵守《液压压力继电器》标准时，在试验报告、产品目录和销售文件中应使用以下说明："本公司液压压力继电器产品符合 JB/T 10372—2014《液压压力继电器》的规定。"

笔者注：1. 有专门（产品）标准规定的液压压力继电器除外。

2. 上述文件经常用作液压压力继电器供需双方交换的技术文件之一。

1.3.4　流量控制阀技术要求

其主要功能是控制流量的阀称为流量控制阀。

标准规定的流量控制阀有液压调速阀和单向调速阀、液压溢流节流阀、液压节流阀和单向节流阀、液压行程节流阀和单向行程节流阀、液压节流截止阀和单向节流截止阀、电液比例流量方向复合阀、手动比例流量方向复合阀等。

笔者注：JB/T 10366—2014 删除了在 JB/T 10366—2002 中的溢流节流阀；JB/T 10368—2014 删除了在 JB/T 10368—2002 中的行程节流阀和单向行程节流阀。

（1）液压调速阀的技术要求

1）一般要求

① 调速阀的公称压力应符合 GB/T 2346《液压传动系统及元件　公称压力系列》的规定。

② 板式连接的调速阀的安装面应符合 GB/T 8098—2003《液压传动　带补偿的流量控制阀　安装面》的规定，叠加式调速阀的连接安装面应符合 GB/T 2514《液压传动　四油口方向控制阀安装面》的规定。

③ 其他技术要求应符合 GB/T 7935《液压元件　通用技术条件》中 4.10 的规定。

④ 制造商应在产品样本及相关资料中说明产品的适用条件和环境要求。

2) 性能要求

① 工作压力范围应符合 JB/T 10366—2014《液压调速阀》中表 A.1 的规定。

② 流量调节范围应符合 JB/T 10366—2014《液压调速阀》中表 A.1 的规定。

③ 内泄漏量应符合 JB/T 10366—2014《液压调速阀》中表 A.1 的规定。

④ 流量变化率应符合 JB/T 10366—2014《液压调速阀》中表 A.1 的规定。

⑤ 仅带单向阀结构的反向压力损失应符合 JB/T 10366—2014《液压调速阀》中表 A.1 的规定。

⑥ 调节力矩应符合 JB/T 10366—2014《液压调速阀》中表 A.1 的规定。

⑦ 瞬态特性应符合 JB/T 10366—2014《液压调速阀》中表 A.1 的规定。

⑧ 密封性应符合 JB/T 10366—2014《液压调速阀》的相关规定。

⑨ 耐压性应符合 JB/T 10366—2014《液压调速阀》的相关规定。

3) 装配和外观要求

① 调速阀的装配和外观应符合 GB/T 7935《液压元件　通用技术条件》中 4.4~4.9 的规定。

② 调速阀装配及试验后的内部清洁度应符合 JB/T 7858《液压元件清洁度评定方法及液压元件清洁度指标》的规定。

4) 说明　当选择遵守《液压调速阀》标准时，在试验报告、产品目录和销售文件中应使用以下说明："本公司液压调速阀（包括调速阀和单向调速阀）产品符合 JB/T 10366—2014《液压调速阀》的规定。"

笔者注：1. 有专门（产品）标准规定的液压调速阀除外。

2. 上述文件经常用作液压调速阀供需双方交换的技术文件之一。

（2）液压节流阀的技术要求

1) 一般要求

① 节流阀的公称压力应符合 GB/T 2346《液压传动系统及元件　公称压力系列》的规定。

② 板式连接的调速阀的安装面应符合 GB/T 8100《液压传动　减压阀　顺序阀　卸荷阀　节流阀和单向阀　安装面》的规定，叠加式节流阀的连接安装面应符合 GB/T 2514《液压传动　四油口方向控制阀安装面》的规定。

③ 其他技术要求应符合 GB/T 7935《液压元件　通用技术条件》中 4.10 的规定。

④ 制造商应在产品样本及相关资料中说明产品的适用条件和环境要求。

2) 性能要求

① 工作压力范围应符合 JB/T 10368—2014《液压节流阀》中表 A.1 的规定。

② 流量调节范围应符合 JB/T 10368—2014《液压节流阀》中表 A.1 的规定。

③ 内泄漏量应符合 JB/T 10368—2014《液压节流阀》中表 A.1 的规定。

④ 正向压力损失应符合 JB/T 10368—2014《液压节流阀》中表 A.1 的规定。

⑤ 仅带单向阀结构的反向压力损失应符合 JB/T 10368—2014《液压节流阀》中表 A.1 的规定。

⑥ 调节力矩应符合 JB/T 10368—2014《液压节流阀》中表 A.1 的规定。

⑦ 密封性应符合 JB/T 10368—2014《液压节流阀》的相关规定。

⑧ 耐压性应符合 JB/T 10368—2014《液压节流阀》的相关规定。

3) 装配和外观要求

① 节流阀的装配和外观应符合 GB/T 7935《液压元件　通用技术条件》中 4.4～4.9 的规定。

② 节流阀装配及试验后的内部清洁度应符合 JB/T 7858《液压元件清洁度评定方法及液压元件清洁度指标》的规定。

4) 说明　当选择遵守《液压节流阀》标准时，在试验报告、产品目录和销售文件中应使用以下说明："本公司液压节流阀（包括节流阀和单向节流阀、节流截止阀和单向节流截止阀）产品符合 JB/T 10368—2014《液压节流阀》的规定。"

笔者注：1. 有专门（产品）标准规定的液压节流阀除外。

2. 上述文件经常用作液压节流阀供需双方交换的技术文件之一。

1.3.5　方向控制阀技术要求

其主要功能是控制油液流动方向，连通或阻断一个或多个流道的阀称为方向控制阀。

标准规定的方向控制阀有液压普通（直通、直角）单向阀和液控单向阀、液压电磁换向阀、液压手动及滚轮换向阀、液压电液动换向阀和液动换向阀、液压电磁换向座阀、液压多路换向阀、电调制（比例）三通（四通）方向流量控制阀、双速换向组合阀以及高压手动球阀、液压控制截止阀、截止止回阀、蝶阀、球阀等。

电液动换向阀和液动换向阀的最低控制压力以及液控单向阀反向开启最低控制压力与调速阀的最低控制压力定义不同。

（1）液压多路换向阀的技术要求

1) 一般要求

① 多路阀的公称压力应符合 GB/T 2346《液压传动系统及元件　公称压力系列》的规定。

② 多路阀的公称流量应符合 JB/T 8729—2013《液压多路换向阀》的相关规定。

③ 螺纹连接油口的型式和尺寸宜符合 GB/T 2878.1《液压传动连接　带米制螺纹和 O 形圈密封的油口和螺柱端　第 1 部分：油口》的规定。

④ 在产品样本中除标明技术参数外，可绘制压力损失特性曲线、内泄漏特性曲线、安全阀等压力特性曲线等参考曲线，以便于用户参照选用。

⑤ 其他技术要求应符合 GB/T 7935《液压元件　通用技术条件》中第 4 章的规定。

⑥ 制造商应在产品样本及相关资料中说明产品的适用条件和环境要求。

2) 性能要求

① 耐压性能应符合 JB/T 8729—2013《液压多路换向阀》的相关规定。

② 油路型式与滑阀机能应符合 JB/T 8729—2013《液压多路换向阀》的相关规定。

③ 换向性能应符合 JB/T 8729—2013《液压多路换向阀》的相关规定。

④ 内泄漏应符合 JB/T 8729—2013《液压多路换向阀》的相关规定。

⑤ 压力损失应符合 JB/T 8729—2013《液压多路换向阀》的相关规定。

⑥ 安全阀性能应符合 JB/T 8729—2013《液压多路换向阀》的相关规定。

⑦ 补油阀开启压力应符合 JB/T 8729—2013《液压多路换向阀》的相关规定。

⑧ 过载阀、补油阀泄漏量应符合 JB/T 8729—2013《液压多路换向阀》的相关规定。

⑨ 背压性能应符合 JB/T 8729—2013《液压多路换向阀》的相关规定。

⑩ 负载传感性能应符合 JB/T 8729—2013《液压多路换向阀》的相关规定。

⑪ 密封性能应符合 JB/T 8729—2013《液压多路换向阀》的相关规定。

⑫ 操纵力应符合 JB/T 8729—2013《液压多路换向阀》的相关规定。

⑬ 高温性能应符合 JB/T 8729—2013《液压多路换向阀》的相关规定。

⑭ 耐久性能应符合 JB/T 8729—2013《液压多路换向阀》的相关规定。

3）装配和外观要求

① 多路阀的装配和外观应符合 GB/T 7935《液压元件 通用技术条件》中 4.4～4.10 的规定。

② 多路阀装配及试验后或出厂时的内部清洁度应符合 JB/T 8729—2013《液压多路换向阀》的相关规定。

4）说明 当选择遵守《液压多路换向阀》标准时，在试验报告、产品目录和销售文件中应使用以下说明："本公司液压多路换向阀产品符合 JB/T 8729—2013《液压多路换向阀》的规定。"

笔者注：1. 有专门（产品）标准规定的液压多路换向阀除外。

2. 上述文件经常用作液压多路换向阀供需双方交换的技术文件之一。

（2）液压单向阀的技术要求

1）一般要求

① 单向阀的公称压力应符合 GB/T 2346《液压传动系统及元件 公称压力系列》的规定。

② 板式连接的单向阀的安装面应符合 GB/T 8100《液压传动 减压阀 顺序阀 卸荷阀 节流阀和单向阀 安装面》的规定，叠加式单向阀的连接安装面应符合 GB/T 2514《液压传动 四油口方向控制阀安装面》的规定。

③ 其他技术要求应符合 GB/T 7935《液压元件 通用技术条件》中 4.10 的规定。

④ 制造商应在产品样本及相关资料中说明产品的适用条件和环境要求。

2）性能要求

① 普通单向阀的压力损失应符合 JB/T 10364—2014《液压单向阀》中表 A.1 的规定。

② 普通单向阀的开启压力应符合 JB/T 10364—2014《液压单向阀》中表 A.1 的规定。

③ 普通单向阀的内泄漏量应符合 JB/T 10364—2014《液压单向阀》中表 A.1 的规定。

④ 液控单向阀的控制活塞泄漏量应符合 JB/T 10364—2014《液压单向阀》中表 A.2 的规定。

⑤ 液控单向阀的压力损失应符合 JB/T 10364—2014《液压单向阀》中表 A.2 的规定。

⑥ 液控单向阀的开启压力应符合 JB/T 10364—2014《液压单向阀》中表 A.2 的规定。

⑦ 液控单向阀的反向开启最低控制压力应符合 JB/T 10364—2014《液压单向阀》中表 A.2 的规定。

⑧ 液控单向阀的反向关闭最高压力应符合 JB/T 10364—2014《液压单向阀》中表 A.2 的规定。

⑨ 液控单向阀的内泄漏量应符合 JB/T 10364—2014《液压单向阀》中表 A.2 的规定。

⑩ 密封性应符合 JB/T 10364—2014《液压单向阀》的相关规定。

⑪ 耐压性应符合 JB/T 10364—2014《液压单向阀》的相关规定。

⑫ 耐久性应符合 JB/T 10364—2014《液压单向阀》的相关规定。

3）装配和外观要求

① 单向阀的装配和外观应符合 GB/T 7935《液压元件 通用技术条件》中 4.4～4.9 的规定。

② 单向阀装配及试验后或出厂时的内部清洁度应符合 JB/T 7858《液压元件清洁度评定方法及液压元件清洁度指标》的规定。

4）说明 当选择遵守《液压单向阀》标准时，在试验报告、产品目录和销售文件中应使用以下说明："本公司液压单向阀（包括普通单向阀和液控单向阀）产品符合 JB/

10364—2014《液压单向阀》的规定。"

笔者注：1. 有专门（产品）标准规定的液压单向阀除外。

2. 上述文件经常用作液压单向阀供需双方交换的技术文件之一。

（3）液压电磁换向阀的技术要求

1）一般要求

① 电磁换向阀的公称压力应符合 GB/T 2346《液压传动系统及元件　公称压力系列》的规定。

② 板式连接的电磁换向阀的连接安装面应符合 GB/T 2514《液压传动　四油口方向控制阀安装面》的规定。

③ 电磁换向阀的滑阀机能应符合图纸要求并与铭牌标示一致。

④ 其他技术要求应符合 GB/T 7935《液压元件　通用技术条件》中 4.10 的规定。

⑤ 制造商应在产品样本及相关资料中说明产品的适用条件和环境要求。

2）性能要求

① 换向性能应符合 JB/T 10365—2014《液压电磁换向阀》的相关规定。

② 压力损失应符合 JB/T 10365—2014《液压电磁换向阀》中表 A.1 的相关规定。

③ 内泄漏量应符合 JB/T 10365—2014《液压电磁换向阀》中表 A.1 的相关规定。

④ 响应时间应符合 JB/T 10365—2014《液压电磁换向阀》中表 A.1 的相关规定。

⑤ 密封性应符合 JB/T 10365—2014《液压电磁换向阀》的相关规定。

⑥ 耐压性应符合 JB/T 10365—2014《液压电磁换向阀》的相关规定。

⑦ 耐久性应符合 JB/T 10365—2014《液压电磁换向阀》的相关规定。

3）装配和外观要求

① 电磁换向阀的装配和外观应符合 GB/T 7935《液压元件　通用技术条件》中 4.4～4.9 的规定。

② 电磁换向阀装配及试验后或出厂时的内部清洁度应符合 JB/T 7858《液压元件清洁度评定方法及液压元件清洁度指标》的规定。

4）说明　当选择遵守《液压电磁换向阀》标准时，在试验报告、产品目录和销售文件中应使用以下说明："本公司液压电磁换向阀产品符合 JB/T 10365—2014《液压电磁换向阀》的规定。"

笔者注：1. 有专门（产品）标准规定的液压电磁换向阀除外。

2. 上述文件经常用作液压电磁换向阀供需双方交换的技术文件之一。

（4）液压手动及滚轮换向阀的技术要求

1）一般要求

① 手动及滚轮换向阀的公称压力应符合 GB/T 2346《液压传动系统及元件　公称压力系列》的规定。

② 板式连接的手动及滚轮换向阀的连接安装面应符合 GB/T 2514《液压传动　四油口方向控制阀安装面》的规定。

③ 手动及滚轮换向阀的滑阀机能应符合图纸要求并与铭牌标示一致。

④ 其他技术要求应符合 GB/T 7935《液压元件　通用技术条件》中 4.10 的规定。

⑤ 制造商应在产品样本及相关资料中说明产品的适用条件和环境要求。

2）性能要求

① 换向性能应符合 JB/T 10369—2014《液压手动及滚轮换向阀》的相关规定。

② 压力损失应符合 JB/T 10369—2014《液压手动及滚轮换向阀》中表 A.1～表 A.5 的相关规定。

③ 内泄漏量应符合 JB/T 10369—2014《液压手动及滚轮换向阀》中表 A.1～表 A.5 的

相关规定。

④ 密封性应符合 JB/T 10369—2014《液压手动及滚轮换向阀》的相关规定。

⑤ 耐压性应符合 JB/T 10369—2014《液压手动及滚轮换向阀》的相关规定。

3）装配和外观要求

① 手动及滚轮换向阀的装配和外观应符合 GB/T 7935《液压元件　通用技术条件》中 4.4～4.9 的规定。

② 手动及滚轮换向阀装配及试验后或出厂时的内部清洁度应符合 JB/T 7858《液压元件清洁度评定方法及液压元件清洁度指标》的规定。

4）说明　当选择遵守《液压手动及滚轮换向阀》标准时，在试验报告、产品目录和销售文件中应使用以下说明："本公司液压手动及滚轮换向阀产品符合 JB/T 10369—2014《液压手动及滚轮换向阀》的规定。"

笔者注：1. 有专门（产品）标准规定的液压手动及滚轮换向阀除外。

2. 上述文件经常用作液压手动及滚轮换向阀供需双方交换的技术文件之一。

（5）液压电液动换向阀和液动换向阀的技术要求

1）一般要求

① 电液动换向阀和液动换向阀的公称压力应符合 GB/T 2346《液压传动系统及元件公称压力系列》的规定。

② 板式连接的电液动换向阀和液动换向阀的连接安装面应符合 GB/T 2514《液压传动四油口方向控制阀安装面》的规定。

③ 电液动换向阀和液动换向阀的滑阀机能应符合图纸要求并与铭牌标示一致。

④ 其他技术要求应符合 GB/T 7935《液压元件　通用技术条件》中 4.10 的规定。

⑤ 制造商应在产品样本及相关资料中说明产品的适用条件和环境要求。

2）性能要求

① 换向性能应符合 JB/T 10373—2014《液压电液动换向阀和液动换向阀》的相关规定。

② 电液动换向阀的压力损失应符合 JB/T 10373—2014《液压电液动换向阀和液动换向阀》中表 A.1、表 A.3、表 A.5 和表 A.7 的相关规定。

液动换向阀的压力损失应符合 JB/T 10373—2014《液压电液动换向阀和液动换向阀》中表 A.9～表 A.12 的相关规定。

③ 电液动换向阀的内泄漏量应符合 JB/T 10373—2014《液压电液动换向阀和液动换向阀》中表 A.2、表 A.4、表 A.6 和表 A.8 的相关规定。

液动换向阀的内泄漏量应符合 JB/T 10373—2014《液压电液动换向阀和液动换向阀》中表 A.9～表 A.12 的相关规定。

④ 电液动换向阀的响应时间应符合 JB/T 10373—2014《液压电液动换向阀和液动换向阀》中表 A.2、表 A.4、表 A.6 和表 A.8 的相关规定。

液动换向阀的响应时间应符合 JB/T 10373—2014《液压电液动换向阀和液动换向阀》中表 A.9～表 A.12 的相关规定。

⑤ 电液动换向阀的最低控制压力应符合 JB/T 10373—2014《液压电液动换向阀和液动换向阀》中表 A.1、表 A.3、表 A.5 和表 A.7 的相关规定。

液动换向阀的最低控制压力应符合 JB/T 10373—2014《液压电液动换向阀和液动换向阀》中表 A.9～表 A.12 的相关规定。

⑥ 密封性应符合 JB/T 10373—2014《液压电液动换向阀和液动换向阀》的相关规定。

⑦ 耐压性应符合 JB/T 10373—2014《液压电液动换向阀和液动换向阀》的相关规定。

⑧ 耐久性应符合 JB/T 10373—2014《液压电液动换向阀和液动换向阀》的相关规定。

3) 装配和外观要求

① 电液动换向阀和液动换向阀的装配和外观应符合 GB/T 7935《液压元件 通用技术条件》中 4.4～4.9 的规定。

② 电液动换向阀和液动换向阀装配及试验后或出厂时的内部清洁度应符合 JB/T 7858《液压元件清洁度评定方法及液压元件清洁度指标》的规定。

4) 说明 当选择遵守《液压电液动换向阀和液动换向阀》标准时，在试验报告、产品目录和销售文件中应使用以下说明："本公司液压电液动换向阀和液动换向阀产品符合 JB/T 10373—2014《液压电液动换向阀和液动换向阀》的规定。"

笔者注：1. 有专门（产品）标准规定的液压电液动换向阀和液动换向阀除外。

2. 上述文件经常用作液压电液动换向阀和液动换向阀供需双方交换的技术文件之一。

（6）液压电磁换向座阀的技术要求

1) 一般要求

① 电磁座阀的公称压力应符合 GB/T 2346《液压传动系统及元件 公称压力系列》的规定。

② 板式连接的电磁座阀的连接安装面应符合 GB/T 2514《液压传动 四油口方向控制阀安装面》的规定。

③ 其他技术要求应符合 GB/T 7935《液压元件 通用技术条件》的规定。

④ 制造商应在产品样本及相关资料中说明产品的适用条件和环境要求。

2) 性能要求

① 换向性能应符合 JB/T 10830—2008《液压电磁换向座阀》的相关规定。

② 压力损失应符合 JB/T 10830—2008《液压电磁换向座阀》的相关规定。

③ 内泄漏量应符合 JB/T 10830—2008《液压电磁换向座阀》的相关规定。

④ 响应时间应符合 JB/T 10830—2008《液压电磁换向座阀》的相关规定。

⑤ 密封性应符合 JB/T 10830—2008《液压电磁换向座阀》的相关规定。

⑥ 耐压性应符合 JB/T 10830—2008《液压电磁换向座阀》的相关规定。

⑦ 耐久性应符合 JB/T 10830—2008《液压电磁换向座阀》的相关规定。

3) 装配和外观要求

① 电磁座阀的装配和外观应符合 GB/T 7935《液压元件 通用技术条件》的规定。

② 电磁座阀装配及试验后或出厂时的内部清洁度应符合 JB/T 10830—2008《液压电磁换向座阀》的相关规定。

4) 说明 当选择遵守《液压电磁换向座阀》标准时，在试验报告、产品目录和销售文件中应使用以下说明："本公司液压电磁换向座阀产品符合 JB/T 10830《液压电磁换向座阀》的规定。"

笔者注：1. 有专门（产品）标准规定的液压电磁换向座阀除外。

2. 上述文件经常用作液压电磁换向座阀供需双方交换的技术文件之一。

1.3.6 液压缸技术要求

（1）液压缸一般技术要求

1) 一般要求

① 液压缸的公称压力应符合 GB/T 2346《液压传动系统及元件 公称压力系列》的规定。

② 液压缸内径、活塞杆外径应符合 GB/T 2348《液压气动系统及元件缸内径及活塞杆外径》的规定。

③ 油口连接螺纹尺寸应符合 GB/T 2878.1《液压传动连接　带米制螺纹和 O 形圈密封的油口和螺柱端　第 1 部分：油口》的规定。

④ 活塞杆螺纹型式和尺寸应符合 GB/T 2350《液压气动系统元件　活塞杆螺纹型式和尺寸系列》的规定。

⑤ 密封沟槽应符合 GB/T 2879《液压缸活塞和活塞杆动密封沟槽尺寸和公差》、GB 2880《液压缸活塞和活塞杆窄断面动密封沟槽尺寸系列和公差》、GB 6577《液压缸活塞用带支承环密封沟槽型式、尺寸和公差》、GB/T 6578《液压缸活塞杆用防尘沟槽型式、尺寸和公差》的规定。

⑥ 液压缸工作的环境温度应在 $-20 \sim +50$℃，工作介质温度应在 $-20 \sim +80$℃。

2）性能要求

① 最低启动压力试验测量值应符合 JB/T 10205—2010《液压缸》中 6.2.1 的规定。

② 内泄漏量试验测量值应符合 JB/T 10205—2010《液压缸》中 6.2.2 的规定。

③ 外渗漏试验测量值应符合 JB/T 10205—2010《液压缸》中 6.2.3.1 和 6.2.3.2 的规定。

④ 低压下的泄漏应符合 JB/T 10205—2010《液压缸》中 6.2.4 的规定。

⑤ 耐压性应符合 JB/T 10205—2010《液压缸》中 6.2.7 的规定。

⑥ 缓冲应符合 JB/T 10205—2010《液压缸》中 6.2.8 的规定。

3）装配和外观要求

① 液压缸的装配质量应符合 JB/T 10205—2010《液压缸》中 6.3.2 的规定。

② 液压缸的外观质量应符合 JB/T 10205—2010《液压缸》中 6.4 的规定。

4）其他要求　在与客户签订的合同或技术协议中约定的其他（特殊）要求。

5）说明　当选择遵守《液压缸》标准时，在试验报告、产品目录和销售文件中应使用以下说明："本公司液压缸产品符合 JB/T 10205—2010《液压缸》的规定。"

笔者注：1. 可能的话，应在液压缸技术要求中剔除 GB 2880 标准，并增加如 GB/T 3452.1—2005、GB/T 15242.3—1994 等标准。

2. 工作介质温度宜通过技术协议规定为 $-20 \sim +65$℃。

3. 出厂试验宜通过技术协议规定在室温下进行。

4. 有专门（产品）标准规定的液压缸或油缸除外。

5. 上述文件经常用作液压缸供需双方交换的技术文件之一。

（2）基于液压系统组成件的液压缸技术要求

① 抗失稳　为避免液压缸的活塞杆在任何位置产生弯曲或失稳，应注意缸的行程长度、负载和安装型式。

② 结构设计　液压缸的设计应考虑预定的最大负载和压力峰值。

③ 安装额定值　确定液压缸的所有额定负载时，应考虑其安装型式。

笔者注：液压缸的额定压力仅反映缸体的承压能力，而不能反映安装结构的力传递能力。

④ 限位产生的负载　当液压缸被作为限位器使用时，应根据被限制机件所引起的最大负载确定液压缸的尺寸和选择其安装型式。

⑤ 抗冲击和振动　安装在液压缸上或与液压缸连接的任何元件和附件，其安装或连接应能防止使用时由冲击和振动等引起的松动。

⑥ 意外增压　在液压系统中应采取措施，防止由于有效活塞面积差引起的压力意外增高超过额定压力。

⑦ 安装和调整　液压缸宜采取的最佳安装方式是使负载产生的反作用沿液压缸的中心线作用。液压缸的安装应尽量减少下列情况：

a. 由于负载推力或拉力导致液压缸结构过度变形；

b. 引起侧向或弯曲载荷；

c. 铰接安装型式的转动速度（其可能迫使采用连续的外部润滑）。

⑧ 安装位置　安装面不应使液压缸变形，并应留出热膨胀的余量。液压缸安装位置应易于接近，以便于维修、调整缓冲装置和更换全套部件。

⑨ 安装用紧固件　液压缸及其附件安装用的紧固件的选用和安装，应能使之承受所有可预见的力。脚架安装的液压缸可能对其安装螺栓施加剪切力。如果涉及剪切载荷，宜考虑使用具有承受剪切载荷机构的液压缸。安装用的紧固件应足以承受倾覆力矩。

⑩ 缓冲器和减速装置　当使用内部缓冲时，液压缸的设计应考虑负载减速带来压力升高的影响。

⑪ 可调节行程终端挡块　应采取措施，防止外部或内部的可调节行程终端挡块松动。

⑫ 活塞行程　行程长度（包括公差）如果在相关标准中没有规定，应根据液压系统的应用做出规定。

笔者注：行程长度的公差参见 JB/T 10205—2010，或可在液压缸基本参数中添加"最大行程"或"极限行程"，以适应允许行程长度变化的缸，如"可调行程液压缸"。

⑬ 活塞杆

a. 材料、表面处理和保护　应选择合适的活塞杆材料和表面处理方式，使磨损、腐蚀和可预见的碰撞损伤降至最低程度。宜保护活塞杆免受来自压痕、刮伤和腐蚀等可预见的损伤，可使用保护罩。

b. 装配　为了装配，带有螺纹端的活塞杆应具有可用扳手施加反向力的结构，参见 ISO 4395。活塞应可靠地固定在活塞杆上。

⑭ 密封装置和易损件的维护　密封装置和其他预定维护的易损件宜便于更换。

⑮ 气体排放

a. 放气位置　在固定式工业机械上安装液压缸，应使其能自动放气或提供易于接近的外部放气口。安装时，应使液压缸的放气口处于最高位置。当这些要求不能满足时，应提供相关的维修和使用资料。

b. 排气口　有充气腔的液压缸应设计或配置排气口，以避免危险。液压缸利用排气口应能无危险地排出空气。

1.3.7　液压马达技术要求

（1）液压马达一般技术要求

1）一般要求

① 液压马达的额定压力应符合 GB/T 2346《液压传动系统及元件　公称压力系列》的规定。

② 液压马达的公称排量应符合 GB/T 2347《液压泵及马达　公称排量系列》的 95%～110%。

③ 安装连接尺寸应符合 GB/T 2353《液压泵及马达的安装法兰和轴伸的尺寸系列及标注代号》的规定。

④ 油口连接螺纹尺寸应符合 GB/T 2878.1《液压传动连接　带米制螺纹和 O 形圈密封的油口和螺柱端　第 1 部分：油口》的规定。

⑤ 壳体技术要求应符合 GB/T 7935—2005《液压元件　通用技术条件》中 4.3 的规定。

⑥ 制造商应在产品样本及相关资料中说明产品的适用条件和环境要求。

2）性能要求

① 容积效率和总效率应符合 JB/T 10829—2008《液压马达》中 6.2.2 的规定。

② 启动效率应符合 JB/T 10829—2008《液压马达》中 6.2.3 的规定。

③ 低速性能应符合 JB/T 10829—2008《液压马达》中 6.2.3 的规定。

④ 噪声应符合 JB/T 10829—2008《液压马达》中 6.2.4 的规定。

⑤ 低温性能应符合 JB/T 10829—2008《液压马达》中 6.2.5 的规定。

⑥ 高温性能应符合 JB/T 10829—2008《液压马达》中 6.2.6 的规定。

⑦ 超速性能应符合 JB/T 10829—2008《液压马达》中 6.2.7 的规定。

⑧ 超载性能应符合 JB/T 10829—2008《液压马达》中 6.2.8 的规定。

⑨ 抗冲击性能应符合 JB/T 10829—2008《液压马达》中 6.2.9 的规定。

⑩ 密封性能应符合 JB/T 10829—2008《液压马达》中 6.2.10 的规定。

⑪ 耐久性应符合 JB/T 10829—2008《液压马达》中 6.2.11 的规定。

笔者注：双向马达可比单向马达指标低 1 个百分点。

3）装配和外观要求

① 液压马达的装配质量应符合 JB/T 10829—2008《液压马达》中 6.3 的规定。

② 液压马达的外观质量应符合 JB/T 10829—2008《液压马达》中 6.4 的规定。

4）其他要求　在与客户签订的合同或技术协议中约定的其他（特殊）要求。

5）说明　当选择遵守《液压马达》标准时，在试验报告、产品目录和销售文件中应使用以下说明："本公司液压缸产品符合 JB/T 10829—2008《液压马达》的规定。"

笔者注：1. 有专门（产品）标准规定的液压马达除外。

2. 上述文件经常用作液压马达供需双方交换的技术文件之一。

（2）基于液压系统组成件的液压马达技术要求

1）安装　液压马达的固定或安装应做到：

① 易于维修时接近；

② 不会因负载循环、温度变化或施加重载荷引起轴线错位；

③ 液压马达和任何驱动元件在使用时所引起的轴向和径向载荷均在额定极限内；

④ 所有油路均正确连接，所有液压马达的轴被液压油液驱动以正确方向旋转；

⑤ 充分地抑制振动。

2）联轴器和安装件

① 在所有预定使用的工况下，联轴器和安装件应能持续地承受液压马达产生的最大转矩。

② 当液压马达的连接区域在运转期间可接近时，应为联轴器提供合适的保护罩。

3）转速　转速不应超过规定极限。

4）泄油口、放气口和辅助油口　泄油口、放气口和类似的辅助油口的设置应不准许空气进入系统，其设计和安装应使背压不超过液压马达制造商推荐的值。如果采用高压排气，其设置应能避免对人员造成危害。

5）壳体的预先注油　当液压马达需要在启动之前预先注油时，应提供易于接近的和有记号的注油点，并将其设置在能保证空气不会被封闭在壳体内的位置上。

6）工作压力范围　如果对使用的液压马达的工作压力范围有任何限制，应在技术资料中做出规定。

7）液压连接　液压马达的液压连接应做到：

① 通过配管连接的布置和选择防止外泄漏，不使用锥管螺纹或需要密封填料的连接结构；

② 在不工作期间，防止失去已有的液压油液或壳体的润滑；

③ 防止可预见的外部损害，或尽量预防可能产生的危险结果；

④ 如果液压马达壳体上带有测压点，安装后应便于连接、测压。

1.4 液压系统及回路图常用附件技术要求

根据在 GB/T 17446—2012 标准中（液压）元件的定义，本书及其绝大部分参考文献中的（液压）附件或辅件都应统称为元件。

本书仍按元件、附件、油箱及配管等来划分液压（传动）系统中的功能件。

附件也称为辅件，见于 CB/T 1102—2008 等标准，但在 GB/T 17446—2012 中没有定义。

1.4.1 液压过滤器技术要求

为保持所要求的液压油液污染度，液压系统及回路应提供过滤。如果使用主过滤系统（如供油或回油管路过滤器）不能达到要求的液压油液污染度或有更高过滤要求时，可使用旁路过滤系统。过滤器应根据需要设置在压力管路、回油管路和/或辅助循环回路中，以达到系统要求的油液污染度。所有过滤器均应配备指示器，以使当过滤器需要维护时发出指示。指示器应易于操作人员或维护人员观察。当不能满足此要求时，在操作人员手册中应说明定期更换过滤器。过滤器应安装在易于接近处，并应留出足够的空间以便更换滤芯。选择过滤器应满足在预定流量和最高液压油液黏度时不超过蓄能器制造商推荐的初始压差。由于液压缸的面积比和减压的影响，因此通过回油管路过滤器的最大流量可能大于泵的最大流量。系统在过滤器两端产生的最大压差会导致滤芯损坏的情况下，应配备过滤器旁通阀。在压力回路内，污染物经过滤器由旁路流向下游不应造成危害。不推荐在泵的吸油管路安装过滤器，并且不宜将其作为主系统的过滤。可使用吸油口滤网或粗过滤器。

（1）基本技术参数要求

① 过滤器的过滤精度应符合产品技术文件的规定。过滤精度（μm）宜在 3、5、10、15、20、25、40 中选取。当过滤精度大于 40μm 时，由制造商自行确定。

② 过滤器的额定流量（L/min）宜在下列等级中选择：16、25、40、63、100、160、250、400、630、800、1000。当额定流量大于 1000L/min 时，由制造商自行确定。

③ 压力管路过滤器的公称压力应按 GB/T 2346 中的规定选择。

④ 在产品的技术文件中应规定过滤器在额定流量下的纳垢容量。

⑤ 装配有发讯器的过滤器，在产品技术文件中应标明发讯压降。

⑥ 装配有旁路阀的过滤器，在产品技术文件中应标明开启压降。在旁通阀压力降分别达到规定开启压降的 80% 和规定开启压降时，泄漏量应符合表 1（略）的规定。旁通阀关闭压降应不小于规定开启压降的 65%。通过旁通阀的流量达到过滤器的额定流量时，其压降应不大于开启压降的 1.7 倍。

⑦ 当过滤器同时安装发讯器和旁通阀时，应符合下式要求：

旁通阀开启压降的 65% ≤ 发讯压降 ≤ 旁路阀开启压降 80%

⑧ 在产品技术文件中应规定过滤器在额定流量下的初始压降。

⑨ 在产品技术文件中应提供在试验条件下的过滤器的流量压降特性曲线。

（2）材料要求

① 过滤器选用的材料应符合有关材料标准或技术协议的规定。

② 选用的材料应与工作介质相容。

③ 金属材料应耐腐蚀或加以保护处理，使过滤器在正常贮存和使用中具有抗盐雾、湿

热及其他恶劣条件的良好性能。

（3）性能要求

① 低压密封性　过滤器在 1.5kPa 压力下，外部不应有油液渗漏现象。

② 高压密封性　过滤器在 1.5 倍的公称压力下，外部不应有油液渗漏和永久性变形现象。

③ 爆破压力　过滤器在 3 倍的公称压力下不应爆裂。

④ 压降流量特性　在产品减速文件中应规定过滤器的压降流量特性。

（4）连接尺寸

在没有特殊规定时，过滤器与管路的连接尺寸应根据连接方式优先从表 2（略）中选取。

（5）设计与制造

① 过滤器应按照产品图样和产品技术文件的规定制造，其技术要求应符合本标准的规定。

② 过滤器宜设计成不需拆卸管接头或固定件就可拆换滤芯。

③ 过滤器应设计成能有效防止滤芯不正确安装的结构形式。

④ 当过滤器安装有旁路阀时，设计结构应避免沉积的污染物直接通过旁路阀。

⑤ 过滤器表面不应有压伤、裂纹、腐蚀、毛刺等缺陷。表面涂层在正常贮存、运输、使用过程中不允许开裂、起皮和剥落。

⑥ 过滤器应规定出厂清洁度指标，出厂时所有油口都应安装防尘盖。

（6）说明

当决定遵守《液压过滤器技术条件》标准时，建议制造商在试验报告、产品样本和销售文件中采用以下说明："液压过滤器符合 GB/T 20079—2006《液压过滤器技术条件》。"

笔者注：1. 有专门（产品）标准规定的液压过滤器除外。

2. 上述文件经常用作液压过滤器供需双方交换的技术文件之一。

3. 上述省略的表 1 和表 2 在 GB/T 20079—2006《液压过滤器技术条件》中。

1.4.2　液压隔离式蓄能器技术要求

在有充气式蓄能器的液压系统及回路中，当系统关闭时，液压系统应自动卸掉蓄能器的液体压力或彻底隔离蓄能器。在机器关闭后仍需要压力或液压蓄能器的潜在能量不会再产生任何危险（如夹紧装置）的特殊情况下，不必遵守卸（泄）压或隔离的要求。充气式蓄能器和任何配套的受压元件应在压力、温度和环境条件的额定极限内应用。在特殊情况下，可能需要采取保护措施防止气体侧超压。如果在充气式蓄能器系统内的元件和管接头损坏，会引起危险，应对它们采取适当保护。应按蓄能器供应商的说明对充气式蓄能器和所有配套的受压元件做出支撑。未经授权不应以加工、焊接或任何其他方式修改充气式蓄能器。充气式蓄能器的输出流量应与预定的工作需要相关，且不应超过蓄能器制造商的额定值。

（1）适应范围

适用于公称压力不大于 63MPa、公称容积不大于 250L，工作温度为 −10～+70℃，以氮气/石油基液压油或乳化液为工作介质的蓄能器。

（2）技术要求

1）一般技术要求

① 蓄能器的公称压力、公称容积（系列）应符合 GB/T 2352 的规定。

② 蓄能器的型式应符合 JB/T 7035 或 JB/T 7034 的规定。

③ 蓄能器胶囊型式与尺寸应符合 HG 2331 的规定。

④ 试验完成后，蓄能器胶囊中应保持 0.15～0.30MPa 的剩余压力。

⑤ 蓄能器应符合 GB/T 7935 的相关规定。

2）技术要求及指标

① 气密性试验后，不应漏气。

② 蓄能器密封性能试验和耐压试验过程中，各密封处不应漏气、漏油。

③ 蓄能器反复动作试验后，充气压力下降值不应大于预充压力值的 10%，各密封处不应漏油。

④ 蓄能器经反复动作试验后，作（做）漏气检查试验，不应漏气。

⑤ 渗油检查：蓄能器经反复动作试验和漏气检查后，充气阀阀座部位渗油不应大于 JB/T 7036—2006《液压隔离式蓄能器　技术条件》中表 1 的规定值。

⑥ 蓄能器解体检查：胶囊或隔膜不应有剥落、浸胀、龟裂老化现象，所有零件不应损坏，配合精度不应降低。

⑦ 清洁度检查：蓄能器内部的污染物质量不应大于 JB/T 7036—2006《液压隔离式蓄能器　技术条件》中表 2 的规定值。

3）蓄能器壳体技术要求应按照 JB/T 7038 的规定。

4）蓄能器胶囊的技术要求应按照 HG 2331 的规定。

5）安全要求

① 在使用蓄能器的液压系统中应装有安全阀，其排放能力必须大于或等于蓄能器排放量，开启压力不应超过蓄能器设计压力。

② 蓄能器内的隔离气体只能是氮气，且充气压力不应大于 0.8 倍的公称压力值。

③ 蓄能器在设计、制造、检验等方面应执行《压力容器安全技术监察规程》的有关规定。

④ 蓄能器应进行定期检验。检验周期按《压力容器安全技术监察规程》的规定，检验方法按《在用压力容器检验规程》的规定，检验结果应符合《压力容器安全技术监察规程》的有关规定。

⑤ 蓄能器在贮存、运输和长期不用时，其内部的剩余应力应低于 0.3MPa。

6）装配工艺要求、装配质量要求、外观质量要求等按照 JB/T 7036—2006《液压隔离式蓄能器　技术条件》的相关规定。

笔者注：1. 有专门（产品）标准规定的液压蓄能器除外。

2. 上述文件经常用作液压蓄能器供需双方交换的技术文件之一。

1.4.3　液压用热交换器技术要求

当自然冷却不能将系统油液温度控制在允许极限内时，或要求精确控制液压油液温度时，应使用热交换器。

当使用液体对液体的热交换器时，液压油液循环路径和流速应在制造商推荐的范围内。为保持所需的液压油液温度和使所需冷却介质的流量减到最小，温度控制装置应设置在热交换器的冷却介质一侧。冷却介质的控制阀宜位于输入管路上。为了维护，在冷却回路中应提供截止阀。应对冷却介质及其特性做出规定。应防止热交换器被冷却介质腐蚀。对于热交换器两个回路的介质排放应做出规定。对于液压油液和冷却介质，宜设置温度测量点。测量点设有传感器的固定接口，并保证可在不损失流体的情况下进行检修。

当使用液体对空气的热交换器时，两者的流速应在制造商推荐的范围内。应考虑空气的充足供给和清洁度。空气排放不应引起危险。

当使用加热器时，加热功率不应超过制造商推荐的值。如果加热器直接接触液压油液，宜提供液位联锁装置。为保持所需的液压油液温度，宜使用温度控制器。

（1）列管式冷却器技术要求

1）热交换性能要求　冷却器热交换性能应符合 JB/T 7356—2005（2016）《列管式冷却器》中表 5 的规定。

2）密封性要求　冷却器油侧和水侧在公称压力下，各焊缝、胀接及连接处不得有渗漏现象。

3）耐冲击性要求　GLC1 和 GLC2 型冷却器在公称压力下连续冲击 30 万次应无变形、泄漏和损坏。

4）零部件要求

① 换热管　换热管材料应符合 JB/T 7356—2005（2016）《列管式冷却器》中表 6 的规定。

② 管束　换热管应按 JB/T 7356—2005（2016）《列管式冷却器》的相关规定。

③ 壳体　壳体的焊缝、壁厚减薄量、法兰面对壳体内经轴线的垂直度等应按 JB/T 7356—2005（2016）《列管式冷却器》的相关规定。

④ 回水盖、后盖、回水座、上盖的铸件质量应符合 JB/T 5100 的规定，焊接件质量应符合 JB/T 5000.3 的规定。

5）连接尺寸偏差　冷却器连接尺寸的偏差应符合 JB/T 7356—2005（2016）《列管式冷却器》中表 9 和图 5 的规定。

6）清洁度　GLC1、GLC2 型冷却器内部清洗出的杂质重量应不大于 $400 mg/m^2$。

7）表面涂装　冷却器表面应烤漆或喷漆。漆膜应均匀，无漏涂、裂纹、流挂、起泡等缺陷。

8）寿命　冷却器在正常使用、维护的情况下，使用寿命应不小于三年。因换热管损坏使冷却面积低于公称冷却面积的 95% 时，视为冷却器寿命极限。

（2）船用板式冷却器

1）适用范围　适用于冷却介质为海水、淡水，被冷却介质为淡水、滑油，冷却面积为 $1 \sim 800 m^2$，介质设计压力不大于 1.0MPa 的冷却器。

2）技术要求　环境适应性、外观质量、材料、设计、制造、性能等应符合 CB/T 1036—2008《船用板式冷却器》的相关规定。

笔者注：1. 有专门（产品）标准规定的液压冷却器、加热器、热交换器除外。

2. 上述文件经常用作液压冷却器、加热器、热交换器供需双方交换的技术文件之一。

1.5　液压系统及回路图常用油箱及配管技术要求

1.5.1　油箱技术要求

（1）设计

油箱或连通的储液罐按以下要求设计：

① 按预定用途，在正常工作或维修过程中应能容纳所有来自于系统的油液。

② 在所有工作循环和工作状态期间，应保持液面在安全的工作高度并有足够的液压油液进入供油管路。

③ 应留有足够的空间用于液压油液的热膨胀和空气分离。

④ 对于固定式工业机械上的液压系统，应安装接油盘或有适当容量和结构的类似装置，

以便有效收集主要从油箱或所有不准许渗漏区域意外溢出的液压油液。

⑤ 宜采取被动冷却方式控制系统液压油液的温度；当被动冷却不够时，应提供主动冷却。

⑥ 宜使油箱内的液压油液低速循环，以允许夹带的气体释放和重的污染物沉淀。

⑦ 应利用隔板或其他方法将回流液压油液与泵的吸油口分隔开；如果使用隔板，隔板不应妨碍对油箱的彻底清扫，并在液压系统正常运行时不会造成吸油区与回油区的液位差。

⑧ 对于固定式工业机械上的液压系统，宜提供底部支架或构件，使油箱的底部高于地面至少150mm，以便于搬运、排放和散热。油箱的四脚或支撑构件宜提供足够的面积，以用于地脚固定和调平。

如果是压力油箱，则应考虑这种型式的特殊要求。

（2）结构

1）溢出　应采取措施，防止溢出的液压油液直接返回油箱。

2）振动和噪声　应注意防止过度的结构振动和空气传播噪声，尤其当元件被安装在油箱内或直接装在油箱上时。

3）顶盖　油箱顶盖的要求：

① 应牢固地固定在油箱体上。

② 如果是可拆卸的，应设计成能防止污染物进入的结构。

③ 其设计和制造宜避免形成聚集和存留外部固体颗粒、液压油液污染物和废弃物的区域。

4）配置　油箱配置按下列要求实施：

① 应按规定尺寸制作吸油管，以使泵的吸油性能符合设计要求。

② 如果没有其他要求，吸油管所处位置应能在最低工作液面时保持足够的供油，并能消除液压油液中的夹带空气和涡流。

③ 进入油箱的回油管宜在最低工作液面以下排油。

④ 进入油箱的回油管应以最低的可行流速排油，并促进油箱内形成所希望的液压油液循环方式；油箱内的液压油液循环不应促进夹带空气。

⑤ 穿出油箱的任何管路都应有效地密封。

⑥ 油箱设计宜尽量减少系统液压油液中沉淀污染物的泛起。

⑦ 宜避免在油箱内侧使用可拆卸的紧固件，如不能避免，应确保可靠紧固，防止其意外松动；且当紧固件位于液面上部时，应采取防锈措施。

5）维护　维护措施遵从下列规定：

① 在固定式工业机械上的油箱应设置检修孔，可供进入油箱内部各处进行清洗和检查；检修孔盖可由一人拆下或重新装上；允许选择其他检查方式，例如内窥镜。

② 吸油过滤器、回油扩散装置及其他可更换的油箱内部元件应便于拆卸或清洗。

③ 油箱应具有在安装位置易于排空液压油液的排放装置。

④ 在固定式工业机械上的油箱，宜具有可在安装位置完全排出液压油液的结构。

6）结构完整性　油箱设计应提供足够的结构完整性，以适应以下情况：

① 充满到系统所需液压油液的最大容量。

② 在所有可预见条件下，承受系统因所需流速吸油或回油而引起的正压力、负压力。

③ 支撑安装的元件。

④ 运输。

如果油箱上提供了运输用的起吊点，其支撑结构及附加装置应足以承受预料的最大装卸力，包括可预见的碰撞和拉扯，并且没有不利影响。为保证被安装或附加在油箱上的系统部件在装卸和运输期间被安全约束及无损坏或永久变形，附加装置应具有足够的强度和弹性。加压油箱的设计应充分满足其预定使用的最高内部压力要求。

7）防腐蚀　任何内部或外部的防腐蚀保护，应考虑到有害的外来污染物，如冷凝水。

8）等电位连接　如果需要，应提供等电位连接，如接地。

（3）辅件

1）液位指示器　油箱应配备液位指示器（例如，目视液位计、液位继电器和液位传感器），并符合以下要求：

① 应做出系统液压油液高、低液位的永久性标记。

② 应具有合适的尺寸，以便注油时可清楚地观察到。

③ 对特殊系统宜做出适当的附加标记。

④ 液位传感器应能显示实际液位和规定的极限。

2）注油点　所有注油点应易于接近并做出明显和永久的标记。注油点宜配备带密封且不可脱离的盖子，当盖上时可防止污染物进入。在注油期间，应通过过滤或其他方式防止污染。当此要求不可行时，应提供维护和维修资料。

3）通气口　考虑到环境条件，应提供一种方法（如使用空气滤清器）保证进入油箱的空气具有与系统要求相适合的清洁度。如果使用的空气滤清器可更换滤芯，宜配备指示滤清器需要维护的装置。

4）水分离器　如果提供了水分离器，应安装当需要维护时能发讯的指示器。

1.5.2　配管技术要求

在 GB/T 17446—2012 中的配管定义为：允许流体在元件之间流动的管接头、软管接头、硬管和/或软管的任何组合。在 GB/T 3766—2001（已被代替）中的管路定义为：管接头、软管接头与硬管或软管的任何组合，这种组合使得液压油液能在元件之间流动。

不管是配管还是管路，其组成都是管接头和硬管或软管，其中软管总成包括了管接头。液压系统常用管接头按其密封形式分为卡套式、扩口式、带（一般为金属的）卡套的或带 O 形圈的锥密封；按其与油口连接或密封形式分为 M 细牙普通螺纹、55°非密封管螺纹（G）、55°密封管螺纹（R）或 60°密封管螺纹（NPT），其中螺柱端为 M 细牙普通螺纹和 55°非密封管螺纹（G）的管接头与油口密封形式，分为 O 形圈角密封和组合密封垫圈密封。

管路系统的配管尺寸和路线的设计，应考虑在所有预定的工况下系统内各部分预计的液压油液流速、压降和冷却要求；应确保在所有预定的使用期间通过系统的液压油液流速、压力和温度能保持在设计范围内。宜尽量减少管路系统内管接头的数量，如利用弯管代替接头；宜使用硬管（如刚性管），如果为适用部件的运动、减振或降低噪声等需要，可使用软管；宜通过设计或防护，阻止管路被当作踏板或梯子使用。在管路上不宜施加外负载；管路不应用来支承会对其施加过度载荷的元件，过度载荷可由元件质量、撞击、振动和压力冲击引起。管路的任何连接宜便于使用扭矩扳手拧紧而尽量不与相邻管路或装置发生干涉，当管路终端连接于一组管接头时，设计尤其需要注意。应通过硬管和软管的标识或一些其他方法，避免可能引起危险的错误连接。宜使用弹性密封的管接头和软管接头。管接头的额定压力应不低于其所在系统部分的最高工作压力。

配管的公称压力应在表 1-9 中选取。

表 1-9	公称压力系列			MPa
0.25	4	[21]	50	160
0.63	6.3	25	63	
1	10	31.5	80	
1.6	16	[35]	100	
2.5	20	40	125	

注：方括号中为非推荐值。

配管内的液压油液流速宜按表 1-10 选取。

表 1-10	液压流速限值			m/s
管路分类	限值	推荐值	说　明	
吸油管路	≤1.2	0.8~1.0	宜按元件产品说明书及技术文件选取	
压力管路	≤5.0	3.0~5.0	压力较高、黏度较低、管路较短，可选取大值，反之选取小值；短管或局部收缩处流速限值可为≤10	
回油管路	≤4.0	1.5~3.0	与液压系统及回路功能要求相关，宜综合考虑	
泄油管路	≤1.0	0.5~1.0	宜按元件产品说明书及技术文件选取，注意液压系统及回路功能要求	

笔者注：在 GB/T 17446—2012 中只有回油管路和泄油管路有定义。

（1）硬管技术要求

硬管宜用钢材制造，除非以书面形式约定使用其他材料。外径≤50mm 的米制钢管的标称工作压力可按 ISO 10763 计算。

1）确认硬管的内、外直径（壁厚）尺寸和公差，材质及热处理状态，表面质量尤其内孔表面质量等，应符合相关标准规定并留存合格证及材质单等。

2）硬管应使用锯切割，也可以使用砂轮切割，但不允许使用火焰切割。切割硬管的断面的垂直度应符合相关标准规定。

3）配管制作技术要求按 JB/T 5000.11 中相关规定。

4）配管焊接技术要求按 JB/T 5000.11 中相关规定。

5）配管安全要求按 JB/T 5000.11 中相关规定。

6）配管试压时要按 5MPa 为一级逐级增压，每级持续 2~3min，严禁超压。达到试验压力后，保压 10min，应无泄漏。

硬管密封及耐压试验压力按表 1-11 规定。

表 1-11　硬管密封及耐压试验压力（摘自 JB/T 5000.11—2007）			MPa
系统工作压力 p_s	<16.0	16.0~31.5	>31.5
试验压力	$1.50p_s$	$1.25p_s$	$1.15p_s$

硬管（钢管）公称直径、外径、壁厚连接螺纹及推荐流量见表 1-12。

表 1-12	硬管（钢管）公称直径、外径、壁厚连接螺纹及推荐流量								
公称通径 DN		钢管外径	管接头连接螺纹	公称压力 PN /mm					推荐管路通过流量 Q（按 v_{max}=5m/s 流量）
				≤2.5	≤8	≤16	≤25	≤31.5	
mm	in	/mm	/mm	钢管壁厚/mm					/(L/min)
5、6	1/8	10	M10×1	1	1	1	1.6	1.6	6.3
8	1/4	14	M14×1.5	1	1	1.6	2	2	25
10、12	3/8	18	M18×1.5	1	1.6	1.6	2	2.5	40
15	1/2	22	M22×1.5	1.6	1.6	2	2.5	3	63
20	3/4	28	M27×2	1.6	2	2.5	3.5	4	100
25	1	34	M33×2	2	2	3	4.5	5	160

公称通径 DN		钢管外径	管接头连接螺纹	公称压力 PN /mm					推荐管路通过流量 Q（按 $v_{max}=5m/s$ 流量）
				≤2.5	≤8	≤16	≤25	≤31.5	
mm	in	/mm	/mm	钢管壁厚/mm					/(L/min)
32	1¼	42	M42×2	2	2.5	4	5	6	250
40	1½	50	M48×2	2.5	3	4.5	5.5	7	400
50	2	63	M60×2	3	3.5	5	6.5	8.5	630
65	2½	75	—	3.5	4	6	8	10	1000
80	3	90	—	4	5	7	10	12	1250
100	3	120	—	5	6	8.5	—	—	2500

笔者注：1. 表1-12中硬管外径小于等于50mm的，符合GB/T 2351—2005《液压气动系统用硬管外径和软管内径》的规定，且米制钢管的标称工作压力可按 ISO 10763 计算。

2. 有参考资料（包括标准）给出了按 $d \geqslant 4.61\sqrt{Q/v_{max}}$ (mm) 估算流道直径计算公式，其中 Q 和 v_{max} 的单位按表1-12。但在 CB/T 3388—1992 给出的公式中有错误。

关于钢管的更为详细的技术要求可参考 ISO 10763—2004。

笔者注：在 GB/T 3765—2008 中要求被连接碳钢管应采用符合 GB/T 3639 规定的低碳钢正火态（NBK）无缝钢管；不锈钢管应符合 ISO 1127 规定的退火态无缝钢管。

（2）管接头技术要求

1）卡套式管接头技术要求　卡套式管接头适用于管子外径 4～42mm、最大工作压力为 10～63MPa 液压流体传动和一般用途的管路系统。在新设计的液压流体动力系统中，应采用 F 型螺纹柱端。

符合卡套式管接头标准的碳钢管接头，在介质温度为 -40～+120℃ 范围内使用时，应能承受规定的压力。

除非另有规定，对于带弹性密封件的管接头，用于石油基液压油系统时应给予特别的工作温度范围，其工作温度范围可能缩小，也可能完全不适用于其他流体。

卡套式管接头的性能与试验技术要求如下：

① 用于液压流体动力与一般用途卡套式管接头的工作压力应符合 GB/T 3765—2008《卡套式管接头技术条件》中表1的规定。

② 卡套式管接头应按 GB/T 3765—2008《卡套式管接头技术条件》中附录 B 的相关章节通过重复安装试验。

③ 卡套式管接头应按 GB/T 3765—2008《卡套式管接头技术条件》中附录 B 的相关章节通过泄漏试验。

④ 卡套式管接头应按 GB/T 3765—2008《卡套式管接头技术条件》中附录 B 的相关章节通过耐压试验。

⑤ 卡套式管接头应按 GB/T 3765—2008《卡套式管接头技术条件》中附录 B 的相关章节通过爆破试验。

⑥ 卡套式管接头应按 GB/T 3765—2008《卡套式管接头技术条件》中附录 B 的相关章节通过循环脉冲试验。

⑦ 卡套式管接头应按 GB/T 3765—2008《卡套式管接头技术条件》中附录 B 的相关章节通过振动试验。

⑧ 卡套式管接头应按 GB/T 3765—2008《卡套式管接头技术条件》中附录 B 的相关章节通过拧紧试验。

在不同工作压力下 24°锥密封焊接接管的壁厚应符合表1-13的规定。

表 1-13 24°锥密封焊接接管的壁厚 mm

系列	管子外径	最大工作压力/MPa											
		10		16		25		31.5		40		63	
		内径	壁厚	内径	壁厚	内径	壁厚	内径	壁厚	内径	壁厚	内径	壁厚
L	6	3	1.5	3	1.5	3	1.5						
	8	5	1.5	5	1.5	5	1.5						
	10	7	1.5	7	1.5	7	1.5						
	12	8	2	8	2	8	2						
	(14)	10	2	10	2	10	2						
	15	10	2.5	10	2.5	10	2.5						
	(16)	11	2.5	11	2.5	11	2.5						
	18	13	2.5	13	2.5								
	22	17	2.5	17	2.5								
	28	23	2.5										
	35	29	3										
	42	36	3										
S	6	2.5	1.75	2.5	1.75	2.5	1.75	2.5	1.75	2.5	1.75	2.5	1.75
	8	4	2	4	2	4	2	4	2	4	2	4	2
	10	6	2	6	2	6	2	6	2	6	2	5	2.5
	12	8	2	8	2	8	2	8	2	7	2.5	6	3
	(14)	9	2.5	9	2.5	9	2.5	9	2	8	3	7	3.5
	16	11	2.5	11	2.5	11	2.5	11	2.5	10	3		
	20	14	3	14	3	14	3	14	3	12	4		
	25	19	3	19	3	19	3	17	4	16	4.5		
	30	24	3	24	3	22	4						
	38	32	3	32	3	28	5						

注：1. L 为轻载系列，S 为重载系列。

2. 尽量不采用括号内的规格。

卡套式管接头的其他技术要求，如材料要求、压力-温度要求、被连接管要求、扳拧尺寸与公差要求、结构与制造要求等按 GB/T 3765—2008《卡套式管接头技术条件》。

2）扩口式管接头技术要求 扩口式管接头适用于管子外径 4～34mm、最大工作压力为 3.5～16MPa 液压流体传动和一般用途的管路系统。

符合扩口式管接头标准的碳钢管接头，在介质温度为 −40～+120℃ 范围内使用时，应能承受规定的最大工作压力。

扩口式管接头的性能与（合格）试验技术要求如下：

① 扩口式管接头应按 GB/T 5653—2008《扩口式管接头技术条件》中试验方法和要求通过泄漏试验。

② 扩口式管接头应按 GB/T 5653—2008《扩口式管接头技术条件》中试验方法和要求通过耐压试验。

扩口式管接头的其他技术要求，如材料要求、压力-温度要求、被连接管要求、扳拧尺寸与公差要求、结构与制造要求等按 GB/T 5653—2008《扩口式管接头技术条件》。

3）锥密封焊接式管接头技术要求 锥密封焊接式（直通、直通55°非密封管螺纹、直通55°密封管螺纹、直通60°密封管螺纹）管接头适用于以油、气为介质，公称压力 PN≤31.5MPa，工作温度 −25～+80℃ 的管路系统。

锥密封焊接式（90°、55°非密封管螺纹90°、55°密封管螺纹90°、60°密封管螺纹90°）弯管接头分别适用于以油、气为介质，公称压力 PN≤（25、25、16、16）MPa，工作温度 −25～+80℃ 的管路系统。

锥密封（两端焊接式直通、焊接式直角、焊接式三通）管接头适用于以油、气为介质，公称压力 $PN \leqslant 31.5$MPa，工作温度$-25 \sim +80$℃的管路系统。

锥密封焊接式隔壁（直角、直通）管接头适用于以油、气为介质，公称压力 $PN \leqslant 31.5$MPa，工作温度$-25 \sim +80$℃的管路系统。

锥密封焊接式压力表管接头适用于以油、气为介质，公称压力 $PN \leqslant 31.5$MPa，工作温度$-25 \sim +80$℃的管路系统。

锥密封焊接式管接头技术要求如下：

① 各零件材料应按表 1-14 的规定。

表 1-14　锥密封焊接式管接头金属零件材料

零件名称	材　料		
	抗拉强度/MPa	推荐牌号	标准号
接头体	$\geqslant 520$	35、45	GB/T 699
螺母			
弯头			
锥管	$\geqslant 400$	20、35	GB/T 699
锥体			
薄螺母	$\geqslant 380$	Q235A	GB/T 700

② 零件表面一般进行氧化处理（发黑或发蓝）。

③ 普通螺纹（M）基本尺寸按 GB/T 196 的规定，公差按 GB/T 197 的规定，内螺纹为 6H、外螺纹为 6g。55°非密封管螺纹（G）的外圆柱管螺纹按 GB/T 7307—2001 中的 A 级规定。55°密封管螺纹（R）的锥管螺纹按 GB/T 7306 的规定。60°密封管螺纹（NPT）的锥管螺纹按 GB/T 12716 的规定。

④ 零件上不允许有裂纹、气孔、砂眼、毛刺、飞边、凹痕、刮伤以及影响使用的缺陷。

⑤ 零件六方头的形状和位置公差按 GB/T 3103.1 中的产品等级 A 级的规定。

⑥ 接头体 24°内锥面轴线与旋紧螺纹轴线的同轴度公差和锥管 24°外锥面与其管径轴线的同轴度公差均不得大于 $\phi 0.10$mm。

⑦ 接头体的六方头支承面前端装有组合圈或 O 形密封圈的端面与螺纹轴垂直度公差不得大于 0.10mm。

⑧ 锥管弯曲后轴线与外锥面轴线的垂直度公差不得大于 0.30mm。

⑨ 零件上金属切削部位未注尺寸公差的极限偏差按 GB/T 1804 的规定，孔为 H13，轴为 h12，长度尺寸为 JS13 或 js13。零件上未注形状和位置公差按 GB/T 1184 中的 C 级规定。

⑩ 零件应根据型式、规格按规定注明标记。

⑪ 产品接头加压至公称压力的 1.5 倍时，保压不少于 5min，不允许有渗漏（静压试验）。

⑫ 产品接头装入试验装置中压力脉冲波形，以 0.5~1Hz（30~60 次/min）频率进行 10 万次的脉冲试验，应无泄漏，拆卸后检查零件应无损伤。

锥密封焊接式管接头的其他技术要求按 JB/T 6386—2007《锥密封焊接式管接头技术条件》。

4）O 形圈平面密封接头技术要求　O 形圈平面密封接头适用于以液压油（液）为工作介质，管子外径为 6~50mm，工作温度范围为$-20 \sim +100$℃，工作压力在 6.5kPa 的绝对真空压力至 63MPa 的管路系统。

O 形圈平面密封接头技术要求如下：

① JB/T 966 范围内的接头形式和尺寸应符合标准的规定。

② 接头应与相适用的钢管配合使用，碳钢钢管应符合 GB/T 3639，表 1-15 给出了管子外径的极限尺寸。

表 1-15　钢管外径尺寸偏差　　　　　　　　　　mm

管子外径		外径极限尺寸	
Ⅰ系列	Ⅱ系列	min	max
6	—	5.9	6.1
8	—	7.9	8.1
10	—	9.9	10.1
12	—	11.9	12.1
16	—	15.9	16.1
20	—	19.9	20.1
25	—	24.9	25.1
—	28	27.9	28.1
30	—	29.85	30.15
—	35	34.85	35.15
38	—	37.85	38.15
—	42	41.85	42.15
—	50	49.85	50.15

注：应优先选用Ⅰ系列钢管。

③ 螺纹基本尺寸应符合 GB/T 196 的规定，公差应符合 GB/T 197 的规定；外螺纹为 6g 级，内螺纹为 6H 级；外螺纹表面粗糙度值应为 $Ra \leqslant 3.2\mu m$，内螺纹表面粗糙度值应为 $Ra \leqslant 6.3\mu m$；未注的螺纹收尾、肩距、退刀槽、倒角按 GB/T 3 的规定。

④ 除非另有注明，所有急弯都应倒角，但最大 0.15mm。

⑤ 对柱端直通接头（ZZJ）、直角可调柱端接头（JTJ）、直角活动接头（JHJ）等进行爆破试验，其最小爆破压力应符合表 1-16 的规定。

表 1-16　O 形圈平面密封接头的试验压力　　　　　　MPa

管子外径 /mm	柱端形式					
	固定柱端			可调柱端		
	工作压力	试验压力		工作压力	试验压力	
		爆破压力	脉冲压力		爆破压力	脉冲压力
6	63	252	83.8	40	160	53.2
8	63	252	83.8	40	160	53.2
10	63	252	83.8	40	160	53.2
12	63	252	83.8	40	160	53.2
16	40	160	53.2	40	160	53.2
20	40	160	53.2	40	160	53.2
25	40	160	53.2	31.5	126	41.9
28	40	160	53.2	31.5	126	41.9
30	25	100	33.2	25	100	33.2
35	25	100	33.2	25	100	33.2
38	25	100	33.2	20	80	26.6
42	25	100	33.2	16	64	21.3
50	16	64	21.3	16	64	21.3

⑥ 上述各种接头在表 1-16 给出的各自的脉冲压力下应能通过 100 万次循环脉冲试验。

O 形圈平面密封接头的其他技术要求，如材料要求、压力-温度要求、尺寸和公差要求、制造要求及试验要求等按 JB/T 966—2005《用于流体传动和一般用途的金属管接头　O形圈平面密封接头》。

笔者注：JB/T 966—2005 规定的循环脉冲试验次数比其他管接头多了 10 倍。

1.6 液压工作介质技术要求

1.6.1 液压系统及元件清洁度技术要求

有参考文献介绍，目前使用的液压设备工作介质污染度普遍超标；使用的新油液固体颗粒污染等级也超出液压缸产品标准所规定的污染度。

清洁度是与污染度对应的、衡量液压系统或元件清洁程度的量化指标。通常用于描述油液污染程度的量化术语——污染度是与可控环境有关的污染物的含量。在锻压机械液压系统中，通常以单位体积油液中所含污染物颗粒尺寸大于 $5\mu m$ 和大于 $15\mu m$ 的浓度表示。

锻压机械液压系统的清洁度应符合表 1-17 和表 1-18 的规定。

表 1-17　锻压机械普通液压系统清洁度指标

系统类型/MPa	中、低压系统<8	中、高压系统>8～16	高、超高压系统>16
清洁度	20/17	19/16	18/15

表 1-18　锻压机械数控、比例控制液压系统清洁度指标

系统类型/MPa	中、低压系统<8	中、高压系统>8～16	高、超高压系统>16
清洁度	19/16	18/15	17/14

重型机械液压系统的清洁度应符合表 1-19 的规定。

表 1-19　重型机械液压系统清洁度指标

液压系统类型	ISO 4406、GB/T 14039　油液固体颗粒污染物等级代号									
	12/9	13/10	14/11	15/12	16/13	17/14	18/15	19/16	20/17	21/18
	NAS 1638 分级									
	3	4	5	6	7	8	9	10	11	12
精密电液伺服系统	+	+	+							
伺服系统			+		+					
电液比例系统					+	+	+			
高压系统					+	+				
中压系统						+	+		+	
低压系统							+	+		+
一般机器液压系统							+	+		+
行走机械液压系统					+	+	+			
冶金轧制设备液压系统					+	+	+			
重型锻压设备液压系统					+	+	+			

液压元件的清洁度指标应按相应产品标准的规定。产品标准中未作规定的主要液压元件和附件清洁度指标应按 JB/T 7858—2006《液压元件清洁度评定方法及液压元件清洁度指标》中表 2 的规定。液压油液的污染度（按 GB/T 14039 表示）应适合于系统中对污染最敏感的元件。

几种液压缸产品标准中的清洁度要求见表 1-20。

表 1-20　产品标准规定的液压缸清洁度指标

标准	产品	缸体内部清洁度	试验用油液清洁度
GB/T 24946—2010	船用数字液压缸	不得高于—/19/16	不得高于—/19/16
JB/T 10205—2010	液压缸	不得高于—/19/16	不得高于—/19/15
JB/T 11588—2013	大型液压油缸	不得高于 19/15 或—/19/15	不得高于 19/15 或—/19/15
DB44/T 1169.1—2013	伺服液压缸	不得高于 13/12/10	不得高于 13/12/10

笔者注：用显微镜计数的代号中第一部分用符号"—"表示。

1.6.2　液压油技术要求

液压系统常用工作介质应按 GB/T 7631.2 规定的牌号选择。根据 GB/T 7631.2 规定，将液压油分为 L-HL 抗氧防锈液压油、L-HM 抗磨液压油（高压、普通）、L-HV 低温液压油、L-HS 超低温液压油和 L-HG 液压导轨油五个品种。笔者特别强调："在存在火灾危险处，应考虑使用难燃液压油液。"

表 1-21 给出了液压系统常用工作介质的牌号及主要应用。

表 1-21　H 组（液压系统）常用工作介质的牌号及主要应用

工作介质		组成、特征和主要应用介绍
工作介质牌号	黏度等级	
L-HH	15	本产品为无（或含有少量）抗氧剂的精制矿物油 适用于对液压油无特殊要求（如：低温性能、防锈性、抗乳化性和空气释放能力等）的一般循环润滑系统、低压液压系统和十字头压缩机曲轴箱等的循环润滑系统。也可适用于轻负荷传动机械、滑动轴承和滚动轴承等油浴式非循环润滑系统 无本产品时可选用 L-HL 液压油
	22	
	32	
	46	
	68	
	100	
	150	
L-HL	15	本产品为精制矿物油，并改善其防锈和抗氧性的液压油 常用于低压液压系统，也可适用于要求换油期较长的轻负荷机械的油浴式非循环润滑系统 无本产品时可用 L-HM 液压油或其他抗氧防锈型液压油
	22	
	32	
	46	
	68	
	100	
L-HM	15	本产品为在 L-HL 液压油基础上改善其抗磨性的液压油 适用于低、中、高压液压系统，也可适用于中等负荷机械润滑部位和对液压油有低温性能要求的液压系统 无本产品时，可用 L-HV 和 L-HS 液压油
	22	
	32	
	46	
	68	
	100	
	150	
L-HV	15	本产品为在 L-HM 液压油基础上改善其黏温性的液压油 适用于环境温度变化较大和工作条件恶劣的低、中、高压液压系统和中等负荷机械润滑部位，对油有更高的低温性能要求 无本产品时，可用 L-HS 液压油
	22	
	32	
	46	
	68	
	100	
L-HR	15	本产品为在 L-HL 液压油基础上改善其黏温性的液压油 适用于环境温度变化较大和工作条件恶劣的（野外工程和远洋船舶等）低压液压系统和其他轻负荷机械的润滑部位。对于有银部件的液压元件，在北方可选用 L-HR 油，而在南方可选用对青铜或银部件无腐蚀的无灰型 HM 和 HL 液压油
	32	
	46	
L-HS	10	本产品为无特定难燃性的合成液，它可以比 L-HV 液压油的低温黏度更小 主要应用同 L-HV 油，可用于北方寒季，也可全国四季通用
	15	
	22	
	32	
	46	
L-HG	32	本产品为在 L-HM 液压油基础上改善其黏温性的液压油 适用于液压和导轨润滑系统合用的机床，也可适用于要求有良好黏附性的机械润滑部位
	68	

液压系统常用的 L-HM（高压、普通）抗磨液压油的技术要求见表 1-22。

表 1-22　L-HM（高压、普通）抗磨液压油的技术要求

项　目	质量指标									
	L-HM（高压）				L-HM（普通）					
黏度等级	32	46	68	100	22	32	46	68	100	150
密度(20℃)/(kg/m³)	报告				报告					
色度/号	报告				报告					
外观	透明				透明					
开口闪点/℃　　不大于	175	185	195	205	165	175	185	195	205	215
运动黏度/(mm²/s)　40℃	28.8~35.2	41.4~50.6	61.2~74.8	90~110	19.8~24.2	28.8~35.2	41.4~50.6	61.2~74.8	90~110	135~165
0℃					300	420	780	1400	2560	—
黏度指数　　不小于	95				85					
倾点/℃　　不高于	−15	−9	−9	−9	−15	−15	−9	−9	−9	−9
以 KOH 计酸值/(mg/g)	报告				报告					
质量水分/%　　不大于	痕迹				痕迹					
机械杂质	无				无					
清洁度	①				①					
铜片腐蚀/级　　不大于	1				1					
硫酸盐灰分/%	报告				报告					
液相腐蚀(24h)　A 法	—				无锈					
B 法	无锈				—					
泡沫性(泡沫倾向/泡沫稳定性)/(mL/mL)　程序Ⅰ(24℃)　　不大于	150/0				150/0					
程序Ⅰ(93.5℃)　　不大于	75/0				75/0					
程序Ⅰ(后 24℃)　　不大于	150/0				150/0					
空气释放值(50℃)/min　　不大于	12	10	13	报告	5	6	10	13	报告	报告
抗乳化性(乳化液到 3mL 的时间)/min　54℃　　不大于	30	30	30	—	30	30	30	30	—	—
82℃　　不大于	—	—	—	报告	—	—	—	—	30	30
密封适应性指数　　不大于	12	10	8	报告	13	12	10	8	报告	报告
氧化安定性　以 KOH 计 1500h 后总酸值/(mg/g)　　不大于	2.0				—					
以 KOH 计 1000h 后总酸值/(mg/g)　　不大于	—				2.0					
1000h 后油泥/mg	报告				报告					
旋转氧弹(150℃)/min	报告				报告					
抗氧性　齿轮机试验/失效级　　不小于	10	10	10	10	—	10	10	10	10	10
抗氧性　叶片泵试验(100h,总失重)/mg　　不大于	—	—	—	—	100	100	100	100	100	100
抗氧性　磨斑直径(392N,60min,75℃,1200r/min)/mm	报告				报告					

项　目		质　量　指　标	
		L-HM(高压)	L-HM(普通)
抗氧性 双泵(T6H20C)试验 叶片和柱销总失重/mg	不大于	15	—
柱塞总失重/mg	不大于	300	—
水解安定性 铜片失重/(mg/cm²)	不大于	0.2	—
以 KOH 计水层总酸度/mg	不大于	4.0	—
铜片外观		未出现灰、黑色	—
热稳定性(135℃,168h) 铜棒失重/(mg/200mL)	不大于	10	—
钢棒失重/(mg/200mL)		报告	—
总沉渣重/(mg/100mL)	不大于	100	—
40℃运动黏度变化率/%		报告	—
酸值变化率/%		报告	—
铜棒外观		报告	—
钢棒外观		不变色	—
过滤性/s 无水	不大于	600	—
2%水	不大于	600	—
剪切安定性(250 次循环后,40℃运动黏度下降率)/%	不大于	1	—

　① 清洁度由供需双方协商确定。也包括用 NAS 1638 分级。

　　所有与液压油液接触使用的元件应与该液压油液相容。应采取附加的预防措施,防止液压油液与下列物质不相容产生问题:

　　① 防护涂料和与系统有关的其他液体,如油漆、加工和(或)保养用的液体;

　　② 可能与溢出或泄漏的液压油液接触的结构或安装材料,如电缆、其他维修供应品和产品;

　　③ 其他液压油液。

1.7　液压系统和液压泵站设计禁忌

1.7.1　液压系统设计禁忌

　　(1)液压系统原理选择禁忌

　　① 液压系统安全性设计禁忌　液压系统及元件均需要限制(定)最高压力,亦即需要在额定压力(或最高工作压力、公称压力)及以下使用。除采用压力补偿式变量泵的液压动力源外,一般液压系统上应设置一个或多个溢流阀用来限制液压系统所有部分的压力,尤其应在液压缸有杆腔处考虑设置溢流阀,用于防止由于活塞面积差引起的增压超过液压缸额定

压力极限。

溢流阀用来控制容腔内的压力值,当压力超过设定压力时,通过溢流来降低压力,溢出的液压油液一般直接流回油箱。

禁忌液压系统中缺失压力限制装置和压力显示(指示)装置。

② 液压系统实用性设计禁忌 液压系统中不能设置多余的回路。液压系统的控制功能包括控制精度只能是在现有元件可能达到的范围内选择与设计,过分的控制设计即可能是"冗余"。

以节流式调速回路为例,一般进油节流调速(进口节流控制)、回油节流调速(出口节流控制)和旁路节流调速不可同时出现在一台液压系统中,一条管路上一般也不可设置安装两台相同的节流阀。

除为提高液压系统安全性设计外,禁忌液压系统"冗余"设计。

液压系统的适用性还应表现在可检查、可维修上,必要的压力、流量、温度等仪器仪表必须设置;必要的检测、检查油口必须预留;必要的拆装空间必须足够。

禁忌液压系统不可检查、不可维修。

液压传动及控制不是万能的,其本身也存在诸多缺点,如速度范围、响应时间(速度)、控制精度、液压冲击、环境温度、噪声和振动等。因此,必要时应考虑结合其他传动与控制形式,优化完善整机的实用性能。

禁忌设计不稳定(运行条件或工况)的液压系统及回路。

③ 液压系统经济性设计禁忌 除液压系统及回路设计要简单、实用外,液压元件选择也应在满足功能的前提下,选择价格比较低的元件,如液压泵应首选齿轮泵、节流式调速应首选节流阀、背压回路应首选单向阀等。

液压元件间连接形式很重要,除高压、大流量液压系统首选二通插装式液压阀外,其他如板式阀、管式阀、叠加阀、螺纹插装阀等,以管路数量少、折弯少、长度短,油路块体积小、设计、加工、制造简单、容易为好。

液压元件品牌也很重要,一般应在供需双方合同中明确,且最好采用国产自主品牌的液压产品,以支持民族工业的发展与进步。

选择简单的连接形式、易采购的液压元件可以缩短液压系统制造工期,有利于降低成本,提高经济效益。

禁忌忽视成本、效益的液压系统设计。

④ 液压系统可靠性设计禁忌 在保证完成要求的功能的前提下,液压系统越简单越好。液压回路设计得越复杂,故障率可能越高;越简单的液压系统及回路,可靠性越高。

液压回路(局部)功能应明确且宜单一,否则安全性、可靠性即可能受到影响。如在进油或回油节流调速回路中,液压动力源安全阀如兼作溢流阀,其液压系统的安全性、可靠性即可能降低。

液压系统中各功能回路不能相互干涉,液压泵可能因回路相互干涉或外部负载作用而出现逆转,执行元件也可能因回路相互干涉或外部负载作用而出现预设之外的移动或转动,甚至不可控。

防止液压泵逆转的可靠办法是在液压泵出口处设计、安装单向阀。

在换向回路中,一台执行元件如液压缸,宜对应采用一台换向阀控制其换向;如采用两台或两台以上换向阀串联控制一台液压缸,则可能出现液压缸"乱动"。除特殊的液压装置或液压机之外,禁忌采用管路或回路跨越换向阀将液压动力源与执行元件直接连接,因为这样可能导致液压执行元件变得不可控。

笔者注:此处非指"串联流量控制阀"。

禁忌设计、应用可靠性差的液压系统及回路。

（2）液压系统节能设计禁忌

液压系统的功率消耗一般由以下四部分组成：在泵总效率中的功率损失、在供给液压功率传递与控制过程中流动损失、在执行元件总效率如马达总效率［在现行液压缸标准中缺失总效率这一参数（量）］中的功率损失以及溢流和泄油液压功率损失等，在液压系统中的这些功率损失绝大部分转换成了热量（能）。

降低功率消耗、提高效率、减少和控制发热，保证和延长液压元件、密封、工作介质的使用寿命，减少故障和提供可靠性，是液压系统节能设计的目的。

① 液压动力源带载启动禁忌　液压泵带载启动不仅可能降低泵的自吸性能，而且可能致使电动机过流、堵转，同时降低了泵总功率。

禁忌液压泵带载启动。

② 液压系统卸荷禁忌　当液压系统不需要供油时，应使液压泵输出的油液在最低的压力下返回油箱。

禁忌在液压系统不需要供油时液压泵以较高的液压功率排油。

③ 液压系统溢流禁忌　液压系统溢流是油液通过阀在设定压力下向油箱排放油液，这些阀可能是溢流阀、溢流减压阀、三通流量控制阀［压力补偿（型）流量控制阀］或顺序阀等。

禁忌设计长时间（或全程）靠溢流调速的液压系统及回路。

④ 液压系统节流禁忌　液压系统及回路的执行元件最高工作速度与最低工作速度相差很大时，宜采用其他措施对其增速，而不宜采用一台大排量定量液压泵靠溢流阀、节流调速控制执行元件速度。

有参考资料介绍，定量泵、溢流阀和节流阀调速液压系统的效率一般低于 40%。

禁忌设计功率（压力匹配、流量匹配）不匹配的液压系统及回路。

所谓压力匹配即供给压力与负载压力相当，其他亦同。

⑤ 液压系统热交换禁忌　不管是在液压系统上设计、安装加热装置还是冷却装置都需要耗能。合理设计液压系统及回路包括油箱，使其在被动冷却方式下即能将泵吸油口温度控制在一定范围内，将是一种较好的设计。宜采取被动冷却方式控制系统液压油液的温度；当被动冷却不够时，应提供主动冷却。

禁忌超出实际需要包括安全要求额外配置热交换器。

（3）液压系统中多台执行元件控制禁忌

在一台单泵液压系统中有两台或多台执行元件如液压缸，由于各液压缸基本参数可能不同，可以达到或要求的工作速度范围可能不同，所驱动的外部负载也可能不同等，因此需要液压（主）系统对各个子系统进行功率分配和控制。

① 子系统功率分配禁忌　在液压系统及回路分析中，液压功率分配是一个基本问题。在一台液压泵通过一台换向阀同时供给两台并联连接的液压缸情况下，液压功率优先分配给负载压力低的液压缸，即负载压力低的液压缸首先动作。因实际中液压缸的负载压力可能是变化的，所以究竟是哪一台液压缸先动也可能是变化的。况且，大多数情况是期望两台液压缸速度同步运动。

在一台液压泵通过几台换向阀（或多路换向阀）同时供给相同台数的液压缸的情况下，其各台液压缸的动作（次序）与上述情况相同。

典型的图例是并联油路多路换向阀，如图5-4所示，其各单阀之间的进油路并联且可各自独立操作，此时系统压力由最小外部负载决定；当同时操作两个或两个以上单阀时，负载压力小的液压缸首先动作，其他液压缸也依次再动作，此时分配给多台动作中的每台液压缸的液压功率仅是液压泵供给功率的一部分。

为了使液压缸动作（次序）可控，子系统功率分配符合要求，实际液压系统中一般都需要设计、安装液压阀，常用的液压阀有节流阀（调速阀）、顺序阀或减压阀。

有两台或两台以上的执行元件的液压系统，其动作次序可能是依次动作也可能是同步动作或其组合。但不管是何种动作次序，都应是预先设计的且可控的。

禁忌由外部负载决定执行元件动作（次序）。

② 多台执行元件控制禁忌 为了使多台执行元件动作可控，采用一台换向阀控制一台执行元件的方案比较可行；如总是一台执行元件工作，则各台换向阀（多路换向阀中的单阀）间可采用串并联连接，如图 5-6 所示串并联油路多路换向阀，其各单阀之间进油路串联，只可有一个单阀操作且以进油管路上游阀优先有效，即只能有一台液压缸动作，以及各液压缸间互锁，此时分配给单台动作的液压缸的液压功率是液压泵供给功率的全部。

其可能存在的一种特殊情况是：当进油管路上游阀处于阀芯位置过渡状态时，下游阀亦可操作有效。

标准规定的液压多路换向阀可以认为是手动控制（操纵）的。其他液压方向控制阀有电（气、磁）控制、比例控制、伺服控制、电液控制、液压控制（液控或液动）等。

换向阀选择何种控制方式、方法，主要是根据主机要求、现有产品规格型号以及液压系统控制要求而定，如工程机械及简单、小型、操作不频繁的液压装置、液压机械、液压设备等大都采用手动控制，而高压、大流量的液压系统则选择电液控制。

应急控制应考虑手动控制，包括换向阀应具有手动推杆（手动控制）。

目前采用电磁比例换向阀的液压系统越来越多，这是因为先导式或直动式带比例电磁铁的比例换向阀既可控制液流方向又可控制流量，亦即可以同时进行方向和速度控制。对执行元件有方向、速度以及同步等要求的液压系统，采用比例阀使液压系统变得简单、控制容易、精度较高、成本相对较低、可远程和（开环或闭环）自动控制，在同步回路上应用优势明显。

禁忌设计多台执行元件动作相互干涉或控制方式不适合的液压系统及回路。

（4）防止液压冲击设计禁忌

液压冲击包含了流量和/或压力在一定时间段中的升降以及由于流量急遽（剧）减小所产生的压力上升（水锤），一般在液压系统及元件中应尽量避免。

液压冲击在换向阀快速换向（流动迅速关闭或打开）、执行元件快速换向或急停时都可能产生压力冲击，管道长度、内径、壁厚，流速大小，工作介质密度、工作介质和管道弹性模量等，都对液压冲击有影响。振动、噪声、撞击乃至急剧的压力升高，不但使连接、密封、元件及配管（管道）等松动（脱）、泄漏，甚至可使其破坏。

防止或减小液压冲击有一些常见办法，例如：

① 延长换向时间，缓慢换向，一般可采用无冲击型或换向速度（包括回中速度）可调型换向阀；

② 加粗管道直径、设置预开口或预卸（泄）压，减慢流速，一般在阀体和/或阀芯上设置预开口，在液压回路上通过先导压力控制液压阀预泄压；

③ 缩短管路长度、减少管路折弯数和使用胶管，都可以有效减小冲击；

④ 使用蓄能器消除液压冲击。

禁忌设计忽视液压冲击的液压系统及回路。

用于防止或减小在急遽（剧）改变液压缸运动速度时，由于油液及运动部件的惯性作用而引起的压力冲击的办法，请见本章第 1.8.1 节第（3）条第 3）款液压缸缓冲装置设计禁忌。

1.7.2 液压泵站设计禁忌

液压泵站原指原动机（电动机）、带或不带油箱的泵以及辅助装置（例如控制、溢流阀）的总成，而实际中包括目前可见的标准，液压泵站是除执行元件及配管之外的液压系统部分，尤其不可缺少油箱。

液压泵站设计除应注意液压系统设计禁忌、油箱设计禁忌等外，还应注意如下禁忌：

① 禁忌液压泵受径向或轴向载荷作用。不管是齿轮泵、叶片泵还是柱塞泵，其泵轴一般都不能承受径向和/或轴向载荷。原动机（如电动机）与其连接，除油泵电机组外，一般应采用弹性联轴器连接如内齿形弹性联轴器、梅花形弹性联轴器等；一般不能采用带、链或齿轮传动。

特殊的液压泵如采用带、链或齿轮传动的，应符合该液压泵制造商产品样本和技术文件的规定和要求。

笔者注：所谓径向载荷非指通过联轴器作用于泵轴的转矩。

② 禁忌泵连接同轴度超差。不管是使用支架（座）还是法兰安装的液压泵，其泵轴与电机轴的同轴度都不能超差，一般要求泵轴与电机同轴度误差≤ϕ0.05mm。

为了保证泵轴与电机的同轴度，对与泵安装面抵靠的支架或法兰面也应给出垂直度要求，一般垂直度误差也应控制在≤0.05mm。

③ 禁忌液压泵组底座强度、刚度不足。通过支架（座）安装的液压泵，其与电机的共同底座的强度和刚度必须足够。液压泵组底座安装在油箱盖板（油箱顶）上，油箱盖板应有足够的厚度，有参考资料介绍应为侧板的 4 倍厚左右，其间应加（夹）装橡胶减振（器）。

另外，液压泵组底座应考虑设计有收集泄漏油或防止泄漏油外溢的结构。

④ 禁忌液压泵安装位置、姿态错误。液压泵有安装位置、姿态要求的如斜轴式变量轴向柱塞泵，不管何种安装位置，必须保证吸油管内没有空气及工作时不吸空，吸油管端至少应淹没在油箱最低液面 200mm 以下，吸油管内油液限定在 0.8~1.0m/s。泄油口（注油口）应朝上，泄油管（或回油管）直接接油箱，且不可给泵体内造成高于规定值的压力。

⑤ 禁忌不按液压泵规定要求使用。各种液压泵使用都有一定的规定要求，如工作介质的黏度、温度、清洁度，额定压力、空载压力和最高压力，额定转速，自吸高度，超速、超载、冲击、泄漏限值等。一些液压泵还有特殊的要求，如斜轴式变量轴向柱塞泵或斜盘式变量柱塞泵都要求在低压（有资料介绍为 8MPa 以下）、小摆角或小偏角下长时间（有资料介绍为超过 10min）工作，应加装冲洗冷却回路对液压泵泵体进行强制冷却。

⑥ 禁忌液压泵站无限压、无监视、监测元件。液压泵必须设置限压元件，保证液压系统及元件在额定压力及以下工作。同时，也应设置压力监视、监测元件如（电接点）压力表、压力继电器、压力传感器等。

液压泵站所有元件和配管包括油路块内应能卸（泄）压（荷）至"零"。

⑦ 禁忌液压泵站无标识或标识不全。液压泵站上对元件或其他进行标志时，标志必须与液压系统及回路图样一致。管路应标示管路代号，接线盒内的接线应标示线号。液压泵站应有标示铭牌。

⑧ 禁忌液压泵站危险起吊、包装、运输和贮存。不可用电动机、油路块上吊环（点）及管路等起吊液压泵站；不可在油箱油液未排掉、蓄能器未泄压至规定值情况下包装、运输液压泵站；不可在无防潮、防锈、防漏、防污染、防磕碰划伤以致损坏的条件下包装、运输和贮存液压泵站。

1.8 液压元件、配管和油路块设计与选用禁忌

1.8.1 液压元件设计与选用禁忌

（1）液压泵选用禁忌

液压泵是产生并维持有压力油液的流量的液压动力源中的核心元件。合理地选择液压泵对于降低液压系统的液压功率、提高液压系统的能量转换效率、降低噪声、改善供给压力和供给流量的性能以及保证液压系统的可靠性和耐久性都十分重要。

1）禁忌不按使用场合选用液压泵　液压系统及液压泵可能使用场合不同，如室内或室外、固定或行走、机床或锻压机械、舰船或重型机械、石油或矿山机械、筑路或港口机械等，虽然没有标准明确划分，但在室内工作的机床液压系统中使用叶片泵的较多，在室外工作的筑路或港口机械以及一些小型的工程机械液压系统中使用齿轮泵的较多，而锻压机械、冶金设备、重型机械及大功率的液压系统中使用柱塞泵的较多。

根据笔者实践经验，除其他应考虑的因素外，噪声的大小是在不同场合选用不同的液压泵的一个重要考量因素。

禁忌不按液压泵制造商在产品样本及相关资料中说明的产品的环境要求选用液压泵。

2）禁忌不按实际使用工况选用液压泵　液压系统及液压泵实际使用工况是确定该系统额定（设计）工况的依据之一。在实践中，实际使用工况应由需方或供方提出且保证其准确性是个问题。

不管是以文字表述的还是以参数（量）表示的实际使用工况中都应包括使用条件（要求），如液压工作介质牌号、黏度、温度范围、清洁度等。

笔者根据以往经验教训特别强调，在存在起火危险之处，应考虑使用难燃液压液或磷酸酯抗燃油。液压系统及元件尤其是液压泵禁忌使用不相容油液。

禁忌不按液压泵制造商在产品样本及相关资料中说明的产品的适用条件选用液压泵。

3）禁忌不按液压泵分类选用液压泵　液压泵及其组合品种、类型很多，有定量和变量、串联和并联、带阀控制（复合液压泵）和电机直联（油泵电机组）等之分，其中尤其以变量泵最难选择。

液压泵的变量方式、方法多种多样，以用于开式液压系统的斜轴式轴向柱塞变量泵为例，有手动、液控、恒压、恒功率、刹车、电控比例和数字变量等。

应按液压系统功能要求选用液压泵的变量形式和电控制（操纵、调制）形式，主要考虑降低液压系统的液压功率、提高效率、减少发热、降低造价、易于实现控制和保证控制精度以及可靠性与耐久性。

禁忌不按液压系统功能要求和控制形式选用液压泵形式包括变量液压泵的变量形式。

4）禁忌不按液压泵基本参数选择液压泵　常见的液压泵基本参数一般为额定压力、额定转速、公称排量，而液压系统（液压执行元件）的基本参数一般为额定工况下的额定压力（或公称压力）和额定流量（速度或转速）等，如液压系统的执行元件为液压缸，其基本参数之一的公称压力与液压泵基本参数之一的额定压力之间关系就极为复杂。因动力元件和执行元件的标准缺少统一性，所以给液压系统及回路的设计带来了很大的麻烦。

液压泵的额定压力选择禁忌低于执行元件如液压缸的公称压力，如需采用主机液压系统对液压缸进行耐压试验，则液压泵的额定压力应选择高于液压缸的公称压力的1.5倍。

液压泵的额定流量（以额定转速、公称排量计算得出）选择禁忌低于各同时动作的执行元件所需的流量之和（在最高运行速度下所需的最大流量）。一般情况下，因可能存在的内、

外泄漏，电机掉转、公称排量大于实际排量及溢流阀溢流或旁路节流阀（调速阀）分流等因素，液压泵的额定流量大于最大流量的 1.2 倍或以上较为合适。

5）禁忌不按液压泵性能选择液压泵　各类型的液压泵性能参数尽管不同，但在液压系统及回路设计时不可超出这些性能参数或指标。

以斜盘式轴向柱塞泵为例，具体包括：

① 因公称排量是液压泵几何排量的公称值，在空载情况下，实际排量（称为空载排量）可能在公称排量的 95%～110% 范围内；在额定压力情况下，定量的斜盘式轴向柱塞泵的容积效率和（泵）总效率见表 1-23。变量泵指标比相同排量的定量泵指标低 1 个百分点。

表 1-23　定量斜盘式轴向柱塞泵的容积效率和（泵）总效率

项目	指标		
公称排量 V /(mL/r)	2.5	$10 \leqslant V < 25$	$25 \leqslant V < 500$
容积效率 /%	$\geqslant 80$	$\geqslant 91$	$\geqslant 92$
总效率 /%	$\geqslant 75$	$\geqslant 86$	$\geqslant 87$

目前新液压泵的容积效率一般都可以达到或超过表 1-23 中指标，但使用一段时间后，泵的容积效率一定会下降。因此，禁忌在选取或计算泵总效率、容积效率值时超过表 1-23 的规定值。

② 自吸性能是以真空度表示的，斜盘式轴向柱塞泵要求 $\geqslant 16.7 \mathrm{kPa}$。根据国内某公司产品样本，对于安装在油箱上的液压泵（如上置式液压泵站），禁忌液压泵的中心线至最低油液液面的距离大于 500mm；禁忌泵吸入管路上安装滤油器；禁忌泵的转速超过泵的额定转速；禁忌泵的吸入管直径小于规定（或推进）值。

笔者注：应容许在泵的吸油口（管路）上使用吸油口滤网或粗过滤器。

③ 各种变量形式的特性不同，其禁忌也不同，在此仅指出一点：禁忌变量泵小排量下启动。变量泵在小排量下启动不能保证自吸性，甚至会严重影响泵的使用寿命。

④ 液压系统的噪声越来越被重视，尤其是室内场合使用的液压装置（设备）限制噪声值尤为必要。标准规定的斜盘式柱塞泵的噪声值见表 1-24。

表 1-24　斜盘式柱塞泵的噪声值

公称排量 V /(mL/r)	$\leqslant 10$	$> 10 \sim 25$	$> 25 \sim 63$	$> 63 \sim 500$
噪声值 /dB(A)	$\leqslant 72$	$\leqslant 76$	$\leqslant 85$	$\leqslant 90$

禁忌液压系统或液压泵站的噪声超过相关标准规定或供需双方合同约定。如果噪声超标，可采用其他型式液压泵如低噪声叶片泵，或采取降噪措施。

⑤ 禁忌液压泵在过低的温度下启动、使用。一般当油液温度低于 -20℃ 时，液压泵启动就可能出现问题。某液压泵制造商推荐在 +10～+65℃ 油温下使用斜盘式轴向柱塞泵。

⑥ 禁忌液压泵在进口油液超过 +100℃ 高温情况下（连续）使用。

⑦ 禁忌液压泵在超过额定转速 15% 情况下连续使用。

⑧ 禁忌液压泵在额定转速下，超过最高压力或额定压力 25%（选择其中高者）运转 1min 及以上。

⑨ 禁忌超过规定条件进行抗冲击试验或使用。

⑩ 禁忌在超过额定工况下进行满载试验和使用。

⑪ 液压泵必须使用相容油液，否则，其各处的静、动密封将很快失效，出现外泄漏；液压泵必须使用合格的油液，否则，不但各处密封达不到规定的使用寿命，其他泵零件也将过早磨损，内外泄漏加剧，容积效率下降，发热量增大。

禁忌液压泵静密封出现外泄漏；禁忌液压泵动密封出现成滴或成溜的外泄漏。

⑫ 在下列各耐久性试验方案中，经过其中之一的耐久性试验的液压轴向柱塞泵应予报废：

a. 满载试验 2400h；

b. 满载试验 1000h，超载试验 10h，冲击试验 10 万次；

c. 超载试验 250h，冲击试验 10 万次。

禁忌液压泵无限制地超期使用。液压泵泵体等承压件有疲劳破坏的可能，无限制地超期使用，可能产生危险。

6）禁忌不按需方要求选择液压泵　除上述液压泵选用（择）禁忌外，还应禁忌不按需方要求选择其指定的品牌或厂家的液压泵。

不同品牌或厂家的相同型号的液压泵，其技术性能经常差别很大。根据笔者实践经验，以噪声和使用寿命衡量，以性能优良的品牌液压泵替换下性能一般的液压泵，其噪声下降明显，其使用寿命也可能延长 1 倍以上。

"便宜没好货不一定正确，但好货不便宜应该无误。"性价比是液压泵选择需要考虑的一个重要因素，而需方不一定能遵循上述原则。

如果不按需方要求选择液压泵，液压系统乃至整机交货、验收等即可能存在问题。

（2）液压阀选用禁忌

1）压力控制阀选用禁忌

① 禁忌不按相关标准或技术要求选用压力控制阀的结构形式。应按液压机（械）或液压系统（站）标准规定的结构型式选用液压阀，如作为安全阀使用的溢流阀有要求采用直动式的；液压系统及液压泵卸荷用溢流阀一般应是电磁溢流阀或电磁卸荷溢流阀；要求油流可反向通过的应为单向减压阀、单向顺序阀等。

② 禁忌溢流阀的公称压力低于液压系统的公称压力。选用溢流阀包括其他以公称压力作为基本参数的液压阀时，其公称压力应高于或等于液压系统（站）的公称压力，否则，液压系统设计制造和销售使用都将会出现问题。

③ 禁忌压力控制阀的额定压力低于液压系统的最高工作压力。溢流阀、卸荷溢流阀、顺序阀等的公称压力大于或等于其额定压力。

选用以额定压力为基本参数的压力控制阀时，其额定压力应大于液压系统（站）的最高工作压力，甚至应大于液压系统（站）的最高压力。

为了保证液压系统（站）的可靠性和耐久性，一般压力控制阀的额定压力应大于液压系统（站）的额定压力的 30%。

④ 禁忌压力控制阀的调压范围小于液压系统的调压范围。压力控制阀通常是以作用于阀芯上的液压作用力和弹簧力相平衡来工作的，一根弹簧的（可用）弹簧力（范围）是一定的，为了适应液压系统（站）的调压范围，液压阀应选择不同规格的弹簧。

一般情况下，液压系统中的主溢流阀的调压范围即为液压系统（站）的调压范围，其调压范围应大于或等于在液压系统（站）技术要求（条件）中规定的调压范围，否则液压系统的销售和使用就可能出现问题。

特别强调的是，液压系统或子系统的最低工作压力应大于液压阀的最低调定压力。

⑤ 禁忌压力控制阀的公称通径选择不当。压力控制阀的公称通径与额定流量或公称流量密切相关。在液压系统及回路设计过程中，经常是依据液压系统流量或局部流量来选择压

力控制阀通径的，压力控制阀的技术性能指标一般也是在额定流量下规定或试验的。

当压力控制阀的公称通径选择不当，即公称通径选择过大或过小时，压力控制阀及液压系统的技术参数（性能）将无法保证，如溢流阀公称通径选择过小，则压力振摆、压力偏移、卸荷压力、压力损失、压力超调量、最大流量，甚至噪声和发热等都可能出现问题。

如压力控制阀的公称通径选择不当，则有可能对压力控制阀及液压系统的动态特性影响更大。

⑥ 禁忌忽视控制精度选用压力控制阀。为了保证或提高液压元件及系统控制精度，不但应选择正确的控制方式、方法，而且应选择合适且性能、质量优良、价格适中的控制元件。

选用比例压力阀时应慎重，这是因为不但涉及液压系统及整机的制造成本问题，而且对液压系统及整机的调试、使用和维护要求更高，其中液压油液的清洁度、温度等就可能是很大的问题。

对压力控制阀而言，压力稳定性、响应时间、压力控制（重复）精度等也很重要。

2）流量控制阀选用禁忌

① 禁忌不按液压系统的技术要求选用流量控制阀的结构形式。在液压系统设计时，应根据液压系统的技术要求，首先应决定是选用节流阀还是调速阀，一般液压系统应先考虑选用节流阀；其次应决定是选用何种控制方式、方法，如手动调节、行程控制、电调制（比例控制）等；最后应正确选用节流阀与单向节流阀、调速阀与单向调速阀。注意单向节流阀和单向调速阀在液压系统及回路图、油路块设计中不可绘制反了。

② 禁忌流量控制阀的公称通径选择不当。节流阀（单向节流阀）与叠加式节流阀（叠加式单向节流阀）的公称通径系列可能不同，但不管是板式节流阀、叠加式节流阀还是管式节流阀，包括单向节流阀以及板式或叠加式调速阀和单向调速阀，其公称通径都与其额定流量有一定的对应关系。

流量控制阀的额定流量应大于（或等于）液压系统或子系统的最大流量，否则，最大流量将不可控。

笔者注：在 JB/T 10366—2014《液压调速阀》的附录 A 表 A.1 中没有给出额定流量值，但一般认为其值应与流量调节范围上限值相等。

③ 禁忌超出其工作压力范围选用流量控制阀。除选用的流量控制阀的公称压力应与所在液压系统的公称压力相同外，其工作压力范围也应与所在液压系统的工作压力范围相同，但不应包括卸荷压力。

笔者注：在 JB/T 10366—2014《液压调速阀》和 JB/T 10368《液压节流阀》中，公称压力、额定压力和工作压力范围上限三个压力值相同。

④ 禁忌流量控制阀的流量调节范围小于液压系统的流量调节范围。流量控制阀的最小控制流量应小于液压系统所要求的最小流量。同时应注意调速阀的最低控制压力。

⑤ 禁忌忽略其瞬态特性选用调速阀。油流通过调速阀的通道突然地开与断，对液压系统都可能产生压力冲击（超调或波动）和流量冲击（超调或波动），进一步可能影响液压执行元件的启动、运行或停止时的平稳性。

⑥ 禁忌溢流节流阀出口压力过低。溢流节流阀虽然在 JB/T 10366—2014《液压调速阀》中被删除，但现在还有应用。

由于溢流节流阀具有进口、出口和溢流口等三个油口，所以又被称作旁通（式）调速阀。该阀一般设计安装在进油节流调速回路中，且要求其出口压力不能过低。

如果该阀的出口压力过低如直接回油箱，则可能绝大部分的液压油液通过其中的（定差）溢流阀回油箱，而只有很少一部分的液压油液通过了其中的节流阀，造成该阀不起调速作用。

⑦ 禁忌通过分流集流阀的实际流量偏小。分流集流阀（速度同步阀）的分流同步精度是在规定流量、规定负载下给出的，其中额定流量是其基本参数之一。

如果通过分流集流阀的实际流量较之其额定流量小得太多，其分流同步精度将可能大为降低。

⑧ 禁忌忽视控制精度选用流量控制阀。对调速阀而言，除应注意进口压力变化、出口压力变化和油温变化时对调节流量的影响外，调速阀也存在着控制精度问题，其中响应时间、流量控制（重复）精度等也很重要。

比例调速阀因带压力补偿，所以受压力（差）影响小，且可连续调节流量，还可设计成闭环控制，但选用时也应慎重。

两台或两台以上的液压执行元件即可能存在速度同步问题，现今液压（速度或位置）同步问题仍然是一个技术难题。

3）方向控制阀选用禁忌

① 禁忌不按相关标准或技术要求选用方向控制阀的结构形式。除应按液压系统技术要求或供需双方协议选用换向阀的控制形式外，对有标准规定或安全技术（条件）要求的液压系统，如需要防爆、"零"内泄漏、换向时间（速度）可调节、远程控制、阀内油液流过的路径上节流或阻尼、阀内合流或分流或需要限定先导控制与泄油方式等，方向控制阀应按相关标准或（安全）技术选用。

用于控制液压源产生、保持压力、回油路产生背压、过滤器旁路等的单向阀应选用带复位弹簧的单向阀。

在现今液压系统中，电磁铁（比例电磁铁）型式包括控制形式的选用也非常重要。

② 禁忌方向控制阀的额定压力低于液压系统的最高工作压力。方向控制阀的额定压力应高于或等于液压系统的最高工作压力；以公称压力为基本参数的方向控制阀，其公称压力应高于或等于所在液压系统（站）的公称压力。否则，液压系统设计制造和销售使用都将会出现问题。

③ 禁忌方向控制阀的额定流量小于液压系统的最大流量。以额定流量为基本参数的方向控制阀，其额定流量应大于或等于所在液压系统或子系统的最大流量，尤其应注意单出杆活塞缸快速回程时无杆腔油路的大流量。

相同通径的换向阀，如果滑阀机能不同，则阀的通油能力就可能不同；四油口的换向阀如果只使用两油口或三油口如 P 通 A、B 堵死，或 P 通 B、A 堵死，（或）T 接回油箱，则其通油能力将可能大幅度下降。

换向阀的通油能力与工作压力有关，一般工作压力越高，通油能力越低。

影响换向阀通油能力的另一个重要因素是液压油液的清洁度。

④ 禁忌滑阀机能选择不当。换向阀的滑阀机能不单指滑阀的中位机能，如二位三通或二位四通换向阀的滑阀机能。在液压系统中经常采用的三位四通换向阀，其中位机能现在还没有标准，各标准或厂家产品样本中所标志的各不相同，给液压系统设计、说明及本书的表述带来困难。

滑阀的中位机能表示的是各油口通、断状态，正确选择滑阀机能包括中位机能，是实现液压系统及回路各项功能的基本保证，如采用双液控单向阀的锁紧回路应选用滑阀中位机能为 A、B 和 T 连通的换向阀、液压泵（源）可卸荷的应选用中位机能为 P 和 T 连通的换向阀等。

除了换向阀换向速度对液压系统的压力冲击和流量冲击有影响外，滑阀机能的选择对此也有一定影响。

⑤ 禁忌换向阀换向过渡时冲击过大。现在把换向阀普遍理解为液压开关的理念已经过时，因为电磁比例换向阀既可以控制油流的方向，又可以控制油流的流量。利用电磁比例换

向阀来理解换向阀在换向过程中存在过渡状态，倒是一个非常好的实例。

换向阀换向或切换中，各油口的通断状态可能与换向前或换向后都不同，其可能造成液压系统压力冲击和/或流量冲击。因此，液压系统及回路设计时，既要选择正确的表示在图样上的滑阀机能，同时也要正确选择一般图样上没有表示出来的滑阀换向过程中的过渡状态。

⑥ 禁忌液控单向阀反向开启控制压力过低或反向关闭控制压力过高。除标准规定液控单向阀的开启压力比普通单向阀的开启压力增高了 1 倍外，液控单向阀与普通单向阀在正向开启时没有太大的区别。

液控单向阀的反向开启需要控制油液具有一定压力。当控制压力过低时，液流单向阀可能无法反向开启或无法反向完全开启，即油流无法反向通过或反向通油能力不够。

当液控单向阀需要反向关闭时，可能因控制压力过高而无法反向关闭或无法反向完全关闭，即有油流反向通过。

因此在 JB/T 10364—2014《液压单向阀》中规定：液控单向阀的反向开启最低控制压力 ≤30MPa（内泄式）或 ≤9MPa（外泄式），反向关闭最高控制压力 ≥0.3MPa。注意上述性能指标规定的是液控单向阀，且液控单向阀的反向开启最低控制压力与反向油流入口压力有关，反向关闭最高控制压力与反向油流出口压力有关。反向油流出口有压力时，即液控单向阀有背压时，应选用外泄式液控单向阀。

（3）液压缸设计与选用禁忌

1）液压缸设计选型禁忌 因液压缸是提供线性运动的液压执行元件，所以，机器的往复直线运动直接采用液压缸来实现是最为简单、方便的。

液压缸类型的选定是液压缸设计计算的前提条件之一，首先应确定是选用双作用活塞缸，还是单作用活塞缸、柱塞缸、伸缩缸活塞或是其他类型液压缸。

液压缸的设计选型需要考虑的因素很多，如需往复运动速度（值）相同，则选用双（出）杆缸较为容易实现；如需缸回程速度大于缸进程速度，则选用单活塞杆活塞缸较为合适；如只需要单向驱动外部负载，且可靠外力（如重力）回程，则可选用柱塞缸；如需驱动负载旋转，还可选型摆动式液压缸（组合式液压缸）等。

液压缸选型应首先在标准液压缸中选择，现在有标准的液压缸分别为冶金设备用液压缸、自卸汽车液压缸、（舰）船用液压缸、农用液压缸、采掘机械用液压缸等。

在产品标准范围内的，禁忌设计、选用非标准液压缸；没有（产品）标准的，也要禁忌不按 JB/T 10205—2010 设计与选用。

笔者提示：有的参考文献错误地推荐了采用"双活塞杆缸"用于要求往复运动速度（值）一致的场合。

笔者注：未查到在各版（现代）机械手册中的工程机械液压缸联合设计组设计的 HSG 型工程液压缸有现行产品标准。

2）液压缸参数设计禁忌 各液压缸、油缸标准中液压缸（基本）参数不尽相同。在 JB/T 10205—2010 中规定："液压缸的基本参数应包括缸内径、活塞杆直（外）径、公称压力、行程、安装尺寸。"

除在上述标准中规定的液压缸基本参数外，在其他液压缸或油缸及其相关标准中还有将公称压力下的推力和拉力、活塞速度、额定压力、较小活塞杆直（外）径、柱塞式液压缸的柱塞直径、极限或最大行程、两腔面积比、螺纹油口及油口公称通径、活塞杆螺纹型式和尺寸、质量、安装型式和连接尺寸等列入液压缸的基本参数。

在 JB/T 2184—2007 中规定液压缸主参数为：缸内径×行程（单位为：mm×mm）。

液压缸的公称压力或额定压力禁忌高于液压系统及液压泵的公称压力或额定压力；如需

采用主机液压系统对液压缸进行耐压试验，则液压缸的公称压力或额定压力应低于液压系统及液压泵的公称压力或额定压力的 2/3。

液压缸的（基本）参数和缸零件结构形式、尺寸和公差应符合相关标准，如公称压力应符合 GB/T 2346 的规定，缸内径、活塞杆外径应符合 GB/T 2348 的规定，油口连接螺纹尺寸应符合 GB/T 2878.1 的规定，密封沟槽应符合 GB/T 2879、GB 2880、GB 6577、GB/T 6578 等的规定等。

如果液压缸不按相关标准设计，既可能与液压泵匹配出现问题，也可能给液压缸密封件、缸的附件选择带来困难。

3）液压缸缓冲装置设计禁忌　带有缓冲装置的缸的缓冲是运动件在趋近其运动终点时借以减速的手段，主要有固定（式）或可调节（式）两种。

固定式液压缓冲装置设计有若干禁忌，如：

① 禁忌缓冲长度过长。缓冲装置应能以较短的缸的缓冲长度（亦称缓冲行程）吸收最大的动能，就是要把运动件（含各连接件或相关件）的动能全部转化为热能。

② 缓冲过程中禁忌出现过高的压力脉冲及过高的缓冲腔压力峰值。应使压力的变化为渐变过程。

③ 禁忌缓冲腔内（无杆端）缓冲压力峰值大于液压缸的 1.5 倍公称压力。

④ 在有杆端设置缓冲（装置）的，禁忌其（过高）缓冲压力作用在活塞杆动密封（系统）上。

⑤ 禁忌油温过高。动能转变为热能使液压油温度上升，油温的最高温度不应超过密封件允许的最高使用温度。

⑥ 禁忌设置多余的缓冲装置。在 JB/T 10205—2010《液压缸》中规定："液压缸对缓冲性能有要求的，由用户和制造商协商确定。"对没有必要设置缓冲装置的液压缸，不要画蛇添足设计缓冲装置；对于仅靠液压缸缓冲装置不可能转换全部动能的，应采取其他减速、制动措施，如在液压系统中设计制动回路。

⑦ 禁忌设计的缓冲装置影响液压缸的启动性能。应兼顾液压缸启动性能，不可使液压缸（最低）启动压力超过相关标准的规定；应避免活塞在启动或离开缓冲区时出现迟动或窜动（异动）、异响等异常情况。

⑧ 禁忌缓冲阀缓冲装置中单向阀公称流量小。如果设计的单向阀公称流量过小，可能在液压缸启动时出现突然停止或后退等现象。

4）液压缸安装与连接禁忌　液压缸的安装姿态不管是水平、垂直或是倾斜，都不能忽视活塞杆及其连接件重力和外部施加的侧向力对其导向和支承及运动的影响，尤其水平安装的液压缸。

水平安装的大型液压缸和长行程实心活塞杆液压缸，其活塞杆及所驱动的运动件重力可导致活塞及活塞杆与缸筒和导向套间偏心量增大，造成局部磨损，增大了液压缸内、外泄漏量及缩短了使用寿命。

必要时应增设对活塞杆和/或运动件的导向和支承。

垂直安装的液压缸如为上置（顶）式，则活塞和活塞杆及所驱动的运动件重力在缸进程中为超越载荷，对液压缸的减速、制动、停止及锁紧有影响；如下置式安装，则对液回程运动和停止有影响。

重负载、空心活塞杆、长行程、后端耳环安装活塞杆端柱销孔或耳环连接的液压缸及柱塞缸等，应特别注意其压杆稳定性（失稳）问题。

有倾斜、摇摆要求的液压缸应在一定的倾斜、摇摆条件下能正常工作。

禁忌液压缸不稳定、不可靠的安装和连接。

更为详尽的液压缸设计与选用应注意事项，请见笔者另一专著《液压缸设计与制造》。

（4）液压马达选用禁忌

① 禁忌选用规格偏小的液压马达。如原动机（电机）功率余量足够，应选用规格较大的液压马达。

② 禁忌在润滑不好的情况下启动液压马达。控制工作介质黏度、温度，不宜在温度过低或过高情况下启动液压马达。

③ 一般情况下，应禁忌液压马达与被驱动件直联。应使用弹性联轴器连接原动机和液压马达。弹性联轴器有一定的减振作用，且可使液压马达避免受轴向或径向力作用，甚至弹性联轴器有一定的保险作用。

如必须直联，则应采用转接套如花键套，且其承载能力应低于马达主轴。

笔者注：按 GB/T 1144 和 GB/T 3478.1 制造的花键可按 GB/T 17855—1999《花键承载能力计算方法》设计计算，其他类型的花键也可参照其设计计算。

④ 禁忌液压马达的安装机架强度、刚度不足。应保证液压马达安装机架强度、刚度，进而保证液压马达与被驱动件的同轴度不超差。一般液压马达与被驱动件间同轴度不应$>\phi 0.05$mm。

笔者注：有参考文献给出的同轴度限值为$\leqslant \phi 0.10$mm。具体应根据液压马达制造商产品样本及技术文件的规定。

⑤ 禁忌忽略液压马达回路的特性设计。液压马达一般应设置补油回路；较大功率的液压马达不宜采用节流调试回路；用于起重或行走的液压马达应能调速；要求长时间保持停止（或锁紧）状态的液压马达应另加制动器。

⑥ 禁忌压力、流量不匹配。并联的两台或多台液压马达应注意功率分配问题。

⑦ 禁忌液压系统及回路和液压马达自身漏气。液压马达启动时应注意排净液压系统及液压马达内部空气，并避免液压马达反转吸空。

笔者注：1. 液压马达出厂时应经过 0.16MPa 的气密性试验。

2. 当液压马达由惯性负载（超越负载）带动旋转时，液压马达的工作状态就由液压马达变为了液压泵。

⑧ 禁忌液压马达超速度范围使用。应限制液压马达的速度范围，液压马达的转速不能太低，也不应太高。液压马达转速太低时也会出现爬行形象；液压马达转速太高时原动机可能超载，噪声超标，总效率和使用寿命也可能下降。

一些变量马达不宜长时间在低速、低压下工作。

⑨ 禁忌液压冲击。应限制因液压马达突然停车或反转时，由于油液和被驱动件的惯性作用引起的压力冲击。

⑩ 禁忌液压马达壳体内压力过高。液压马达泄油口（回油管）应直接接油箱，且安装姿态处于上方。

⑪ 一般应禁忌液压马达输出油口直接油箱（背压为"零"）。一般液压马达应有一定的背压，尤其一些特殊结构的马达如曲柄（轴）连杆式液压马达、多作用内曲线液压马达等。

⑫ 禁忌液压马达再同其他减速装置一起使用。

⑬ 禁忌带载启动的液压马达超载。

⑭ 禁忌驱动惯性负载大的液压马达突然停车或反转。

1.8.2 配管选用与油路块设计禁忌

（1）配管选用禁忌

① 禁忌选用 M、G、R 和 NPT 以外的连接螺纹，且应首选普通细牙（M）螺纹。

② 禁忌选用的管接头型式达不到液压系统的工作压力或公称压力，或没有相应的规格、产品。

③ 禁忌管接头及被连接管的最大工作压力或公称压力超过规定的压力-温度要求。管接

头只有在规定的压力、温度（范围）下使用才是安全的。连接管壁厚应足够，特殊场合使用的如舰船上的液压系统（站）连接管（碳钢无缝钢管）应考虑留有腐蚀余量。

④ 禁忌管接头及被连接管的通流能力低于液压系统的要求。

⑤ 禁忌管子弯曲半径及偏差、管子弯曲处圆度公差及波纹深度等超出 JB/T 5000.3 的规定，管子冷弯曲壁厚减薄率不得大于 15%。

⑥ 禁忌配管的清洁度超标。除镀锌钢管外，所有碳钢钢管（包括预制成型管路）都要进行酸洗、中和、清洗吹干及防锈处理。

⑦ 禁忌泄漏。预制完成的管子焊接部位都要进行耐压试验，试验压力为工作压力的 1.5 倍，保压 10min，应无泄漏及其他异常现象发生；对装配完成的管路，按液压系统（管子）技术要求进行耐压试验。

⑧ 禁忌在较大通径或一些特殊场合应用管接头连接的硬管总成。一般在公称通径≥40mm 时应采用法兰连接的硬管总成；一些特殊场合应用的配管，如振动、摇摆及冲击严重的场合，可在公称通径≥25mm 时即采用法兰连接的硬管总成。

⑨ 禁忌软管总成在一些特殊情况下的应用。有技术要求（条件）或安全技术要求标准规定的一些特殊场合或设备，软管总成不能应用。

（2）油路块设计禁忌

油路块是可用于安装插装阀、叠加阀和板式阀，并按液压回路图通过油道使阀孔口连通的立方体基板，归属于配管。在各标准及参考文献中，还有将油路块称为集成块、油路板、安装板、底座、底板、底板块、基础板或阀块的。

油路块设计应遵循一些原则。笔者根据相关标准及实践经验的总结，列出了以下若干油路块设计禁忌，供读者参考。

1）油路块材料选择禁忌　选用铸铁制造中、高压和较大尺寸的油路块时一定得慎重。首先，较大尺寸的立方体铸件不是任何一家铸造厂都可以铸造合格的；其次，一旦加工时出（发）现问题则修复困难。

通常可选用 Q235、Q345、20、35 或 45 碳钢钢板或锻件制造油路块。使用钢板制造油路块应注意其各向力学性能的不同及可能存在的质量缺陷。

船用二通插装阀油路块推荐采用中碳钢锻件，且毛坯应消除内应力并进行探伤检查。

用于管接头试验的油路块规定不得有镀层，硬度值应为 GB/T 230.1 规定的 35～45 HRC。

禁忌用铸铁制造中、高压或中、大型以及在振动场合使用的油路块。

2）油路块型式确定禁忌　油路块外形可设计成正方形或长方形六面体，一般应禁忌设计四边带地脚凸缘的油路块。油路块外形尺寸不宜过大，否则加工制造困难；一般确定的三个基准面应相互垂直，且应使设计基准、工艺基准和测量基准重合，三个基准面应留 0.3mm 左右的精磨量。

禁忌液压阀安装面超出油路块。

在液压系统较为复杂、液压阀较多的情况下，可采用多个油路块叠加的形式。相互叠加的油路块上下面一般应有公共的 P 油路、公用的 T 油路和 L 油路以及至少四个用于连接的螺钉（通）孔（最下层的为螺纹孔、最上层的一般为圆柱头螺钉用沉孔）。

叠加（装）油路块的外形尺寸偏差一般不得大于 GB/T 1804 中 js 级的规定。

油路块外接油口宜统一设置在一个面上；质量大于 15kg 的油路块应有起吊设施。

油路块在配管耐压试验压力（或额定压力）下及规定时间内，通过 90℃ 液压油液 1h，禁忌产生引起液压阀故障的变形（或表述为不应因变形产生故障）。

注意六面体各棱边应倒角 2×45° 或 1.5×45°，表面可采用发黑、发蓝或化学镀镍等。

笔者注：1. 有参考资料介绍，油路块最大边长不宜超过 600mm，否则即为过大。

2. 一般平面的精磨量在 0.2mm 左右即可，但由于油路块表面可能在加工时被划伤，因此应加大精磨量以策安全。

3）油路块尺寸标注禁忌　油路块上某个面尺寸的标注可按由同一基准出发的尺寸标注形式标注，也可用坐标的形式列表标注，这一个同一基准一般选定为油路块主视图左下角作为坐标原点。

液压阀安装面的尺寸可按其标注方式、方法作为参考尺寸同时注出。

禁忌不利于复核、检查的油路块尺寸标注。

4）油路块流道截面积和最小间距设计禁忌　有参考文献介绍，对于中低压液压系统，油路块中的流道（油路）间的最小间距不得小于 5mm，高压液压系统应更大些。还有参考文献介绍按流道孔径确定油路块中的流道（油路）间的最小间距，即当孔径小于或等于 $\phi25mm$ 时，油路块中的流道（油路）间的最小间距不得小于 5mm；当孔径大于 $\phi25mm$ 时，油路块中的流道（油路）间的最小间距一般不得小于 10mm。

对于没有产品标准规定的钢质的油路块，其流道（油路）间（实际）的最小间距可参考本章第 1.5.2 节表 1-12 中对应公称压力下的钢管壁厚，但设计时一般不得小于 5mm。

油路块流道的截面积宜至少等于相关元件的通流面积，其压力油路公称通径对应的推荐管路通过流量可参考本章第 1.5.2 节表 1-10 液压流速限值计算。

一个流道孔是由两端加工（对钻）的，在接合点的最大偏差不应超过 0.4mm。

禁忌油路块中油路的截面积、油路的间距设计过小。

5）油路块堵孔禁忌　一般油路块上都可能会有工艺孔，堵孔就是按工艺要求堵住这些工艺孔。一般在钢质油路块上堵孔所采用的方法有三种，分别为焊接、球涨和螺塞。

采用焊接方法堵孔时，一般应在孔内预加圆柱塞，其材料应为低碳钢，长度在 5mm 左右，且与孔紧配；留 5mm 以上焊接（缝）厚度，参照塞焊焊接工艺进行密封焊接，但应有一定焊缝凸度（余高）。

笔者不同意有的参考文献中提出的 $\phi5mm$ 直径及以下的工艺孔可以不预加圆柱塞即可直接焊接堵孔；也不同意采用钢球作为预加堵而进行焊接。

采用液压气动用球涨堵头堵孔，只要严格按照 JB/T 9157—2011《液压气动用球涨式堵头　尺寸和公差》规定的安装孔尺寸和公差加工及装配，一般可在最高工作压力为 40MPa 下使用，且油路块材料可为灰口铸铁、球墨铸铁、碳素钢或合金钢等。

采用螺塞堵孔时，压力油路仅可选用 GB/T 2878.4—2011 规定的（外、内）六角螺塞。测试用（常堵）油口首选 M14×1.5 六角螺塞堵孔。

船用二通插装阀油路块上工艺孔应尽可能采用螺塞、法兰等可拆卸方式封堵。

对于油路块压力上（有）压力流道及工艺孔，现在禁忌采用锥形螺塞堵孔。

6）油路块表面平面度与表面粗糙度禁忌　除要求保证按元件（液压阀）所规定的各孔，包括螺纹孔的尺寸与公差、位置公差等设计、制造油路块上对应孔外，保证螺纹（钉）孔的垂直度公差也特别重要。

现在元件（液压阀）与油路块抵靠面（安装面）的平面度公差一般要求为 0.01/ □100mm，表面粗糙度值应≤$Ra0.8\mu m$，但应符合所选用的液压阀制造商的要求。

禁忌元件安装面上存在有磕碰划伤、划线余痕、卡痕压痕、锈迹锈斑、镀层起皮等表面质量缺陷。

7）油路块孔和螺纹油口设计禁忌　尽量避免设计细长孔、斜孔，斜交孔、半交孔。一般当孔深超过孔径 25 倍及以上时，加工即存在困难；当两个等直径孔偏心比超过 30% 时，其通流面积及局部阻力都会有问题。

用于外部连接的螺纹油口应保证其垂直度，一般要求 M22×1.5mm 及以下螺纹油口垂

直度公差为 ϕ0.10mm、M22×1.5mm 以上螺纹油口垂直度公差为 ϕ0.20mm；螺纹油口的攻螺纹长度应足够；螺纹精度应符合 GB/T 193、GB/T 196 及 GB/T 197 中 6H 级的规定。

考虑到管接头的装拆，相邻的螺纹油口间及与其他元件间应留够扳手空间。

考虑到油口的强度、刚度，相邻的螺纹油口的中心距离最小应为油口直径的 1.5 倍。

禁忌在油路块上设计难加工、难通流的流道；禁忌配管无法装拆。

8）油路块标识禁忌　一般用于安装板式阀和叠加阀的油路块上的阀安装面标识可按液压系统的相关规定。但在 GB/T 14043—2005《液压传动　阀安装面和插装阀阀孔的标识代号》中规定了符合国家标准和国际标准的液压阀安装面和插装阀阀孔的标识代号。

进一步还可参考 GB/T 17490—1998 或 ISO 16874 的规定。

各外接油口旁应在距孔口边缘不小于 6mm 且应不影响密封的位置处做出油口标识。

禁忌油路块外接油口缺失标识。

利用计算机三维软件对油路块进行三维建模，可显示油路块上各孔在其内部空间中所处相对位置及各孔的连接情况，可立体直观地检查设计结果。上述禁忌对油路块计算机三维软件的设计具有重要意义。

第**2**章
液压源典型液压回路分析与设计

2.1　动力液压源回路分析与设计

　　液压动力源（或简称为液压源）是产生并维持有压力液体的流量的能量源，是执行元件如液压缸或液压马达所要转换成机械功的液压能量，主要区别于控制液压源。

　　液压动力源回路图是用图形符号表示液压传动系统该部分（局部）功能的图样。

2.1.1　液压系统中的基本液压源回路

　　如图 2-1 所示，此为某文献中给出的基本动力源回路（按原图绘制），并在图下进行了液压回路描述和特点及应用说明。笔者认为图中存在一些问题，具体见下文。

　　（1）液压回路描述

　　图 2-1 所示回路（图）中溢流阀 3 用于调定液压泵 1 的输出压力，压力值可以通过压力表 2 读出，在泵 1 的吸油口设置过滤器 12，泵 1 的出口设计单向阀 13，以防止载荷的变化引起的油液回流。油箱 11 用于存储油液、散热和逸出空气等。

　　空气过滤器 7 一般设在油箱顶盖上同时作为注油口。液位计 4 一般设在油箱侧面，以显示油箱液位。加热器 6 和冷却器 10 用来对油温进行调节，温度计 8 用来检测油温。

　　（2）特点及应用

　　该回路为液压系统中的基本动力源回路。可根据系统状况、环境温度等条件决定是否安装加热器、冷却器等液压辅助元件。

　　冷却器通常设在工作回路的回油管中，为了保持油箱内油液的清洁度，在冷却器上游设置回油过滤器 9。

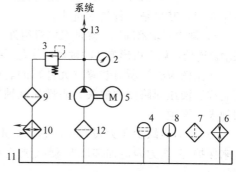

图 2-1　基本动力源回路（原图）

1—液压泵；2—压力表；3—溢流阀；4—液位计；
5—电动机；6—加热器；7—空气过滤器；8—温度
计；9，12—过滤器；10—冷却器；
11—油箱；13—单向阀

（3）问题与分析

原图、液压回路描述和特点及应用说明中都存在一些问题，其主要问题如下。

1) 图形符号问题　图 2-1 中压力表 2、溢流阀 3、液位计 4、加热器 6、空气过滤器 7、冷却器 10 等图形符号存在错误或绘制不规范等问题，其中液位计 4、空气过滤器（空气滤清器）7 不是 GB/T 786.1—2009 规定的图形符号。

2) 溢流阀出口安装过滤器、冷却器问题　溢流阀可以限制压力超过液压系统最高工作压力或液压系统任何部分的额定压力。

液压回路中的压力采用安全压力阀保护时，其设定值不能超出最大工作压力的 10%。

安全阀（包括作安全阀用的溢流阀）的开启压力一般应不大于额定压力的 1.1 倍，工作灵敏、可靠。

如果在溢流阀溢流口串联过滤器和冷却器，其一定会产生背压，且因过滤器可能堵塞，则背压不但变化，而且可能还会高于 0.5MPa，暂且不论背压可能影响溢流阀的背压密封性、调节力矩，仅可能发生的过滤器堵塞即可造成溢流阀已调定的压力升高超过最高工作压力或额定压力。这是液压系统乃至液压机（械）所绝对不允许的，也是非常危险的。

所以，不能将过滤器和冷却器串联在溢流阀出口，尤其不可将过滤器串联在溢流阀出口。

从另一个角度讲，如果此溢流阀是作为安全阀使用，即使不常开启，也不能如此设计液压回路。况且，如果不常开启，串联安装的过滤器和冷却器也起不到保持油箱内油液的清洁度和调节油温的目的。

3) 单向阀安装位置问题　对液压源而言，在液压泵出口设置单向阀主要是为了防止通过液压泵的油液回流（倒灌）或各支路（子系统）间相互干涉（干扰），但比其更为重要的是保护液压泵，防止液压系统压力突然增高（压力冲击）而损坏液压泵。如果将单向阀设置于液压泵出口与溢流阀之间，一旦单向阀卡死，则可能造成液压泵超压，而溢流阀将起不到安全阀作用。

就此一点，图 2-1 所示基本动力源回路比 2007 年出版的《机械设计手册》中所示液压回路合理，其也是一种技术进步。

4) 缺少联轴器问题　除油泵电机组外，原动机（如电动机）与液压泵连接一般应采用弹性联轴器连接，如内齿形弹性联轴器、梅花形弹性联轴器等，限制扭转振动的传递和扩大。

回路图应标识所有装置（元件）的名称、目录编号、系列号或设计编号及制造商或供应商名称。液压回路图中缺失元附件如联轴器，不但不符合相关标准技术要求，也可能造成在明细表中漏项。

5) 压力表缺少压力表开关问题　"永久安装的压力表，应利用压力限制器或表隔离开关来保护。"压力表应加装阻尼器（装置）或安装压力表开关，否则，压力表将可能很快损坏。

笔者注：在 GB/T 3766—2015 标准中与上述表述不同，但笔者认为上述表述更为确切。

回路图中压力表上缺少压力表开关或阻尼器，不符合相关标准技术要求。

更不能如 2007（2016）年出版的《机械设计手册》所示液压回路图中压力表和压力表开关全部缺失。

（4）修改设计及说明

根据 GB/T 786.1—2009 的规定及上述指出的问题，笔者重新绘制了图 2-2。

关于基本动力源回路（修改图）图 2-2，作如下说明：

① 添加了联轴器 14 和压力表开关 15；

② 添加了液压泵 1 顺时针方向旋转指示箭头；

③ 修改了压力表指示箭头方向；

④ 对溢流阀 3 添加了弹簧可调节图形符号，使其具有调整、限定液压泵 1 的输出（最高工作）压力功能；

⑤ 重新绘制了液位计 4、加热器 6、油箱 11 和空气滤清器 7；

⑥ 过滤器 12 名称修改为粗过滤器；

⑦ 增加了回油管路及进行了一些其他细节上的修改，如添加了接口图形符号等。

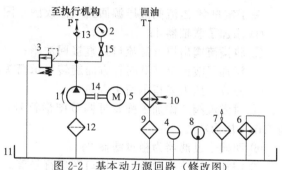

图 2-2　基本动力源回路（修改图）

1—液压泵；2—压力表；3—溢流阀；4—液位计；
5—电动机；6—加热器；7—空气滤清器；8—温度计；
9—过滤器；10—冷却器；11—油箱；12—粗过滤器；
13—单向阀；14—联轴器；15—压力表开关

2.1.2　定量泵-溢流阀液压源回路

如图 2-3 所示，此为某文献中给出的定量泵-溢流阀液压源回路（按原图绘制），并在图下进行了液压回路描述和特点及应用说明。

笔者认为图 2-3 中存在一些问题，具体请见下文。

（1）液压回路描述

图 2-3 所示回路中定量液压泵的出口压力有溢流阀调定，液压泵出口压力近似不变，为一恒定值。

（2）特点及应用

该液压源回路结构简单，是开式液压系统中常用的液压油回路，有溢流损失。

可根据液压系统所需的压力和流量等实际要求选择液压泵、液压阀的规格型号。

（3）问题与分析

原图的液压回路描述不准确。液压系统及回路的压力是由外部负载决定的，液压泵出口溢流阀只是限定了该系统的最高工作压力。

如果液压泵供给流量无需全部输入液压执行元件，且没有其他旁路，在此情况下进行调速，通常需要溢流阀溢流。此时动力源所输出的液压能量不能全部转换成有用的机械功，液压能量有损失，且可能损失很大。

图 2-3 中的一些其他问题已在第 2.1.1 节中指出。

（4）修改设计及说明

根据 GB/T 786.1—2009 的规定及上述指出的问题，笔者重新绘制了图 2-4。

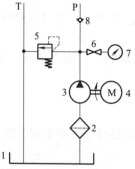

图 2-3　定量泵-溢流阀液压源回路（原图）

1—油箱；2—过滤器；3—定量液压泵；4—电动机；
5—溢流阀；6—压力表开关；7—压力表；8—单向阀

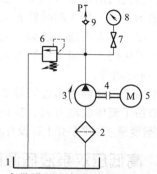

图 2-4　定量泵-溢流阀液压源回路（修改图）

1—油箱；2—粗过滤器；3—定量液压泵；4—联轴器；5—电动机；6—溢流阀；7—压力表开关；8—压力表；9—单向阀

关于定量泵-溢流阀液压源回路（修改图）图 2-4，作如下说明：

① 添加了联轴器 4；

② 将溢流阀出口（溢流口）直接回油箱；

③ 添加了液压泵 3 顺时针方向旋转指示箭头；

④ 修改了压力表指示箭头方向；

⑤ 对溢流阀 6 添加了弹簧可调节图形符号，使其具有调整、限定液压泵 3 的输出（最高工作）压力功能；

⑥ 明确了过滤器为粗过滤器 2；

⑦ 添加了流体流动方向、接口图形符号等。

2.1.3 变量泵-安全阀液压源回路

如图 2-5 所示，此为某文献中给出的变量泵-安全阀液压源回路（按原图绘制），并在图下进行了液压回路描述和特点及应用说明。笔者认为图中存在一些问题，具体请见下文。

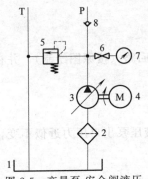

图 2-5 变量泵-安全阀液压源回路（原图）

1—油箱；2—过滤器；3—变量液压泵；4—电动机；5—溢流阀；6—压力表开关；7—压力表；8—单向阀

（1）液压回路描述

图 2-5 所示回路图中变量液压泵可随负载的变化自动调整输出压力和流量，系统超载时，可以通过安全阀卸荷。

（2）特点及应用

液压泵出口溢流阀作为安全阀，没有溢流损失。该回路是开式液压回路中常用的回路，如振动下料机的液压系统。

（3）问题与分析

原图的液压回路描述不准确。变量液压泵有多种变量形式，其中也包括手动变量。如图 2-5 中采用的是手动变量液压泵，则对应每一次手动变量该回路仍相当于定量泵-溢流阀液压源回路。

如图 2-5 所示回路中变量液压泵采用的是恒功率变量液压泵，其可随负载的变化自动调整输出压力和流量，基本上可保持泵输出液压功率的恒定。当液压系统超载时，可以通过安全阀卸荷。

（4）修改设计及说明

根据 GB/T 786.1—2009 的规定，笔者重新绘制了图 2-6。

关于（恒功率）变量泵-安全阀液压源回路（修改图）图 2-6，作如下说明：

① 添加了联轴器 4；

② 将溢流阀出口（溢流口）直接回油箱；

③ 添加了液压泵 3 顺时针方向旋转指示箭头、变量泵控制方式、泄漏油路等；

④ 修改了压力表指示箭头方向；

⑤ 对溢流阀 6 添加了弹簧可调节图形符号，使其具有调整、限定液压泵 3 的输出（最高工作）压力功能；

⑥ 明确了过滤器为粗过滤器 2；

⑦ 添加了流体流动方向、接口图形符号等。

大多数变量液压泵泵壳上都设有泄漏油口，且应在液压系统及回路图中将泄漏油路表示出来。

2.1.4 高低压双泵液压源回路

如图 2-7 所示，此为某文献中给出的变量泵-安全阀液压源回路（按原图绘制），并在图下进行了液压回路描述和特点及应用说明。笔者认为图中存在一些问题，具体请见下文。

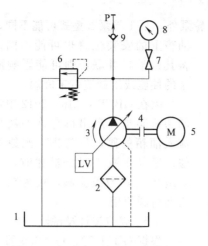

图 2-6 （恒功率）变量泵-安全阀液压
源回路（修改图）

1—油箱；2—粗过滤器；3—恒功率变量液压泵；
4—联轴器；5—电动机；6—溢流阀；7—压力表
开关；8—压力表；9—单向阀

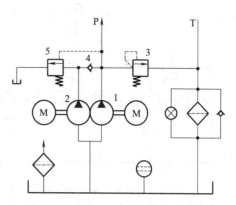

图 2-7 高低压双泵液压源回路（原图）
1—高压小流量液压泵；2—低压大流量液压泵；
3—溢流阀；4—单向阀；5—卸荷阀

（1）液压回路描述

图 2-7 所示回路图中双泵协同供油，泵 1 为高压小流量液压泵，泵 2 为低压大流量液压泵。当系统中执行机构所克服的负载较小而要求快速运动时，两泵同时供油；当负载增加而要求执行机构运动速度较慢时，系统工作压力升高，卸荷阀 5 打开，低压大流量泵 2 卸荷。

（2）特点及应用

经常用于需要工作在不同工作速度，而且两个速度相差很大的情况下，如压力管铸造机喷拉车液压系统、带轮三角槽辊压机液压系统。

（3）回路图溯源与比较

经查对，相同的回路图还见于 2011 年出版的《现代机械设计手册》等其他参考文献中，但液压回路描述和特点及应用略有不同。

高低压双泵液压源回路可以为系统提供所需的不同的运动速度。当系统中的执行机构所克服的负载较小而要求快速运动时，两泵同时供油以增大流量、增加速度；当负载增加而要求执行机构运动速度较慢时，系统工作压力升高，卸荷阀 5 打开，低压大流量泵 2 卸荷，高压小流量泵 1 单独供油。此回路由双泵协调供油，提供了液压系统效率同时减小了功率消耗。

溢流阀 3 控制泵 1 的供油压力，根据系统所需的最大工作压力来调定。卸荷阀 5 的调定压力比溢流阀 3 的调定压力低，但要比系统的最低工作压力高（即快速运动时的系统的压力）。此系统用于经常需要工作在不同工作速度，而且两个速度相差很大时的情况下，如带轮三角槽轧机液压系统。

（4）问题与分析

原图、液压回路描述和特点及应用说明中都存在一些问题，其主要问题如下：

① 低压大流量泵或高压小流量泵不能以图形符号尺寸的大小来区分；

② 除非一些结构的双联液压泵，一般两台液压泵的进油（吸油）口不宜并联；

③ 缺少对单向阀 4 的描述；

④ 对阀 5 更为准确的描述应为用于卸荷的溢流阀；

⑤ 溢流阀出口（溢流口）应直接回油箱；

⑥ 各附件图形符号不正确。

除一些结构的双联液压泵如双联叶片泵、双联齿轮泵外，泵1与泵2型式可能不同，在油箱上的安装位置也可能不同，如将其进油口并联，则可能影响液压泵的性能或给制造带来麻烦。

因在 GB/T 17446—2012 中定义的卸荷阀是开启出口允许油液自由流入油箱的阀，且与排空阀原理类似，所以在液压回路描述时，应准确地指出其为溢流阀，仅为在此作为卸荷阀使用。

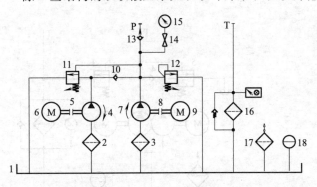

图 2-8 高低压双泵液压源回路（修改图）
1—油箱；2,3—粗过滤器；4—低压大流量液压泵；5,8—联轴器；6,9—电动机；7—高压小流量液压泵；10,13—单向阀；11,12—溢流阀；14—压力表开关；15—压力表；16—带旁路单向阀、带光学阻塞指示器的（回油）过滤器；17—油箱通气过滤器；18—液位指示

（5）修改设计及说明

根据 GB/T 786.1—2009 的规定及上述指出的问题，笔者重新绘制了图 2-8 和图 2-9。

关于修改设计图 2-8 和图 2-9，作如下说明：

① 添加了联轴器、单向阀、压力表开关和压力表等；
② 将溢流阀出口（溢流口）直接回油箱；
③ 添加了液压泵顺时针方向旋转指示箭头；
④ 对溢流阀添加了弹簧可调节图形符号，使其具有调定（限定）液压泵的输出（最高工作）压力功能；
⑤ 明确了液压泵进口处过滤器为粗过滤器；
⑥ 独立设置了回油管路；
⑦ 回油过滤器的旁路单向阀明确为带有复位弹簧的单向阀；

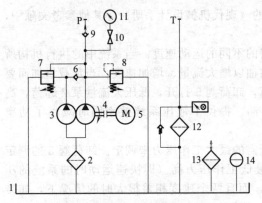

图 2-9 高低压双联泵液压源回路（修改图）
1—油箱；2—粗过滤器；3—高低压双联液压泵；4—联轴器；5—电动机；6,9—单向阀；7,8—溢流阀；10—压力表开关；11—压力表；12—带旁路单向阀、带光学阻塞指示器的（回油）过滤器；13—油箱通气过滤器；14—液位指示

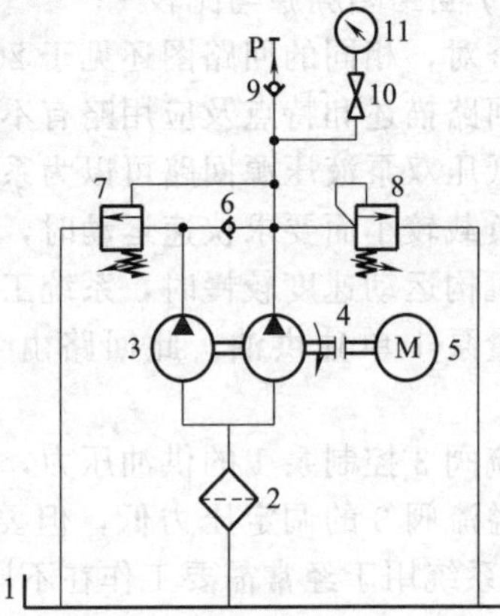

图 2-10 双联泵液压源回路

⑧ 添加了流体流动方向、接口图形符号，以及进行一些其他细节上的修改，如油箱通气过滤器中的空气流动方向图形符号为空心、液位指示为单横等。

仅就双联泵液压源回路而言，图 2-10 所示双联泵液压源回路应更为合适（典型）。

如图 2-11 所示，采用卸荷溢流阀的高低压泵液压源回路应更为实用。

2.1.5 多泵并联供油液压源回路

如图 2-12 所示，此为某文献中给出的多泵并联供油液压源回路（按原图绘制），并在图下进行了液压回路描述和特点及应用说明。笔者认为图中存在一些问题，具体请见下文。

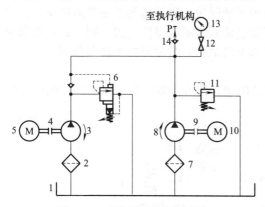

图 2-11 高低压泵液压源回路

1—油箱；2,7—粗过滤器；3—低压液压泵；
4,9—联轴器；5,10—电动机；6—卸荷溢流阀；
8—高压液压泵；11—溢流阀；12—压力表开关；
13—压力表；14—单向阀

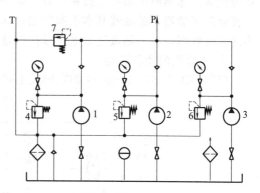

图 2-12 多泵并联供油液压源回路（原图）

1～3—液压泵；4～7—溢流阀

（1）液压回路描述

多泵并联供油液压源回路中泵的数量根据系统流量需要而确定。或根据长期连续运转工况，要求液压系统设置备用泵，一旦发现故障及时启动备用泵或采用多泵轮换工作制延长液压源使用和维护周期。各泵出口的溢流阀也可采用电磁溢流阀，使泵具有卸荷功能。

（2）特点及应用

三个定量泵的流量分别为 $q_1 < q_2 < q_3$，$q_3 > q_1 + q_2$。控制各个泵的工作状态，此油源可以提供七种不同的输出流量。系统压力由主油路溢流阀 7 设定。

（3）回路图溯源与比较

经查对，相同的回路图还见于 2011 年出版的《现代机械设计手册》等其他参考文献中，但液压回路描述和特点及应用略有不同。

多泵并联供油液压源回路常在系统需要多种不同的运动速度的情况下应用。系统中单向阀可以起到使不工作的泵不受压力油的作用，系统压力由主油路溢流阀 7 设定，各泵出口溢流阀的设定压力应该相同，且高于系统压力。

（4）问题与分析

原图、液压回路描述和特点及应用说明中都存在一些问题，其主要问题如下：

① 溢流阀 7 设置"冗余"；

② 各溢流阀出口（溢流口）不宜并联，且应直接回油箱；

③ 各泵进油路缺少粗过滤器；

④ 过滤器与单向阀并联安装，同时应设置过滤器阻塞指示或报警装置。

不管是单台液压泵工作或是多台液压泵组合一起工作，至少应保证液压泵出口处有一台溢流阀。因在每台液压泵出口处已经设置了溢流阀，如再在单向阀下游设置溢流阀即为"冗余"，且如作为安全阀还有一定问题，具体请见本章第 2.1.1 节。

尽管一些液压泵产品说明及技术文件中要求液压泵进口处不允许安装过滤器，但并不排除安装粗过滤器保护液压泵，且实际的液压系统或液压泵站的液压泵进口处（或吸油管路）几乎全部安装有粗过滤器。

在液压泵进油路上设置截止阀，是分置式液压泵系统（站）中的常见设计。采用此截止阀可以将油箱与液压泵间截止，便于各自维护、维修。

此回路在选择过滤器时，不但与过滤器并联安装的单向阀应明确是带弹簧的单向阀，而且应设置过滤器阻塞指示或报警装置。如果单向阀不带弹簧，则液压油液主要通过单向阀这一旁路流回油箱，过滤器基本不起作用；如果不带过滤器指示或报警装置，则过滤器阻塞后不能及时处理，液压油液还是通过单向阀这一旁路流回油箱，过滤器也不再起作用。

（5）修改设计及说明

根据 GB/T 786.1—2009 的规定及上述指出的问题，笔者重新绘制了图 2-13 和图 2-14。

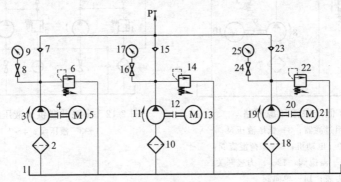

图 2-13 多泵并联供油液压源回路（修改图Ⅰ）

1—油箱；2,10,18—粗过滤器；3,11,19—液压泵；4,12,20—联轴器；5,13,21—电动机；
6,14,22—溢流阀；7,15,23—单向阀；8,16,24—压力表开关；9,17,25—压力表

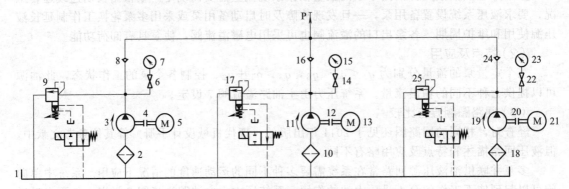

图 2-14 多泵并联供油液压源回路（修改图Ⅱ）

1—油箱；2,10,18—粗过滤器；3,11,19—液压泵；4,12,20—联轴器；5,13,21—电动机；
6,14,22—压力表开关；7,15,23—压力表；8,16,24—单向阀；9,17,25—电磁溢流阀

关于多泵并联供油液压源回路修改设计图 2-13 和图 2-14，作如下说明：

① 添加了联轴器、电动机、粗过滤器等；

② 将各溢流阀出口（溢流口）直接回油箱；

③ 添加了液压泵顺时针方向旋转指示箭头；

④ 对溢流阀添加了弹簧可调节图形符号，使其具有调定（限定）液压泵的输出（最高工作）压力功能；

⑤ 绘制了带电磁溢流阀的多泵并联供油液压油回路，见修改图Ⅱ；

⑥ 删除了回油油路及过滤器、液压泵进油路截止阀、主油路上溢流阀、油箱通气过滤器、液位指示等；

⑦ 添加了流体流动方向、接口图形符号，以及进行了一些其他细节上的修改。

2.1.6 液压泵并联交替供油液压源回路

如图 2-15 所示，此为某文献中给出的液压泵并联交替供油液压源回路（按原图绘制），并在图下进行了液压回路描述和特点及应用说明。笔者认为图中存在一些问题，具体请见下文。

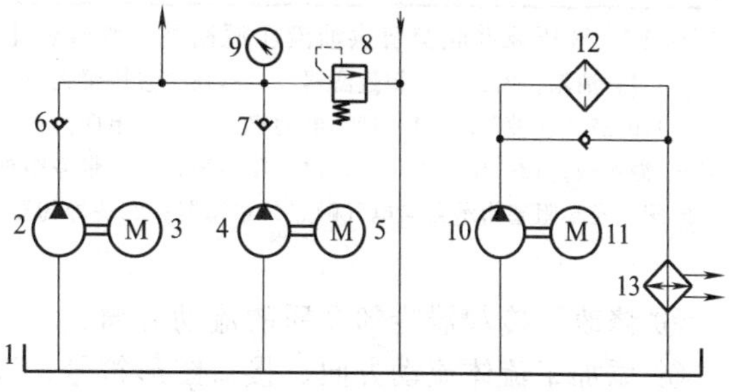

（1）液压回路描述

两个泵一个是工作泵，一个是备用泵。工作泵出现故障时，备用泵启动，使系统正常工作。

回路中设两个单向阀，防止工作液压泵输出的油液流入不工作的液压泵中，使其反转。

（2）特点及应用

应用在不允许液压泵出现故障的情况下，如飞机的液压系统，淬火炉工件传送机液压系统。

图 2-15 液压泵并联交替供油液压源回路（原图）
1—油箱；2,4,10—液压泵；3,5,11—电动机；
6,7—单向阀；8—溢流阀；9—压力表；12—带旁路
单向阀的过滤器；13—冷却器

（3）回路图溯源与比较

经查对，相同的回路图还见于 2011 年出版的《现代机械设计手册》等其他参考文献中，但液压回路描述和特点及应用略有不同。

图 2-15 所示液压源回路在其他参考文献中主要用于说明辅助循环泵液压源回路或定量泵辅助循环泵供油回路，而非液压泵并联交替供油液压源回路。

为了提高对系统污染度及温度的控制，该液压源采用了独立的过滤、冷却循环回路。即使主系统不工作，采用这种结构，同样可以对系统进行过滤和冷却。主要用于对液压介质污染度和温度要求较高且较重要的场合。

（4）问题与分析

原图、液压回路描述和特点及应用说明中都存在一些问题，其主要问题如下：

① 液压泵缺少必要的保护；

② 带旁路单向阀的滤油器是一种总成；

③ 压力表必须停机更换。

液压泵是有使用寿命的，只要使用时间足够长，其一定会出现故障。图 2-15 所示液压源回路中一台液压泵正常工作，而另一台作为备用，该液压源理论上可有 1 倍的单泵使用寿命，而不是"应用在不允许液压泵出现故障的情况下"。

作为增加液压源可靠性和耐久性的一种手段，理应更加注意保护液压泵，其中在液压泵进油路上设置粗过滤器在此回路上是必须的，包括对独立的过滤、冷却循环回路中的液压泵的保护。

液压系统中使用的压力表也是有使用寿命的，况且在一些情况下还可能是易损件。为了在更换压力表时不影响正常工作，此回路安装压力表开关是必需的。

（5）修改设计及说明

根据 GB/T 786.1—2009 的规定及上述指出的问题，笔者重新绘制了图 2-16。

关于液压泵并联交替供油液压源回路（修改图Ⅰ）图 2-16，作如下说明：

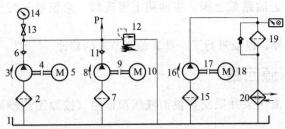

图 2-16　液压泵并联交替供油液压源回路（修改图Ⅰ）

1—油箱；2,7,15—粗过滤器；3,8,16—液压泵；

4,9,17—联轴器；5,10,18—电动机；6,11—单向阀；

12—溢流阀；13—压力表开关；14—压力表；19—带旁路单

向阀、光学阻塞指示器与电气触点的过滤器；20—冷却器

① 添加了联轴器、粗过滤器、压力表开关等；

② 将溢流阀出口（溢流口）直接回油箱；

③ 添加了液压泵顺时针方向旋转指示箭头；

④ 对溢流阀添加了弹簧可调节图形符号，使其具有调定（限定）液压泵的输出（最高工作）压力功能；

⑤ 明确了独立过滤、冷却循环回路中过滤器的旁路单向阀为带有复位弹簧的单向阀，且带阻塞指示或报警装置；

⑥ 修改了冷却器冷却介质的流动方向；

⑦ 添加了流体流动方向、接口图形符号，以及进行了一些其他细节上的修改。

图 2-16 所示修改图Ⅰ没有解决应在液压泵出口处设置溢流阀的问题。

仅就液压泵并联交替供油液压源回路而言，图 2-17 所示更为合适（典型）。

2.1.7　液压泵串联供油液压源回路

如图 2-18 所示，此为某文献中给出的液压泵串联供油液压源回路（按原图绘制），并在图下进行了液压回路描述和特点及应用说明。

笔者认为图 2-18 中存在一些问题，具体请见下文。

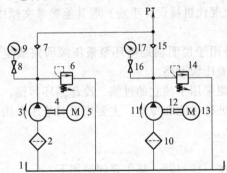

图 2-17　液压泵并联交替供油
液压源回路（修改图Ⅱ）

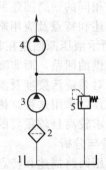

图 2-18　液压泵串联供油液压源回路（原图）

1—油箱；2—过滤器；3—液压泵Ⅰ；

4—液压泵Ⅱ；5—溢流阀

（1）液压回路描述

前吸泵（液压泵Ⅰ）不承担液压系统的负荷，只为主泵（液压泵Ⅱ）供油，以保证主泵顺利地吸油。

（2）特点及应用

解决自吸能力差的泵的吸油问题，前吸泵的流量必须大于主泵的流量。

（3）回路图溯源与比较

经查对，在另一部参考文献中的回路图与之基本相同，但液压回路描述和特点及应用略有不同。

有时为了满足液压系统所要求的较高性能，选取了自吸能力很低的高压泵。因此采用自吸性好、流量脉动小的辅助泵供油以保证主泵可靠吸油。溢流阀 5 调定辅助泵供油压力，调定压力大小以保证主泵可靠吸油为原则，一般为 0.5MPa 左右。

（4）问题与分析

原图、液压回路描述和特点及应用说明中都存在一些问题，其主要问题如下：

① 该回路图过于简化，缺少起码的液压系统组成部分，如液压泵Ⅰ出口压力指示、液压泵Ⅱ出口压力限制等；

② 其也是串联液压泵增压回路或带升压泵回路的原型。

缺少液压泵Ⅰ出口处压力指示，则溢流阀压力无法调定；缺少液压泵Ⅱ出口处溢流阀及压力指示，则该回路无法使用。

（5）修改设计及说明

根据 GB/T 786.1—2009 的规定及上述指出的问题，笔者重新绘制了图 2-19。

关于液压泵串联供油液压源回路（修改图）图 2-19，作如下说明：

① 添加了联轴器、电动机、压力表开关、压力表、单向阀等；

② 将两溢流阀出口（溢流口）直接回油箱；

③ 添加了液压泵顺时针方向旋转指示箭头；

④ 对溢流阀添加了弹簧可调节图形符号，使其具有调定（限定）液压泵的输出（最高工作）压力功能；

⑤ 进行了一些其他细节上的修改，如添加了接口图形符号等。

2.1.8 阀控液压源回路

（1）阀控液压源回路Ⅰ

如图 2-20 所示，此为某文献中给出的阀控液压源回路Ⅰ（按原图绘制），并在图下进行了液压回路描述和特点及应用说明。笔者认为图中存在一些问题，具体请见下文。

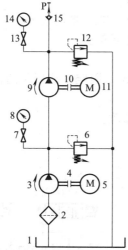

图 2-19　液压泵串联供油液压源回路（修改图）

1—油箱；2—粗过滤器；3,9—液压泵Ⅰ；4,10—联轴器；
5,11—电动机；6,12—溢流阀；7,13—压力表开关；
8,14—压力表；15—单向阀

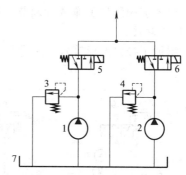

图 2-20　阀控液压源回路Ⅰ（原图）

1,2—液压泵；3,4—溢流阀；5,6—两位
三通电磁换向阀；7—油箱

1）液压回路描述　阀 5 切换在左位，阀 6 切换在右位时，由泵 2 供油；阀 5 切换在右位，阀 6 切换在左位时，由泵 1 供油；阀 5 切换在右位，阀 6 切换在右位时，由泵 1、2 同时供油。

2）特点及应用　两泵的压力分别由溢流阀 3、4（原文为 1、2）调节，两者的调定压力应相对，避免两泵同时供油时发生油液倒流。

应用于液压源与负载要求的流量相适应，节能，提高了系统的效率，例如应用于双面组合铣床液压系统中。

3）问题与分析　原图、液压回路描述和特点及应用说明中都存在一些问题，其主要问题如下：

① 两液压泵框线大小不一致；

② 油流过换向阀的图形符号的方向不正确；

③ 特点及应用中溢流阀（元件）序号与图样不一致；

④ 两液压泵都无法卸荷，节能更无从谈起；

⑤ 缺少起码的液压系统组成部分。

当两位三通电磁换向阀 5 换向至左位、两位三通电磁换向阀 6 换向至右位时，由液压泵 2 向系统供油，但此时液压泵 1 只能通过溢流阀 3 溢流；当两位三通电磁换向阀 5 换向至右位、两位三通电磁换向阀 6 换向至左位时，由液压泵 1 向系统供油，但此时液压泵 2 只能通过溢流阀 4 溢流。上述两种情况不但不能节能，而且其中没有向系统供油的液压泵处于能量消耗最大状态。

两台液压泵并联，只靠其各自溢流阀调定压力一致而"避免两泵同时供油时发生油液倒流"这种回路设计不可靠，不安全。所以两台液压泵在并联处上游应各自设置单向阀。况且，其各自溢流阀在没有压力指示（缺少压力表）情况下，也没有办法能够调整一致。

现在没有对图 2-20 所示液压回路进行溯源。但在新近 2015 年 12 月出版（2016 年 1 月印刷）的一部参考文献中，其回路图、回路描述和特点及应用与上述完全一致，就连其中的错误如："特点及应用中溢流阀（元件）序号与图样不一致"也完全相同。

4）修改设计及说明　根据 GB/T 786.1—2009 的规定及上述指出的问题，笔者重新绘制了图 2-21。

关于阀控液压源回路Ⅰ（修改图）图 2-21，作如下说明：

① 添加了粗过滤器、联轴器、电动机、压力表开关、压力表、单向阀等；

② 添加了换向阀各油口标识、液压泵顺时针方向旋转指示箭头；

③ 各换向阀 T 口接回到油箱；

④ 对溢流阀添加了弹簧可调节图形符号，使其具有调定（限定）液压泵的输出（最高工作）压力功能；

⑤ 添加了接口图形符号以及进行了一些其他细节上的修改。

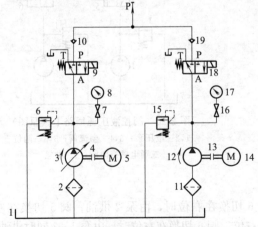

图 2-21　阀控液压源回路Ⅰ（修改图）

1—油箱；2,11—粗过滤器；3—手动变量液压泵；4,13—联轴器；
5,14—电动机；6,15—溢流阀；7,16—压力表开关；8,17—压力表；
9,18—二位三通电磁换向阀；10,19—单向阀；12—定量液压泵

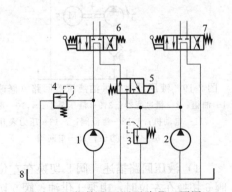

图 2-22　阀控液压源回路Ⅱ（原图）

1,2—液压泵；3,4—溢流阀；5—两位三通电磁
换向阀；6,7—三位四通手动换向阀；8—油箱

泵 3 设计选用手动变量液压泵，对扩展该阀控液压回路的适用性大有益处，尤其在液压系统调试过程更为明显。

采用换向阀对无需向液压系统供油的液压泵进行卸荷，是一种常见液压回路。

（2）阀控液压源回路 Ⅱ

如图 2-22 所示，此为某文献中给出的阀控液压源回路 Ⅱ（按原图绘制），并在图下进行了液压回路描述和特点及应用说明。笔者认为图中存在一些问题，具体请见下文。

1）液压回路描述　阀 5 处于左位时，泵 1 和泵 2 可单独向各自的执行机构供油，此时为慢速运动。当阀 6 的执行机构不需要工作时，可将阀 5 换至右位，泵 1 和泵 2 同时向泵 2 的执行机构供油，此时为快速运动。

2）特点及应用　调速范围根据两泵的流量来定。速度范围只有两级，应用于一个泵不工作时，另一个执行机构正好需要快速运动的场合，常用于工程机械。

3）问题与分析　原图、液压回路描述和特点及应用说明中都存在一些问题，其主要问题如下：

① 油流过二位三通电磁换向阀的图形符号的方向不正确；

② 一般常见的液压手动换向阀不可无条件地串联使用；

③ 两台液压泵并联处上游缺少单向阀；

④ 缺少起码的液压系统组成部分。

不管是液压泵、液压阀，还是液压系统，一般流量和压力都是其主参数。上文液压回路描述中缺少压力的描述，而且在此液压回路中"压力"十分重要。

液压手动换向阀对背压是有要求的，一般都低于公称压力或额定压力。如果泵 1 和泵 2 同时向泵 2 的执行机构供油，此时为快速运动且压力高于液压手动换向阀规定的背压，则阀 6 不但内泄漏量增大，发热严重，而且阀 6 换向操作困难，甚至产生外泄漏。

此种阀控液压源回路 Ⅱ 笔者在打草打包机上试验使用过，其结果与上述情况相同。

因此，该液压回路必须限定其使用条件，即：只有在液压系统压力（远）低于阀 6 规定背压值情况下，泵 1 和泵 2 才能同时向泵 2 的执行机构供油。

此时的液压系统压力是由泵 2 的执行机构所驱动的负载所决定的。

4）修改设计及说明　根据 GB/T 786.1—2009 的规定及上述指出的问题，笔者重新绘制了图 2-23。

关于阀控液压源回路 Ⅱ（修改图）图 2-23，作如下说明：

① 添加了粗过滤器、联轴器、电动机、压力表开关、压力表、单向阀等；

② 添加了换向阀各油口标识、液压泵顺时针方向旋转指示箭头；

③ 对溢流阀添加了弹簧可调节图形符号，使其具有调定（限定）液压泵的输出（最高工作）压力功能；

④ 添加了接口图形符号以及进行了一些其他细节上的修改，如三位四通手动换向阀中位油流 "P→T" 路径应在阀的功能单元中间。

两台液压泵并联，应在其并联处上游

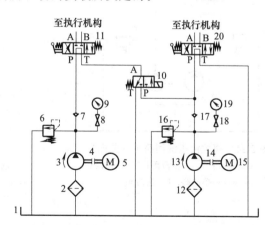

图 2-23　阀控液压源回路 Ⅱ（修改图）

1—油箱；2,12—粗过滤器；3,13—液压泵；
4,14—联轴器；5,15—电动机；6,16—溢流阀；
7,17—单向阀；8,18—压力表开关；9,19—压
力表；10—二位三通电磁换向
阀；11,20—三位四通手动换向阀

各自设置单向阀，以避免异常情况发生。

除在上述给出的使用限定条件外，如采用专用的三位四通手动换向阀11，则阀控液压源回路Ⅱ可正常使用。

（3）阀控液压源回路Ⅲ

如图2-24所示，此为某文献中给出的阀控液压源回路Ⅲ（按原图绘制），并在图下进行了液压回路描述和特点及应用说明。笔者认为图中存在一些问题，具体请见下文。

1）液压回路描述　泵1和泵2分别向A和B两个支路供油。当换向阀5处于右位时，泵1和泵2输出的油液汇合在一起，向B支路供油。因此B支路的执行机构得到二级速度。

2）特点及应用　速度范围只有两级，应用于一个泵不工作时，另一执行机构正好需要快速运动的场合。

3）问题与分析　原图、液压回路描述和特点及应用说明中都存在一些问题，其主要问题如下：

① 换向阀5图形符号有问题；

② 泵1通过换向阀5的A油路供油只有单向输出功能；

③ 换向阀8外部先导回油路径有问题。

除用于控制液压源如换向阀外部先导供油外，一般只有单向输出的液压源直接与执行机构连接的情况较少，因为液压驱动的执行机构相应也只能有单向运动且不可控。

4）修改设计及说明　根据GB/T 786.1—2009的规定及上述指出的问题，笔者重新绘制了图2-25。

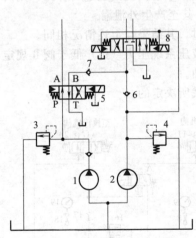

图2-24　阀控液压源回路Ⅲ（原图）
1,2—液压泵；3,4—溢流阀；5—换向阀；
6,7—单向阀；8—换向阀

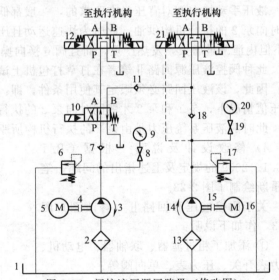

图2-25　阀控液压源回路Ⅲ（修改图）
1—油箱；2,13—粗过滤器；3,14—液压泵；4,15—联轴器；
5,16—电动机；6,17—溢流阀；7,11,18—单向阀；8,19—压
力表开关；9,20—压力表；10—二位四通电液换向阀；
12,21—三位四通电液换向阀

关于阀控液压源回路Ⅲ（修改图）图2-25，作如下说明：

① 添加了粗过滤器、联轴器、电动机、压力表开关、压力表、三位四通电液换向阀等；

② 修改了二位四通电液换向阀图形符号；

③ 修改了单向阀安装位置；

④ 添加了换向阀各油口标识、液压泵顺时针方向旋转指示箭头；

⑤ 对溢流阀添加了弹簧可调节图形符号，使其具有调定（限定）液压泵的输出（最高工作）压力功能；

⑥ 进行了一些细节上的修改，如将两台液压泵进油（吸油）管路分开、换向阀先导回油路径等。

添加了三位四通电液换向阀 12 后，扩展了阀控液压源回路Ⅲ（修改图）的应用范围，使液压泵 3 在启动和无需向执行机构供油时处于卸荷状态。

注意：外控、外泄型三位四通电液换向阀 21 的控制油来源于液压泵 14，且必须取之于单向阀 18 上游，此点在后文中还有说明。

（4）阀控液压源回路Ⅳ

如图 2-26 所示，此为某文献中给出的阀控液压源回路Ⅳ（按原图绘制），并在图下进行了液压回路描述和特点及应用说明。笔者认为图中存在一些问题，具体请见下文。

1) 液压回路描述　采用三组二位二通换向阀及单向阀分别控制并联泵的供油和卸荷。控制二位二通换向阀 4、5、6 的通断，得到七种不同的速度。

2) 特点及应用　应用于需要多级速度的场合，三个泵的流量比常采用 1：2：4。

3) 问题与分析　原图、液压回路描述和特点及应用说明中都存在一些问题，其主要问题如下：

① 尽管 P 和 A 皆为换向阀压力油口，但以上连接不尽合理。

② 在一个液压回路图中 1、2、3 液压泵各有油箱，这样的表示不合理，也与实际情况不符。

③ 在中高压场合使用电磁换向阀卸荷，可能影响液压泵寿命，对油箱内液压油液的低速稳定循环、夹带的气体释放和重的污染物沉淀等油箱功能可能产生破坏。因此，应限定该液压回路使用条件。

4) 修改设计及说明　根据 GB/T 786.1—2009 的规定及上述指出的问题，笔者重新绘制了图 2-27。

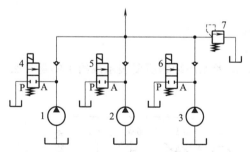

图 2-26　阀控液压源回路Ⅳ（原图）

1～3—液压泵；4～6—二位二通
电磁换向阀；7—溢流阀

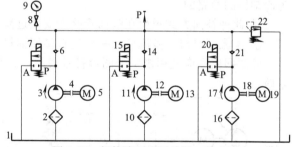

图 2-27　阀控液压源回路Ⅳ（修改图）

1—油箱；2,10,16—粗过滤器；3,11,17—液压泵；
4,12,18—联轴器；5,13,19—电动机；6,14,21—
单向阀；7,15,20—二位二通电磁换向阀；8—压力
表开关；9—压力表；22—溢流阀

关于阀控液压源回路Ⅳ（修改图）图 2-27，作如下说明：

① 添加了粗过滤器、联轴器、电动机、压力表开关、压力表等；

② 合并了油箱；

③ 添加了换向阀各油口标识、液压泵顺时针方向旋转指示箭头；

④ 对溢流阀添加了弹簧可调节图形符号，使其具有调定（限定）液压泵的输出（最高工作）压力功能；

⑤ 添加了接口图形符号以及进行了一些细节上的修改，如将各换向阀正确连接等。

图 2-27 所示阀控液压源回路Ⅳ（修改图）应在（中）低压下进行输出流量的转换。如溢流阀 21 按液压泵 3、11 和 17 的流量总和调定压力，则可能在小流量时如只有一台最小流量的液压泵工作情况下限压不准。

2.1.9　闭式液压系统液压源回路

如图 2-28 所示，此为某文献中给出的闭式液压系统的液压源回路（按原图绘制），并在图下进行了液压回路描述和特点及应用说明。笔者认为图中存在一些问题，具体请见下文。

（1）液压回路描述

双向变量泵 1 的输出油液流给执行元件，执行元件的回油直接输入到泵的吸油口。压油口由溢流阀 4 实现压力控制，吸油口经单向阀 2 或 3 补充油液。为了防止冷却器 11 被堵塞，设有旁路单向阀 9。为了保持油箱内油液的清洁度，在冷却器上游设计回油过滤器 10。温度计 12 用于检测油温。

（2）特点及应用

闭式液压系统中，一般要设置补油泵向系统补油。应用在功率大、换向频繁的液压系统，如龙门刨床、拉床、挖掘机、船舶等液压系统。

（3）问题与分析

原图、液压回路描述和特点及应用说明中都存在一些问题，其主要问题如下：

① 其原图中所示件 7（以※※※命名）不知为何物，回路描述和特点及应用中也没有说明；

② 其原图中双流变量泵的控制和调节元件在 GB/T 786.1—2009 中没有规定，在笔者所查阅的一些产品样本中也未见如此表示的；

③ 常见回油过滤器带有旁路单向阀，且为一个总成，而很少见到此旁路单向阀同时作为冷却器的旁路的；

④ 此种补油方式很少在吸油管路上安装过滤器；

⑤ 溢流阀出口（溢流口）一般应直接回油箱。

液压回路图应使用规定的图形符号表示，否则，读者无法理解所要表示或给出的是什么东西。

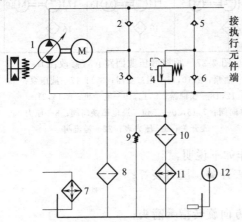

图 2-28　闭式液压系统液压源回路（原图）
1—双流向变量泵；2,3,5,6—单向阀；4—溢流阀；7—※※※；8,10—过滤器；9—过滤器旁路单向阀；11—冷却器；12—温度计

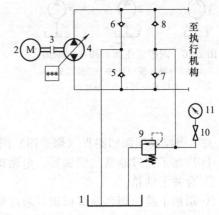

图 2-29　闭式液压系统液压源回路（修改图）
1—油箱；2—电动机；3—联轴器；4—双向流动变量泵；5～8—单向阀；9—溢流阀；10—压力表开关；11—压力表

不带升压泵（补油泵）的闭式回路的补油管路上一般不能安装过滤器，因为安装滤器后增加了油液流动阻力，不利于及时、充分地补油。况且，大多数液压泵产品都要求其进油管路上不得安装过滤器。

（4）修改设计及说明

根据 GB/T 786.1—2009 的规定及上述指出的问题，笔者重新绘制了图 2-29。

关于闭式液压系统液压源回路（修改图）图 2-29，作如下说明：

① 添加了联轴器、电动机、压力表开关、压力表等；

② 删减了过滤器、冷却器、旁路单向阀、件 7 等；

③ 对溢流阀添加了弹簧可调节图形符号，使其具有调定（限定）液压泵的输出（最高工作）压力功能。

修改图中双向流动变量泵的旋转方向待定、控制和调节元件（控制器）待定。

变量液压泵的变量方式、方法多种多样，但可用于闭式液压系统的并不多，请读者在选用时一定注意。

2.1.10 压力油箱液压源回路

如图 2-30 所示，此为某文献中给出的充压油箱液压源回路（按原图绘制），并在图下进行了液压回路描述和特点及应用说明。笔者认为图中存在一些问题，具体请见下文。

（1）液压回路描述

充压油箱 1 采用全封闭式设计，由充气装置（气源、空气过滤器 3 及减压阀 4 等）向油箱提供过滤的压缩空气。泵 5（工作泵）的工作压力由溢流阀 6 调定，并由压力表 7 显示。

（2）特点及应用

该回路用于水下作业或者环境条件恶劣的场合。冷却过滤液压泵 2 的设置，使得即使主系统不工作，采用这种结构，同样可以对系统进行过滤和冷却。

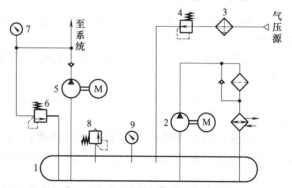

图 2-30 充压油箱液压源回路（原图）

1—充压油箱；2,5—泵；3—空气滤清器；4—（空气）减压阀；
6—溢流阀；7,9—压力表；8—（空气）溢流阀

（3）问题与分析

原图、液压回路描述和特点及应用说明中都存在一些问题，其主要问题如下：

① 充压油箱在 GB/T 17446—2012 中没有定义，在 GB/T 786.1—2009 中没有规定其图形符号；

② 空气滤清器 3 图形符号不正确；

③ 溢流阀 6 的安装位置及作用描述不正确。

溢流阀应设置在液压泵出口处，而不应设置在单向阀下游；设置在液压泵出口的溢流阀最主要的作用是限定液压泵的最高工作压力，而不是调定工作压力。

（4）修改设计及说明

根据 GB/T 786.1—2009 的规定及上述指出的问题，笔者重新绘制了图 2-31。

关于压力油箱液压源回路图 2-31，作如下说明：

① 添加了粗过滤器、联轴器、压力表开关等；

② 压力油箱按 GB/T 786.1—2009 的规定绘制成了有盖油箱；

③ 明确了过滤器 16 中的单向阀为带有复位弹簧；

④ 采用温度调节器代替了冷却器；

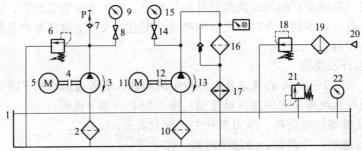

图 2-31　压力油箱液压源回路

1—压力油箱；2,10—粗过滤器；3,13—液压泵；4,12—联轴器；5,11—电动机；
6—溢流阀；7—单向阀；8,14—压力表开关；9,15,22—压力表；16—带旁路单向阀、
光学阻塞指示器与电气触点的过滤器；17—温度调节器；18—（空气）减压阀；
19—手动排水（空气）过滤器；20—气压源；21—（空气）溢流阀

⑤ 添加了液压泵顺时针方向旋转指示箭头；

⑥ 对溢流阀添加了弹簧可调节图形符号，使其具有调定（限定）液压泵的输出（最高工作）压力功能；

⑦ 添加了接口图形符号以及进行了一些细节上的修改，如溢流阀安装在液压泵出口处等。

压力油箱在 GB/T 17446—2012 中有定义，有盖油箱在 GB/T 786.1—2009 中规定了图形符号。

一般手动排水过滤器、手动调节式溢流调压阀、压力表和油雾器组合在一起称为气源处理装置，且为一个总成。

本压力油箱采用不带压力表的手动排水过滤器、手动调节减压阀、无溢流的组合气动附件。

采用温度调节器代替冷却器，可使油箱内的液压油液保持在一个较为合适的温度范围内，尤其当在低温环境下，温度调节器可对液压油液进行加热。

2.2　控制液压源回路分析与设计

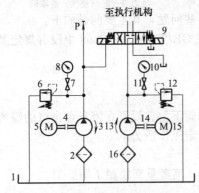

图 2-32　单独的低压泵控制液压源液压回路

1—油箱；2,16—粗过滤器；3—低压液压泵；
4,14—联轴器；5,15—电动机；6,12—溢流阀；7,11—压力表开关；8,10—压力表；
9—电液换向阀；13—高压液压泵

控制液压源是液压控制信号产生并维持有压力流体的能量源，如电磁铁操纵先导级供油和液压操作主阀的方向控制阀的外部先导供油。

控制液压源回路图是用图形符号表示液压传动系统该部分（局部）的功能的图样。

2.2.1　独立的（先导）控制液压源

顾名思义，独立的（先导）控制液压源是一个单独的先导控制液压源，在液压机（械）液压系统中很常见。

（1）单独的低压泵控制液压源

如图 2-32 所示，此为单独的低压泵控制液压源液压回路。

1）液压回路描述　由液压元附件 2、3、6、7、

8 和油箱 1 及管路等组成的控制液压回路是一个单独的控制液压源，主要用于向液压系统提供控制压力液压油液。

有参考文献又将此回路称为辅助回路，该回路独立于主回路，其中采用的液压泵一般为低压、小流量液压泵如齿轮泵等，由电动机 5 通过联轴器 4 与低压液压泵 3 连接，液压泵 3 输出经溢流阀 6 调定压力的液压油液，一般独立的控制液压源中的溢流阀处于常溢流状态。

该独立的控制液压源生产的压力液压油液主要用作主回路中的方向控制阀的外部先导供油。主回路中电液换向阀 9 的控制形式为外控型，且一般都有最低控制压力规定。因此，独立的控制液压源所提供的压力液压油液应满足外控型电液换向阀 9 相关技术要求。

由液压元附件 9、10、11、12、13、14、5、16 和油箱 1 及管路等组成的主回路与单独的低压泵控制液压源回路比较，压力高、流量大。

2）特点及应用　因单独的低压泵控制液压源回路是独立的，所以不管主回路是何种工作状态包括停机，其都能提供稳定的、可靠的、压力基本恒定的液压控制油液，进而保证液压阀操纵的准确、可靠。

液压系统设置单独的低压泵控制液压源，一般常用于多台液压元件控制，不但包括液压阀，也可能包括液压泵等，如 EP 电控比例斜轴式轴向柱塞变量泵要求在泵零位启动或工作压力低于 4MPa 时，须接入 4MPa 的先导压力。

该回路常用于较大型的液压机（械）、液压试验台上，因主回路中液压泵可以完全卸荷甚至停机，所以相对而言该回路还是比较节能的。

（2）双联泵控制液压源

如图 2-33 所示，此为双联泵控制液压源液压回路。

1）液压回路描述　双联液压泵 3 中的小排量泵一般用作控制液压源液压泵。因双联泵 3 通过联轴器 4 与一台电动机 5 连接并被驱动，尽管由液压元附件 2、3（小）、6、7、8 和油箱 1 及管路等组成的控制液压回路是一个独立的控制液压源，但与主回路液压泵 4 共用一台电动机 5 及粗过滤器 2，所以控制液压源与动力液压源只能一同启动、运行和停止。

如需控制液压源工作，则由液压元附件 2、3（大）、9、10、11、12 和油箱 1 及管路等组成的主回路必须运行或（完全）卸荷，但不能停机。

其他与图 2-33 所示的单独的低压泵控制液压源相同。

2）特点及应用　因该控制液压源回路中的低压、小流量液压泵不是单独的，所以双联液压泵的选择受到一定限制。但在以前很多液压机（械）中可以常见到高压柱塞泵中带有一个小型齿轮泵或转子泵。

该独立的控制液压源包括图 2-32 所示的单独的低压泵控制液压源中的压力信号检测、指示和/或转换、传输，可采用压力表、电接点压力表、数字压力表、压力传感器、压力继电器等，且在液压机（械）电气控制系统中有重要作用。

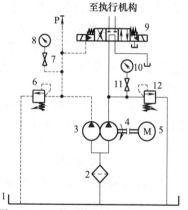

图 2-33　双联泵控制液压源液压回路
1—油箱；2—粗过滤器；3—（大、小）双联液压泵；4—联轴器；5—电动机；6,12—溢流阀；7,11—压力表开关；8,10—压力表；9—电液换向阀

2.2.2　主系统分支出的（先导）控制液压源

除在图 2-25 所示阀控液压源回路Ⅲ中，外控、外泄型三位四通电液换向阀 21 的控制油来源于主回路液压泵 14，且由单向阀 18 上游分支出的（先导）控制液压源外，还有其他一些液压回路可以实现以上功能，如图 2-34～图 2-36 等所示。

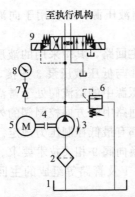

图 2-34　主系统分支出的（先导）控制液压源 I
1—油箱；2—粗过滤器；3—液压泵；4—联轴器；
5—电动机；6—溢流阀；7—压力表开关；8—压
力表；9—三位四通电液换向阀

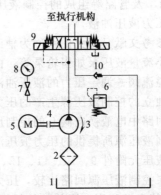

图 2-35　主系统分支出的（先导）控制液压源 II
1—油箱；2—粗过滤器；3—液压泵；4—联轴器；
5—电动机；6—溢流阀；7—压力表开关；8—压力表；
9—三位四通电液换向阀；10—带复位弹簧的单向阀

（1）液压回路描述

图 2-25、图 2-34、图 2-35 和图 2-36 所示的四个主系统分支出的（先导）控制液压源有一个共同之处，即控制油路皆由主系统中单向阀或节流（阀）上游分支出来，这只是为保证控制油液可以具有最低的控制压力。

由主系统分支出的（先导）控制液压源的控制压力随主系统变化，有时压力可能很高；但可以卸荷的主系统有时压力却很低，甚至可能接近为"零"。上述三个系统在主系统卸荷（包括运行）时都存在着背压，此背压是专门为保证控制液压源最低压力设定的。因此主系统也不能完全卸荷。

在上述三个系统中，分别通过换向阀中位节流机能、回油路设置带复位弹簧的单向阀和回油路设置节流（阀）等设计，在主系统分支处建立、保持了一个控制油路所必须的最低压力。

需要进一步说明的是：

① 各种或各厂家（品牌）电液换向阀的最低控制压力可能不同；

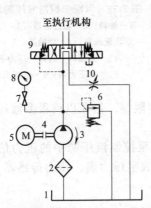

图 2-36　主系统分支出的（先导）控制液压源 III
1—油箱；2—粗过滤器；3—液压泵；4—联轴器；
5—电动机；6—溢流阀；7—压力表开关；8—压力表；
9—三位四通电液换向阀；10—节流（阀）

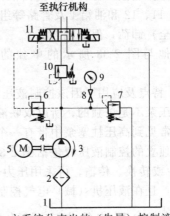

图 2-37　主系统分支出的（先导）控制液压源 IV
1—油箱；2—粗过滤器；3—液压泵；4—联轴器；
5—电动机；6—（定比）减压阀；7—溢流
阀；8—压力表开关；9—压力表；10—顺序阀；
11—三位四通电液换向阀

② 换向阀在中位时各油口连通节流这种中位机能标识在各厂家还不统一，一些品牌甚至没有这种机能的换向阀；

③ 可以采用其他方式、方法，包括节流器、节流孔或液压阀等完成上述功能。

（2）特点及应用

因主系统不能完全卸荷，所以该液压系统功率损失会更大，一般在较大型液压系统上采用应慎重。

仅就建立、保持最低控制压力而言，在回油油路上设计、安装带复位弹簧的单向阀较为适宜。

因由主系统分支出的（先导）控制液压源控制压力是变化的，所以一般当控制压力超过一定值时，如图 2-37 所示，分支出的（先导）控制液压源油路需要安装（定比）减压阀。减压阀出口一般应设置压力检测口，但在图 2-37 中未示出。

2.2.3 内外部结合式（先导）控制液压源

如图 2-38 所示，此为内外部结合式控制液压源回路。

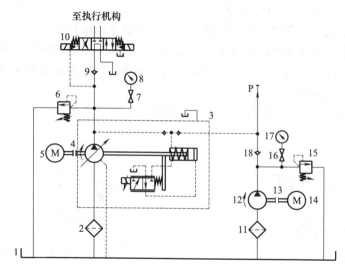

图 2-38 内外部结合式（先导）控制液压源

1—油箱；2,11—粗过滤器；3—EP 电控比例变量泵；4,13—联轴器；5,14—电动机；6,15—溢流阀；
7,16—压力表开关；8,17—压力表；9,18—单向阀；10—三位四通电液换向阀；12—液压泵

如图 2-38 所示，当在一个液压系统中的各种液压元件所需的（最低）控制压力不同时，如同时具有变量液压泵与电液换向阀的液压系统，可以考虑采用内外部结合式（先导）控制液压源。

2.3 应急液压源回路分析与设计

"应急"是有确切含义的，涉及机械安全。为了使机器在预定使用范围内具备安全性，降低或减小在紧急情况下的安全风险，或可保证其继续执行预定功能的能力，液压系统可以考虑设置应急液压源。

应急液压源是一种在紧急情况下使用的液压动力源，应急液压源回路是在紧急情况下可以为液压系统提供一定压力和流量工作介质的动力液压源回路。

2.3.1 备用泵应急液压源回路

如图 2-39 所示，此为某文献中给出的用备用泵的应急液压源回路（按原图绘制），并在图下进行了液压回路描述和特点及应用说明。笔者认为图中存在一些问题，具体请见下文。

（1）液压回路描述

系统正常工作时，由液压泵Ⅰ供油，液压泵Ⅱ不工作。当液压泵Ⅰ损坏后，可用液压泵Ⅱ供油，液压系统不致（于）发生停车事故。

（2）特点及应用

用于生产周期固定、产生连续性强的场合。溢流阀调定系统压力；单向阀隔离双泵，使两个泵可以单独工作。

（3）问题与分析

原图、液压回路描述和特点及应用说明中都存在一些问题，其主要问题如下：

① 原图中图形符号不规范；

② 单向阀一般不宜串联安装；

③ 溢流阀无法隔离单向阀的故障。

过滤器与液压泵等图形符号比例失调（已经在绘制原图中修改），压力表指针方向不对。

在液压系统中，溢流阀的故障发生率一般高于液压泵。作为液压源，泵出口安装的溢流阀应包括在液压源内。否则液压源的供给压力无法调定，此液压源也无法使用。

（4）修改设计及说明

根据 GB/T 786.1—2009 的规定及上述指出的问题，笔者重新绘制了图 2-40。

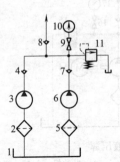

图 2-39　备用泵的应急液压源回路（原图）

1—油箱；2,5—滤油器；3—液压泵Ⅱ；4,7,8—单向阀；6—液压泵Ⅰ；9—压力开关；10—压力表；11—溢流阀

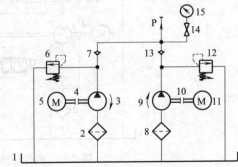

图 2-40　备用泵应急液压源回路

1—油箱；2,8—粗过滤器；3—液压泵Ⅱ；4,10—联轴器；5,11—电动机；6,12—溢流阀；7,13—单向阀；9—液压泵Ⅰ；14—压力表开关；15—压力表

关于备用泵应急液压源回路图 2-40，作如下说明：

① 添加了联轴器、电动机、溢流阀等；

② 每台液压泵出口处都安装了溢流阀；

③ 删掉了原图中的一台单向阀；

④ 明确了过滤器为粗过滤器；

⑤ 对溢流阀添加了弹簧可调节图形符号，使其具有调定（限定）液压泵的输出（最高工作）压力功能；

⑥ 添加了接口图形符号以及进行了一些细节上的修改，如压力表指针方向等。

尽管由粗过滤器 2、液压泵Ⅱ3、溢流阀 6、单向阀 7 等组成的备用泵应急液压源在一般情况下不使用，但也不能长期闲置，一般不超过六个月就应启动、运行 8h 以上。否则就可能应不了急、备用变成了无用。

备用泵应在低压下启动，通过溢流阀逐级升压，且不可在高压或溢流阀没有设定好的情况下与原运行的液压系统进行切换。

如有备用液压泵壳体内需在启动前充满油液的要求，其在启动备用液压泵时应特别注意，必要时应在明显处设置警示标志。

2.3.2 手动泵应急液压源回路

（1）手动泵应急液压源回路Ⅰ

如图 2-41 所示，此为某文献中给出的用手动泵的应急液压源回路Ⅰ（按原图绘制），并在图下进行了液压回路描述和特点及应用说明。

笔者认为图 2-41 中存在一些问题，具体请见下文。

1）液压回路描述　系统正常工作时，由（电动）泵单独供油，手动泵不工作。在停电等紧急情况时，电动泵不能供油，可由手动泵继续供油，避免发生事故。

2）特点及应用　本回路是用手动泵组成的备用液压源回路。手动泵的流量很小，不能使执行机构得到所需的运动速度，只能暂时使执行机构继续运动。可用于工程机械、起重运输设备等的液压系统。

3）问题与分析　原图、液压回路描述和特点及应用说明中都存在一些问题，其主要问题如下：

① 手动泵不宜与（电动）泵共用一个过滤器；

② 原图中手动泵的溢流阀进口处的油流反向指示箭头无法理解。

包括进油单向阀、手动泵、溢流阀、出口单向阀和油箱等一般为一台手动泵总成。因手动泵自吸能力并不强，且一般排量很小（管路公称通径小），加之用于应急的泵不宜与原运行液压系统有过多的交集，所以此应急用的手动泵不宜与（电动）泵共用一个过滤器，或可不安装过滤器。

4）修改设计及说明　根据 GB/T 786.1—2009 的规定及上述指出的问题，笔者重新绘制了图 2-42。

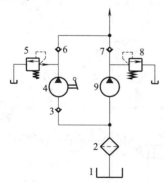

图 2-41　用手动泵的应急液压源回路Ⅰ
1—油箱；2—过滤器；3,6,7—单向阀；4—手动泵；
5,8—溢流阀；9—（电动）液压泵

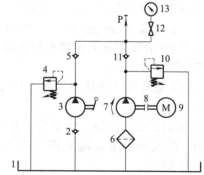

图 2-42　手动泵应急液压源回路Ⅰ
1—油箱；2,5,11—单向阀；3—手动泵；4,10—溢流阀；6—粗过滤器；7—液压泵；8—联轴器；9—电动机；12—压力表开关；13—压力表

关于手动泵应急液压源回路Ⅰ图 2-42，作如下说明：

① 添加了联轴器、电动机、压力表开关、压力表等；

② 删除了原图中手动泵的溢流阀进口处的油流反向指示箭头；

③ 对溢流阀添加了弹簧可调节图形符号，使其具有调定（限定）液压泵的输出（最高

工作）压力功能；

④ 添加了接口图形符号以及进行了一些细节上的修改，如手动泵操纵杆方向等。

手动泵不宜与（电动）液压泵共用一个过滤器的另一原因还在于：管路通径通常相差很大，连接困难。

（2）手动泵应急液压源回路Ⅱ

如图 2-43 所示，此为某文献中给出的用手动泵的应急液压源回路Ⅱ（按原图绘制），并在图下进行了液压回路描述和特点及应用说明。笔者认为图中存在一些问题，具体请见下文。

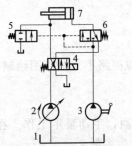

图 2-43 用手动泵的应急液压
源回路Ⅱ（原图）
1—油箱；2—主泵Ⅰ；3—手动泵Ⅱ；
4—换向阀 C；5—液控换向阀 A；
6—液控换向阀 B；7—液压缸

1）液压回路描述　系统正常工作时，由主泵Ⅰ供油，液控换向阀 A 与 B 处于图示位置，换向阀 C 操纵活塞往复运动。

当液压泵Ⅰ不能正常工作时，可由手动泵Ⅱ供油。压力油首先使阀 A 与 B 切换，然后进入液压缸右腔，使活塞逐渐向左移动至终点，避免发生事故。

2）特点及应用　出现事故时，可使工作机构实现返程（只用于使活塞返程，不能使系统连续正常工作）。

3）问题与分析　原图、液压回路描述和特点及应用说明中都存在一些问题，其主要问题如下：

① 不管主泵Ⅰ是何种变量形式（在图 2-43 中省略了具体变量形式），液压泵出口都应设置溢流阀来限制液压系统的最高工作压力；

② 该液压系统中液压泵有可能带载启动；

③ 除非液控换向阀 C 为特制，否则在液压系统正常工作时，通过主阀口 T 与 A 连通向液压执行元件输入液压油液将可能有问题；

④ 一般应急操作应是将执行元件退回到非工作状态，即液压缸返（回）程，而不是相反；

⑤ 该液压系统缺少基本组成部分。

4）修改设计及说明　根据 GB/T 786.1—2009 的规定及上述指出的问题，笔者重新绘制了图 2-44。

关于手动泵应急液压源回路Ⅱ图 2-44，作如下说明：

① 添加了粗过滤器、联轴器、电动机、单向阀、溢流阀、电磁溢流阀、压力表开关、压力表等；

② 将原图中二位三通液控换向阀调换成了二位四通液控换向阀；

③ 改变了二位四通电磁换向阀主阀口、液压缸油口与配管的连接；

④ 组成了常见的手动泵液压回路；

⑤ 添加了接口图形符号以及进行了一些细节上的修改，如添加了控制油液作用方向图形符号等。

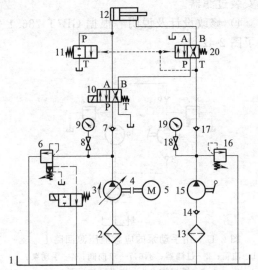

图 2-44　手动泵应急液压源回路Ⅱ
1—油箱；2,13—粗过滤器；3—变量液压泵；4—联轴器；
5—电动机；6—电磁溢流阀；7,14,17—单向阀；
8,18—压力表开关；9,19—压力表；10—二位四通电磁
换向阀；11—二位二通液控换向阀；12—液压缸；15—手
动泵；16—溢流阀；20—二位四通液控换向阀

二位三通换向阀的主阀口在 GB/T 786.1—2009 中全部为 P、A 和 T 口，但在 JB/T 10365 中却是 P、A 和 B 口。在液压系统中，不管是何种机能的换向阀，都应十分注意 T 口的耐压性能（指标），以及将四通阀的 A 口或 B 口堵死而作三通阀用时其通流能力的下降情况。

2.3.3　蓄能器应急液压源回路

（1）蓄能器应急液压源回路 I

如图 2-45 所示，此为某文献中给出的用蓄能器的应急液压源回路 I（按原图绘制），并在图下进行了液压回路描述和特点及应用说明。笔者认为图中存在一些问题，具体请见下文。

1）液压回路描述　液压源失效后，可切换手动换向阀 A，使蓄能器中的压力油进入液压缸，使系统保持压力。

2）特点及应用　可用于机床液压系统，因停电或液压系统故障等原因使液压源失效时，可利用蓄能器进行紧急安全操作，短时提供压力油。

3）问题与分析　原图、液压回路描述和特点及应用说明中都存在一些问题，其主要问题如下：

① 液压元件图形符号不规范；

② 因蓄能器没有压力指示，所以无法判别蓄能器是否蓄有压力油液；

③ 滑阀式手动换向阀存在内泄漏，无法长时间用于截止蓄能器油路；

④ 因两台手动换向阀皆无定位（槽、销），所以可"使系统保持压力"或液压缸保持压力的说法不能成立；

⑤ 该液压系统中液压泵有可能带载启动。

因两台手动换向阀皆无定位（槽、销），所以该液压系统在利用蓄能器进行紧急安全操作时也得双手同时操作。

4）修改设计及说明　根据 GB/T 786.1—2009 的规定及上述指出的问题，笔者重新绘制了图 2-46。

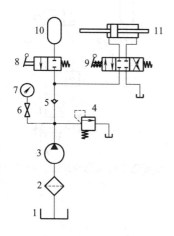

图 2-45　用蓄能器的应急
液压源回路 I（原图）

1—油箱；2—过滤器；3—液压泵；4—溢流阀；5—单向阀；6—压力表开关；7—压力表；8—手动换向阀 A；9—三位四通手动换向阀；10—蓄能器；11—液压缸

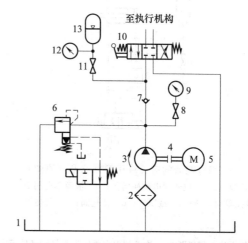

图 2-46　蓄能器应急液压源回路 I

1—油箱；2—粗过滤器；3—液压泵；4—联轴器；5—电动机；6—电磁溢流阀；7—单向阀；8—压力表开关；9，12—压力表；10—三位四通手动换向阀；11—截止阀；13—蓄能器

关于蓄能器应急液压源回路Ⅰ图 2-46，作如下说明：

① 添加了联轴器、电动机、压力表等；

② 将原图中溢流阀调换成了电磁溢流阀；

③ 将原图中二位二通手动换向阀调换成截止阀；

④ 进行了一些细节上的修改，如压力表指针方向等。

液压泵可使用电磁溢流阀进行卸荷，如需自动对蓄能器进行充压，可将蓄能器压力表调换成电接点压力表等。但该回路蓄能器泄压存在问题。

另外，对包含一个或多个蓄能器的液压系统，当机器上设置的警告标签不明显时，应在系统上的明显位置放置一个附加警告标签，标明"**警告：系统包含蓄能器**"。在回路图中应提供完全相同的信息。

（2）蓄能器应急液压源回路Ⅱ

如图 2-47 所示，此为某文献中给出的用蓄能器的应急液压源回路Ⅱ（笔者按原图绘制），并在图下进行了液压回路描述和特点及应用说明。笔者认为图中存在一些问题，具体请见下文。

1）液压回路描述　正常工作时，液压源的压力油经液控单向阀 B 进入液压缸的左腔，并经液控单向阀 A 进入蓄能器。若液压泵出现故障，液控单向阀 B 切断向下油路，蓄能器仍可向液压缸供油。

2）特点及应用　可用于机床夹具的液压系统。

3）问题与分析　原图、液压回路描述和特点及应用说明中都存在一些问题，其主要问题如下：

① 图形符号问题　尽管符号一般不代表元件的实际结构，但大部分符号表示具有特定功能的元件或装置，部分符号表示功能或操作方法。

除了换向阀、液压缸等已在绘制原图时对其进行了修改外，因液控单向阀 A 图形符号存在着原理错误，即液控单向阀 A 反向开启控制油口不可能设置于如图 2-47 所示位置，所以绘制了修改图 2-48（仅对液控单向阀 A 进行了修改），但这不是该回路的主要问题。

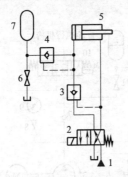

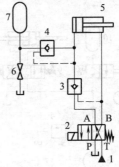

图 2-47　用蓄能器的应急液压源回路Ⅱ（原图）　　图 2-48　用蓄能器的应急液压源回路Ⅱ（修改图）

1—液压源；2—二位四通电磁换向阀；3—液控单向阀 B；
4—液控单向阀 A；5—液压缸；6—截止阀；7—蓄能器

笔者注：相似图 2-48 中液控单向阀图形符号，又见于华德方向阀系列液压阀产品样本（2015 年 12 月编制）第 47 页，但其所绘制的控制油口位置是液控单向阀的泄油口。

② 原理问题　如图 2-48 所示，液压源正常工作时，即换向阀电磁铁未得电状态（未受激励），液压缸应进行缸进程直至终点，且在缸进程到达终点后升压；当压力达到可以开启液压单向阀 A 时，液压源油液通过液控单向阀 A 对蓄能器充液，直至压力达到与液压缸无

杆腔（左腔）压力相等；如此时液压源失压即所谓液压泵出现故障，则蓄能器与液压缸无杆腔一直连通，可对液压缸进行补压或保压；因液控单向阀 A 的开启是正向开启，不是靠控制油作用的反向开启，所以蓄能器对液压缸的补压可以直至蓄能器压力降至"零"或降至液控单向阀正向开启压力。

当换向阀电磁铁得电换向阀换向（切换），液压缸有杆腔升压直至开启液控单向阀 B，液压缸进行缸回程；如果蓄能器中油液还有压力，则会经液控单向阀 A、B，并会同液压缸无杆腔油液一起回油箱，亦即蓄能器压力基本降至"零"。

在上述液压缸回程过程中，如液压源失压，即使蓄能器中油液还有压力，也无法使液压缸继续进行缸回程。

当换向阀电磁铁再次失电进行下一次循环（工作）时，一般情况下的蓄能器内油液压力是"零"。其他情况如上所述。

根据以上分析，该液压源回路原理存在如下问题：

a. 其不是应急液压源回路，应归类为保压或补压液压回路；

b. 液控单向阀 A 多余，即使去掉液控单向阀 A，其液压回路的功能和作用没有任何变化，包括用于机床夹具时的夹紧时间和夹紧力及其保压时间（能力）等；

c. 但该液压回路较另外一部 1982 年出版的参考文献中的相似液压回路还有退步，具体请见图 2-49 及下面的原理说明。

图 2-49 用蓄能器的应急液压源回路八原理说明：

正常工作时，来自液压源的压力油经液控单向阀 B 进入液压缸的左腔，并经液控单向阀 A 进入蓄能器，液压缸左腔由液压源与蓄能器共同保压。在液压缸的保压过程中，由于停电等事故而使液压源失效时，液控单向阀 A 仍开启，液压缸只靠蓄能器保压。

图 2-49 较图 2-50 所示的液压回路的退步主要表现在：在正常工作时，蓄能器在每次缸回程中将所蓄油液泄压至"零"。

③ 连接问题　如按 GB/T 786.1—2009 中对各液压阀口标识的规定，则以上三个回路中二位四通电磁换向阀与液压源和回油箱连接错误。

笔者注：1. 在图 2-49 中对原图的液压源图形符号进行修改。

2. 图 2-48 和图 2-49 图题下元件、附件序号及名称与图 2-47 相同。

4）修改设计及说明　根据 GB/T 786.1—2009 的规定及上述指出的问题，笔者重新绘制了图 2-50。

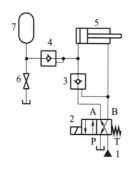

图 2-49　用蓄能器的应急液
压源回路八（原图）

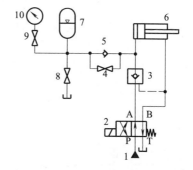

图 2-50　蓄能器应急液压源回路Ⅱ
1—液压源；2—二位四通电磁换向阀；3—液控
单向阀；4,8—截止阀；5—单向阀；6—液压缸；
7—蓄能器；9—压力表开关；10—压力表

关于蓄能器应急液压源回路Ⅱ图 2-50，作如下说明：

① 将原图 2-47 中液控单向阀 A 删掉；

② 添加了单向阀、截止阀、压力表开关和压力表等；

③ 修改了二位四通电磁换向阀中油液流动路径和方向。

所谓应急液压源，应是在作为夹紧用液压缸的无杆腔压力降低或失压且无法通过原液压源保压或补压时，方可采用的一种备用液压源。这种备用液压源不应参加正常工作，只是在应急时才可使用。

如图 2-50 所示，在该液压回路正常工作时，两台截止阀 4 和 8 全部关闭，蓄能器 7 内充压至液压缸 6 无杆腔最高工作压力；当出现紧急情况，如液压缸 6 无杆腔降压或失压而靠原液压源无法保压或补压时，则可手动开启与单向阀 5 并联的截止阀 4，使蓄能器 7 与液压缸 6 无杆腔连通。

蓄能器 7 中液压油液的压力可由压力表 10 指示，也可开启截止阀 8 泄压。

第 **3** 章

压力控制典型液压回路分析与设计

压力控制回路是调整或控制液压系统中液压油液压力的回路，本书将其划分为调压、减压、增压、保压、泄压、卸荷和平衡（支承）等回路。

压力控制回路图是用图形符号表示液压传动系统该部分（局部）的功能的图样。

3.1 调压回路分析与设计

调压回路是指控制液压系统或子系统（局部）的液压油液压力，使之保持恒定或限制（定）其最高工作压力的液压回路。

3.1.1 单级压力调定回路

如图 3-1 所示，此为某文献中给出的单级调压回路Ⅰ（笔者按原图绘制），并在图下进行了液压回路描述和特点及应用说明。笔者认为图中存在一些问题，具体请见下文。

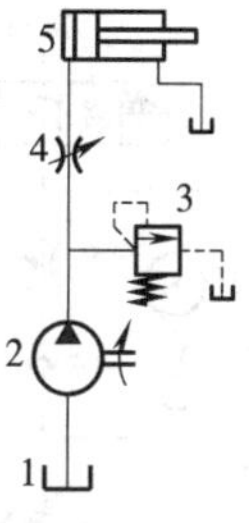

（1）液压回路描述

图 3-1 所示回路，调节溢流阀可以改变泵的输出压力。当溢流阀的调定压力确定后，液压泵就在溢流阀的调定压力下工作。节流阀调节进入液压缸的流量，定量泵提供的多余的油液经溢流阀回油箱。溢流阀起定压溢流作用，以保证系统压力稳定，且不受负载变化的影响，从而实现了对液压系统进行调压和稳压控制。

（2）特点及应用

溢流阀并联在定量泵的出口，采用进油节流调速，与节流阀和单活塞杆液压缸组合构成单级调压回路。

该回路为最基本的调压回路，一般用于功率小的中低压系统。溢流阀的调定压力应大于液压缸的最大（高）工作压力，其中包含管路上的各种压力损失。

（3）回路图比较

图 3-1 所示回路在其他参考文献中，多以压力调定回路或限压回路命名，且以图 3-2～图 3-4 等图样表示，其中对单级压力调定回路Ⅰ（修改图）的功能描述有所不同，但特点及

图 3-1 单级调压
回路Ⅰ（原图）
1—油箱；2—定量液压泵；
3—溢流阀；4—节流阀；
5—液压缸

应用内容相同。

对图 3-2 所示单级压力调定回路Ⅰ的功能描述为：用溢流阀来控制系统的工作压力；当系统压力超过溢流阀的调定压力时，溢流阀溢油，系统卸荷来保护过载。

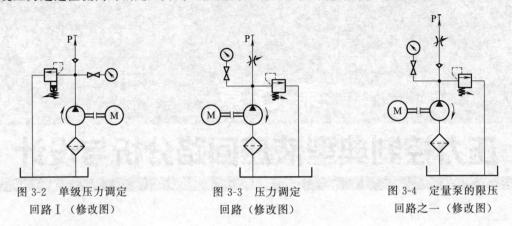

图 3-2　单级压力调定　　　　图 3-3　压力调定　　　　　图 3-4　定量泵的限压
　　回路Ⅰ（修改图）　　　　　回路（修改图）　　　　　　回路之一（修改图）

（4）问题与分析

原图、液压回路描述和特点及应用说明中都存在一些问题，其主要问题如下：

①"调节溢流阀可以改变泵的输出压力。"这样的表述并不准确；

②"当溢流阀的调定压力确定后，液压泵就在溢流阀的调定压力下工作。"这样的表述也不准确；

③原图样中缺少液压系统基本组成部分；

④该液压系统中液压缸至多只能完成一次缸进程。

因溢流阀是当达到设定压力时，其通过排出或向油箱返回液压油液来限制压力的阀，液压系统的压力是由外负载决定的，所以只有当液压系统（溢流阀进口处）的压力达到溢流阀的设定（调定）压力时，溢流阀才可以限制（限定）液压系统的压力。

在溢流阀没有溢流的情况下，溢流阀升压调节不能改变液压泵的输出压力；溢流阀设定压力后，液压泵的最高工作压力被限制，其只能在等于或小于该压力下工作。

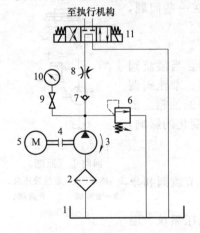

图 3-5　单级压力调定回路
1—油箱；2—粗过滤器；3—定量液压泵；
4—联轴器；5—电动机；6—溢流阀；
7—单向阀；8—节流阀；9—压力表开关；
10—压力表；11—三位四通电磁换向阀

该液压系统中没有设置压力表，溢流阀的压力无法设定或准确设定。

用只可能完成一次缸进程的这样一个液压系统来表示和描述单级压力调定回路不恰当，这也是绝大部分参考文献没有采用该图样的原因。

但是在其他参考文献中，"当系统压力超过溢流阀的调定压力时，溢流阀溢油，系统卸荷来保护过载。"这样的描述也不是完全正确的。因为所谓的"卸荷"（或卸荷回路）应是液压泵输出的液压油液以最低压力返回油箱，而不是以最高工作压力回到油箱。

（5）修改设计及说明

根据 GB/T 786.1—2009 的规定及上述指出的问题，笔者重新绘制了图 3-5。

关于单级压力调定回路图 3-5，作如下说明：

①添加了粗过滤器、联轴器、电动机、单向阀压力表开关、压力表和换向阀等；

② 选用了中位机能为 P 与 T 连通的换向阀；

③ 对溢流阀添加了弹簧可调节图形符号，使其具有调定（限定）液压泵的输出（最高工作）压力功能；

④ 进行了一些细节上的修改，如添加两条管路连接点、溢流阀溢流口管路改为实线等。

在图 3-5 所示状态下，溢流阀 6 不一定溢流，主要由节流阀 8 的调节情况来决定。因此定量液压泵 3 可经过三位四通电磁换向阀 11 中位进行不完全卸荷。

根据需要或为了溢流阀调节方便，还可在先导型（式）溢流阀的外控油口（遥控口或先导控制口）接远程调压阀，具体请见图 3-6。

远程调压阀 12 在相关标准中只有名称而没有产品标准，其为直动型（式）溢流阀，又称远程控制溢流阀、遥控溢流阀等。

远程调压阀 12 的溢流口（泄油口）必须直接回油箱，否则可能给液压系统或液压机（械）"造成重大危险事故"。

另外，所谓可远程控制压力，但却不能设置得太远，且宜采用内径为 ϕ4mm 管路，否则远程调压阀上游湿容积过大，容易造成液压系统压力波动。

还有一些其他单级压力调定回路，如图 3-7 所示带电磁溢流阀的单级压力调定回路。

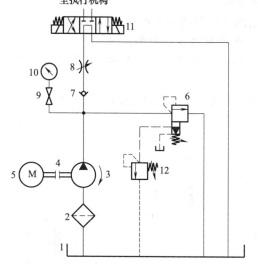

图 3-6 带远程调压阀的单级压力调定回路

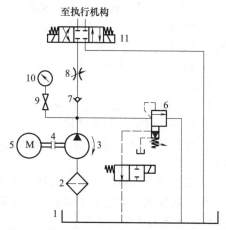

图 3-7 带电磁溢流阀的单级压力调定回路

在图 3-7 所示带电磁溢流阀的单级压力调定回路中，由于采用了电磁溢流阀 6 而可使液压泵及液压系统卸荷。

3.1.2 多级压力调定回路

（1）二级压力调定回路

如图 3-8 所示，此为某文献中给出的二级调压回路（笔者按原图绘制），并在图下进行了液压回路描述和特点及应用说明。笔者认为图中存在一些问题，具体请见下文。

1）液压回路描述 远程调压阀 2 通过二位二通电磁换向阀 3 与溢流阀 1 的遥控口相连。电磁换向阀 3 断电时，溢流阀 1 工作，系统压力较高；当二位二通电磁换向阀 3 接通后，远程调压阀 2 工作，系统压力较低。

2）特点及应用 该回路经常用于压力机中，以产生不同的工作压力。

注意：溢流阀的调定压力应该高于溢流阀 2，否则 2 不起作用。

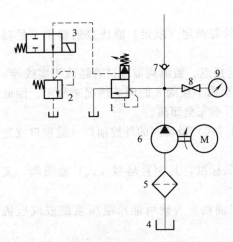

图 3-8 二级调压回路（原图）

1—溢流阀；2—远程调压阀；3—二位二通
电磁换向阀；4—油箱；5—过滤器；6—液
压泵；7—单向阀；8—压力表开关；9—压力表

3）回路图溯源　经查对，相同的回路图见于 2008 年、2011 年、2015 年出版的三部参考文献中。

4）问题与分析　原图、液压回路描述和特点及应用说明中都存在一些问题，其主要问题如下：

① 图样中存在多处问题；

② 回路描述不准确。

远程调压阀 2 实质是溢流阀 1 的另一台先导阀，在远程调压阀 2 工作时，溢流阀 1 的主阀也在同时工作，即大部分流量通过溢流阀 1 主阀溢流。

在回路中，液压元件的图形符号应表示的是元件未受激励的状态（非工作状态），而不是如图 3-8 中所示的二位二通电磁换向阀 3 的电磁铁通电状态。

在 GB/T 786.1—2009 中只规定了液压泵的旋转方向指示箭头，而未规定电动机（马达）的旋转方向指示箭头。

一幅图样应使用一致的模数尺寸绘制，而不是如上述各参考文献图样中所示的过滤器与液压泵的图形符号比例失调。

原图中还有一些其他问题，在下面修改设计中将进一步说明，但上述三部参考文献图样中的几处错误也完全相同。

5）修改设计及说明　根据 GB/T 786.1—2009 的规定及上述指出的问题，笔者重新绘制了图 3-9。

关于二级压力调定回路图 3-9，作如下说明：

① 添加了联轴器和电动机；

② 修改了二位二通电磁换向阀的连接及非工作状态；

③ 删除了电动机的旋转方向指示箭头；

④ 对远程调压阀添加了弹簧可调节图形符号，使其具有远程调节压力功能；

⑤ 进行了其他一些细节上的修改，如压力表管路线形、粗过滤器图形符号比例（以上三处在重新绘制原图中已经修改）、压力表指针方向等。

不管是 GB/T 786.1—2009 还是被其代替的 GB/T 786.1—1993，甚至是 GB/T 786.1—1976，弹簧的图形符号应是完整的，否则就可能不能称其为弹簧了。

还有一些其他的二级压力（远程）调定回路，具体请见图 3-10 和图 3-11。

图 3-10 和图 3-11 与图 3-9 所示二级压力调定回路不同之处在于：

① 采用了两台远程调压阀，没有把先导式溢流阀 8 本身可调定的一级压力计算在内，其可作为安全阀使用；

② 图 3-10 和图 3-11 的 T 油口接回油箱，液压系统压力调定更加安全可靠；

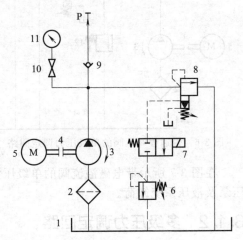

图 3-9　二级压力调定回路

1—油箱；2—粗过滤器；3—液压泵；4—联轴器；
5—电动机；6—远程调压阀；7—二位二通电磁换
向阀；8—先导型（式）溢流阀；9—单向阀；
10—压力表开关；11—压力表

③ 图 3-11 所示可卸荷带两台远程调压阀的二级压力调定回路设计更加合理，笔者曾在液压机液压系统中应用过，效果良好。

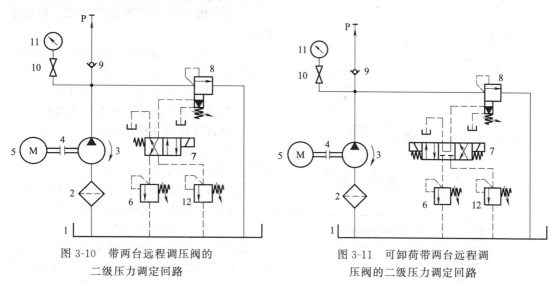

图 3-10　带两台远程调压阀的
二级压力调定回路

图 3-11　可卸荷带两台远程调
压阀的二级压力调定回路

（2）三级压力调定回路

如图 3-12 所示，此为某文献中给出的三级调压回路（笔者按原图绘制），并在图下进行了液压回路描述和特点及应用说明。笔者认为图中存在一些问题，具体请见下文。

1）液压回路描述　三级压力分别由溢流阀 1、2、3 调定，先导式溢流阀 1 的远程控制口通过换向阀分别接远程调压阀 2 和 3。图 3-10 所示状态时，泵的出口压力由先导式溢流阀调定为最高压力 p_1，当电磁换向阀切换至左位和右位时，由于两个溢流阀的调定压力不同，因此可以分别获得 p_2 和 p_3 两种压力，这样通过换向阀的切换可以得到三种不同的压力值。

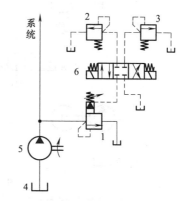

图 3-12　三级调压回路（原图）

1—先导式溢流阀；2,3—远程调压阀；4—油箱；5—液压泵；6—三位四通电磁换向阀

2）特点及应用　远程调压阀 2 和阀 3 的调定压力值必须低于先导式溢流阀 1 的调定压力值。而阀 2 和阀 3 的调定压力之间没有什么关系。当阀 2 或阀 3 工作时，阀 2 或阀 3 相当于阀 1 上的另一个先导阀。

3）问题与分析　原图、液压回路描述和特点及应用说明中都存在一些问题，其主要问题如下：

① "泵的出口压力由先导式溢流阀调定为最高压力 p_1" 这样的表述不正确；

② 原图中没有压力表，无法调压；

③ 原图中还存在其他几处问题。

三级调压回路中溢流阀设定或调定的压力是最高工作压力，而非最高压力。尽管最高压力可以暂时出现，但液压系统及元件不能在此压力下长期工作，甚至不能在此压力下工作。

先导式溢流阀的先导控制油路只能与其外控口（遥控口）连接，而不能与其泄油口连接。否则，将无法实现二级、三级调压或远程调压。

三位四通电磁换向阀上的两台单作用电磁铁，不管电磁铁的动作是指向还是背离阀芯，其受激励（通电或得电）后的动作必须一致。否则，将只能实现二位四通电磁换向阀的功能。

4）修改设计及说明 根据 GB/T 786.1—2009 的规定及上述指出的问题，笔者重新绘制了图 3-13。

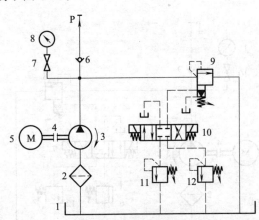

图 3-13 三级压力调定回路

1—油箱；2—粗过滤器；3—液压泵；
4—联轴器；5—电动机；6—单向阀；
7—压力表开关；8—压力表；9—先导
式溢流阀；10—三位四通电磁换向阀；
11,12—远程调压阀

关于三级压力调定回路图 3-13，作如下说明：

① 添加了粗过滤器、联轴器、电动机、单向阀、压力表开关、压力表等；

② 删除了电动机的旋转方向指示箭头；

③ 修改了先导式溢流阀外控油路连接；

④ 修改了电磁铁作用方向；

⑤ 对远程调压阀添加了弹簧可调节图形符号，使其具有调节压力功能；

⑥ 添加了接口图形符号以及进行了其他一些细节上的修改，如油箱图形符号等。

（3）四级压力调定回路

如图 3-14 所示，此为某文献中给出的四级调压回路（笔者按原图绘制），并在图下进行了液压回路描述和特点及应用说明。笔者认为图中存在一些问题，具体请见下文。

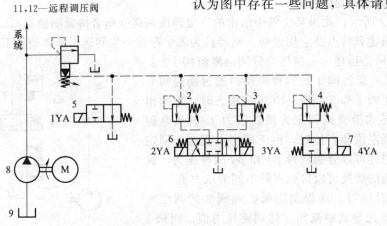

图 3-14 四级调压回路（原图）

1—先导式溢流阀；2～4—远程调压阀；5,7—二位二通电磁换向阀；6—三位四通
电磁换向阀；8—液压泵；9—油箱

1）液压回路描述 在溢流阀 1 的外控口，通过换向阀 5、6、7 的不同通油口，并联三个远程调压阀 2、3、4，即可构成四级调压回路。1YA（＋）2YA（－）3YA（－）4YA（－）时，压力由远程调压阀 1 调定；1YA（＋）2YA（＋）3YA（－）4YA（－）时，压力由远程调压阀 2 调定；1YA（＋）2YA（－）3YA（＋）4YA（－）时，压力由远程调压阀 3 调定；1YA（＋）2YA（－）3YA（－）4YA（＋）时，压力由远程调压阀 4 调定。

2）特点及应用 当 1YA 通电时，泵处于卸荷状态，是一种带卸荷的四级调压回路。

3）问题与分析 原图、液压回路描述和特点及应用说明中都存在一些问题，其主要问题如下：

① 先导式溢流阀 1 不是远程调压阀；

② 溢流阀溢流口一般不允许再连接阀；

③ 原图中没有压力表，无法调压；

④ 存在与图 3-12 相同的几处问题。

远程调压阀一般为直动式溢流阀，直动式溢流阀一般不能进行远程调压，因其原图中的图形符号也为先导式溢流阀，所以只能判断其描述错误。

YA 是在 GB/T 7159—1987《电气技术中文字符号制订通则》规定的电磁铁符号，但此标准已于 2005.10.14 作废。现行标准 JB/T 5244—2001《液压阀用电磁铁》中规定的电磁铁型号为 MF※（※可为 J—交流、Z—直流、B—交流本整型）。

图 3-14 所示四级调压回路中最大的问题是远程调压阀 2 和 3 通过三位四通电磁阀 6 接回油箱。

4）修改设计及说明　根据 GB/T 786.1—2009 的规定及上述指出的问题，笔者重新绘制了图 3-15。

关于四级压力调定回路图 3-15，作如下说明：

① 添加了粗过滤器、联轴器、单向阀、压力表开关、压力表等；

② 删除了电动机的旋转方向指示箭头；

③ 修改了先导溢流阀外控油路连接；

④ 修改了电磁铁作用方向；

⑤ 对各远程调压阀添加了弹簧可调节图形符号，使其具有调节压力功能；

⑥ 改为远程调压阀进油路上设置电磁换向阀；

⑦ 添加了接口图形符号以

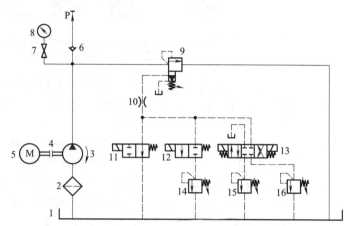

图 3-15　四级压力调定回路

1—油箱；2—粗过滤器；3—液压泵；4—联轴器；
5—电动机；6—单向阀；7—压力表开关；8—压力表；
9—先导型（式）溢流阀；10—节流器；11，12—二
位二通电磁换向阀；13—三位四通电磁换向阀；
14～16—远程调压阀

及进行了一些细节上的修改，如油箱图形符号、压力油路连接电磁换向阀 P 油口等。

电磁换向阀各油口不可随意连接或堵死，否则将可能严重影响换向阀的技术性能。图 3-15 中节流器 10 的设置，可有效地减小卸荷及压力级别转换时的压力冲击，但节流器的规格大小一般应是通过试验确定。

对图 3-15 所示液压回路进行修改，即可得到五级压力调定回路，具体请见图 3-16。

通过上述办法，尽管可以得到更多级的压力调定回路，但从实际需要和制造成本等方面考虑，已无太多必要。现有四级压力（三段压力式）溢流阀总成产品一般即可满足液压系统设计需要，或可采用比例溢流阀无级调压。

3.1.3　无级压力调定回路

如图 3-17 所示，此为某文献中给出的利用比例溢流阀调压的无级调压回路（笔者按原图绘制），并在图下进行了液压回路描述和特点及应用说明。笔者认为图中存在一些问题，具体请见下文。

（1）液压回路描述

用比例电磁铁取代直动式溢流阀的手动调压装置，变成为直动式比例溢流阀；将直动式比例溢流阀作为先导阀与普通压力阀的主阀相结合，便可组成先导式比例溢流阀。

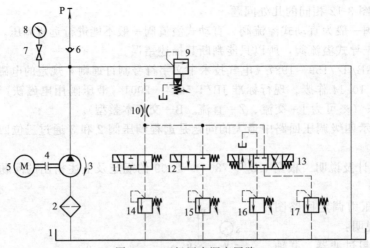

图 3-16　五级压力调定回路

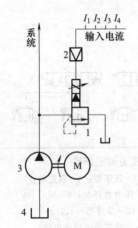

图 3-17　利用比例溢流阀调压的
无级调压回路（原图）

1—先导式比例溢流阀；2—电气控制
装置；3—液压泵；4—油箱

图 3-17 为利用比例溢流阀调压的无级调压回路。随着输入电流 I 的变化，系统压力连续地或按比例地变化。

（2）特点及应用

它比利用普通溢流阀的多级调压回路所用液压元件数量少，回路简单，且能对系统压力进行连续控制。电液比例溢流阀目前多用于液压压力机、注射机、轧板机等液压系统。

（3）问题与分析

原图、液压回路描述和特点及应用说明中都存在一些问题，其主要问题如下：

① 比例溢流阀不可将手动调压装置替换掉；

② 比例溢流阀的组成及原理表述得不够准确；

③ 原图样中缺少液压系统基本组成部分。

首先，根据相关标准规定："比例溢流阀应装有手动先导压力阀作为过载压力保护和应急调压用。"所以比例溢流阀不可将手动调压装置替换掉。其次，比例溢流阀的先导阀有可参照的标准，且有多种型式如滑阀式、喷嘴挡板式和锥阀式，以及对其结构型式、技术性能和试验方法等技术要求。最后，比例溢流阀也有可参照的相关标准，对其结构型式、技术性能乃至试验方法等也都有技术要求，切不可用比例电磁铁取代手动调压装置，再与普通压力阀随便地一组合"便可组成先导式比例溢流阀。"了。

比例（电调制）溢流阀是通过将过多的流量（一般直接）排入油箱控制进口压力的，将系统压力限制在一定范围内，使其与输入电信号成比例、连续变化的阀。

另外，在特点及应用说明中出现的"电液比例溢流阀"，与其在回路描述中的"先导式比例溢流阀"，究竟是一种阀还是不同的阀也是一个问题。

（4）修改设计及说明

根据 GB/T 786.1—2009 的规定及上述指出的问题，笔者重新绘制了图 3-18。

关于比例溢流阀的无级压力调定回路图 3-18，作如下说明：

① 添加了粗过滤器、联轴器、单向阀、压力表开关、压力表等；

② 删除原图中件 2 电气控制装置部分以及电动机的旋转方向指示箭头；

③ 添加了接口图形符号以及进行了一些细节上的修改，如电动机图形符号比例（在重新绘制原图中已经修改）等。

在图 3-18 所示比例溢流阀的无级压力调定回路中，由于采用了先导式比例溢流阀 6 而可使液压泵及液压系统压力设定值连续、分级或无级、精细地（远程）调节，还可带最高压力保护装置，用于使液压泵及液压系统免受意外高压作用所可能造成的损坏。

还有以直动式比例溢流阀作为比例压力先导阀的另一种无级压力调定回路，具体请见图 3-19。

在图 3-19 所示带比例压力先导阀的无级压力调定回路中，由于采用了比例压力先导阀（直动式比例溢流阀）6 而可使液压泵及液压系统压力设定值连续、分级或无级、精细地（远程）调节。先导式溢流阀 7 可作为安全阀使用，采用比例溢流阀的无级压力调定回路可使液压泵及液压系统的压力实现真正意义上的远程控制。

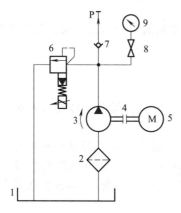

图 3-18　比例溢流阀的无级压力调定回路
1—油箱；2—粗过滤器；3—液压泵；4—联轴器；
5—电动机；6—先导式比例溢流阀；7—单向阀；
8—压力表开关；9—压力表

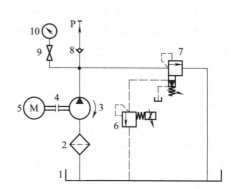

图 3-19　带比例压力先导阀的无级压力调定回路
1—油箱；2—粗过滤器；3—液压泵；4—联轴器；
5—电动机；6—比例先导压力阀（直动式比例溢
流阀）；7—先导型（式）溢流阀；8—单向阀；
9—压力表开关；10—压力表

由于（DBETR 型）直动式比例溢流阀滞环小，重复精度高，适用于远程（或称遥控）系统压力的闭环控制，因此广泛应用在轻工、机床、冶金等各领域。

笔者注：在一些比例阀制造商产品样本中的直动（控）式比例溢流阀图形符号与在 GB/T 786.1—2009 中的规定的直控式比例溢流阀图形符号不符。

3.1.4　变量泵调压回路

如图 3-20 所示，此为某文献中给出的变量泵构成的无级调压回路（笔者按原图绘制），并在图下进行了液压回路描述和特点及应用说明。

笔者认为图 3-20 中存在一些问题，具体请见下文。

（1）液压回路描述

依靠负载变化形成的压力反馈，自动调节液压泵的输出压力，实现系统压力的无级调压。

（2）特点及应用

通常在中低压系统中采用限压式变量叶片泵；在高压

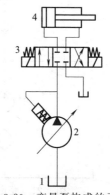

图 3-20　变量泵构成的无级
调压回路（原图）
1—油箱；2—变量液压泵；3—三位
四通电磁换向阀；4—液压缸

系统可采用恒功率变量柱塞泵。该回路无溢流损失、节能、效率高。

（3）问题与分析

原图、液压回路描述和特点及应用说明中都存在一些问题，其主要问题如下：

① 严格地讲恒功率变量柱塞泵不具有无级调压功能；

② 原图样中缺少液压系统基本组成部分。

不带压力切断辅助元件的恒功率变量柱塞泵，不具有限制其最高工作压力的功能；而带压力切断辅助元件的恒功率变量柱塞泵则相当于组合了恒压控制功能。

除液压泵自带安全阀外，其他容积式液压泵包括限压式叶片泵和恒功率变量柱塞泵，所在液压系统都必须限制其最高压力或最高工作压力，亦即在液压泵出口处设置安全阀。

变量液压泵一般不允许过小排量或"0"排量下启动，且不应带载、带压启动。

（4）修改设计及说明

根据 GB/T 786.1—2009 的规定及上述指出的问题，笔者重新绘制了图 3-21。

关于变量泵调压回路图 3-21，作如下说明：

① 添加了粗过滤器、联轴器、电动机、溢流阀、单向阀、压力表开关、压力表等；

② 删除原图中液压泵变量控制图形符号；

③ 修改了换向阀中位机能；

④ 修改了电磁铁作用方向；

⑤ 进行了一些细节上的修改，如液压缸图形符号、可调整箭头与能量转换装置的相对位置（在重新绘制原图中已经修改）等。

当具体采用何种变量液压泵时，即可将图 3-21 中变量液压泵图形符号替换掉，如采用 DR（S）恒压变量斜轴式轴向柱塞变量泵，则可应用图 4-37（f）所示 DR 恒压变量泵（阀内装）、图 4-37（g）所示 DR 恒压变量泵（遥控）、图 4-37（h）所示 DRS 恒压带负荷传感变量泵等代替。

3.1.5　插装阀组调压回路

如图 3-22 所示，此为某文献中给出的插装阀组调压回路（笔者按原图绘制），并在图下进行了液压回路描述和特点及应用说明。笔者认为图中存在一些问题，具体请见下文。

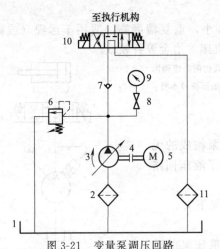

图 3-21　变量泵调压回路

1—油箱；2—粗过滤器；3—变量液压泵；
4—联轴器；5—电动机；6—溢流阀；7—单
向阀；8—压力表开关；9—压力表；10—三
位四通电磁换向阀；11—回油过滤器

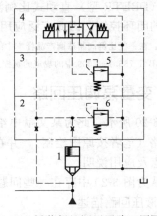

图 3-22　插装阀组调压回路（原图）

1—插装阀；2—带有先导调压阀的盖板；3—可叠加的
调压阀；4—三位四通（电磁换向）阀；5,6—溢流阀

（1）液压回路描述

本回路由插装阀1、带有先导调压阀的盖板2、可叠加的调压阀3和三位四通（电磁换向）阀4组成，具有高低压两级压力选择和卸荷控制功能。三位四通（电磁）换向阀处于左位时，系统压力由阀6确定；三位四通（电磁）换向阀处于右位时，系统压力由阀5确定。

（2）特点及应用

插装阀结构简单、通流能力大、动态响应快、密封性好、抗污染，适用于大流量的液压系统。

（3）问题与分析

原图和液压回路描述中都存在一些问题，其主要问题如下：

① 插装件图形符号不对；

② 回路描述中二通插装阀各部名称不规范；

③ 控制盖板与插装件相对位置不对。

在GB/T 786.1—2009中，插装阀（插装件）1为方向控制插装阀插件。科学技术文献应使用规范的名词、术语或词汇，带溢流功能的控制盖板、叠加式溢流阀、三位四通电磁换向阀等术语早已在相关标准中定义。

在GB/T 786.1—2009中规定，二通插装阀的插装件应位于控制盖板的中间。

笔者注：1. 在GB/T 786.1—2009中的二通盖板式插装阀（图形符号）应为二通盖板式插装阀插件（图形符号），因为二通盖板式插装阀至少还应包括控制盖板。

2. 参考了JB/T 5922—2005，但其中面积比1:1的锥阀插装件的图形符号与在GB/T 786.1—2009中规定的不同。

（4）修改设计及说明

根据GB/T 786.1—2009的规定及上述指出的问题，笔者重新绘制了图3-23。

关于可卸荷的插装阀组二级调压回路图3-23，作如下说明：

① 添加了压力表开关、压力表等；

② 选择了面积比1:1压力控制二通盖板式插装阀插件；

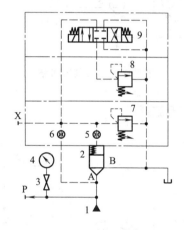

图3-23　可卸荷的插装阀组二级调压回路
1—液压源；2—插装件；3—压力表开关；4—压力表；
5,6—可代替的节流孔；7—带溢流阀的控制盖板；
8—叠加式溢流阀；9—三位四通电磁换向阀

③ 修改了插装件图形符号与控制盖板图形符号间相对位置；

④ 采用了可代替的节流孔；

⑤ 对溢流阀添加了弹簧可调节图形符号，使其具有调定（限定）液压泵的输出（最高工作）压力功能；

⑥ 添加了接口图形符号以及进行了一些细节上的修改，如绘制出了控制盖板上的控制油口X等。

还有几种常用插装阀调压回路，具体请见图3-24～图3-26。

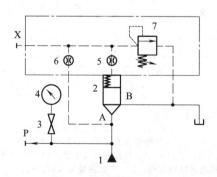

图3-24　插装阀组单级调压回路

笔者注：在上面各插装阀组调压回路图中，没有将所有控制盖（板）端（油）口全部绘出，也没有完全按照GB/T 786.1—2009规定的各油口间距绘制各油口。

3.1.6 叠加阀组调压回路

如图 3-27 所示，此为某文献中给出的叠加阀液压系统叠加示例（笔者按原图绘制）。

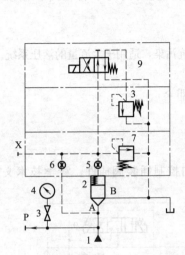

图 3-25 插装阀组二级调压回路

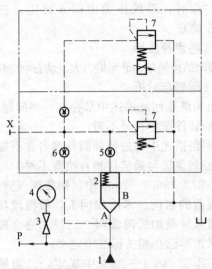

图 3-26 带手动和比例溢流阀的插装阀组无级调压回路

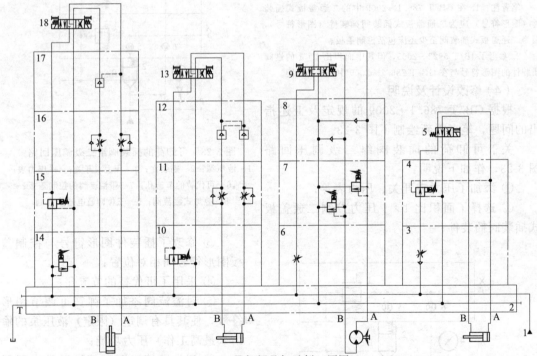

图 3-27 叠加阀叠加示例（原图）

1—液压源；2—基础板（油路块）；3—P 油路叠加式单向节流阀；4—A 油路叠加式减压阀；
5—二位四通电磁换向阀；6—P 油路叠加式节流阀；7—A、B 油路叠加式溢流阀；8—叠加式防
气穴阀；9—三位四通电磁换向阀；10,15—P 油路叠加式减压阀；11,16—A、B 油路出口节流叠加式单向节流阀；
12—A、B 油路叠加式液控单向阀；13,18—三位四通电磁换向阀；14—P 油路叠加式溢流阀；
17—B 油路叠加式液流单向阀

（1）液压回路描述

在由叠加阀 14、15、16、17 和三位四通电磁换向阀 18 及油路块 2 等组成的叠加阀子系

统中，P 油路叠加溢流阀 14 为整个叠加阀液压系统的溢流阀，用于设定并限制液压系统最大工作压力；因在其他叠加阀子系统中有 P 油路叠加式节流阀 6 和 P 油路叠加式单向节流阀 3，所以此溢流阀 14 可能经常处于溢流状态。

在由叠加阀 6、7、8 和三位四通电磁换向阀 9 及油路块 2 等组成的叠加阀子系统中，A、B 油路叠加式溢流阀 7 为该子系统 A、B 油路的溢流阀，用于设定并限制该子系统 A、B 油路的最大工作压力，连同叠加式防气穴阀 8 一起组成了防气蚀溢流阀，主要用于分别保护可双向旋转液压马达的两条供油管路。

根据相关标准及叠加阀图谱，一定规格的叠加式溢流阀还有 A 油路叠加式溢流阀和 B 油路叠加式溢流阀。图 3-27 是按榆次油研 03 系列叠加阀图谱绘制的。

（2）特点及应用

因叠加阀液压系统一般占有空间较小、配管较少、拆装较为容易，能简便地改变液压回路和更换液压元件，所以被广泛应用。

（3）问题与分析

笔者认为图 3-27 中存在一些问题，其存在的主要问题如下：

① 缺少压力指示；

② 减压阀图形符号的泄漏油引出位置不对；

③ 二位四通电磁换向阀 5 所在子系统中的液压缸只能停止在行程端处。

尽管可以将液压源定义得很广泛，但常见的叠加阀液压系统的压力指示油路是由油路块上引出的。

二通减压阀的泄油口不应位于功能单元方框上，易于将其误解成三通减压阀。

当液压机（械）中的所有电磁铁未通电或处于失电状态时，各个液压执行元件都应停止不动。但该液压系统二位四通电磁换向阀 5 所在子系统中的液压缸却可能动作。

3.2　减压回路分析与设计

减压回路是指控制子系统（局部）的液压油液压力，无论如何，使之低于液压源或其他子系统的工作压力或所设定的最高工作压力，并获得一个稳定的子系统工作压力的液压回路。

3.2.1　一级减压回路

如图 3-28 所示，此为某文献中给出的利用减压阀的单级减压回路（笔者按原图绘制），并在图下进行了液压回路描述和特点及应用说明。笔者认为图中存在一些问题，具体请见下文。

（1）液压回路描述

高压液压源 1 的压力由溢流阀 6 调定；除了供给主工作回路的压力油外，还经过减压阀 2、单向阀 3 及电磁换向阀 4 进入液压缸 5。根据工作负载的不同，可通过调节减压阀来调节缸 5 的工作压力。

（2）特点及应用

减压阀 2 调定压力要在 0.5MPa 以上，但

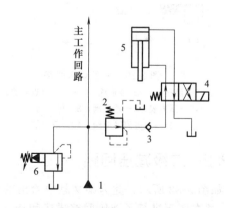

图 3-28　利用减压阀的单级减压回路（原图）

1—（高压）液压源；2—减压阀；3—单向阀；

4—二位四通电磁换向阀；5—液压缸；

6—溢流阀

要比溢流阀 6 的调定压力至少低 0.5MPa，这样可使减压阀出口压力保持在一个范围内。

单向阀的作用是：当主油路压力降低（低于阀 2 设定值）时，可以防止油液倒流，起短时保压作用。

（3）问题与分析

原图、液压回路描述和特点及应用说明中都存在一些问题，其主要问题如下：

① 减压阀图形符号不规范；

② 缺少压力指示；

③ 液压回路描述和特点及应用说明不准确。

减压阀的泄油口不应位于功能单元方框上。

尽管可以将液压源定义得很广泛，但该回路已经绘制出了溢流阀 6，则也应将液压泵出口处必须设置的压力表一同绘制出来。减压阀自身可能带有压力检测油口，但实际液压系统及回路却不能将此口经常打开，一般都需要另外设置压力表或预留检测口。否则，液压系统及回路可能无法调试、监测和使用。

不管是先导（型）式还是直动型（式）减压阀，其（出口）最低工作压力都可能有为 0.3MPa 的产品。因此不能一概而论"减压阀 2 调定压力要在 0.5MPa 以上"。

减压阀在出厂试验时所进行的减压稳定性试验项目，是在减压阀进口压力高于出口压力 2MPa 条件下进行的，亦即在此条件下，相对出口调定压力变化率才可能得以保证。

（4）修改设计及说明

根据 GB/T 786.1—2009 的规定及上述指出的问题，笔者重新绘制了图 3-29。

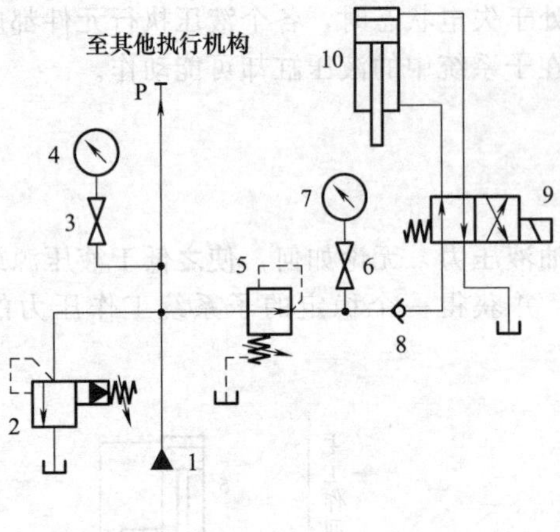

关于一级减压回路图 3-29，作如下说明：

① 添加了压力表开关、压力表等；

② 修改了减压阀图形符号；

③ 添加了接口图形符号以及进行了一些细节上的修改，如液压缸图形符号、溢流阀图形符号方向、电磁铁作用方向等。

减压阀 5 的进、出口压力都可以由固定设置的压力表 4 和 7 指示，并在不需要指示时，分别由压力表开关 3 或 6 关闭检测油路。

溢流阀的图形符号的控制机构（弹簧及可调整箭头）应位于功能方框右侧。

还有几种常见一级减压回路，具体请见图 3-30 和图 3-31。

图 3-29　一级减压回路

1—液压源；2—溢流阀；3,6—压力表开关；4,7—压力表；5—减压阀；8—单向阀；9—二位四通电磁换向阀；10—液压缸

3.2.2　二级减压回路

如图 3-32 所示，此为某文献中给出的利用远程调压阀的二级减压回路（笔者按原图绘制），并在图下进行了液压回路描述和特点及应用说明。笔者认为图中存在一些问题，具体请见下文。

（1）液压回路描述

先导式减压阀 1 的遥控口接远程调压阀 2，二位二通电磁换向阀 3 上位时，减压阀出口压力由该阀本身调定；当二位二通电磁阀 3 切换至下位后，减压阀出口压力由阀 2 调定为较

低的压力值。

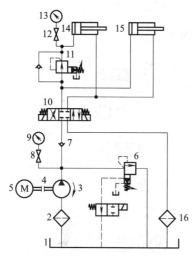

图 3-30　单向减压阀的一级减压回路

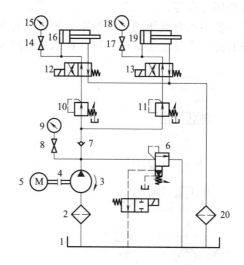

图 3-31　两支路的一级减压回路

（2）特点及应用

二位二通电磁阀 3 安装在远程调压阀 2 之后，可以减缓压力转换时的压力冲击。

（3）问题与分析

原图、液压回路描述和特点及应用说明中都存在一些问题，其主要问题如下：

① 先导式减压阀图形符号不规范；

② 缺少压力指示；

③ 远程调压阀油路连接不正确；

④ 液压回路描述和特点及应用说明不准确。

除减压阀的泄油口不应位于功能单元方框上外，先导型（式）减压阀的外控口（遥控口）也不应位于液压控制作用端上。

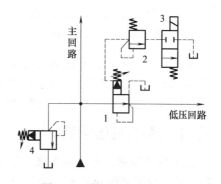

图 3-32　利用远程调压阀的

二级减压回路（原图）

1—先导式减压阀；2—远程调压阀；3—二
位二通电磁换向阀；4—溢流阀

不管是板式阀还是插装阀的多级调压，都不是靠通断压力先导阀（远程调压阀）的溢流油路来完成的。为了降低压力冲击，一般可在压力先导阀进油路上设置节流器。

（4）修改设计及说明

根据 GB/T 786.1—2009 的规定及上述指出的问题，笔者重新绘制了图 3-33。

关于二级减压回路 I 图 3-33，作如下说明：

① 添加了压力表开关、压力表、节流器等；

② 修改了减压阀图形符号；

③ 对远程调压阀添加了弹簧可调节图形符号；

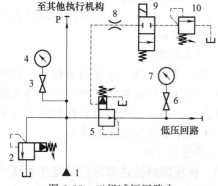

图 3-33　二级减压回路 I

1—液压源；2—溢流阀；3,6—压力表开关；
4,7—压力表；5—先导式减压阀；8—节流器；
9—二位二通电磁换向阀；10—远程调压阀

④ 添加了接口图形符号以及进行了一些细节上的修改，如二位二通电磁换向阀的连接、电磁铁作用方向等。

进一步还可在减压阀出口油路上加装单向阀。

还有几种常见二级减压回路，具体请见图 3-34 和图 3-35。

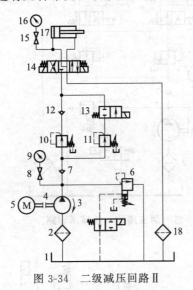

图 3-34　二级减压回路Ⅱ

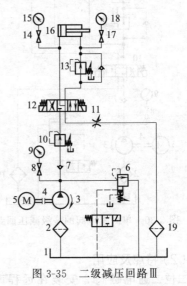

图 3-35　二级减压回路Ⅲ

在图 3-35 所示二级减压回路Ⅲ中，当液压缸 15 在进行缸进程时，液压源供给压力经减压阀 10 减压后输入液压缸无杆腔；当缸回程时，液压源供给压力经减压阀 10 和单向减压阀 12 减压后输入液压缸有杆腔，此时液压源供给压力被双重减压或叠加减压。

3.2.3　多级减压回路

如图 3-36 所示，此为某文献中给出的减压阀并联的多级减压回路（笔者按原图绘制），并在图下进行了液压回路描述和特点及应用说明。笔者认为图中存在一些问题，具体请见下文。

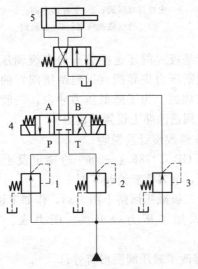

图 3-36　减压阀并联的多级减压回路（原图）

1~3—减压阀；4—三位四通电磁换向阀；5—液压缸

（1）液压回路描述

三个减压阀并联，通过三位四通电磁换向阀 4 进行转换，可使液压缸 5 得到不同的压力。阀 4 分别处于中位、左位、右位时，供油分别经阀 3、阀 1、阀 2 减压。

（2）特点及应用

该回路也可以在每个减压阀后接一个执行元件，而每个执行元件所需的工作压力由各支路减压阀单独设定，执行元件间的动作和压力互不干扰。适用于工作中负载变化的场合。

（3）问题与分析

原图、液压回路描述和特点及应用说明中都存在一些问题，其主要问题如下：

① 各减压阀与三位四通电磁换向阀连接有问题；

② 缺少压力指示；

③ 减压阀的图形符号不规范；

④ 三位四通电磁换向阀中位图形符号不规范，且可能还有其他问题。

减压阀 2 出口连接在三位四通电磁换向阀的 T 口，如果其压力超过电磁换向阀所允许的背压，则电磁换向阀的耐压性、密封性、换向性能（可靠性）及耐久性等都会出现问题。因此该液压系统一定无法正常使用；即使其压力低于电磁换向阀所允许的背压，但经过一段时间工作后其换向性能（可靠性）等也可能出现问题。

三位四通电磁换向阀中位 A 与 B 连通图形符号应位于功能方框中间。

当三位四通电磁换向阀中位机能为 A 与 B 连通时，其通油能力一般只有该阀的额定流量的 50%。

（4）修改设计及说明

根据 GB/T 786.1—2009 的规定及上述指出的问题，笔者重新绘制了图 3-37。

关于多级减压回路图 3-37，作如下说明：

① 添加了油箱、粗过滤器、液压泵、联轴器、电动机、电磁溢流阀、压力表开关、压力表和回油过滤器等；

② 替换了电磁换向阀；

③ 修改了减压阀、电磁换向阀等图形符号；

④ 修改了各减压阀与电磁换向阀的连接；

⑤ 进行了一些细节上的修改，如取消了回到油箱、修改了电磁铁作用方向等。

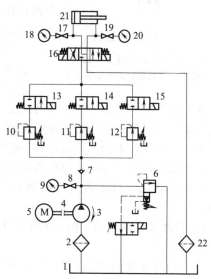

图 3-37 多级减压回路

1—油箱；2—粗过滤器；3—液压泵；4—联轴器；
5—电动机；6—电磁溢流阀；7—单向阀；
8,17,19—压力表开关；9,18,20—压力表；
10～12—减压阀；13～15—二位二通电磁换向阀；
16—三位四通电磁换向阀；21—液压
缸；22—回油过滤器

在很多参考文献中，将图 3-38 所示液压回路亦称为多级减压回路，但笔者认为称其为多（支）路减压回路比较合适。

在图 3-38 所示回路中，对于每一台液压执行元件而言只是一级减压回路，而对于整个液压系统及多台液压缸而言，则具有多支减压回路。

3.2.4 无级减压回路

（1）采用先导式比例减压阀的无级减压回路

如图 3-39 所示，此为某文献中给出的无级减压回路 I（笔者按原图绘制），并在图下进行了液压回路描述和特点及应用说明。笔者认为图中存在一些问题，具体请见下文。

1）液压回路描述 电液比例先导

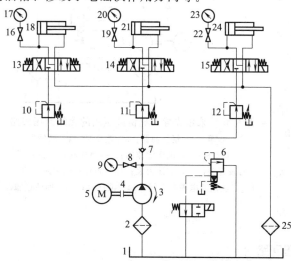

图 3-38 多（支）路减压回路

1—油箱；2—粗过滤器；3—液压泵；4—联轴器；
5—电动机；6—电磁溢流阀；7—单向阀；
8,16,19,22—压力表开关；9,17,20,23—压力表；
10～12—减压阀；13～15—三位四通电磁换向阀；
18,21,24—液压缸；25—回油过滤器

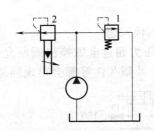

图 3-39 无级减压回路Ⅰ（原图）

1—溢流阀；2—电液比例先导减压阀

减压阀调定压力与电流成比例，该支路能得到低于系统工作压力的连续无级调节压力。

2）特点及应用　适用于需要连续调压的场合。

3）问题与分析　原图、液压回路描述和特点及应用说明中都存在一些问题，其主要问题如下：

① 液压元件的图形符号不规范；

② 原图样中缺少液压系统基本组成部分；

③ 液压回路描述不够全面、准确；

④ 特点及应用说明得太简单。

在 GB/T 15623.3—2012 中已经定义了"电调制减压阀"，即使在原图、液压回路描述和特点及应用说明中不采用，也应用如"直动（控）式比例减压阀"或"先导（型）式比例减压阀"等名词、术语进行描述和/或说明。

比例压力阀具有的基本特征是能将系统压力限制在一定范围内，使其与输入电信号成比例、连续地变化，而比例减压阀是通过限制进口流量来控制出口压力（稳定）的比例压力阀。

4）修改设计及说明　根据 GB/T 786.1—2009 的规定及上述指出的问题，笔者重新绘制了图 3-40。

关于采用先导式比例减压阀的无级减压回路图 3-40，作如下说明：

① 添加了粗过滤器、联轴器、电动机、单向阀、压力表开关、压力表、三位四通电磁换向阀、液压缸和回油过滤器等；

② 添加了一条未经减压的 P 油路；

③ 用电磁溢流阀替换了溢流阀；

④ 修改了先导式比例减压阀的图形符号；

⑤ 进行了一些细节上的修改，如添加了管路连接（点）（在重新绘制原图中已经修改）等。

现有的先导式比例减压阀可以选装带最高压力保护，亦可带单向阀。由于（BRE/DREM 型）比例减压阀结构简单、安装调试方便、通流能力强、压力损失小、重复精度和线性好，适用于系统流量较大的场合，因此，广泛应用于机床、轻工、冶金、船舶、工程、矿山、航天等各领域中。

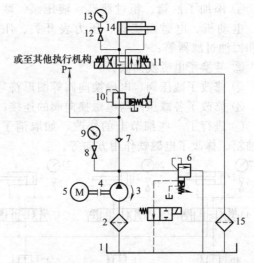

图 3-40　采用先导式比例减压阀的无级减压回路

1—油箱；2—粗过滤器；3—液压泵；4—联轴器；
5—电动机；6—电磁溢流阀；7—单向阀；8,12—压力表开关；9,13—压力表；10—先导式比例减压阀；
11—三位四通电磁换向阀；14—液压缸；15—回油过滤器

（2）采用比例压力先导阀的无级减压回路

如图 3-41 所示，此为某文献中给出的无级减压回路Ⅱ（笔者按原图绘制），并在图下进行了液压回路描述和特点及应用说明。笔者认为图中存在一些问题，具体请见下文。

1）液压回路描述　采用比例先导阀 3 接在减压阀 2 的遥控口上，只需要采用小规格的比例先导阀即可遥控无级减压，使支路的油路能得到低于系统工作压力的连续无级调节压力。

2）特点及应用　适用于现场环境较为恶劣，需要遥控和连续调压的场合。

3）问题与分析　原图、液压回路描述和特点及应用说明中都存在一些问题，其主要问题如下：

① 液压元件的图形符号不规范；

② 减压阀出口应有压力指示；

③ 液压回路描述和特点及应用说明不够准确。

减压阀出口或出口管路上应设置压力指示仪表或压力检测口。否则，经过减压阀的子系统的压力无法确定，亦即无法调试、使用和维修。

即使是螺纹连接的比例压力先导阀，其上游的管路长度也不可太长、管（内）径不可过大。所以，不能将此处的遥控理解为是将比例压力先导阀与主阀分离得很远的控制。

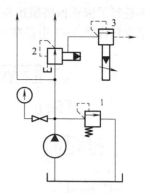

图 3-41　无级减压回路Ⅱ（原图）
1—溢流阀；2—减压阀；3—比例先导阀

4）修改设计及说明　根据 GB/T 786.1—2009 的规定及上述指出的问题，笔者重新绘制了图 3-42。

关于采用比例压力先导阀的无级减压回路图 3-42，作如下说明：

① 添加了粗过滤器、联轴器、电动机、单向阀、减压阀出口处压力表开关和压力表、三位四通电磁换向阀、液压缸和回油过滤器等；

② 用电磁溢流阀替换了溢流阀；

③ 修改了减压阀、比例压力先导阀等图形符号；

④ 进行了一些细节上的修改，如原图中压力表指针方向等。

比例压力先导阀本身一般具有滞环小、重复精度高等特点，适用于遥控液压系统或子系统压力的闭环控制系统中。

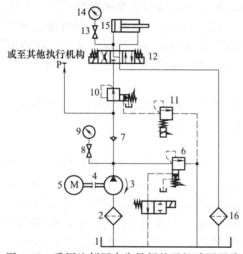

图 3-42　采用比例压力先导阀的无级减压回路
1—油箱；2—粗过滤器；3—液压泵；4—联轴器；5—电动机；6—电磁溢流阀；7—单向阀；8,13—压力表开关；9,14—压力表；10—先导式减压阀；11—比例压力先导阀；12—三位四通电磁换向阀；15—液压缸；16—回油过滤器

3.3　增压回路分析与设计

增压回路是指控制子系统（局部）的液压油液压力，使之（远）高于液压源或其他子系统的工作压力或所设定的最高工作压力的液压回路。

设置增压回路通常是为了在一定时间内获得更大的液压缸输出力或液压马达的输出扭矩。

3.3.1　单作用增压器增压回路

（1）单作用增压器增压回路Ⅰ

如图 3-43 所示，此为某文献中给出的单作用增压器增压回路Ⅰ（笔者按原图绘制），并在图下进行了液压回路描述和特点及应用说明。

笔者认为图 3-43 中存在一些问题，具体请见下文。

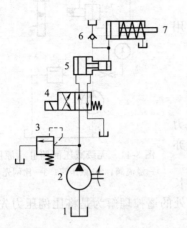

图 3-43　单作用增压器增压回路Ⅰ（原图）

1—油箱；2—液压泵；3—溢流阀；4—二位
四通电磁换向阀；5—单作用增压器；6—（补
油）单向阀；7—弹簧复位单作用缸

1）液压回路描述　采用单作用增压器，以系统较小的压力获得执行元件较大的压力。增压缸两个活塞腔的面积不相等，使得小活塞腔获得较高的压力 p。如图 3-43 所示为利用增压缸的单作用增压回路Ⅰ。当系统在图 3-43 所示位置工作时，系统的供油压力 p_1 进入增压缸的大活塞腔，此时在小活塞腔即可得到所需的较高压力 p_2。当二位四通电磁换向阀左位接入系统时，增压缸返回，辅助油箱中的油液经单向阀补入增压缸的小活塞。液压缸在弹簧力的作用下返回。

2）特点及应用　一般只适用于液压缸单方向需要很大力和行程较短的场合，如铆接机的液压系统。通常根据所需增压比来选择增压器的参数。

3）问题与分析　原图、液压回路描述和特点及应用说明中都存在一些问题，其主要问题如下：

① 原图中各液压元件图形符号不规范；

② 缺少压力指示等；

③ 在液压回路描述和特点及应用说明中存在诸多问题，如增压器定义、弹簧复位单作用缸定义、增压器与增压缸关系、何时补油以及给谁补油等；

④ 缺少该液压系统可连续运行的前提条件。

弹簧复位单作用缸的缸进程所需输入的液压油液应全部来源于单作用增压器的次级缸的缸进程所产生的小活塞腔容积变化。如果小活塞腔可变化容积大于或等于弹簧复位单作用缸的缸进程所需输入的液压油液体积，则弹簧复位单作用缸可以到达缸进程终点，但单作用增压器则可能无法到达缸进程终点；如果小活塞腔可变化容积小于弹簧复位单作用缸的缸进程所需输入的液压油液体积，则单作用增压器可以到达缸进程终点，而弹簧复位单作用缸则可能无法到达缸进程终点。因此，该回路的应用必须设定前提条件，即小活塞腔可变化容积应大于弹簧复位单作用缸的缸进程所需输入的液压油液体积。

该液压系统及回路另一个重要问题是补油问题。补油的目的是补充可产生和承受高压的增压器和液压缸的内泄漏；一般应在增压器和液压缸全部完成回程后进行，而且不是每次运行结束时补油都会发生。需要进一步明确的是补油单向阀与增压器和液压缸的连接口在它们回程中承受变化着的压力；只能在弹簧复位单作用缸的缸回程结束后，增压器和液压缸及其连接它们的管路内产生一定真空时才可以对其进行补油。

该液压系统及回路决定了弹簧复位单作用缸的缸进程速度一定很慢。

通过对上述若干问题的分析可知，该液压系统及回路的实际应用价值不大，其最具可能的应用在于以气压源为动力源，采用气液单作用增压器将气压转换成液压来驱动液压缸工作。

笔者注：在 GB/T 786.1—2009 中规定的单作用增压器图形符号即为气液单作用增压器。

4）修改设计及说明　根据 GB/T 786.1—2009 的规定及上述指出的问题，笔者重新绘制了图 3-44。

关于单作用增压器增压回路Ⅰ（修改图）图 3-44，作如下说明：

① 添加了电动机、压力表开关、压力表等；

② 对溢流阀添加了弹簧可调节图形符号，使其具有调定（限定）液压泵的输出（最高工作）压力功能；

③ 修改了单作用增压器、弹簧复位单作用缸等液压元件图形符号；

④ 进行了一些细节上的修改，如修改了液压泵旋转方向指示箭头、电磁铁作用方向等。

增压器是将初级流体进口压力转换成较高值的次级流体出口压力的元件，有将"气液转换器"称为气液缸的；也有将"增压器"称为增压缸的。但是，在原图、液压回路描述和特点及应用说明中名词、术语应一致。

（2）单作用增压器增压回路Ⅱ

如图3-45所示，此为某文献中给出的单作用增压器增压回路Ⅱ（笔者按原图绘制），并在图下进行了液压回路描述和特点及应用说明。笔者认为图中存在一些问题，具体请见下文。

1）液压回路描述　图3-45所示是利用增压器的增压回路Ⅱ。三位四通换向阀右位工作时，

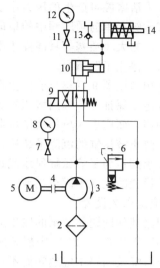

图3-44　单作用增压器增压回路Ⅰ（修改图）
1—油箱；2—粗过滤器；3—液压泵；4—联轴器；
5—电动机；6—溢流阀；7,11—压力表开关；
8,12—压力表；9—二位四通电磁换向阀；
10—单作用增压器；13—（补油）单向阀；
14—弹簧复位单作用缸

压力油液经液控单向阀到液压缸活塞上方使活塞下压。同时，增压器的活塞也受到油液的作用向右移动，当达到规定的压力后就自然停止了，这样使它一有油送进增压器活塞大直径侧，就能够马上前进。当冲柱下降碰到工件时（即产生负荷时），泵的输出立即升高，并打开顺序阀，油液以减压阀所调定的压力作用在增压器的大活塞上，增压器小直径侧产生3倍于减压阀调定压力的高压油液，油液进入冲柱上方而产生更强的加压作用。

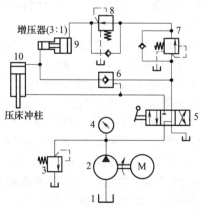

图3-45　单作用增压器增压回路Ⅱ（原图）
1—油箱；2—液压泵；3—溢流阀；4—压力表；
5—三位四通手动换向阀；6—液控单向阀；7—单向顺序阀；8—单向减压阀；9—单作用增压器；
10—液压缸（压床冲柱）

2）特点及应用　换向阀如移到中位时，可以暂时防止冲柱向下掉。如果要完全防止其向下掉，则必须在冲柱下降时在油的出口装一液控单向阀。

3）问题与分析　原图、液压回路描述和特点及应用说明中都存在一些问题，其主要问题如下：

① 溢流阀、手动换向阀、单向顺序阀、单向减压阀、单作用增压器和液压缸等液压元件图形符号不规范，其中单作用增压器和液压缸等已经在笔者按原图绘制中加以修改；

② 单作用增压器缺少油口，可致使其无法进行增压动作；

③ 回路描述中存在错误；

④ 特点及应用说明不准确；

⑤ 在GB/T 8541—2012《锻压术语》中没有"压床冲柱"或"冲柱"这样的术语。

在图3-45所示回路中，当三位四通手动换向阀5处于右位时，液压源经三位四通手动换向阀5、液控单向阀6向液压缸10无杆腔供油，液压缸10进行缸进程；同时，液压油液也进入单作用增压器9小活塞腔，但因其在单作用

增压器 9 大活塞腔可产生的压力小于液压源的供油压力（此时相当于减压器），即不可能通过单向减压阀和单向顺序阀中的单向阀，所以，单向增压器大活塞腔油液无法排出（回油），单向增压器的大小活塞等只能停止不动，不可能产生"向右移动"，更没有"达到规定的压力后就自然停止了"情况。

单作用增压器 9 返程只能发生在液压缸 10 缸回程开始时，且应通过液控单向阀 6 的控制压力设定，保证在单作用增压器 9 返程结束前，液压缸 10 无杆腔油液不能通过液控单向阀 6 回油箱，而应进入单作用增压器 9 小活塞腔使单作用增压器 9 首先返程。

为了防止液压缸的沉降量超标，通常在液压缸与滑阀式换向阀间且尽量靠近液压缸油口处设置支承阀；为了液压缸保压或锁紧，通常在尽量靠近液压缸油口处设置液控单向阀。但是，不管设置的是支承阀还是液控单向阀，都不能"在冲柱下降时在油的出口装一液控单向阀"，而应是永久设置。

该回路其他问题如"泵的输出立即升高"等问题就不在此一一指出和分析了。

在 GB/T 786.1—2009 中规定的图形符号应为行业内的普遍共识，一般工程技术人员在设计液压系统及回路中应遵守而不可随意更改。与图 3-45 相似液压回路请见图 3-47。因此不再对图 3-45 所示液压回路（原图）进行修改了。

笔者根据一些参考文献绘制的几例单作用增压器增压回路或有实际应用价值，具体请见图 3-46～图 3-50，供读者参考选用。

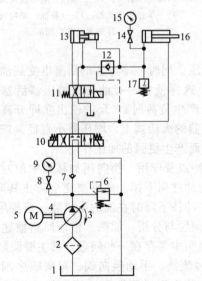

图 3-46　单作用增压器增压回路 Ⅲ

1—油箱；2—粗过滤器；3—变量液压泵；4—联轴器；5—电动机；6—溢流阀；7—单向阀；8,14—压力表开关；9,15—压力表；10—三位四通电磁换向阀；11—二位四通电磁换向阀；12—液控单向阀；13—单作用增压器；16—液压缸；17—压力继电器

如图 3-46 所示，当三位四通电磁换向阀 10 处于右位、二位四通电磁换向阀 11 处于左位时，液压源向单作用增压器 13 有杆腔、小活塞腔及液压缸 16 无杆腔供油，单作用增压器 13 或左移返程、液压缸 16 右移缸进程；当液压缸 16 无杆腔压力达到压力继电器 17 设定压力时，二位四通电磁换向阀 11 电磁铁得电，阀换向至右位，单作用增压器 13 对液压缸 16 无杆腔进行增（高）压。

当增压（保压）结束后，二位四通电磁换向阀 11 电磁铁失电，阀换向至左位，单作用增压器 13 左移返程、液压缸 16 无杆腔进行降（高）压；然后，三位四通电磁换向阀 10 换向至左位，液压源向液压缸 16 有杆腔供油，液压缸 16 回油经液控单向阀 12、二位四通电磁换向阀 11 回油箱，液压缸 16 缸回程至终点，二位四通电磁换向阀 11 回中位，即完成一次工作循环。

采用（手动）变量液压泵可在一定范围内对液压缸运动速度进行调整，或可对单作用增压器增压速率进行调整。

该回路中的电磁换向阀或可为电液换向阀、溢流阀，或可明确为先导式溢流阀。

采用该回路时请注意调整二位四通电磁换向阀 11 相对三位四通电磁换向阀 10 的换向时间，避免液压缸 16 无杆腔出现负压。

如图 3-47 所示，当三位四通电磁换向阀 10 处于右位时，液压源向液压缸 21 无杆腔供油，液压缸 21 回油经平衡阀 20 等回油箱，液压缸 21 进行缸进程；当液压缸 21 无杆腔压力升高使顺序阀 11 开启，液压源通过顺序阀 11、减压阀 12 向单作用增压器 16 大活塞腔供油，单作用增压器 16 对液压缸 21 无杆腔增（高）压。调节减压阀 12 可以控制单作用增压器的初级流体进口压力，进而控制单作用增压器的次级流体出口压力。

当增压（保压）结束后，三位四通电磁换向阀 10 换向至左位时，液压源通过平衡阀 20 中的单向阀向液压缸 21 有杆腔供油，液压缸 21 无杆腔油液首先进入单作用增压器 16 小活塞腔使单作用增压器 16 返程；当单作用增压器 16 返程结束后，液压缸 21 无杆腔油液（回油）经液控单向阀 19、三位四通电磁换向阀 10 回油箱。

该回路中的溢流阀、顺序阀和减压阀可为先导型（式）的，电磁换向阀也可为电液（动）型的。

该液压系统及回路可用于上置（顶）式液压机，其中以减压阀调定液压缸的缸输出力的设计，在单作用增压器增压回路中较为特殊。

如图 3-48 所示，当三位四通电液换向阀 10 处于左位、电液减速阀 11 处于右位、二位四通电液换向阀 12 处于右位时，液压油液向组合式液压缸 15 中的单（出）杆活塞缸（简称液压缸）无杆腔供油，液压缸快速缸进程；当触发行程控制开关后，电液减速阀 11 随即复位至左位进行节流，液压缸转为慢速缸进程；经一定时间延时后，三位四通电液换向阀 10 换向至右位，液压源向组合式液压缸 15 中的增压缸的大活塞腔供油，增压缸对液压缸无杆腔增（高）压，液压缸的缸输出力增大到设定值。

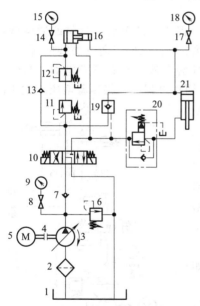

图 3-47　单作用增压器增压回路 Ⅳ
1—油箱；2—粗过滤器；3—变量液压泵；
4—联轴器；5—电动机；6—溢流阀；
7,13—单向阀；8,14,17—压力表开关；
9,15,18—压力表；10—三位四通电
磁换向阀；11—顺序阀；12—减压阀；
16—单作用增压器；19—液
控单向阀；20—平衡阀；21—液压缸

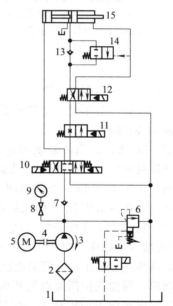

图 3-48　单作用增压器增压回路 Ⅴ
1—油箱；2—粗过滤器；3—液压泵；
4—联轴器；5—电动机；6—电磁溢流阀；
7,13—单向阀；8—压力表开关；
9—压力表；10—三位四通电液换向阀；
11—电液减速阀；12—二位四通电液换
向阀；14—二位二通液控换向阀；
15—组合式液压缸

当三位四通电液换向阀 10 处于左位、电液减速阀 11 处于右位、二位四通电液换向阀 12 处于左位时，液压源向液压缸有杆腔供油；当供油压力达到一定值后，二位二通液控换向阀 14 换向至右位，液压缸无杆腔内油液经二位二通液控换向阀 14、二位四通电液换向阀

12 回油箱，液压缸进行缸回程。在液压缸回程过程中，将顶着增压缸大小活塞等使增压缸返程，此时，增压缸回油接油箱。

在该液压系统及回路中，单作用增压器（缸）与单（出）杆活塞（液压）缸组合而成组合式液压缸。此种结构的液压缸在液压机（械）较为常见，其是一种增大液压缸的缸输出力的有效方法。电液减速阀或电液节流阀没有现行标准，选用时请与制造商预先联系，在叠加阀系列中有一种电磁节流阀或可替代。

如图 3-49 所示，当三位四通电磁换向阀 10 处于右位、二位三通电磁换向阀 11 处于右位时，液压源向组合式液压缸 13 中的单（出）杆活塞缸（简称液压缸）无杆腔供油，液压缸进行缸进程；当触发行程控制开关后，二位三通电磁换向阀 11 换向至左位，液压源同时向组合式液压缸 13 中的增压缸大活塞腔供油，增压缸对液压缸无杆腔增（高）压，液压缸的缸输出力增大到设定值。

当增压（保压）结束后，三位四通电磁换向阀 10 换向至左位、二位三通电磁换向阀 11 复位至右位，液压源向液压缸有杆腔供油，当供油压

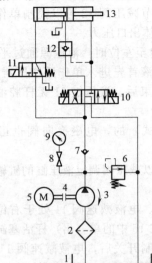

图 3-49　单作用增压器增压回路Ⅵ
1—油箱；2—粗过滤器；3—液压泵；4—联轴器；
5—电动机；6—溢流阀；7—单向阀；8—压力表
开关；9—压力表；10—三位四通电磁换向阀；
11—二位三通电磁换向阀；12—液控单向阀；
13—组合式液压缸

力足以开启液控单向阀后，液压缸进行缸回程，并在缸回程过程中，将顶着增压缸大小活塞等使增压缸返程，增压缸大活塞腔油液通过二位三通电磁换向阀 11 回油箱。

如图 3-50 所示，当由系统液压源供油，液压缸 17 进行缸进程且液压缸 17 无杆腔压力达到一定值时触发压力继电器 14，三位四通电磁换向阀 10 换向至右位，增压液压源向单作用增压器 11 的大活塞腔供油，单作用增压器 11 对液压缸 17 无杆腔增（高）压；当单作用增压器 11 结束增压（保压）时，三位四通电磁换向阀 10 可复中位对高压进行泄压；不管液压缸 17 处于何种状态如停止或回程，通过三位四通电磁换向阀 10 换向至左位，增压液压源向单作用增压器 11 返程腔（或和小活塞腔）供油，都可使单作用增压器 11 返程。

3.3.2　双作用增压器增压回路

（1）双作用增压器增压回路Ⅰ

如图 3-51 所示，此为某文献中给出的双作用增压器增压回路（笔者按原图绘制），并在图下进行了液压回路描述和特点及应用说明。笔者认为图中存在一些问题，具体请见下文。

1）液压回路描述　采用双作用增压器，以系统较小的压力获得执行元件较大的压力，在图 3-51 所示情况下，增压器 2 的活塞右行其高压腔

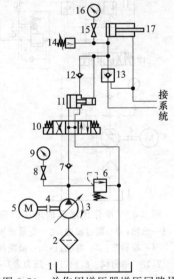

图 3-50　单作用增压器增压回路Ⅶ
1—油箱；2—粗过滤器；3—变量液压泵；
4—联轴器；5—电动机；6—溢流阀；
7,12—单向阀；8,15—压力表开关；
9,16—压力表；10—三位四通电磁换向阀；
11—单作用增压器；13—液控单向阀；
14—压力继电器；17—液压缸

B 经单向阀 6 输出高压油；反之，当电磁阀 1 通电时，高压腔 A 经单向阀 6 输出高压油。

2）特点及应用　适用于双向增压，如挤压机等双向载荷相同、要求压力相同的增压回路中，以及水射流机床增压系统。

3）问题与分析　原图、液压回路描述和特点及应用说明中都存在一些问题，其主要问题如下：

① 液压元件的图形符号不规范；

② 缺少压力指示等；

③ 回路描述中有错误。

在该参考文献中，二位四通电磁换向阀靠近弹簧侧的功能单元中都缺少油流方向指示，而且靠近电磁铁侧的功能单元中油流方向指示也都不正确。高压腔 A 中的高压油液只能经单向阀 5 输出，而不可能再经单向阀 6 输出。不管是以大、小还是以高、低来描述压力，在液压回路描述和特点及应用说明中都应一致。

4）修改设计及说明　根据 GB/T 786.1—2009 的规定及上述指出的问题，笔者重新绘制了图 3-52。

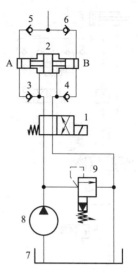

图 3-51　双作用增压器增压回路 I（原图）
1—二位四通电磁换向阀；2—双作用增压器；
3～6—单向阀；7—油箱；8—液压泵；
9—先导式溢流阀

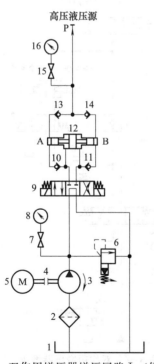

图 3-52　双作用增压器增压回路 I（修改图）
1—油箱；2—粗过滤器；3—变量液压泵；
4—联轴器；5—电动机；6—先导式溢流阀；
7,15—压力表开关；8,16—压力表；
9—三位四通电磁换向阀；10,11,13,14—单
向阀；12—双作用增压器

关于双作用增压器增压回路 I（修改图）图 3-52，作如下说明：

① 添加了粗过滤器、联轴器、电动机、压力表开关、压力表等；

② 以三位四通电磁换向阀代替了二位四通电磁换向阀；

③ 明确了该回路即为高压液压源；

④ 添加了接口图形符号以及进行了一些细节上的修改，如添加了液压泵旋转方向指示箭头、修改双作用增压器图形符号等。

在一些其他液压系统及回路中，一般将图 3-52 中的双作用增压器 12 和单向阀 10、11、13 和 14 包括在内统称为双作用增压器。

（2）双作用增压器增压回路 II

如图 3-53 所示，此为某文献中给出的双作用增压器双向增压回路（笔者按原图绘制），并在图下进行了液压回路描述和特点及应用说明。笔者认为图中存在一些问题，具体请见下文。

1）液压回路描述　液压缸 4 活塞左行遇到较大载荷时，系统压力升高，低压油源的压力油打开顺序阀 1 进入双作用增压器 2，无论增压器左行还是右行，均能输出高压油液至液压缸 4 的无杆腔。

2）特点及应用　二位四通电磁换向阀 3 连续

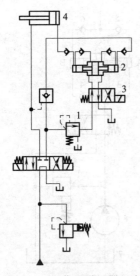

图 3-53 双作用增压器双向
增压回路（原图）

1—顺序阀；2—双作用增压器；
3—二位四通电磁换向阀；4—液压缸

通断电切换，使增压器 2 不断地往复运动连续输出高压油。

3）问题与分析　原图、液压回路描述和特点及应用说明中都存在一些问题，其主要问题如下：

① 液压元件图形符号及管路连接有问题；

② 液压回路描述和特点及应用说明不够确切。

如图 3-53 所示，若双作用增压器 2 的左输出油口和右输出油口串联连接在液压缸 4 无杆腔管路上，则液压回路描述和特点及应用说明中功能将无法实现。

在有的参考文献中有与之相似的液压回路图，其双作用增压缸为一个出口，且与液压缸 4 无杆腔管路并联连接；其特点说明较为明确，即为："本回路利用双作用增压器实现双向增压，保证连续输出高压油。当液压缸 4 活塞左行遇到较大载荷时，系统压力升高，油经顺序阀 1 进入双作用增压器 2。无论增压器左行或右行，均能输出高压油液至液压缸 4 右腔，只要换向阀 3 不断切换，就能使增压器 2 不断地往复运动，使液压缸 4 活塞左行较长的行程连续输出高压油。"但最后一句应为："只要换向阀 3 不断切换，就能使增压器 2 不断地往复运动连续输出高压油，使液压缸 4 活塞左行较长的行程。"

4）修改设计及说明　根据 GB/T 786.1—2009 的规定及上述指出的问题，笔者重新绘制了图 3-54。

关于双作用增压器增压回路Ⅱ（修改图）图 3-54，作如下说明：

① 添加了压力表开关、压力表等；

② 修改了三位四通电磁换向阀、顺序阀、双作用增压器和液压缸等图形符号；

③ 修改了双作用增压器高压油路与液压缸的连接；

④ 进行了一些细节上的修改，如电磁铁作用方向等。

顺序阀 6 可为先导型（式）顺序阀，电磁换向阀也可为电液换向阀；双作用增压器自身即可带往复运动切换发讯装置。

还有一种双作用增压器增压回路Ⅲ，请见图 3-55，可供读者参考选用。

在液压缸 15 缸进程中，高压液压源可以一直向液压缸 15 无杆腔供油，且可以根据顺序阀 7 设定压力转换成高压；（电控）变量液压泵 3 既可以控制高压液压源的供给流量，必要时也可以在液压缸 15 的缸回程过程中使其输出流量接近为"零"。

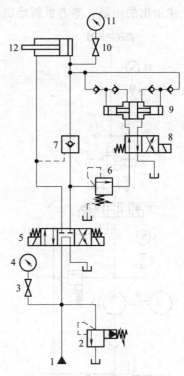

图 3-54　双作用增压器增压
回路Ⅱ（修改图）

1—液压源；2—先导式溢流阀；3,10—压力表
开关；4,11—压力表；5—三位四通电磁换向阀；
6—顺序阀；7—液控单向阀；8—二位四通电磁换
向阀；9—双作用增压器；12—液压缸

3.3.3 液压泵增压回路

如图 3-56 所示，此为某文献中给出的利用液压马达的增压回路 I（笔者按原图绘制，回路名称修改见下文），并在图下进行了液压回路描述和特点及应用说明。笔者认为图中存在一些问题，具体请见下文。

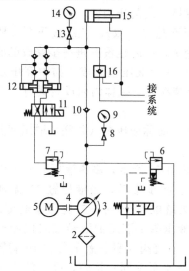

图 3-55　双作用增压器增压回路Ⅲ

1—油箱；2—粗过滤器；3—变量液压泵；4—联轴器；
5—电动机；6—电磁溢流阀；7—顺序阀；8,13—压力
表开关；9,14—压力表；10—单向阀；11—二位四
通电磁换向阀；12—双作用增压器；15—液压缸；
16—液控单向阀

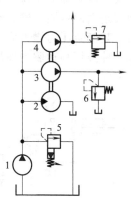

图 3-56　液压泵（串联）增压回路（原图）

1,3,4—液压泵；2—液压马达；
5~7—溢流阀

（1）液压回路描述

液压泵 1 的压力由溢流阀设定，液压马达 2 由液压泵 1 供油驱动运转，液压马达 2 又驱动液压泵 3 和 4，泵 1 与泵 3、泵 1 与泵 4 串联双级供油，从而实现增压，增压的最大值分别由溢流阀设定。

（2）特点及应用

此回路多用于起重机的液压系统。

（3）问题与分析

原图、液压回路描述和特点及应用说明中都存在一些问题，其主要问题如下：

① 该回路名称值得商榷；

② 因溢流阀 6、7 的设定压力高于溢流阀 5，其采用直动型（式）溢流阀是否合适值得商榷；

③ 液压马达支路缺少基本组成部分；

④ 没有给出正常运行条件；

⑤ 该回路中液压泵与液压马达匹配较为困难。

在现在可见的许多参考文献中，该回路的名称都为液压泵增压回路或用液压泵的增压回路，而没有采用"利用液压马达的增压回路"。因还有"液压马达增压回路"或有"用液压马达的增压回路"，所以有必要将其区别。

如图 3-56 所示，将液压泵串联连接如泵 1 与泵 3、泵 1 与泵 4，是该液压回路的主要特征，其各组液压泵的供给压力可以叠加，由此组成液压马达驱动增压液压泵串联增压回路，简称液压泵（串联）增压回路。

在其他一些参考文献中明确指定：溢流阀 5 设定压力为 18MPa、溢流阀 6 设定压力为 21MPa、溢流阀 7 设定压力为 28MPa。仅从设定压力和压力超调率等方面考虑，既然溢流阀 5 选择了先导式溢流阀，那么溢流阀 6、7 也应选择先导式溢流阀。

在该回路中，液压泵 3、4 在一定条件下可能变成液压马达。如何保证液压泵 3、4 始终由液压马达 2 驱动，除了需要液压泵 1 的流量应大于（或等于）液压马达 2、液压泵 3、液压泵 4 的流量之和外，液压泵 3 和液压泵 4 出口应保持一定的压力。

因现有起重机液压系统中常见二、三联液压泵而不是二（双）、三级液压泵，所以该液压回路中的一些其他问题在此就不再一一指出和讨论了，同时也没有进一步修改的必要。

液压泵串联供油液压源回路的两台液压泵可以是一台液压泵总成，如中高压双级叶片泵。该型泵是由两台同一轴驱动的 YB 型单泵串联组装在同一壳体内而成，具有一个进口和一个出口，其额定压力增大为单泵的 2 倍。

还有一种液压马达驱动增压液压泵并联增压回路，简称液压泵（并联）增压回路，具体请见图 3-57。

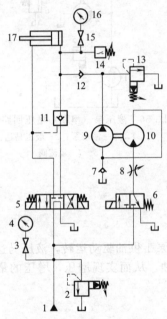

图 3-57　液压泵（并联）增压回路
1—液压源；2,13—先导式溢流阀；3,15—压力表开关；4,16—压力表；5—三位四通电磁换向阀；6—二位四通电磁换向阀；7,12—单向阀；8—节流阀；9—高压液压泵；10—液压马达；11—液控单向阀；14—压力继电器；17—液压缸

如图 3-57 所示，高压液压泵 9 由液压马达 10 同轴、同步带动，当液压缸 17 无杆腔压力触发压力继电器 14 时，二位四通电磁换向阀 6 换向，液压源 1 液压油液经过二位四通电磁换向阀 6、节流阀 8 驱动液压马达 10 旋转，并带动高压液压泵 9 同步运转，高压液压泵 9 输出高压液压油液进入液压缸 17 的无杆腔对其连续增压。

高压液压泵 9 的最高工作压力由先导式溢流阀 13 限定，但其可增高的最高压力则由液压马达 10 与高压液压泵 9 的排量间关系决定。一般液压系统及回路设计时，可按下列关系式估算：如高压液压泵 9 的排量为 q_b，液压马达 10 的排量为 q_m，由先导式溢流阀 2 限定的液压源 1 的最高工作压力为 p，则高压液压泵 9 可供给的压力为 pq_m/q_b。显然，只有当液压马达排量 q_m 大于高压液压泵排量 q_b 的情况下，高压液压泵才可以增压。

当采用变量液压泵时，如果减小其排量，则可以提高其增压能力；反之，则可以降低其增压能力。

该系统中设置的节流阀 8 可控制增压速率。如果采用截止节流阀，可将增压速率变为"零"，对一些特殊液压系统或液压装置很有意义。

3.3.4　液压马达增压回路

如图 3-58 所示，此为某文献中给出的利用液压马达的增压回路Ⅱ（笔者按原图绘制），并在图下进行了液压回路描述和特点及应用说明。笔者认为图中存在一些问题，具体请见下文。

（1）液压回路描述

液压马达 1、2 的轴刚性连接，液压马达 2 出口通油箱，液压马达 1 的出口通液压缸 3 的无杆腔。若液压马达 1 的进口压力为 p_1，则液压马达 1 出口压力 $p_2 = (1+\alpha) p_1$，α 为两马达的排量之比，即 $\alpha = V_2/V_1$，实现了增压目的。

（2）特点及应用

阀4用来使活塞快速退回。本回路适用于现有液压泵不能实现而又需要连续高压的场合。

（3）问题与分析

原图、液压回路描述和特点及应用说明中都存在一些问题，其主要问题如下：

① 在图3-58中液压马达2管路连接错误，不能实现增压目的；

② 增压原理没有表述清楚。

图3-58所示的液压马达2进口只与二位二通电磁换向阀4连接，而没有一起连接于三位四通电磁换向阀5的A口，这样的连接是错误的。

只有将液压马达2的进油口与三位四通电磁换向阀5的A口或B口连接，液压马达2才可能被足够的液压功率驱动，进而带动液压马达1对液压油液增压。

液压马达不管驱动的是液压马达还是液压泵，其之所以可以增压，依据的都是能量守恒定律，靠减少流量换来压力增高。但液压源提供的用来驱动液压执行元件的液压能量不会增加，千万不可搞出所谓的"永动机"。

最后需要强调的是，将机械能量转换成液压能量的液压元件是液压泵，不管驱动液压泵的是液压马达、电动机还是其他原动机；可使出口压力（或液压功率）大于进口压力（液压功率）的液压元件，不管是变量的还是定量的，都应将其归类为液压泵而不是液压马达。

因此，图3-58所示液压马达增压回路可归类到液压泵（串联）增压回路中。

图3-59所示液压回路采用变量液压马达5，可以通过调节变量液压马达的排量进而控制增压值，且不必使变量液压马达5的排量一定得大于定量液压马达4的排量。

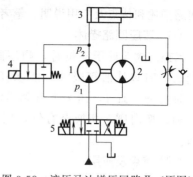

图3-58　液压马达增压回路Ⅱ（原图）
1,2—液压马达；3—液压缸；4—二位二通
电磁换向阀；5—三位四通电磁换向阀

3.3.5　串联缸增力回路

如图3-60所示，此为某文献中给出的增力回路（笔者按原图绘制），并在图下进行了液

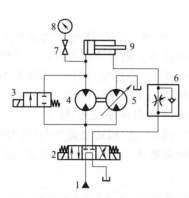

图3-59　液压马达增压回路（局部修改图）
1—液压源；2—三位四通电磁换向阀；3—二位
二通电磁换向阀；4—定量液压马达（泵）；
5—变量液压马达；6—单向节流阀；7—压力
表开关；8—压力表；9—液压缸

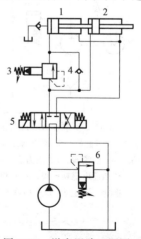

图3-60　增力回路（原图）
1—单杆缸；2—双（出）杆缸；3—（先导式）
顺序阀；4—单向阀；5—三位四通电磁换向阀；
6—（先导式）溢流阀

压回路描述和特点及应用说明。笔者认为图中存在一些问题，具体请见下文。

（1）液压回路描述

当换向阀 5 处于左位时，顺序阀 3 关闭，压力油流入缸 2，实现快速右移，缸 1 经左侧的单向阀从油箱吸油。活塞杆接触到工件后回路压力上升，顺序阀 3 开启，压力油同时也进入缸 1，压力上升到溢流阀 6 的调定压力。这时的夹紧力是两个液压缸的推力之和。换向阀 5 切换至右位，压力油同时流入两缸右腔，左腔中的油经换向阀 5 流回油箱。

（2）特点及应用

通过双缸的联动来增大夹紧力，回程时两缸都经换向阀 5 回油。溢流阀 6 的调定压力应大于顺序阀 3 的调定压力。

（3）问题与分析

原图、液压回路描述和特点及应用说明中都存在一些问题，其主要问题如下：

① 单向顺序阀即为一个总成，原图中连接有问题；

② 串联液压缸也可为一个总成，原图中图形符号不对；

③ 缺少压力指示等；

④ 顺序阀或单向顺序阀图形符号不对。

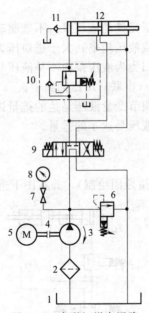

图 3-61　串联缸增力回路

1—油箱；2—粗过滤器；3—液压泵；4—联轴器；
5—电动机；6—溢流阀；7—压力表开关；8—压力表；9—三位四通电磁换向阀；10—单向顺序阀；
11—（补油）单向阀；12—串联液压缸

不管是直动型（式）还是先导型（式）的顺序阀的图形符号，都不可缺失泄油口及其通（流、油）道，因为这可能是顺序阀图形符号与溢流阀图形符号的唯一区别。

（4）修改设计及说明

根据 GB/T 786.1—2009 的规定及上述指出的问题，笔者重新绘制了图 3-61。

关于串联缸增力回路图 3-61，作如下说明：

① 添加了粗过滤器、联轴器、电动机、压力表开关、压力表等；

② 修改了单向顺序阀中的顺序阀等图形符号；

③ 将单杆缸和双（出）杆缸合并为串联液压缸；

④ 进行了一些细节上的修改，如添加了液压泵旋转方向指示箭头、电磁铁作用方向、三位四通电磁换向阀中位 P 与 T 连接位置以及溢流阀图形符号（在重新绘制原图中已经修改）等。

三位四通电磁换向阀中位 P 与 T 连通位置应位于功能方框中间；三位四通电磁换向阀的两端电磁铁其作用方向只能是动作一致指向阀芯或动作一致背离阀芯。

3.4　保压回路分析与设计

保压回路是指控制液压系统或子系统（局部）的液压油液压力，使之在工作循环的某一阶段和/或某一时间内保持（在）规定的压力值或压力范围内的液压回路。

3.4.1 液压泵保压回路

（1）定量泵保压回路

如图 3-62 所示，此为某文献中给出的用定量泵保压的回路（笔者按原图绘制），并在图下进行了特点说明。笔者认为图中存在一些问题，具体请见下文。

1）特点说明　当活塞到达行程终点需要保压时，可使液压泵继续运转，输出的压力油由溢流阀流回油箱，系统压力保持在溢流阀调定的数值上。

此法简单可靠，但保压时功率损失大、油温高。因此一般用于 3 kW 以下的小功率系统中。

2）问题与分析　原图及特点说明中都存在一些问题，其主要问题如下：

① 液压泵无法卸荷；

② 液压缸无法在行程中间停止；

③ 缺少压力指示等；

④ "保压"的定义不准确；

⑤ 液压元件的图形符号不规范。

在回路特点说明中所涉及的液压缸"保压"定义问题是该回路的最大问题。一些品种的液压缸不允许以

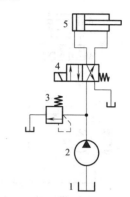

图 3-62　定量泵保压回路（原图）
1—油箱；2—定量液压泵；3—溢流阀；
4—二位四通电磁换向阀；5—液压缸

（最大）行程终端（点）为限位器，即以活塞抵靠在液压缸其他零部件上限制其（最大）行程情况下使用。一些品种的液压缸允许活塞分别停在行程的两端进行耐压试验，但需严格限定保压时间。当液压缸活塞达到行程终点后，其缸输出力可能为"零"。

通常液压机（械）中的液压缸保压都发生在液压缸达到行程终点前的某一阶段和/或某一时间内，而不应以液压缸达到其行程终点作为一般情况来描述液压缸保压。

3）修改设计及说明　根据 GB/T 786.1—2009 的规定及上述指出的问题，笔者重新绘制了图 3-63。

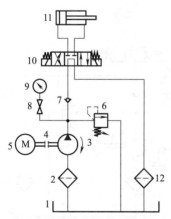

图 3-63　定量泵保压回路（修改图）
1—油箱；2—粗过滤器；3—定量液压泵；
4—联轴器；5—电动机；6—溢流阀；
7—单向阀；8—压力表开关；9—压力表；
10—三位四通电磁换向阀；11—液压缸；
12—回油过滤器

关于定量泵保压回路（修改图）图 3-63，作如下说明：

① 添加了粗过滤器、联轴器、电动机、压力表开关、压力表等；

② 用三位四通电磁换向阀替换了二位四通电磁换向阀；

③ 对溢流阀添加了弹簧可调节图形符号，使其具有调定（限定）液压泵的输出（最高工作）压力及液压缸保压压力功能；

④ 进行了一些细节上的修改，如添加了液压泵旋转方向指示箭头、电磁铁作用方向等。

当三位四通电磁换向阀处于中位时，P 和 T 油口连通、A 和 B 油口封闭，液压泵可卸荷；液压缸可在任何位置停止。

对滑阀式换向阀 A 和 B 油口封闭的液压缸无杆腔和有杆腔也有短时保压作用。

处于保压状态的液压缸应为不动或微动，在恒定压

力或稳定压力下运动的液压缸所在回路不一定是保压回路。

（2）变量泵保压回路

如图3-64所示，此为某文献中给出的压力补偿变量泵保压回路（笔者按原图绘制），并在图下进行了液压回路描述和特点及应用说明。笔者认为图中存在一些问题，具体请见下文。

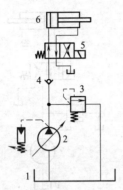

图3-64　变量泵保压回路（原图）
1—油箱；2—压力补偿变量泵；3—溢流阀；
4—单向阀；5—二位四通电磁换向阀；
6—液压缸

1）液压回路描述　压力补偿变量泵具有流量随着工作压力的升高而自动减小的特性，保压时液压泵的输出流量自动补偿泄漏所需流量，并能随泄漏量的变化自动调整。

2）特点及应用　能长时间保持液压缸中的压力，压力稳定，效率高。适用于夹紧装置或液压机等需要保压的油路中。

3）问题与分析　原图、液压回路描述和特点及应用说明中都存在一些问题，其主要问题如下：

① 压力控制（补偿）变量泵图形符号不准确；

② 液压泵无法卸荷；

③ 液压缸无法在行程中间停止；

④ 缺少压力指示；

⑤ 对压力控制变量泵缺少较为具体的描述。

压力补偿是在液压元件或液压回路中压力的自动调节，实质是一种压力控制。典型的压力控制（补偿）变量泵为恒压、限压变量泵，或可包括恒功率变量泵等。

不管是何种方式、方法调整或控制的变量泵，其调整和控制元件的图形符号必须与表示可调整的箭头一端连接。

变量泵如A7V斜轴式轴向柱塞变量泵，在高压、小流量情况下长时间工作可能会发热，一般应对其壳体进行冷却或冲洗。

4）修改设计及说明　根据GB/T 786.1—2009的规定及上述指出的问题，笔者重新绘制了图3-65。

关于变量泵保压回路（修改图）图3-65，作如下说明：

① 添加了粗过滤器、联轴器、电动机、压力表开关、压力表等；

② 修改了压力控制（补偿）变量泵图形符号；

③ 用三位四通电磁换向阀替换了二位四通电磁换向阀；

④ 对溢流阀添加了弹簧可调节图形符号，使其具有调定（限定）液压泵的输出（最高工作）压力及液压缸保压压力功能；

⑤ 进行了一些细节上的修改，如修改了弹簧、液压缸的图形符号等。

以DR恒压变量斜轴式轴向柱塞变量泵为例，恒压变量在其变量范围内保持系统压力恒定，不受泵流量变化的影响，变量泵仅供应工作必须的油液体积。如果压力超过设定值，则泵自动摆回小角度（以小流

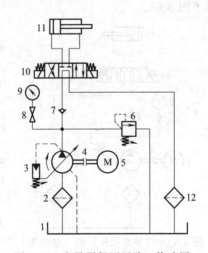

图3-65　变量泵保压回路（修改图）
1—油箱；2—粗过滤器；3—压力控制
变量液压泵；4—联轴器；5—电动机；
6—溢流阀；7—单向阀；8—压力表开关；
9—压力表；10—三位四通电磁换向阀；
11—液压缸；12—回油过滤器

量供油）。所需压力可以直接在泵上设定，也可在用于带遥控型单独的顺序阀上设定，设定压力范围为 5～35MPa。

（3）辅助泵保压回路

如图 3-66 所示，此为某文献中给出的辅助泵保压回路 I（笔者按原图绘制），并在图下进行了液压回路描述和特点及应用说明。笔者认为图中存在一些问题，具体请见下文。

1）液压回路描述　在夹紧装置回路中，夹紧缸移动时，两泵同时供油。夹紧后，小泵 1 压力升高，打开顺序阀 3 使夹紧缸保压。

进给缸快进，泵 1、2 同时供油。慢进时，油压升到阀 4 的调定压力，阀 4 打开，泵 2 卸荷，有泵 1 单独供油，供油压力由阀 3 调节。

2）特点及应用　夹紧和进给分别由不同的油路来控制时，阀 4 的调定压力大于顺序阀 3 的调定压力，阀 5 的调定压力大于阀 4 的调定压力。

3）问题与分析　原图、液压回路描述和特点及应用说明中都存在一些问题，其主要问题如下：

① 液压元件图形符号不准确；

② 缺少压力指示等；

③ 液压回路描述和特点及应用说明不确切。

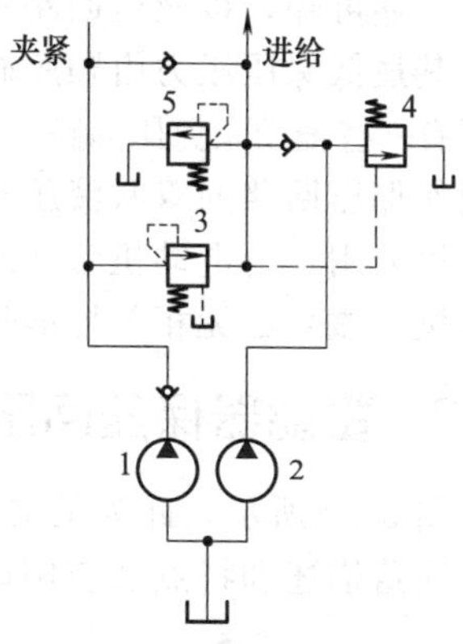

不能以能量转换装置符号的大小来区别液压泵排量的大小；也不可把本可以简单、明了、清楚地表示出来的液压系统及回路故意弄得繁琐、复杂。

细微之处足见科学素养和技术功力，如"夹紧后，小泵 1 压力升高，打开顺序阀 3 使夹紧缸保压。"与"夹紧后，泵 I 压力升高，打开顺序阀 A，并使夹紧缸保压。"比较后，即可一目了然。

笔者注：上文中与后引号中的内容引自参考文献 [9]，其中泵 I 即为图 3-67 中小排量液压泵；顺序阀 A 即为图 3-66 中顺序阀 3。

图 3-66　辅助泵保压回路 I（原图）

1—小排量液压泵；2—大排量液压泵；3—顺序阀；4—卸荷阀；5—溢流阀

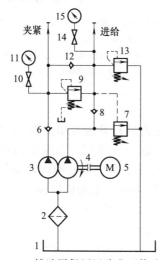

图 3-67　辅助泵保压回路 I（修改图）

1—油箱；2—粗过滤器；3—双联液压泵；4—联轴器；5—电动机；6,8,12—单向阀；7—卸荷阀；9—顺序阀；10,14—压力表开关；11,15—压力表；13—溢流阀

4）修改设计及说明　根据 GB/T 786.1—2009 的规定及上述指出的问题，笔者重新绘制了图 3-67。

关于辅助泵保压回路 I（修改图）图 3-67，作如下说明：

① 添加了粗过滤器、联轴器、电动机、压力开关、压力表等；

② 修改了顺序阀图形符号；

③ 对卸荷阀、溢流阀添加了弹簧可调节图形符号；

④ 添加了接口图形符号以及进行了一些细节上的修改，如添加了双联液压泵旋转方向指示箭头、弹簧图形符号（在重新绘制原图中已经修改）等。

如图 3-67 所示，由于当由压力表 11 指示的压力打开顺序阀 9 时，夹紧回路的保压（阶段）即行开始，因此认为保压的最低压力由顺序阀 9

调定；因夹紧回路不再需要大流量供给，所以双联液压泵3的各供给流量在顺序阀9出口处合流后，如果由压力表15（或11）指示的压力继续升高，则可使卸荷阀7开启将双联液压泵3中的大排量泵卸荷；如果由压力表15（或11）指示的压力还在继续升高直至到达溢流阀13设定压力，溢流阀13开始溢流并限制了夹紧、进给两回路的最高工作压力（此也为保压的最高压力）。

由上述可知，该液压回路中的夹紧回路的保压压力不是一个定值，而是在一定范围内变化的，其最低保压压力由顺序阀9调定，最高保压压力由溢流阀13限（调）定。

还有一些辅助泵保压回路，如图3-68所示以及本书第2.1.4节高低压双泵液压源回路等。

用作保压回路的双联液压泵一般为一台大排量和一台小排量泵并联，因为这样做可以节能；既可采用一台电动机带动双联泵，也可采用独立的泵组并联连接；该液压系统及回路所在液压机（械）如无相关标准规定，图3-68中的溢流阀6亦可采用先导式溢流阀。

3.4.2　蓄能器保压回路

如图3-69所示，此为某文献中给出的综合保压回路（笔者按原图绘制），并在图下进行了液压回路描述和特点及应用说明。笔者认为图中存在一些问题，具体请见下文。

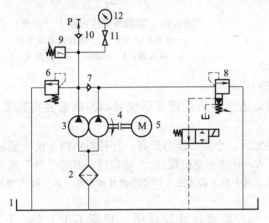

图3-68　辅助泵保压回路Ⅱ

1—油箱；2—粗过滤器；3—双联液压泵；4—联轴器；
5—电动机；6—溢流阀；7,10—单向阀；
8—电磁溢流阀；9—压力继电器；11—压力表开关；
12—压力表

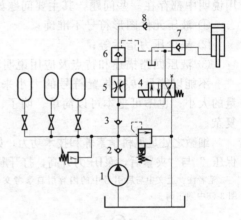

图3-69　蓄能器保压回路（原图）

1—液压泵；2,3,8—单向阀G、F、E；
4—二位四通电磁换向阀B；5—节流阀C；
6,7—液控单向阀A、B

（1）液压回路描述

保压时，电磁换向阀B通电处于左位，蓄能器中的压力油打开液控单向阀A和D，并经阀C、A、E流入液压缸的大腔进行保压。阀D使液压缸下腔泄压，以避免液压背压增加。当蓄能器中的油压降至压力继电器断开时，阀B断电处于右位，电动机转动使液压泵供油至蓄能器，压力升高。直至压力升高到继电器的接通压力时，电动机停转。

（2）特点及应用

适用于大流量液压系统和用蓄能器保压的场合。

（3）问题与分析

原图、液压回路描述和特点及应用说明中都存在一些问题，其主要问题如下：

① 文中所述的元器件，图中没有全部给出序号或在图中没有表示；

② 液压系统及回路图不完整；

③ 液压回路描述和特点及应用说明不准确；

④ 并联安装三台蓄能器没有给出合理的解释。

在图 3-69 中，蓄能器、液压缸和压力继电器等没有给出序号；液压泵给出一个"1"的序号标注在功能符号内（在重新绘制原图中将其删掉）且与其他编号形式不一致；电动机在图中没有表示出来。

液压系统及回路图中的所有元器件都必须编号，至少文中所述的元器件在图中应予表示并给出序号，图中编注序号的形式应一致，且序号不能标注在液压元件的功能符号内。

液压系统及回路上应有压力指示；蓄能器也需有卸荷（泄压）阀设置；液压缸应有与主系统连接的油口或管路等。

以"大腔""下腔"等来描述液压缸的两腔不准确，且易造成误解。单向阀 G2、单向阀 F3 的作用在回路描述中没有提及。因此蓄能器管路与液压泵出口管路连接位置是否正确值得商榷。

（4）修改设计及说明

根据 GB/T 786.1—2009 的规定及上述指出的问题，笔者重新绘制了图 3-70。

关于蓄能器保压回路（修改图）图 3-70，作如下说明：

① 添加了粗过滤器、联轴器、电动机、压力表开关、压力表等；

② 采用了蓄能器控制阀组代替了截止阀；

③ 采用了二位三通电磁换向阀代替了二位四通电磁换向阀；

④ 修改了蓄能器管路与液压泵出口管路连接位置；

⑤ 修改节流阀、蓄能器以及溢流阀、压力继电器、液压缸（此三种元器件在重新绘制原图中已经修改）等图形符号；

⑥ 添加了液压缸接（主）系统的管路；

⑦ 进行了一些细节上的修改，如添加了液压泵旋转方向指示箭头、电磁铁作用方向等。

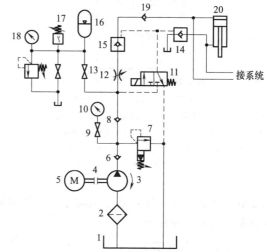

图 3-70　蓄能器保压回路（修改图）

1—油箱；2—粗过滤器；3—液压泵；4—联轴器；
5—电动机；6,8,19—单向阀；7—溢流阀；9—压力表
开关；10,18—压力表；11—二位三通电磁换向阀；
12—节流阀；13—蓄能器控制阀组；14,15—液控单向阀；
16—蓄能器；17—压力继电器；20—液压缸

添加了液压缸接（主）系统的管路后使图 3-70 所示液压回路更加便于理解，不至于将液压缸理解成始终处于缸进程终点。

根据参考文献 [9]，单向阀 6 的作用为："单向阀 G 的作用是防止溢流阀进口管路中的油从液压泵回油箱及空气侵入系统，以免泵再次启动时引起冲击。"；单向阀 8 的作用为："当蓄能器中压力降至压力继电器断开压力时，电动机转动使液压泵供油至蓄能器，当压力增高至压力继电器接通压力时，电动机停转，单向阀 F 关闭，使油不致从溢流阀泄漏。"

尽管笔者认为上述说法并不完全正确，但却对单向阀 6 和 8 的作用给出了一个明确说法。如果进一步深入探讨两个单向阀的作用，或可将图 3-70 中单向阀 6 去掉。

还有一些利用蓄能器的保压回路，具体请见图 3-71、图 3-72 和图 3-73。

如图 3-71 所示，当液压缸 18 无杆腔压力达到压力继电器 17 设定压力时，压力继电器 17 动作，使三位四通电磁换向阀 10 失电复中位，液压泵 3 卸荷，此后由蓄能器 14 保持液

压缸 18 无杆腔的压力。其中的单向节流阀 13 的作用是：防止当换向阀切换时，因蓄能器突然泄压所产生的压力冲击。

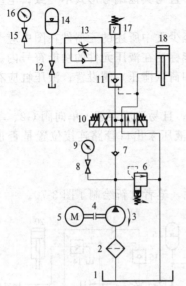

图 3-71　利用蓄能器的保压回路 Ⅰ
1—油箱；2—粗过滤器；3—液压泵；4—联轴器；
5—电动机；6—溢流阀；7—单向阀；8,15—压力表
开关；9,16—压力表；10—三位四通电磁换向阀；
11—液控单向阀；12—截止阀；13—单向节流阀；
14—蓄能器；17—压力继电器；18—液压缸

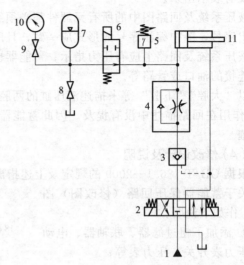

图 3-72　利用蓄能器的保压回路 Ⅱ
1—液压源；2—三位四通电磁换向阀；3—液控单向阀；
4—单向节流阀；5—压力继电器；6—二位二通电磁换向阀；
7—蓄能器；8—截止阀；9—压力表开关；
10—压力表；11—液压缸

　　采用小型蓄能器保压，功率消耗小，保压时间长，压力下降慢，应用于如压力离心铸造机中的拔管钳的保压回路。

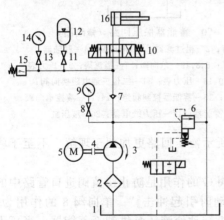

图 3-73　利用蓄能器的保压回路 Ⅲ
1—油箱；2—粗过滤器；3—液压泵；
4—联轴器；5—电动机；6—电磁溢流阀；
7—单向阀；8,13—压力表开关；
9,14—压力表；10—三位四通电磁
换向阀；11—截止阀；12—蓄能器；
15—压力继电器；16—液压缸

　　进一步还可在蓄能器管路上设置换向阀，以避免在液压缸每次回程时蓄能器都得泄压。

　　如图 3-73 所示，当三位四通电磁换向阀 10 处于左位时，液压泵 3 的供给流量同时输入液压缸 16 的无杆腔和蓄能器，使液压缸进行缸进程；当外负载使液压缸 16 无杆腔压力升高时，蓄能器压力也同步升高；当供油压力达到压力继电器 15 设定压力时，压力继电器动作，控制电磁溢流阀 6 将液压泵 3 卸荷；此后，蓄能器 12 反向压力将单向阀 7 关闭，液压缸 16 无杆腔由蓄能器保压。

　　进一步还可通过继电器控制保压的最低压力，即通过控制电磁溢流阀使液压泵重新加载，对蓄能器和液压缸无杆腔供油，直至压力升高使压力继电器再次动作，电磁溢流阀再次卸荷。

　　同样，该液压回路也可对液压缸的有杆腔进行保压；还可在蓄能器管路上设置换向阀、单向节流阀或固定阻尼器等。

3.4.3 液压缸保压回路

如图 3-74 所示，此为某文献中给出的双动薄板冲压机液压系统图（笔者参考原图绘制，但已经局部修改），其中含有用液压缸保压的回路。

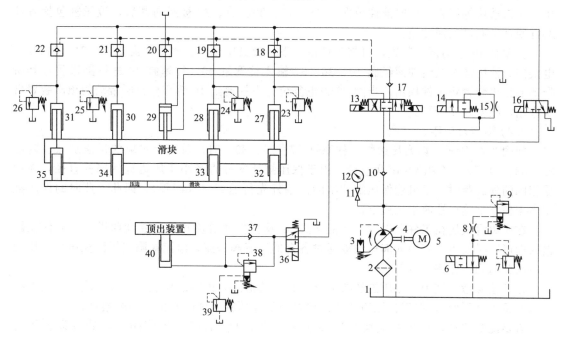

图 3-74　液压缸保压回路

1—油箱；2—粗过滤器；3—压力控制变量液压泵；4—联轴器；5—电动机；6,14—二位二通电磁换向阀；
7,9,23～26,38,39—（先导式）溢流阀；8,15—（固定）节流器；10,17,37—单向阀；11—压力表开关；
12—压力表；13—三位四通电液换向阀；16,36—二位三通电磁换向阀；
18～22—液控单向阀；27,28,30～35,40—柱塞缸；29—液压缸

（1）液压回路描述

如图 3-74 所示，在阀 6 得电液压泵 3 加载后，如阀 13 处于左位时，液压泵 3 供给油液经阀 10、13、17 全部输入液压缸 29 无杆腔。当阀 14 得电，液压缸 29 有杆腔油液经阀 13 和 14 回油箱，滑块快进；在滑块快进过程中，阀 16 处于右位（失电状态），柱塞缸 27、28、30、31 及 32、33、34、35 通过阀 16 从油箱补油。

当阀 14 失电，液压缸 29 有杆腔油液经阀 13 和 15 回油箱，滑块转为慢进；同时，阀 16 得电换向处于左位，液压泵 3 供给油液分流，一部分油液经阀 10、16 以及 18、19、21、22 等分别输入柱塞缸 27、28、30、31 及 32、33、34、35。当压边滑块接触工件后，阀 16 失电复位。

如滑块相对压边滑块继续前进（液压缸 29 缸进程），因柱塞缸 32、33、34、35 缸体置于滑块上，则需要柱塞缸 32、33、34、35 一同进行缸回程；又因柱塞缸 27 和 32、28 和 33、30 和 34、31 和 35 连通且封闭，如使其回程，则只能通过溢流阀 23、24、25、26 溢流排出其油液，此时柱塞缸 32、33、34、35 相当于柱塞泵。

在压边滑块接触工件后，液压缸 29 及所带动的滑块和模具前进中，溢流阀 23、24、25、26 溢流一直在发生，亦即压边滑块对工件始终施加一定的压边力，其压边力由上述溢流阀调定。对液压缸 29（主缸）而言此压边力即为其一部分外负载，由此减小了主缸对薄板的冲压力。

在一定压边力压紧工件的情况下，由液压缸 29 带动的安装在滑块上的模具工进对工件进行冲压加工。此时液压缸 29 的无杆腔压力是变化的，但压边力（柱塞缸内的压力）是恒定的。

当工件冲压结束后，三位四通电液换向阀 13 换向至右位，液压缸 29 带动各柱塞缸及滑块、压边滑块等回程。此时液控单向阀 18、19、20、21、22 被反向开启，液压缸包括各柱塞缸回油可通过其回油箱。

柱塞缸 40 带动顶出装置，可将工件由（下）模具中顶出。当工件需要顶出时，阀 36 得电换向，液压泵 3 供给油液经阀 10、36、37 输入柱塞缸 40，柱塞缸 40 进行缸进程，其所带动的顶出装置将工件顶出；当阀 36 失电复位，由柱塞缸 40 活塞杆及所带动的顶出装置自重作用，柱塞缸 40 回程。

（2）特点及应用

如图 3-74 所示，四台压边缸（柱塞缸 27、28、30、31）及四台对应的保压缸（柱塞缸 32、33、34、35）（油路）串联连接；由于保压缸活塞杆直径小于压边缸活塞杆直径，在承受相同的外载荷时，只可能保压缸伸出的活塞杆先行退回（缸回程），因此，此时的保压缸相当于柱塞泵输出油液给压边缸。

在压边滑块压在工件上以后，如液压缸 29 及所带动滑块和模具继续前进，上述保压缸退回即可同时发生，其中的液压油液通过各自的溢流阀溢流，溢流阀限定了溢流压力，压边力也因此达到并保持一定值。

在其他参考文献中，保压缸还有另外一种安装形式，即将缸体置于压边滑块上，活塞杆由滑块驱动（压回），但四台压边缸及四台对应的保压缸（油路）仍需串联连接。

需要说明的是，压边缸应均布连接在压边滑块上，且各自溢流阀进口处应设置压力指示。

这种液压系统及回路工作可靠、不易损坏、维修容易，也比较经济。但是保压缸的作用力抵消了一部分主缸的推力。

笔者注：在 JB/T 4174—2014 中定义了主缸和压边缸，但没有定义保压缸。

（3）问题与分析

以某两部参考文献中液压系统图（以下称为原图）为例，其液压系统及文字说明中都存在一些问题，其主要问题如下：

① 原图将五台液控单向阀正向进油口连接在一起，致使四（八）台柱塞缸供油路直接连接油箱，无法实现在滑块慢进过程中液压泵对其四（八）台柱塞缸供油；

② 即使对其修改，如图 3-75 将四台液控单向阀正向进油口连接在一起，也可能因其供油管路上电磁换向阀通流能力问题，而致使其滑块快进、快换无法实现；

③ 原图中顶出回路（见图 3-75）无法完成其文字说明功能，即："阀 22（即图 3-75 中阀 38）为溢流阀，顶出器上行时其保护作用，下行时其背压作用。"

原图及文字说明中还有一些其他问题，因未涉及本节液压缸保压回路内容而没有进行进一步修改，包括图 3-74 中的顶出回路。

（4）修改设计及说明

为了避免再次出现错误应用，笔者建议对液压系统图至少应做如下修改：

① 应将四（八）台柱塞缸供油管路直接连接在其液控单向阀正向出口，并将供油管路上的电磁换向阀更换成电磁换向座阀；

② 顶出回路应采用单向节流阀替换单向阀，并将溢流阀旁路设置；

③ 主缸回油路上应采用可调节流阀替换（固定）节流器。

修改后的液压系统图因不涉及本节液压缸保压回路内容，本书此处不再进一步给出。

3.4.4 液压阀保压回路

如图 3-75 所示，此为某文献中给出的液控单向阀保压回路（笔者按原图绘制），并在图下进行了液压回路描述和特点及应用说明。笔者认为图中存在一些问题，具体请见下文。

（1）液压回路描述

当液压缸行程终了时，系统压力上升；当压力上升到压力继电器调定压力时，控制三位四通电磁换向阀 2 回中位，泵通过溢流阀卸荷，依靠液控单向阀 3 的密封性能对液压缸无杆腔实现保压。

（2）特点及应用

广泛应用于机械设备、试验设备和冶金设备中，如汽车刹车泵高压试验台。

（3）问题与分析

原图、液压回路描述和特点及应用说明中都存在一些问题，其主要问题如下：

① 液压元件图形符号不准确；

② 压力表缺少保护；

③ 不可使用以液压油为传动介质的液压系统或（试验）装置对汽车液压制动系统中的零部件包括总成进行试验。

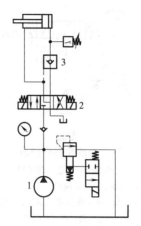

图 3-75　液控单向阀保压回路（原图）
1—液压泵；2—三位四通电磁换向阀；
3—液控单向阀

因现在汽车液压制动系统采用的传动介质一般为非石油基制动液，其对液压系统中的密封件等有特殊要求，且适应此种传动介质的密封材料与液压油不一定相容，所以，不能用液压油作为传动介质来试验汽车制动系统上的零部件包括总成，一般液压系统及元件也不能使用汽车制动液作为传动介质。

（4）修改设计及说明

根据 GB/T 786.1—2009 的规定及上述指出的问题，笔者重新绘制了图 3-76。

关于液控单向阀保压回路（修改图）图 3-76，作如下说明：

① 添加了粗过滤器、联轴器、电动机、压力表开关等；

② 修改了原图中的几乎所有液压元件图形符号（其中压力继电器、液压缸等在重新绘制原图中已经修改）。

在一幅图样中应采用一致的模数尺寸，不可有大有小，如压力表和二位二通电磁换向阀（在重新绘制原图中已经修改）。

机械设备分类比较复杂，但冶金设备应是机械设备的下位类应该没有问题。

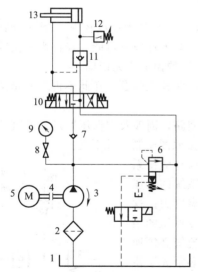

图 3-76　液控单向阀保压回路（修改图）
1—油箱；2—粗过滤器；3—液压泵；4—联轴器；
5—电动机；6—电磁溢流阀；7—单向阀；8—压力表开关；9—压力表；10—三位四通电磁换向阀；
11—液控单向阀；12—压力继电器；13—液压缸

在该参考文献中还有另一例用液控单向阀的自动补油保压回路，因涉及保压回路的几个基本问题，具体请见图 3-77（笔者按原图绘制）及下文。

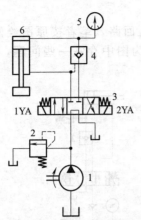

图 3-77 用液控单向阀的自动补油保压回路（原图）

1—液压泵；2—溢流阀；3—三位四通电磁换向阀；4—液控单向阀；5—电接点压力表；6—液压缸

在原参考文献中的液压回路描述和特点及应用说明为："当电磁铁 1YA 通电使换向阀 3 切换至左位时，液压缸活塞快速向上移动。当电磁铁 2YA 通电使换向阀 3 切换至右位时，液压缸 6 向下移动。当上腔压力上升至电接点压力表 5 的上限值时，压力表高压触点通电，使电磁铁 2YA 断电，换向阀 3 至中位，液压泵 1 经阀 3 中位卸荷，液压缸由液控单向阀 4 实现保压。保压期间若缸的上腔因泄漏原因压力下降到压力表调定下限值时，压力表又发信（讯），使电磁铁 2YA 通电，液压泵开始向液压缸 6 上腔供油，使压力上升。此回路自动地保持液压缸上腔的压力在某一范围内，保压时间长，压力稳定性高，适用于液压机等保压性能要求较高的液压系统。"

图 3-77 及上文涉及如下几个关于保压的基本问题：

① 中位机能为 P 与 T 油口连通、A、B 油口封闭的换向阀不适合于液控单向阀。

② 对液压机而言，液压系统的压力降至某定值时的再次开泵升压动作称为补压更为合适，而不是补油。

③ 因在 JB/T 4174—2014 中自动补压的定义为："自动发讯补压和自动发讯停止补压的动作。" 所以，自动补压不可缺少（低压下）自动发讯、补压、（高压下）自动发讯、停止补压这样几个动作（的描述）。

另外，图 3-77 所示选用带重物的液压缸且垂直放置，其又无速度控制。当三位四通电磁换向阀 3 换向至右位时，该液压缸在超越负载作用下其下行极有可能失控；当三位四通电磁换向阀 3 换向至左位时，"液压缸活塞快速向上移动" 的说法应无依据。

关于原图、液压回路描述和特点及应用说明中的一些其他问题，在此不再一一指出和修正了。

在其他一些参考文献中还有一些用液压阀保压的回路，因涉及 "保压" 定义及其他一些问题，现选取一例进行分析，具体请见图 3-78（笔者按原图绘制）及下文。

在原参考文献中的特点说明为："在单泵驱动的双缸液压系统中，可用节流阀把油路分成两段。节流阀前为夹紧系统的保压段，节流阀后，进给缸的移动将不会影响节流阀前的夹紧力。这是因为泵的流量远大于进给所需的流量，多余的油是在保压的条件下经溢流阀流回油箱的。进给缸需要快进时，则节流阀必须通过快进所需的流量。若这时夹紧仍需保压，泵的流量必须大于快进流量，使快进缸快进时，溢流阀仍处于开启的状态。"

图 3-78 及上文涉及如下几个问题：

① 图 3-78 所示图样与其特点说明不符，应为 "保压" "进给" 标注颠倒；

② 且不管夹紧是如何松开的，单向阀可以用于夹紧保压；

③ "可用节流阀把油路分成两段" 这样的液压回路描述不准确；

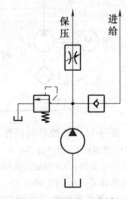

图 3-78 用液压阀保压的回路（原图）

④ 在进给缸快进时，"泵的流量必须大于快进流量"不是夹紧仍能保压的必要条件；

⑤ 根据图 3-78 及其特点说明，其中节流阀和单向阀在此回路中的功能不清楚。

根据在 JB/T 4174—2014 中给出的保压定义"在规定时间里液压系统的压力保持。"溢流阀始终处于溢流状态的不属于保压。

3.5 泄压回路分析与设计

泄压回路是指液压缸（或蓄能器-压力容器）内的液压油液压力在一定条件下能够逐渐从高到低释放的液压回路。

3.5.1 用节流阀泄压的回路

如图 3-79～图 3-81 所示，此为用节流阀泄压的回路Ⅰ、回路Ⅱ、回路Ⅲ。

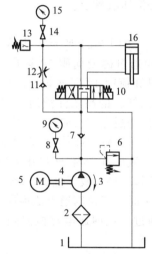

图 3-79　用节流阀泄压的回路Ⅰ

1—油箱；2—粗过滤器；3—液压泵；4—联轴器；
5—电动机；6—溢流阀；7,11—单向阀；
8,14—压力表开关；9,15—压力表；
10—三位四通电磁换向阀；12—节流阀；
13—压力继电器；16—液压缸

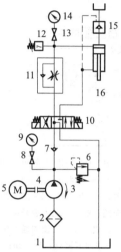

图 3-80　用节流阀泄压的回路Ⅱ

1—油箱；2—粗过滤器；3—液压泵；4—联轴器；
5—电动机；6—溢流阀；7—单向阀；8,13—压力
表开关；9,14—压力表；10—三位四通电磁换向阀；
11—单向节流阀；12—压力继电器；15—液控单向阀
（充液阀）；16—液压缸

（1）液压回路Ⅰ

① 液压回路描述　如图 3-79 所示，当液压缸 16 缸进程结束后，三位四通电磁换向阀 10 复位至中位，液压泵 3 通过滑阀中位卸荷；同时，液压缸 16 无杆腔的高压油液通过节流阀 12、单向阀 11 及三位四通电磁换向阀 10 中位 P 与 T 连通油口泄压。当液压缸 16 无杆腔压力降至压力继电器 13 设定压力后，三位四通电磁换向阀 10 换向至左位，液压缸 16 缸回程。

② 特点及应用　液压缸 16 无杆腔泄压速度（率）可通过节流阀 12 调节，采用截止节流阀后，甚至可将该油路关闭。该回路可应用于液压缸缸径较大、压力较高的场合。有参考文献建议一般在缸径大于 250 mm，工作压力大于 7（8）MPa 时，就必须采用措施对液压缸容腔内的（中）高压油液进行泄压，以减小换向时产生的急剧压力冲击。

单向阀与节流阀串联或可组成一个总成，选用时可与液压件制造商联系。

（2）液压回路Ⅱ

① 液压回路描述　如图 3-80 所示，当液压缸 16 缸进程结束后，三位四通电磁换向阀 10 复位至中位，液压泵 3 通过滑阀中位卸荷；同时，液压缸 16 无杆腔的高压油液通过单向节流阀 11 中的节流阀及三位四通电磁换向阀 10 中位 P、A 与 T 连通油口泄压。当液压缸 16 无杆腔压力降至压力继电器 12 设定压力后，三位四通电磁换向阀 10 换向至左位，液控单向阀（充液阀）15 被打开，液压缸 16 无杆腔大部分油液通过液控单向阀 15 回油箱，液压缸 16 缸回程。

② 特点及应用　设置在 A 油路上的单向节流阀 11 为出口节流，其主要作用不是为了对液压缸 16 缸回程进行调速，而是为了在换向前对液压缸 16 无杆腔的高压油液进行泄压。

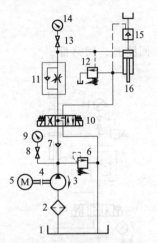

图 3-81　用节流阀泄压的回路Ⅲ
1—油箱；2—粗过滤器；3—液压泵；
4—联轴器；5—电动机；6—溢流阀；
7—单向阀；8,13—压力表开关；
9,14—压力表；10—三位四通电磁
换向阀；11—单向节流阀；12—卸荷阀；
15—液控单向阀（充液阀）；16—液压缸

在液压缸上置（顶）式安装的液压机液压系统中，一般要求液压缸的缸回程速度要快。因此，液控单向阀（充液阀）的设置是必须的。该泄压回路换向过程分成泄压和回程两步，由压力继电器发讯转换。该回路主要应用于液压机等液压机械上。

（3）液压回路Ⅲ

① 液压回路描述　如图 3-81 所示，当液压缸 16 缸进程结束时，三位四通电磁换向阀 10 换向至左位，液压泵 3 供给流量通过卸荷阀 12 回油箱，液压泵 3 卸荷；同时，液压缸 16 无杆腔的高压油液通过单向节流阀 11 中的节流阀及三位四通电磁换向阀 10 泄压。

当液压缸 16 无杆腔压力降至卸荷阀 12 设定压力以下时，卸荷阀 12 关闭，液压缸 16 有杆腔开始升压，并打开液控单向阀（充液阀）15，液压缸 16 开始缸回程；当液压缸 16 缸回程结束时，三位四通电磁换向阀 10 换向至中位，液压泵 3 通过三位四通电磁换向阀 10 中位 P、A 与 T 连通油口卸荷。

② 特点及应用　该泄压回路允许一次换向，即由缸进程直接换向至缸回程，不用在换向阀中位处停留，且可保证液压缸无杆腔的高压油液先泄压，然后液压缸再回程。

该回路的其他特点与图 3-80 相同，其应用也相同。

3.5.2　用换向阀泄压的回路

如图 3-82、图 3-83 所示，此为用换向阀泄压的回路Ⅰ、Ⅱ。

（1）液压回路Ⅰ

① 液压回路描述　如图 3-82 所示，当三位四通电液换向阀 2 复位至中位且可保压一段时间后，电磁换向座阀 4 得电换向，液压缸 7 无杆腔高压油液经节流器 5、电磁换向座阀 4 回油箱完成泄压。

当电磁换向座阀 4 失电复位、液压缸 7 无杆腔泄压结束后，三位四通电磁换向阀 2 换向至左位，B 油路压力升高，打开液控单向阀 3，液压缸 7 缸回程。

② 特点及应用　在 A（或 B）油路旁路上采用较小规格的换向阀，作为液压缸容腔内高压油液的泄压阀是一种较为简单、可靠的设计；换向阀上游的节流器（或节流阀）可以降低或调节泄压速率；液控单向阀及电磁换向座阀都可保压较长时间。因此，该泄压回路可用于较大型且要求保压时间较长的液压机等液压机械上。

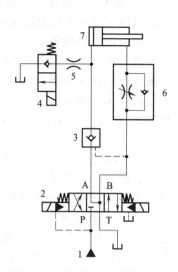

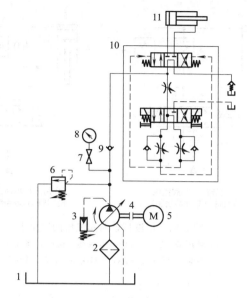

图 3-82　用换向阀泄压的回路 I

1—液压源；2—三位四通电液换向阀；3—液控单
向阀；4—电磁换向座阀；5—节流器；6—单向节
流阀；7—液压缸

图 3-83　用换向阀泄压的回路 II

1—油箱；2—粗过滤器；3—压力控制变量液压泵；
4—联轴器；5—电动机；6—溢流阀；7—压力表开关；
8—压力表；9—单向阀；10—三位四通电液换向阀；
11—液压缸

（2）液压回路 II

① 液压回路描述　如图 3-83 所示，以电磁换向阀作为先导控制的滑阀式三位四通电液换向阀 10，其为了调节主阀的换向速度，在导阀和主阀之间可安装双单向节流阀，用它来控制从导阀进入主阀芯两端的供油量，从而改变主阀的换向速度（时间）。

调节换向时间调节器使主阀换向速度变慢、时间变长，阀口封闭或接通也因此变得缓慢，这有利于液压缸的平稳、缓慢泄压，避免压力冲击。

② 特点及应用　在多部参考文献中都有相似的"用换向阀卸荷的回路"，但主阀中位机能都为 P、A、B 和 T 油口封闭，且将回路描述为："通过调节控制油路中节流阀控制主阀芯移动的速度，使阀口缓慢开启，避免液压缸突然卸压，因而实现较平稳卸压。"

主阀中位机能 P、A、B 和 T 油口都为封闭的滑阀式三位四通电液换向阀，不管是快速还是缓慢换向，都不能实现液压缸的泄压。因为中位机能包括过渡机能在内的 P、A、B 和 T 油口都是封闭的，液压缸容腔内的高压油液在换向阀换向过程中根本就没地方释放。而且，液压缸内的油液压力逐渐从高到低的释放过程应称为"泄压"，而不是"卸压"。

如图 3-83 所示滑阀式三位四通电液换向阀的主阀，其中位机能为 P 与 T 连通，A、B封闭。该种中位机能的换向阀其过渡机能皆为 P、A、B、T 连通，且"A→T"节流。因此液压缸无杆腔高压油液才可能在换向阀换向过程中经节流而后回油箱，亦即泄压。

该泄压回路适用于流量较大，需要平稳泄压的场合。

笔者注：在笔者查阅过的相关标准中未见"卸压"这一术语，仅在 GB/T 241—2007《金属管　液压试验方法》中有"卸压速度"，即为："压力传递介质从金属管内排出过程中单位时间内压力的变化。"由其定义来看将其修改为"泄压速度"或"泄压速率"应更为准确。

3.5.3　用液控单向阀泄压的回路

如图 3-84～图 3-86 所示，此为用液控单向阀泄压的回路 I、II、III。

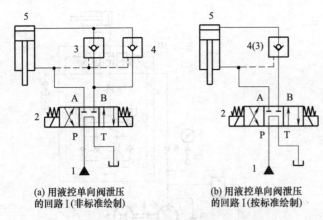

(a) 用液控单向阀泄压
的回路I(非标准绘制)

(b) 用液控单向阀泄压
的回路I(按标准绘制)

图 3-84　用液控单向阀泄压的回路 I
1—液压源；2—三位四通电磁换向阀；3—液控单
向阀 4 先导阀；4—液控单向阀主阀；5—液压缸

（1）液压回路 I

① 液压回路描述　如图 3-84 所示，当液压缸 5 无杆腔加压结束后，三位四通电磁换向阀 2 由左位换向至右位，A 油路在升压过程中首先将液控单向阀 4 先导阀 3 打开，使液压缸 5 无杆腔泄压，接着将液控单向阀主阀 4 打开，液压缸 5 缸回程。

② 特点及应用　这种泄压回路简单，但不一定可靠。如液压源供给流量很大或液压缸的两腔面积比大，则 A 油路及液压缸有杆腔升压过程很短，甚至液控单向阀的先导阀与主阀几乎同时打开，致使液压缸 5 无杆腔高压油液来不及泄压，就突然与 T 油口接通，造成压力冲击。

因此，该泄压回路宜用于流量较小的场合，如中、小型液压机等液压机械。

需要说明的是：在图 3-84 中将带先导阀的液控单向阀的先导阀和主阀分别绘制出，见图 3-84（a）。仅是为了在本书中的原理说明，其他用途的液压系统及回路图样不可如此绘制，应按图 3-84（b）。而且，下面几例有相同情况的液压回路不再另外说明。

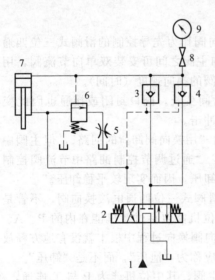

图 3-85　用液控单向阀泄压的回路 II
1—液压源；2—三位四通电磁换向阀；3—液控单向阀
4 先导阀；4—液控单向阀主阀；5—节流阀；6—顺序阀
7—液压缸；8—压力表开关；9—压力表

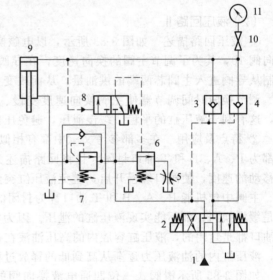

图 3-86　用液控单向阀泄压的回路 II
1—液压源；2—三位四通电磁换向阀；3—液控单向
阀 4 先导阀；4—液控单向阀主阀；5—节流阀；6—顺
序阀；7—单向顺序阀；8—二位三通液控换向阀；
9—液压缸；10—压力表开关；11—压力表

（2）液压回路 II

① 液压回路描述　如图 3-85 所示，当液压缸 7 无杆腔加压结束后，三位四通电磁换向阀 2 由左位换向至右位。因液压缸 7 无杆腔高压油液还没有泄压，所以顺序阀 6 仍处于开启状态。液压源供给油液经三位四通电磁换向阀 2、顺序阀 6、节流阀 5 回油箱；此时，由节

流阀 5 节流产生的压力还不足以使液压缸 7 回程，但却可以打开液控单向阀 4 先导阀 3，使液压缸 7 无杆腔高压油液泄压；当液压缸 7 无杆腔泄压使其压力低于顺序阀 6 的调定压力时，顺序阀 6 关闭，液压缸 7 有杆腔压力升高，打开液控单向阀主阀 4，液压缸 7 回程。

② 特点及应用　该泄压回路中控制液控单向阀 4 先导阀 3 的压力可由节流阀 5 调节；液压缸 7 无杆腔高压油液泄压可达到的压力，即允许液压缸 7 回程时的无杆腔压力可由顺序阀 6 调定。

该回路中液压缸泄压功能有保障，实际应用价值较大。

（3）液压回路Ⅲ

① 液压回路描述　如图 3-86 所示，当液压缸 9 无杆腔加压结束后，三位四通电磁换向阀 2 由左位换向至右位。因液压缸 9 无杆腔高压油液还没有泄压，所以由（处于左位）二位三通液控换向阀控制的顺序阀 6 仍处于开启状态，液压源供给油液经三位四通电磁换向阀 2、顺序阀 6、节流阀 5 回油箱；此时，由节流阀 5 节流产生的压力还不足以使液压缸 9 回程，但却可以打开液控单向阀 4 先导阀 3，使液压缸 9 无杆腔高压油液泄压；当液压缸 9 无杆腔泄压使二位三通液控换向阀复位至右位，顺序阀 6 外控油路接油箱，顺序阀 6 关闭，液压缸 9 有杆腔压力升高，打开液控单向阀主阀 4，液压缸 9 回程。

② 特点及应用　该泄压回路兼顾具有液压缸无杆腔泄压和有杆腔支承两项功能。对常闭式充液阀而言，具有预泄机能的充液阀相当于具有一级先导阀的液控单向阀；还有一些特殊结构的液控单向阀（充液阀）如具有两级先导阀的液控单向阀可供选用，但应先与液压阀制造商联系。

3.5.4　用溢流阀泄压的回路

如图 3-87 所示，此为用溢流阀泄压的回路。

（1）液压回路描述

如图 3-87 所示，当液压缸 7 无杆腔加压结束后，三位四通电磁换向阀 2 复位至中位，液压源卸荷；同时，已被液压缸 7 无杆腔高压触发的压力继电器 6 经延时后控制二位二通电磁换向阀 3 换向，先导式溢流阀 5 遥控口通过节流阀 4、二位二通电磁换向阀 3 接通油箱，先导式溢流阀 5 卸荷，亦即液压缸无杆腔泄压。通过调节节流阀 4，可控制液压缸 7 无杆腔泄压速率；先导式溢流阀 5 可作为液压缸 7 无杆腔的安全阀。如液压缸有保压要求，可将滑阀式换向阀改换成电磁换向座阀；工况变化小的场合也可采用固定式节流器代替节流阀。

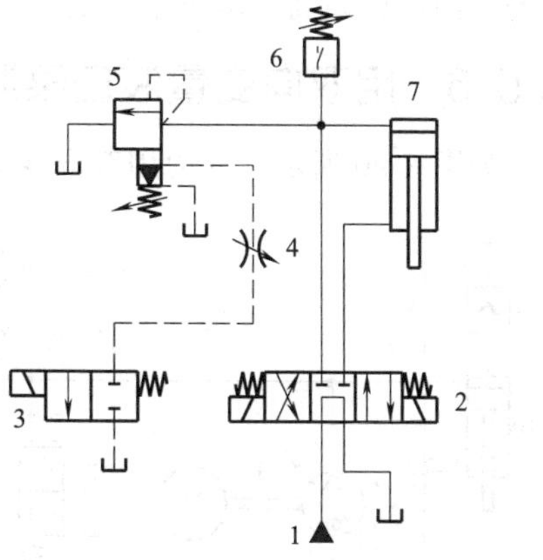

（2）特点及应用

与液压源（液压泵）卸荷不同，液压缸的泄压通常流量很小，且持续时间很短。因此一般需要选用小规格（φ6）的先导型（式）溢流阀。普遍适用于一般液压机械。

图 3-87　用溢流阀泄压的回路

1—液压源；2—三位四通电磁换向阀；3—二位二通电磁换向阀；4—节流阀（节流器）；5—先导式溢流阀；6—压力继电器；7—液压缸

还有参考文献介绍了另一种用溢流阀泄压的回路，具体请见图 3-88，可供读者参考。

3.5.5　用手动截止阀泄压的回路

如图 3-89 所示，此为用手动截止阀泄压的回路。

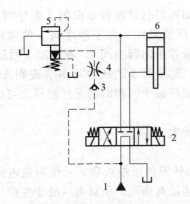

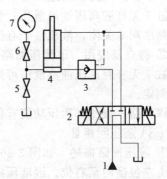

图 3-88　用溢流阀泄压的回路
1—液压源；2—三位四通电磁换向阀；3—单向阀；
4—节流阀；5—先导式溢流阀；6—液压缸

图 3-89　用手动截止阀泄压的回路
1—液压源；2—三位四通电磁换向阀；
3—液控单向阀；4—液压缸；5—手动截
止阀；6—压力表开关；7—压力表

（1）液压回路描述

如图 3-89 所示，当液压缸 4 无杆腔加压和/或保压结束后，可通过缓慢、逐渐地拧开手动截止阀 5，使液压缸 4 无杆腔高压或超高压油液经手动截止阀 5 泄压；当泄压至"零"后，关闭手动截止阀 5，操作使三位四通电磁换向阀换向至左位，液压缸 4 缸回程。

（2）特点及应用

出于安全方面的考虑，蓄能器和一些液压缸都应设置手动泄压装置，或至少可以通过推动换向阀上的手动按钮（或故障检查按钮）来使其泄压。

此种泄压方式结构简单，但一般泄压时间长，且每次都需要手动操作。一般用于使用不频繁的高压或超高压液压系统上，如各种高压或超高压液压机具、千斤顶、材料试验机等。

3.5.6　用双向变量液压泵泄压的回路

如图 3-90 所示，此为用双向变量液压泵泄压的回路。

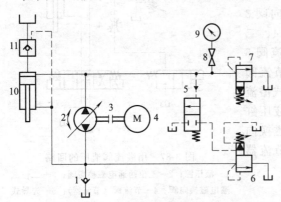

图 3-90　用双向变量液压泵泄压的回路
1—补油阀（单向阀）；2—双向变量液压泵；3—联轴器；
4—电动机；5—二位二通液控换向阀；6—先导式溢流阀；
7—安全阀；8—压力表开关；9—压力表；10—液压缸；
11—液控单向阀（充液阀）

（1）液压回路描述

如图 3-90 所示，当液压缸 10 工进时，双向变量液压泵 2 正向输出液压油液供给给液压缸 10 无杆腔，该油液压力使二位二通液控换向阀 5 换向，先导式溢流阀 6 遥控口通过二位二通液控换向阀 5 接通油箱，先导式溢流阀 6 处于卸荷状态，亦即液压缸 10 有杆腔压力很低。

当液压缸 10 需要缸回程时，双向变量液压泵 2 反向输出液压油液供给给液压缸 10 有杆腔，因双向变量液压泵 2 由液压缸 10 无杆腔吸油，所以致使其油液压力下降；当液压缸 10 无杆腔压力降至二位二通液控换向阀 5 复位时，先导式溢流阀 6 遥控口与油箱间油路被切断，双向变量液压

泵 2 通过先导式溢流阀 6 的卸荷通道被关闭，液压缸 10 有杆腔压力升高，液控单向阀（充液阀）11 被打开，液压缸 10 开始缸回程。

溢流阀（安全阀 7）作为安全阀设置在液压缸无杆腔上；单向阀（补油阀 1）作为补油阀设置在液压缸 10 有杆腔端。

（2）特点及应用

该泄压回路可自动实现泄压和平稳换向，且带有安全阀防止液压系统超压及液压机超载，可应用于液压机等液压机械上。

还有一些以双向液压泵正向或反向供给液压油液，其吸油口可将液压缸容腔内高压油液泄压，进而实现平稳换向的用双向（变量）液压泵泄压的回路。

3.6 卸荷回路分析与设计

卸荷回路是指当液压系统不需要供油时，使泵输出的液压油液在最低压力下返回油箱的液压回路。

3.6.1 无保压液压系统的卸荷回路

（1）利用滑阀中位机能卸荷的回路

如图 3-91 所示，此为某文献中给出的换向阀卸荷回路（笔者按原图绘制），并在图下进行了液压回路描述和特点及应用说明。笔者认为图中存在一些问题，具体请见下文。

1）液压回路描述　图 3-91 所示采用 M 型中位机能的电磁换向阀的卸荷回路，三位换向阀处于中位机能时，泵即卸荷。

2）特点及应用　换向阀的额定流量必须与液压泵的额定流量相符，该回路切换时压力冲击小。

3）问题与分析　原图、液压回路描述和特点及应用说明中都存在一些问题，其主要问题如下：

① 液压元件图形符号不准确；

② 缺少压力指示；

③ 特点及应用说明不准确。

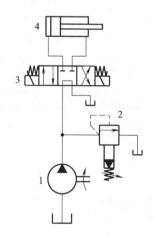

图 3-91　换向阀卸荷回路（原图）
1—液压泵；2—溢流阀；3—三位四通
电磁换向阀；4—液压缸

如图 3-91 所示，中位机能为 P 与 T 油口连通，A、B 油口封闭的电磁换向阀。当油流方向为 "P→T" 时，在规定的压力损失条件下，其通流能力一般仅为电磁换向阀额定流量的一半。

因电磁换向阀一般不能控制其换向速度，所以如欲减小或避免压力冲击，一般可采用带换向时间调节器的电液换向阀（或称带先导节流阀调节型电液换向阀）。

4）修改设计及说明　根据 GB/T 786.1—2009 的规定及上述指出的问题，笔者重新绘制了图 3-92。

关于利用滑阀中位机能卸荷的回路图 3-92，作如下说明：

① 添加了粗过滤器、电动机、单向阀、压力表开关、压力表、回油过滤器等；

② 修改了（先导式）溢流阀图形符号；

③ 进行了一些细节上的修改，如液压泵旋转方向指示箭头、电磁铁作用方向、P 与 T 油口阀内连通位置等。

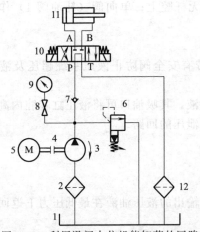

图 3-92 利用滑阀中位机能卸荷的回路

1—油箱；2—粗过滤器；3—液压泵；4—联轴器；

5—电动机；6—溢流阀；7—单向阀；8—压力表开关；

9—压力表；10—三位四通电液换向阀；

11—液压缸；12—回油过滤器

该回路在压力较高、流量较大时会产生压力冲击，有参考文献介绍在压力大于 3.5MPa、流量大于 40L/min 情况下，即可产生明显压力冲击。因此，该回路只适用于压力较低、流量较小的场合，且不适用于一台液压泵驱动多台液压缸的多支路场合。

其他具有 P 与 T 油口连通中位机能的滑阀式换向阀，或也可组成利用滑阀中位机能卸荷的回路，如具有 H、K 或 X 中位机能的滑阀式换向阀，具体可参见各厂家产品样本。

还有利用滑阀中位机能卸荷的多缸回路，具体请见图 3-93、图 3-94。

如图 3-93 和图 3-94 所示，溢流阀的遥控口在多缸回路（系统）中的全部换向阀都处于中位时与油箱接通，使液压泵卸荷。

（2）采用二位二通换向阀的卸荷回路

如图 3-95 所示，此为某文献中给出的二位二通阀卸荷回路Ⅰ（笔者按原图绘制），并在图下进行了液压回路描述和特点及应用说明。笔者认为图中存在一些问题，具体请见下文。

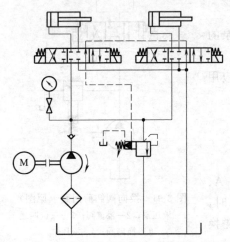

图 3-93 利用滑阀中位机能卸荷的多缸回路Ⅰ

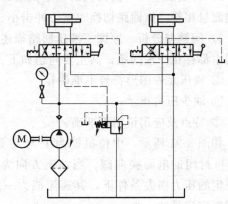

图 3-94 利用滑阀中位机能卸荷的多缸回路Ⅱ

1）液压回路描述　液压泵的出油口经二位二通电磁阀与油箱相通。二位二通电磁阀断电时，液压泵卸荷；二位二通电磁阀通电时，液压泵正常工作。

2）特点及应用　回路结构简单，特别适用于低压小流量系统，选用的二位二通电磁阀应能通过泵的全部流量，即阀的额定流量和泵的额定流量相等。

3）问题与分析　原图、液压回路描述和特点及应用说明中都存在一些问题，其主要问题如下：

① 缺少压力指示；

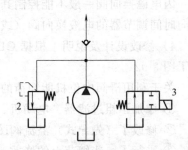

图 3-95 二位二通阀卸荷回路Ⅰ（原图）

1—液压泵；2—溢流阀；3—二位二通电磁换向阀

② 滑阀式电磁换向阀存在泄漏，液压泵工作时有能量损失；

③ 在一些工况下，压力冲击可能较为严重。

以"换向阀的通油能力与泵的流量相适应"来表述更为确切。

4）修改设计及说明　根据GB/T 786.1—2009的规定及上述指出的问题，笔者重新绘制了图3-96。

关于采用二位二通换向阀的卸荷回路图3-96，作如下说明：

① 添加了粗过滤器、联轴器、电动机、压力表开关、压力表等；

② 用电磁换向座阀替换了滑阀式电磁换向阀；

③ 对溢流阀添加了弹簧可调节图形符号，使其具有调定（限定）液压泵的输出（最高工作）压力功能；

④ 添加了接口图形符号以及进行了一些细节上的修改，如修改了二位二通电磁换向座阀的连接、添加了液压泵旋转方向指示箭头等。

液压电磁换向座阀的内泄漏可为"零"，其公称压力可高于或等于35MPa，ϕ6mm通径的公称流量可为25L/min（如图3-96中所示），ϕ10mm通径的公称流量可为40L/min。

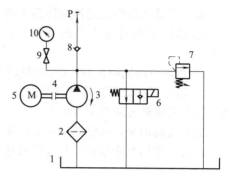

图3-96　采用二位二通换向阀的卸荷回路
1—油箱；2—粗过滤器；3—液压泵；4—联轴器；
5—电动机；6—电磁换向座阀；7—溢流阀；
8—单向阀；9—压力表开关；10—压力表

还有其他一些无保压液压系统的卸荷回路，其中以采用先导式溢流阀卸荷或电磁溢流阀卸荷的液压回路最为常见，具体可参见本书第2章中相关液压回路。

3.6.2　保压液压系统的卸荷回路

如图3-97所示，此为某文献中给出的蓄能器卸荷回路（笔者按原图绘制），并在图下进行了液压回路描述和特点及应用说明。笔者认为图中存在一些问题，具体请见下文。

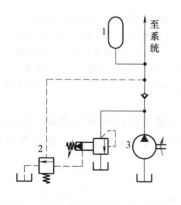

图3-97　蓄能器卸荷回路（原图）
1—蓄能器；2—远程调压阀；3—液压泵

（1）液压回路描述

图3-97所示的卸荷回路用蓄能器1蓄能，达到卸荷压力时，远程调压阀2溢流，使液压泵3卸荷。

（2）特点及应用

蓄能器实现保压功能，此回路适合卸荷时间较长的场合采用。

（3）问题与分析

原图、液压回路描述和特点及应用说明中都存在一些问题，其主要问题如下：

① 回路名称有问题；

② 液压元件图形符号不准确；

③ 缺少压力指示；

④ 采用卸荷溢流阀即可使蓄能器保压（或工作）而使液压泵卸荷；

⑤ 蓄能器缺少必要的保护。

如图3-97所示，因蓄能器本身不能卸荷或泄压，能够卸荷的是液压泵，所以该回路应称为液压泵的卸荷回路，或简称卸荷回路，且"卸荷"仅指液压泵。

由于远程调压阀 2、溢流阀、单向阀等可组合成卸荷溢流阀，因此实现当蓄能器保压（或工作）时，使液压泵卸荷这样的功能变得简单。

（4）修改设计及说明

根据 GB/T 786.1—2009 的规定及上述指出的问题，笔者重新绘制了图 3-98。

关于用蓄能器保压的卸荷回路Ⅰ图 3-98，作如下说明：

① 添加了粗过滤器、电动机、压力表开关、压力表、蓄能器控制阀组、压力继电器等；

② 用卸荷溢流阀代替了原图中远程调压阀、压力阀和单向阀等；

③ 添加了接口图形符号以及进行了一些细节上的修改，如修改了蓄能器图形符号、修改了液压泵旋转方向指示箭头等。

需要强调的是，蓄能器应具有泄压装置。

还有一些用蓄能器保压的卸荷回路，具体请见图 3-99 及图 3-72 等。

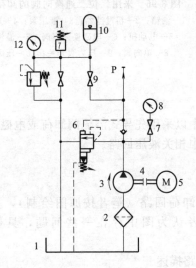

图 3-98　用蓄能器保压的卸荷回路Ⅰ
1—油箱；2—粗过滤器；3—液压泵；4—联轴器；
5—电动机；6—卸荷溢流阀；7—压力表开关；
8，12—压力表；9—蓄能器控制阀组；
10—蓄能器；11—压力继电器

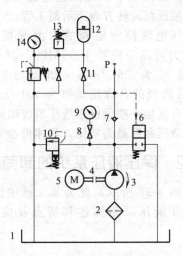

图 3-99　用蓄能器保压的卸荷回路Ⅱ
1—油箱；2—粗过滤器；3—液压泵；4—联轴器；
5—电动机；6—二位二通液控换向阀；7—单向阀；
8—压力表开关；9，14—压力表；10—溢流阀；
11—蓄能器控制阀组；12—蓄能器；13—压力继电器

如图 3-99 所示，当蓄能器 12 充油至所需压力时，二位二通液控换向阀 6 换向，使液压泵 3 卸荷。当液压系统及蓄能器 12 压力降至二位二通液控换向阀 6 复位，液压泵 3 停止卸荷，再次向系统供油及向蓄能器 12 充油。

该回路适用于液压泵卸荷、系统保压的场合。

3.7　平衡（支承）回路分析与设计

平衡回路是指用维持液压执行元件的压力的方法，使其能在任何位置上支承住（锁紧）所带负载，防止负载因自重下落或下行超速的液压回路，也称为支承（撑）回路。

3.7.1　单向顺序阀的平衡回路

如图 3-100 所示，此为某文献中给出的利用单向顺序阀的平衡回路（笔者按原图绘制），并在图下进行了液压回路描述和特点及应用说明。笔者认为图中存在一些问题，具体请见下文。

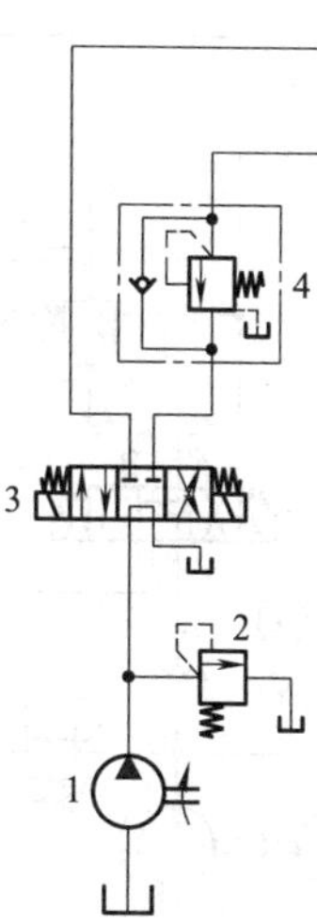

（1）液压回路描述

图 3-100 所示回路为采用单向顺序阀的平衡回路。当电磁换向阀切换至左位后，活塞下行回油路上就存在着一定的背压，只要将这个背压调得能支承住活塞和与之相连的工作部件自重，活塞就可以平衡地下落。当换向阀处于中位时，在液压缸的下腔油路上加设一个平衡阀（即单向顺序阀），使液压缸下腔形成一个与液压缸运动部分重量相平衡的压力，可防止其因自重而下落。

（2）特点及应用

该回路只适用于工作部件重量不大、活塞锁住时定位要求不高的场合。

这种回路当活塞向下快速运动时功率损失大，锁住时活塞和与之相连阀工作部件会因单向顺序阀和换向阀的泄漏而缓慢下落。

（3）问题与分析

原图、液压回路描述和特点及应用说明中都存在一些问题，其主要问题如下：

① 液压元件图形符号不准确；

② 回路描述有问题。

如果顺序阀调定压力仅为"能支承住活塞和与之相连的工作部件自重"，则在三位四通电磁换向阀复位至中位时，因调定压力与控制压力相等，所以顺序阀可能仍处于开启状态或没有完全关闭状态，其内泄漏量一定超标。

仅就液压缸下行与停止（支承住）而言，顺序阀调定压力应大于"能支承住活塞和与之相连的工作部件自重"所需压力。对于内控单向顺序的而言，当顺序阀调定压力大于"能支承住活塞和与之相连的工作部件自重"所需压力 1 倍（控制压力是调定压力的 50%）时，控制顺序阀的内泄漏量在规定的范围内较有把握。

不管是内控还是外控顺序阀，其都有外泄漏，且泄油口应与油箱直接连通。

（4）修改设计及说明

根据 GB/T 786.1—2009 的规定及上述指出的问题，笔者重新绘制了图 3-101。

关于单向顺序阀的平衡回路（修改图）图 3-101，作如下说明：

① 添加了粗过滤器、电动机、单向阀、压力表开关、压力表、回油过滤器等；

② 修改了原图中几乎所有液压元件图形符号，其中部分图形符号在重新绘制原图中已经修改，如液压缸；

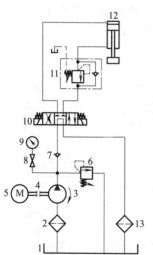

图 3-100　单向顺序阀
的平衡回路（原图）

1—液压泵；2—溢流阀；
3—三位四通电磁换向阀；
4—单向顺序阀；5—液压缸

图 3-101　单向顺序阀
的平衡回路（修改图）

1—油箱；2—粗过滤器；3—液压泵；
4—联轴器；5—电动机；6—溢流阀；
7—单向阀；8—压力表开关；
9—压力表；10—三位四通电磁换向阀；
11—单向顺序阀；12—液压缸；
13—回油过滤器

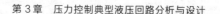

③ 进行了一些细节上的修改，如修改了液压泵旋转方向指示箭头、电磁铁作用方向等。常被称作平衡阀的是外控式单向顺序阀而不是如图 3-101 中所示的内控式单向顺序阀。称为平衡阀的还有由直动式溢流阀和单向阀组合而成的平衡阀、兼有减压功能和平衡功能的组合式减压溢流阀、可具有管路防爆功能的外控节流阀等。

如图 3-102 所示，此为常见的以外控式单行顺序阀作为平衡阀的平衡回路。

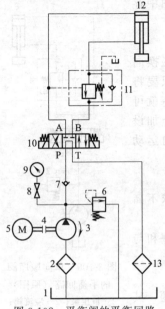

图 3-102　平衡阀的平衡回路

如图 3-102 所示，设置于 B 油路上的单向顺序阀为外部控制（外部先导供油、外部先导泄油）单向顺序阀。当 A 油路（即液压缸无杆腔）压力达到单向顺序阀设定压力时，单向顺序阀开启，液压缸进行缸进程；当 A 油路压力下降至单向顺序阀设定压力以下时，单向顺序阀关闭。单向顺序阀关闭后的控制压力可以为"零"，不管顺序阀调定的压力是多少，其相对此时的控制压力比值都很大，顺序阀容易完全关闭，内泄漏量可以达标。

由于该液压回路中顺序阀压力可以按"能支承住活塞和与之相连的工作部件自重"所需压力设（调）定，所以，相对于图 3-101 中内控单向顺序阀而言，图 3-102 中的外控单向顺序阀设（调）定压力可以较低，且顺序阀开启不受液压缸所带动的负载大小的影响。

该平衡回路适用于功率较大、外负载变化而又要求缸进程运行平稳的液压机械，如液压起重机、升降机等。

3.7.2　单向节流阀和液控单向阀的平衡回路

如图 3-103 所示，此为某文献中给出的利用液控单向阀的平衡回路（笔者按原图绘制），并在图下进行了液压回路描述和特点及应用说明。笔者认为图中存在一些问题，具体请见下文。

（1）液压回路描述

当换向阀右位工作时，液压缸下腔进油，液压缸上升至终点；当换向阀处于中位时，液压泵卸荷，液压缸停止运动，由液控单向阀锁紧；当换向阀左位工作时，液压缸上腔进油，当液压缸上腔压力足以打开液控单向阀时，液压缸才能下行。

（2）特点及应用

液压缸下腔的回油由节流阀限速，由于液控单向阀泄漏量极小，故其闭锁性能较好。

（3）问题与分析

原图、液压回路描述和特点及应用说明中都存在一些问题，其主要问题如下：

① 液压元件图形符号不准确；

② 回路描述不准确；

③ 液控单向阀与中位机能 P、A、B 和 T 全部连通的换向阀不是最佳匹配。

如 B 油路上只有液控单向阀，其不是平衡回路；单独描述液控单向阀，其不具有平衡回路功能。

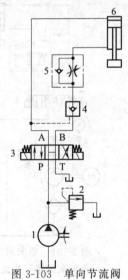

图 3-103　单向节流阀
和液控单向阀的
平衡回路（原图）

1—液压泵；2—溢流阀；
3—三位四通电磁换向阀；
4—液控单向阀；
5—单向节流阀；6—液压缸

在缸进程中，由于单向节流阀作用而使液压缸有杆腔产生并维持了一定压力，因此该压力能防止负载因自重下落或下行超速，具有了平衡回路的功能。

几乎所有参考文献、产品样本都一致认为，不带泄油口的液控单向阀与中位机能为 P 封闭，A、B 和 T 连通的换向阀是最佳匹配的。

（4）修改设计及说明

根据 GB/T 786.1—2009 的规定及上述指出的问题，笔者重新绘制了图 3-104。

关于单向节流阀和液控单向阀的平衡回路（修改图）图 3-104，作如下说明：

① 添加了粗过滤器、电动机、单向阀、压力表开关、压力表等；

② 用中位机能为 P 封闭、A、B 和 T 连通的换向阀代替了原图中的换向阀；

③ 用电磁溢流阀代替了原图中的溢流阀；

④ 进行了一些细节上的修改，如修改了液压泵旋转方向指示箭头、电磁铁作用方向、节流阀的可调整箭头方向等。

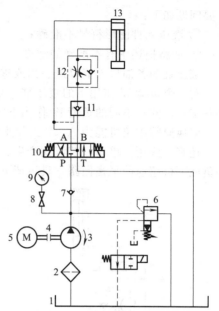

图 3-104　单向节流阀和液控单向阀的平衡回路（修改图）

1—油箱；2—粗过滤器；3—液压泵；
4—联轴器；5—电动机；6—电磁溢流阀；
7—单向阀；8—压力表开关；
9—压力表；10—三位四通电磁换向阀；
11—单向顺序阀；12—单向节流阀；
13—液压缸

3.7.3　单向节流阀的平衡回路

如图 3-105 所示，此为某文献中给出的利用单向节流阀的平衡回路（笔者按原图绘制），并在图下进行了液压回路描述和特点及应用说明。

笔者认为图 3-105 中存在一些问题，具体请见下文。

（1）液压回路描述

回路是利用单向节流阀 2 和换向阀 1 组成的平衡回路。换向阀 1 处于左位时，回路中的单向节流阀 2 处于调速状态，适当调节单向节流阀 2 可以防止超速下降。换向阀 1 处于中位时，液压缸进出口被封住，活塞停在某一位置。

（2）特点及应用

回路受负荷 W 大小的影响，下降速度不稳定。常用于对速度稳定性及锁紧要求不高、功率不大或功率虽大但工作不频繁的定量泵油路中。

（3）回路图溯源与比较

图 3-105 所示回路又见于 2011 年出版的《现代机械设计手册》中，经过比较，只是在其特点说明中多了如下内容："如将阀 2 用单向减速阀代替，则回路受载荷的影响明显减小。常用于如货轮舱口盖的启闭、铲车的升降、电梯及升降平台的升降等。"

笔者认为："单向减速阀"可能是"单向调速阀"；所列该回路应用存疑。

笔者注：在 GB/T 17446—2012 中定义的减速阀为：逐渐减少流量使执行元件减速的流量控制阀，但在实际应用的产品中少见。

（4）问题与分析

原图、液压回路描述和特点及应用说明中都存在一些问题，其

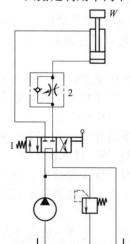

图 3-105　单向节流阀的平衡回路（原图）

1—三位四通手动换向阀；
2—单向节流阀

主要问题如下：

① 液压元件图形符号不准确；

② 回路描述中有不准确的地方。

液压缸的各油口不能以进、出或进出油口来描述。

对一个负荷 W 作用下的液压缸，采用单向节流阀 2 控制其下降速度，其下降速度可以是基本稳定的；不同的负荷 W 作用下的液压缸，其下降速度也不同。

以换向阀中位机能为 A、B 封闭来锁紧液压缸不可靠。

还有一些用（单向）节流阀产生、维持液压缸的压力，使其能保持住重物负载，防止重物负载下行超速的平衡回路，具体请见图 3-106、图 3-107。

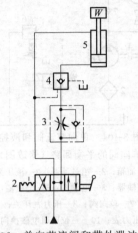

图 3-106　单向节流阀和带外泄油口
的液控单向阀的平衡回路

1—液压源；2—三位四通手动换向阀；
3—单向节流阀；4—带外泄油口的液控单向阀；
5—液压缸

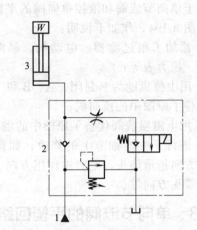

图 3-107　采用升降机阀组的平衡回路

1—液压源；2—升降机阀组；3—液压缸

3.7.4　插装阀的平衡回路

如图 3-108 所示，此为某文献中给出的利用插装阀的平衡回路（笔者按原图绘制），并在图下进行了液压回路描述和特点及应用说明。笔者认为图中存在一些问题，具体请见下文。

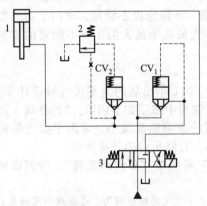

图 3-108　插装阀的平衡回路（原图）

1—液压缸；2—插装式顺序阀的先导调压阀；
3—三位四通电磁换向阀

（1）液压回路描述

三位四通电磁换向阀 3 切换至右位时，压力油经阀 3 进入液压缸 1 的上腔，液压缸的下腔回油背压达到顺序阀 2 的调压值时，顺序阀开启，液压缸 1 下腔油液经 CV_2 和阀 3 向油箱排油；当阀 3 切换至左位时，压力油顶开插装阀 CV_1 进入缸的下腔，上腔经阀 3 向油箱排油；当阀 3 处于中位时，油源卸荷，液压缸下腔由插装阀闭锁，平衡液压缸及其拖动的重物。

（2）特点及应用

顺序阀 2 的调压值决定液压缸拖动的重物质量大小。

（3）回路图比较

图 3-108 所示回路也出现在其他参考文献中，

经过比较，只是在液压元件编号及特点说明上略有不同："插装单向顺序阀由 CV$_2$ 及先导调压阀 2 构成的顺序阀与单向阀 CV$_1$ 组合而成。三位四通电磁阀 3 切换至右位时，压力油经阀 3 进入立置液压缸 1 的上腔，缸的下腔回油背压达先导调压阀 2 的调压值时，顺序阀开启，下腔经 CV$_2$ 和阀 3 向油箱排油；当阀 3 切换至左位时，压力油顶开单向阀 CV$_1$ 进入缸的下腔，上腔经阀 1 向油箱排油；当阀 3 处于图示中位时，液压源卸荷，液压缸下腔由单向顺序阀闭锁，平衡立置缸及其拖动的重物的平衡。"

对插装阀的平衡回路而言，有如下要点必须明确：

① 明确二通插装阀的组成是必要的；

② 明确液压缸的放置是立置状态也是必要的；

③ "液压缸下腔由单向顺序阀闭锁"比"液压缸下腔由插装阀闭锁"更确切；

④ 平衡回路所要平衡的是液压缸及所带动的重物产生的重力。

由此判定，《液压阀原理、使用与维护》一书中的特点说明还有如下问题：

① 单独的一个二通插装阀的插装件不能称为单向阀，也不具有单向阀的功能；

② 顺序阀未开启前，其进油口处压力不能称为"回油背压"；

③ "平衡立置缸及其拖动的重物的平衡"表述不清楚等。

但综合来看，其特点说明应该稍好。

（4）问题与分析

原图、液压回路描述和特点及应用说明中都存在一些问题，其主要问题如下：

① 顺序阀的图形符号有问题，存在原理错误；

② 在回路描述中要点缺失；

③ 特点及应用中没有内容。

原图中 CV$_2$ 插装件控制腔油液没有来源，即使可以正常动作一次，其后也将无法正常动作或处于常开状态。

插装阀的特点如可方便组合，实现多功能；座阀式插装件内泄漏极少且无液压卡紧，没有遮盖量，响应快，可实现快速转换；压力损失小，最适合高压、大流量液压系统；以及其他特点如配管少、集成化高、可靠性有所提高等在其特点及应用中都没有表述。

（5）修改设计及说明

根据 GB/T 786.1—2009 的规定及上述指出的问题，笔者重新绘制了图 3-109。

关于插装阀的平衡回路（修改图）图 3-109，作如下说明：

① 将二通插装阀的插装件、控制盖板等明确表示。

② 为了表示更加清楚，将带溢流功能的控制盖板 7 中包含的压力控制先导阀 6、可代替节流孔 4 和 5 等另行分别给出了序号；同样，将带先导端口的控制盖板 10 中包含的可代替节流孔 9 也另行给出了序号。

③ 修改了顺序阀、液压缸等图形符号，其中液压缸等图形符号已经在重新绘制原图时修改。

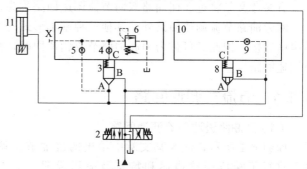

图 3-109　插装阀的平衡回路（修改图）

1—液压源；2—三位四通电磁换向阀；3—压力控制阀插装件；
4，5，9—可代替节流孔；6—压力控制先导阀；
7—带溢流功能的控制盖板；8—方向控制阀插装件；
10—带先导端口的控制盖板；11—液压缸

④ 进行了一些细节上的修改，如添加了换向阀中位机能 P、A 和 T 油口阀内部流动路径的连接点、修改电磁铁作用方向、添加了液压缸所带动的重物 W 等。

第 4 章

速度控制典型液压回路分析与设计

速度控制回路是调整或控制液压系统中执行元件速度的液压回路，本书将其划分为调（减）速、增速、换速、缓冲制动、速度同步等液压回路。

速度控制回路图是用图形符号表示液压传动系统该部分（局部）的功能的图样。

4.1 调（减）速回路分析与设计

调速回路是指调整或控制液压源供给流量和/或液压系统或子系统（局部）输入执行元件的流量的液压回路。

调速回路一般是通过减少流量使执行元件减速，即为减速回路。调速回路通常划分为容积调速回路和节流调速回路，其中节流调速回路可分为进油（路）节流调速、回油（路）节流调速、旁（油）路节流调速和（进、回油路）双向节流调速回路四种基本形式。

有参考文献将进、回油路双向节流调速回路称为复合油路节流调速回路。

除旁油路节流调速回路外，其他三种基本形式的节流调速回路中节流元件与执行元件都是串联连接。因此又可称为串联油路节流调速回路，而旁油路节流调速回路亦可称为并联节流调速回路。

4.1.1 节流式调速回路

（1）P 油路进油节流调速回路

如图 4-1 所示，此为某文献中给出的进油节流调速回路 I（笔者按原图绘制），并在图下进行了液压回路描述和特点及应用说明。笔者认为图中存在一些问题，具体请见下文。

1）液压回路描述　回路工作时，液压泵输出的油液（压力 p 由溢流阀调定），经可调节流阀进入液压缸左腔，推动活塞向右运动，多余的油液经溢流阀回油箱。右腔的油液则直接流回油箱。由于溢流阀处于溢流状态，因此泵的出口压力保持恒定。

只有调节通过节流阀的流量 Q_1，才能调节液压缸的工作速度。因此定量泵多余的油液 ΔQ 必须经溢流阀流回油箱。如果溢流阀不能溢流，定量泵的流量只能全部进入液压缸，而不能实现调速功能。

2）特点及应用　该回路结构简单、成本低、使用维修方便，但它的能量损失大、效率低、发热大。进油节流调速回路适用于轻载、低速、负载变化不大和对速度稳定性要求不高的小功率场合。

3）问题与分析　原图、液压回路描述和特点及应用说明中都存在一些问题，其主要问题如下：

① 缺少压力指示等；

② 回路特点说明得不充分。

尽管进油路节流调速回路的调速范围较大（速比最高可达100，且可获得较低的稳定速度），且在调速范围内可无级调速，但已调定的速度会随负载的增大而减小，且在重载和/或高速情况下减小得更严重，亦即速度刚性更差。所以这种调速回路适用于低速轻载的场合。

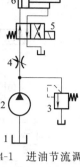

图 4-1　进油节流调速回路 I（原图）

1—油箱；2—液压泵；
3—溢流阀；4—节流阀；
5—二位四通电磁换向阀；
6—液压缸

因进油节流调速回路存在着溢流的功率损失和节流的功率损失，所以这种调速回路的液压功率的利用效率较低。

当液压缸的负载造成容腔内的压力等于溢流阀的调定压力时，节流阀两端压差即为"零"，节流阀因此也再没有油液通过，液压缸的运动也就停止了。此时的负载即为液压缸的最大负载，液压泵的输出流量全部经溢流阀回油箱。

尽管溢流阀处于溢流状态是所有串联油路节流调速回路能够正常工作的必要条件，但尽量使液压缸工作时溢流阀少溢流，是这种回路设计、调试者的技术水平的表现。

4）修改设计及说明　根据 GB/T 786.1—2009 的规定及上述指出的问题，笔者重新绘制了图 4-2。

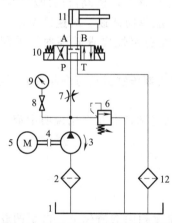

图 4-2　P 油路进油节流调速回路

1—油箱；2—粗过滤器；3—定量液压泵；
4—联轴器；5—电动机；6—溢流阀；
7—节流阀；8—压力表开关；9—压力表；
10—三位四通电磁换向阀；
11—液压缸；12—回油过滤器

关于 P 油路进油节流调速回路图 4-2，作如下说明：

① 添加了粗过滤器、联轴器、电动机、压力表开关、压力表、回油过滤器等；

② 用三位四通电磁换向阀替换了二位四通电磁换向阀；

③ 对溢流阀添加了弹簧可调节图形符号，使其具有调定（限定）液压泵的输出（最高工作）压力的功能；

④ 进行了一些细节上的修改，如修改了弹簧、液压缸的图形符号，添加了液压泵选择方向指示箭头等。

为了改善或克服上述采用节流阀的 P 油路进油节流调速回路的速度负载特性较软（即速度刚性或负载特性差）的问题，对变载荷下的运动平稳要求较高的液压系统及装置，可采用调速阀（图 4-3 中阀 10）代替节流阀，具体请见图 4-3。

P 油路进油节流调速回路是一种总进油节流调速回路，其不能对液压缸的往复运动速度分别进行调节。为了适应工作循环中各个阶段的不同速度要求或实现无级调速，提高工作效率和液压功率的利用效率，可考虑采用电调制（比例）流量阀（图 4-3 中阀 7）代替节流阀，具体请见图 4-4。

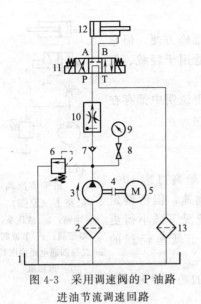

图 4-3　采用调速阀的 P 油路
进油节流调速回路

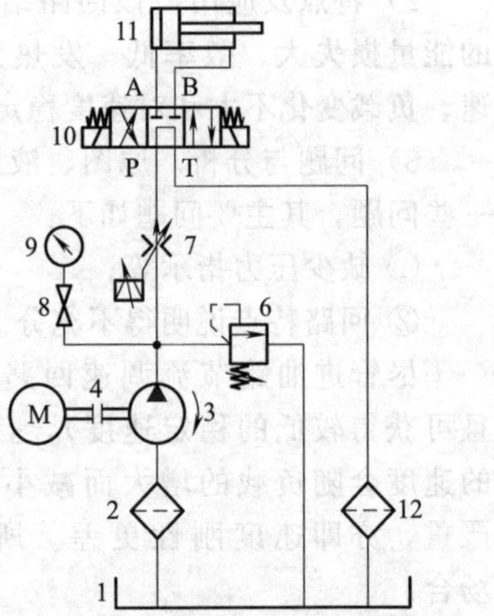

图 4-4　采用电调制流量阀的 P 油路
进油节流调速回路

（2）A 油路进油节流调速回路

如图 4-5 所示，此为某文献中给出的进油节流调速回路Ⅱ（笔者按原图绘制），并在图下进行了液压回路描述和特点及应用说明。笔者认为图中存在一些问题，具体请见下文。

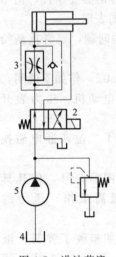

图 4-5　进油节流
调速回路Ⅱ（原图）
1—溢流阀；
2—二位四通电磁换向阀；
3—单向调速阀；
4—油箱；5—液压泵

1）液压回路描述　阀 2 处于左位，活塞杆向右运动，流入液压缸的流量由调速阀调节，进而达到调节液压缸速度的目的；阀 2 处于右位，活塞杆向左快速退回，回油经阀 3 的单向阀流回油箱。

2）特点及应用　液压泵输出的多余油液经溢流阀流回油箱。回路效率低，功率损失大，油容易发热，只能单向调速。对速度要求不高时，调速阀 3 可以换成节流阀；对速度稳定性要求较高时，采用调速阀。

一般用在阻力负载（负载作用方向与液压缸运动方向相反）、轻载低速的场合。

3）问题与分析　原图、液压回路描述和特点及应用说明中都存在一些问题，其主要问题如下：

① 单向调速阀图形符号有问题；

② 缺少压力指示等；

③ 回路特点没有说明清楚。

单出杆活塞缸在分别向两腔输入流量相同的情况下，由于两腔面积差的原因，缸回程速度一定大于缸进程速度，就缸回程速度相对缸进程速度而言，可以表述为缸快速回程；只在缸进程进油路上安装单向节流阀或单向调速阀并进行进油节流调速时，因其缸回程不管是进油路还是回油路都没有进行节流调速，加之两腔面积差的原因，缸回程速度一定大于缸进程速度，由此也可以表述为缸快速回程。

该回路只在缸进程进油路上安装了单向调速阀并进行进油节流调速，而缸回程不管是进油路还是回油路上都没有进行节流调速，这是该回路区别于其他节流调速回路的主要特点。

4）修改设计及说明　根据 GB/T 786.1—2009 的规定及上述指出的问题，笔者重新绘制了图 4-6。

关于 A 油路进油节流调速回路图 4-6，作如下说明：

① 添加了粗过滤器、联轴器、电动机、压力表开关、压力表、回油过滤器等；

② 用三位四通电磁换向阀替换了二位四通电磁换向阀；

③ 对溢流阀添加了弹簧可调节图形符号，使其具有调定（限定）液压泵的输出（最高工作）压力的功能；

④ 修改了单向调速阀图形符号；

⑤ 进行了一些细节上的修改，如修改了弹簧、液压缸的图形符号以及单向调速阀中单向阀与调速阀连接点，添加了液压泵选择方向指示箭头等。

尽管在 GB/T 786.1—2009 中没有单向调速阀的液压应用实例，但单向调速阀与单向节流阀的图形符号应有所区别。

笔者注：单向调速阀的图形符号按油研产品样本绘制，但其中各单向调速阀或调速阀的图形符号也不一致。

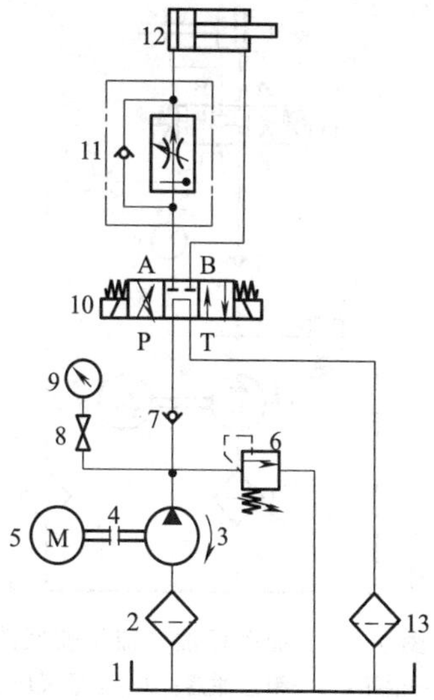

关于 B 油路进油节流调速回路具体请参见第 4.1.1 节（7）双向进油节流调速回路。

（3）T 油路回油节流调速回路

如图 4-7 所示，此为某文献中给出的回油节流调速回路Ⅰ（笔者按原图绘制），并在图下进行了液压回路描述和特点及应用说明。笔者认为图中存在一些问题，具体请见下文。

图 4-6　A 油路进油节流调速回路
1—油箱；2—粗过滤器；3—定量液压泵；
4—联轴器；5—电动机；6—溢流阀；
7—单向阀；8—压力表开关；9—压力表；
10—三位四通电磁换向阀；
11—单向调速阀；12—液压缸；
13—回油过滤器

1）液压回路描述　借助节流阀控制液压缸的回油量 Q_2，实现速度的调节。用节流阀调节流出液压缸的流量 Q_2，也就调节了流入液压缸的流量 Q_1，定量泵多余的油液经溢流阀流回油箱。溢流阀始终处于溢流状态，泵的出口压力 p 保持恒定。

2）特点及应用　节流阀装在回油路上，回油路上有较大的背压。因此在外界负载变化时可起缓冲作用，运动的平稳性比进油节流调速要好。

回油节流调速回路广泛应用于功率不大，负载变化较大或运动平稳性要求较高的液压系统中。

3）问题与分析　原图、液压回路描述和特点及应用说明中都存在一些问题，其主要问题如下：

① 缺少压力指示等；

② 回路特点说明得不充分。

尽管回油节流调速回路的速度负载特性、效率和最大承载能力等与进油节流调速回路基本相同，但也有如下不同：

① 具有承受负值负载（超越负载）的能力；

② 如图 4-7 所示，使用节流截止阀可以单向锁紧液压缸；

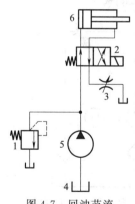

图 4-7　回油节流调速回路Ⅰ（原图）
1—溢流阀；
2—二位四通电磁换向阀；
3—节流阀；4—油箱；
5—液压泵；6—液压缸

③ 液压缸往复运动更加平稳；

④ 当外负载很小或为"零"时，单出杆活塞杆的有杆腔压力可能很高，甚至超过溢流阀设定的压力；尤其当两腔面积比大时，此问题更加突出，由此可能造成液压缸泄漏、发热严重，甚至造成缸零部件或配管变形、损坏；

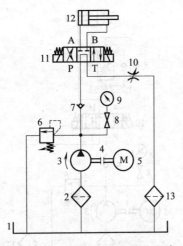

图 4-8 T 油路回油节流调速回路
1—油箱；2—粗过滤器；3—定量液压泵；
4—联轴器；5—电动机；6—溢流阀；
7—单向阀；8—压力表开关；9—压力表；
10—节流阀；11—三位四通电磁换向阀；
12—液压缸；13—回油过滤器

⑤ 不利于根据负载的变化对液压系统进行控制等。

4）修改设计及说明　根据 GB/T 786.1—2009 的规定及上述指出的问题，笔者重新绘制了图 4-8。

关于 T 油路回油节流调速回路图 4-8，作如下说明：

① 添加了粗过滤器、联轴器、电动机、压力表开关、压力表、回油过滤器等；

② 用三位四通电磁换向阀替换了二位四通电磁换向阀；

③ 对溢流阀添加了弹簧可调节图形符号，使其具有调定（限定）液压泵的输出（最高工作）压力的功能；

④ 进行了一些细节上的修改，如修改了弹簧、液压缸的图形符号，添加了液压泵选择方向指示箭头等。

同样，为了提高 T 油路回油节流调速回路的各项调速性能，可采用调速阀（图 4-9 中阀 10）代替节流阀，具体请见图 4-9。

为了适应工作循环中各个阶段的不同速度要求或实现无级调速，提高工作效率和液压功率的利用效率，可考虑采用电调制（比例）流量阀（图 4-10 中阀 7）代替节流阀，具体请见图 4-10。

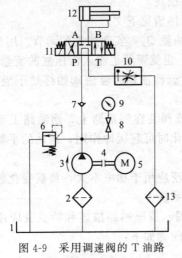

图 4-9 采用调速阀的 T 油路
回油节流调速回路

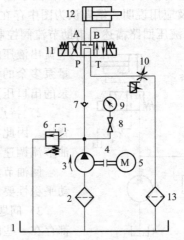

图 4-10 采用电调制流量阀的 T 油路
回油节流调速回路

请注意，图 4-8 和图 4-9 所示 T 油路回油节流调速回路都不能使液压泵（低压）卸荷；如需卸荷，可对此液压回路进行进一步修改。

（4）B 油路回油节流调速回路

如图 4-11 所示，此为某文献中给出的回油节流回路Ⅱ（笔者按原图绘制），并在图下进行了液压回路描述和特点及应用说明。笔者认为图中存在一些问题，具体请见下文。

1）液压回路描述　调速阀 3 安装在液压缸的回油路上，改变节流口的大小来控制流量，实现调速。在液压缸回油腔有背压，可以承受阻力负载（负载作用方向与活塞运动方向相反）且动作平稳。液压缸的工作压力由溢流阀的调定压力决定。

2) 特点及应用　当液压缸的负载突然减小时，由于节流阀的阻尼作用，可以减小活塞前冲的现象。

可用于低速运动的场合，如多功能棒料折弯机的左右折弯液压缸的调速回路，无内胎铝合金车轮气密性检测机构的升降缸、夹紧缸回路。

3) 问题与分析　原图、液压回路描述和特点及应用说明中都存在一些问题，其主要问题如下：

① 单向调速阀图形符号有问题；

② 缺少压力指示等；

③ 回路描述有问题。

图 4-11 中采用的是单向调速阀，且在 A 和/或 B 油路上安装的节流调速阀一般皆应为单向节流阀或单向调速阀。

回油节流调速回路上的节流阀或调速阀可以在液压缸的回油路及所连容腔内形成一定的背压。当液压缸承受负值负载［负载的作用方向与液压缸（活塞）的运动方向一致］时，此背压有阻止液压缸加速运动的作用。因此可以在一定负值负载下工作。

4) 修改设计及说明　根据 GB/T 786.1—2009 的规定及上述指出的问题，笔者重新绘制了图 4-12。

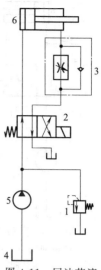

图 4-11　回油节流调速回路Ⅱ（原图）

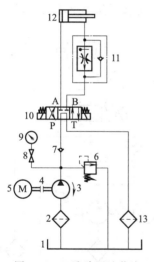

图 4-12　B 油路回油节流调速回路

1—油箱；2—粗过滤器；3—定量液压泵；
4—联轴器；5—电动机；6—溢流阀；
7—单向阀；8—压力表开关；9—压力表；
10—三位四通电磁换向阀；
11—单向调速阀；12—液压缸；
13—回油过滤器

关于 B 油路回油节流调速回路图 4-12，作如下说明：

① 添加了粗过滤器、联轴器、电动机、压力表开关、压力表、回油过滤器等；

② 用三位四通电磁换向阀替换了二位四通电磁换向阀；

③ 对溢流阀添加了弹簧可调节图形符号，使其具有调定（限定）液压泵的输出（最高工作）压力的功能；

④ 修改了单向调速阀图形符号；

⑤ 进行了一些细节上的修改，如修改了弹簧、液压缸的图形符号以及单向调速阀中单向阀与调速阀连接点，添加了液压泵选择方向指示箭头等。

关于 A 油路回油节流调速回路具体请参见第 4.1.1 节（8）双向回油节流调速回路。

（5）A 油路旁路节流调速回路

如图 4-13 所示，此为某文献中给出的旁路节流调速回路（笔者按原图绘制），并在图下进行了液压回路描述和特点及应用说明。笔者认为图中存在一些问题，具体请见下文。

1) 液压回路描述　这种回路把节流阀接在与执行元件并联的旁油路上。通过调节节流阀的通流面积 A，控制定量泵流回油箱的流量，即可调节进入液压缸的流量，实现调速。溢流阀作安全阀用，正常工作时关闭，过载时才打开，其调定压力为最大工作压力的 1.1～1.2 倍。在工作过程中，定量泵的压力随负载而变化。

2) 特点及应用　这种回路只有节流损失而无溢流损失。泵的压力随负载的变化而变化，节流损失和输入功率也随负载变化而变化。因此，本回路比前两种回路效率高。

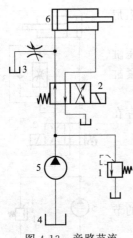

图 4-13　旁路节流
调速回路（原图）

1—溢流阀；

2—二位四通电磁换向阀；

3—节流阀；4—油箱；

5—液压泵；6—液压缸

由于本回路的速度-负载特性很软，低速承载能力差，因此应用比前两种回路少，只适用于高速、重载、对速度平稳性要求不高的较大功率系统、输送机械液压系统等。

3）问题与分析　原图、液压回路描述和特点及应用说明中都存在一些问题，其主要问题如下：

① 缺少压力指示等；

② 回路特点说明得不充分。

旁路节流调速是一种间接控制液压执行元件速度的调速形式，其中与液压执行元件并联设置的流量控制阀起到与在进油（路）节流调速和回油（路）节流调速这两种回路溢流阀相似的作用。因此，有的参考文献指出："溢流已由节流阀承担"。

与进油（路）节流调速和回油（路）节流调速这两种回路比较，尽管旁（油）路节流调速回路的效率较高，但其速度负载特性最软，即速度随负载增大而减小得最严重，亦即速度刚度最差，加之低速时速度稳定性差，调速范围又小。因此，这种节流调速回路实际应用得很少。

在《液压与气压传动》一书中有如下表述："由于本旁路节流调速回路速度负载特性很软，低速承载能力又差，故其应用比前两种回路少，只适用于高速、负载变化小、对速度平稳性要求不高而要求功率损失较小的系统中。"

4）修改设计及说明　根据 GB/T 786.1—2009 的规定及上述指出的问题，笔者重新绘制了图 4-14。

关于 A 油路旁路节流调速回路图 4-14，作如下说明：

① 添加了粗过滤器、联轴器、电动机、压力表开关、压力表、回油过滤器等；

② 用三位四通电磁换向阀替换了二位四通电磁换向阀；

③ 对溢流阀添加了弹簧可调节图形符号，使其具有调定（限定）液压泵的输出（最高工作）压力的功能；

④ 进行了一些细节上的修改，如修改了弹簧、液压缸的图形符号以及添加了液压泵选择方向指示箭头等。

旁路节流调速回路中不需用单向节流阀；为了提高旁路回油节流调速回路的各项调速性能，可采用调速阀代替节流阀；为了适应工作循环中各个阶段的不同速度要求或实现无级调速，提高工作效率和液压功率的利用效率，几乎所有节流调速的节流阀或调速阀都可以用电调制（比例）流量控制阀来代替。

（6）采用溢流节流阀的节流调速回路

如图 4-15 所示，此为某文献中给出的进油节流调速回路Ⅴ（笔者按原图绘制），并在图下进行了液压回路描述和特点及应用说明。笔者认为图中存在一些问题，具体请

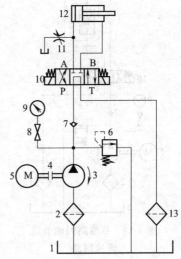

图 4-14　A 油路旁路节流调速回路

1—油箱；2—粗过滤器；3—定量液压泵；

4—联轴器；5—电动机；6—溢流阀；

7—单向阀；8—压力表开关；9—压力表；

10—三位四通电磁换向阀；

11—节流阀；12—液压缸；

13—回油过滤器

见下文。

1）液压回路描述　溢流阀1的遥控口与
节流阀2的出口相连。溢流阀1的主阀芯两
端的面积相等。因此溢流阀1两端压降与节
流阀2的压降相等。通过节流阀2的流量达
到预定值时，压差足以克服溢流阀的调定压
力时，溢流阀开启，多余的油液流回油箱。
调节节流阀的开口量即可调节液压马达的
转速。

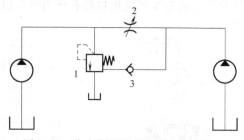

图 4-15　进油节流调速回路 V（原图）
1—溢流阀；2—节流阀；3—背压阀

2）特点及应用　采用节流阀2进行调
速，由溢流阀1进行压力补偿使转速稳定。
用于控制马达的转速，如装载机等设备的行走机构。为了避免主阀芯的开启压降太小，可在
控制油路中装一个背压阀3。

3）问题与分析　原图、液压回路描述和特点及应用说明中都存在一些问题，其主要问
题如下：

① 用于调速的液压阀名称不准确；

② 液压马达图形符号错误；

③ 用于调速的液压阀工作原理、结构说明不准确。

尽管在 JB/T 10366—2014《液压调速阀》中删除了溢流节流阀，但其名称是确定的，
没有必要强行将其拆分，造成不必要的误解。

将液压泵图形符号指为液压马达（图形符号），且在各种文献中一错再错，很不
应该。

溢流节流阀的工作原理是明确的，具体请见图 4-16。

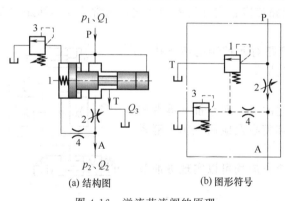

(a) 结构图　　　　(b) 图形符号

图 4-16　溢流节流阀的原理

如图 4-16 所示，其中图 4-16（a）为
其结构图，图 4-16（b）为其图形符号。
定差溢流阀1与节流阀2并联连接，P 油
口连接非恒压液压源；压力为 p_1、流量
为 Q_1 的液压油液经定差溢流阀中阀口后
可分流，一部分油液 Q_2 经节流阀2后通
过 A 油口输入负载，压力降为 p_2（有参
考文献将其称为负载压力，但不确切）；
另一部油液 Q_3 经 T 油口回油箱。节流阀
两端压力 p_1、p_2 分别作用在定差溢流阀
阀芯两端，其作用力（差）、液动力与作
用在阀芯上的弹簧力相平衡。当由外负载
决定的 p_2 发生变化时，作为压力补偿器的定差溢流阀可使 p_1 相应产生变化，能够保证 p_1
与 p_2 之差基本不变，从而使通过节流阀2的流量 Q_2 为一恒定值，进而使定差溢流阀1调
定的流量 Q_2 与负载及其变化（或称负载压力）几乎无关。直动式溢流阀3作为安全阀，当
负载压力 p_2 超过其设定值时，安全阀开启溢流，进而使 p_1 得到限制。

调速阀和溢流节流阀虽然都是通过压力补偿来保持节流阀两端压差不变，进而实现所调
定的流量（基本）不变，但在性能和应用上还有一定差别。如前所述，调速阀主要应用在由
定量泵和溢流阀组成的定压（恒压）液压源供给流量的节流调速系统中，调速阀可以安装在
液压执行元件的进油路、回路路或旁油路等处。但溢流节流阀只能设置在进油路上，这不仅

是由于溢流节流阀控制的是其出口流量，不能因此也控制其进口流量；还因为只有进油路才可能保证溢流节流阀进出口都有压力且可以变化；否则，根据溢流节流阀原理其将不能正常工作。

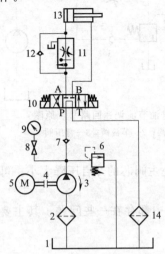

图 4-17　采用溢流节流阀的
节流调速回路

1—油箱；2—粗过滤器；3—定量液压泵；
4—联轴器；5—电动机；6—溢流阀；
7，12—单向阀；8—压力表开关；
9—压力表；10—三位四通电磁换向阀；
11—溢流节流阀；13—液压缸；
14—回油过滤器

因液压源的供给压力随负载压力而变化，所以采用溢流节流阀的液压系统及回路效率较高、发热较小，可应用在较大功率的液压系统中，但其速度稳定稍差。

另外，安装在 P 油路上的溢流节流阀如果带有安全阀，则液压系统可不必另行配置安全阀；溢流节流阀现在的另一称谓是旁通式调速阀。

4）修改设计及说明　根据 GB/T 786.1—2009 的规定及上述指出的问题，笔者重新绘制了图 4-17。

关于采用溢流节流阀的节流调速回路图 4-17，作如下说明：

① 添加了粗过滤器、联轴器、电动机、溢流阀、压力表开关、压力表、电磁换向阀、单向阀、回油过滤器等；

② 用溢流节流阀替换了原图中阀 1、2、3；

③ 用液压缸图形符号替换了液压马达图形符号；

④ 进行了一些细节上的修改，如液压泵与液压力作用方向图形符号比例（已在重新绘制原图时修改）等。

节流调速回路中的液压执行元件可以是液压缸，也可以是液压马达，且上述以液压缸为执行元件的液压系统及回路，一般也适用于液压马达，但本节不讨论更换液压马达后关于其制动、补油（防气蚀）等问题。

为了克服采用溢流节流阀的节流调速回路速度稳定性稍差的问题，通常可在回油路中安装一个背压阀。

笔者请读者注意：溢流节流阀的溢流管路对所控制的液压执行元件而言是旁路且不可缺失的，其应直接接油箱。

（7）双向进油节流调速回路

如图 4-18 所示，此为某文献中给出的进油节流回路Ⅲ（笔者按原图绘制），并在图下进行了液压回路描述和特点及应用说明。笔者认为图中存在一些问题，具体请见下文。

1）液压回路描述　采用双调速阀，两个方向均可以实现进油节流调速。

2）特点及应用　回路效率低，功率损失大，油容易发热。适用于轻载、低速的场合。

3）问题与分析　原图、液压回路描述和特点及应用说明中都存在一些问题，其主要问题如下：

① 双调速阀名称、图形符号都有问题；

② 缺少压力指示等；

③ 液压回路描述和特点及应用说明过于简单。

调速阀、单向调速阀是在 JB/T 10366—2014《液压调速阀》中使用的名称，即使是叠加式调速阀，一般也是以 A 油路用、B 油路用或 A·B 油路用叠加式单向调速阀称谓的。

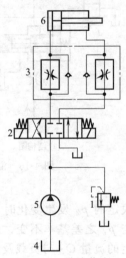

图 4-18　进油节流
回路Ⅲ（原图）

1—溢流阀；
2—三位四通电磁换向阀；
3—双调速阀；4—油箱；
5—液压泵；6—液压缸

调速阀包括单向调速阀的优点是流量稳定性好，缺点是压力损失大。常用于负载变化大而又对速度控制精度要求高的定量泵供油节流调速液压系统中，可与溢流阀配合组成串联或并联节流调速液压系统及回路。调速阀包括单向调速阀有时也可用于变量泵供油的容积-节流调速液压系统中。

该回路在 A、B 油路上都安装了单向调速阀，在缸进程中，由 A 油路调速阀对液压缸无杆腔进油进行节流调速，有杆腔回油经另一单向调速阀中的单向阀回油箱；在缸回程中，由 B 油路调速阀对液压缸有杆腔进油进行节流调速，无杆腔回油经另一单向调速阀中的单向阀回油箱。只在进油路上进行节流调速，而回油路上都没有进行节流调速，这是该回路区别于其他节流调速回路的主要特点。

4）修改设计及说明　根据 GB/T 786.1—2009 的规定及上述指出的问题，笔者重新绘制了图 4-19。

关于双向进油节流调速回路图 4-19，作如下说明：

① 添加了粗过滤器、联轴器、电动机、单向阀、压力表开关、压力表、回油过滤器等；

② 修改原图中双调速阀图形符号；

③ 修改三位四通电磁换向阀中位机能；

④ 对溢流阀添加了弹簧可调节图形符号，使其具有调定（限定）液压泵的输出（最高工作）压力的功能；

⑤ 进行了一些细节上的修改，如修改液压缸、液压泵及电磁作用方向图形符号，添加了液压泵旋转方向指示箭头等。

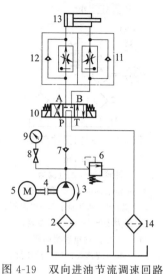

图 4-19　双向进油节流调速回路
1—油箱；2—粗过滤器；3—定量液压泵；
4—联轴器；5—电动机；6—溢流阀；
7—单向阀；8—压力表开关；
9—压力表；10—三位四通电磁换向阀；
11，12—单向调速阀；13—液压缸；
14—回油过滤器

（8）双向回油节流调速回路

如图 4-20 所示，此为某文献中给出的回油节流回路Ⅲ（笔者按原图绘制），并在图下进行了液压回路描述和特点及应用说明。笔者认为图中存在一些问题，具体请见下文。

1）液压回路描述　采用双调速阀，双方向均可以实现回路节流调速。

2）特点及应用　回路效率低，功率损失大，油容易发热。应用于轻载低速的场合，如压力管离心铸造机中扇形浇包装置液压回路。

3）问题与分析　原图、液压回路描述和特点及应用说明中都存在一些问题，其主要问题如下：

① 双调速阀名称、图形符号都有问题；

② 缺少压力指示等；

③ 液压回路描述和特点及应用说明过于简单。

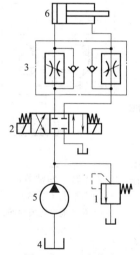

图 4-20　回油节流
回路Ⅲ（原图）
1—溢流阀；
2—三位四通电磁换向阀；
3—双（回油）调速阀；
4—油箱；5—液压泵；6—液压缸

该回路在 A、B 油路上都安装了单向调速阀，在缸进程中，液压油液经 A 油路调速阀中的单向阀向液压缸的无杆腔输入，有杆腔回油经 B 油路调速阀节流调速后回油箱。在缸回程中，液压油液经 B 油路调速阀中单向阀向液压缸有杆腔输入，无杆腔回油经 A 油路调速阀节流调速后回油箱。只在回油路上进行节流调速，而进油路上都没有进行节流调速，这是该回路区别

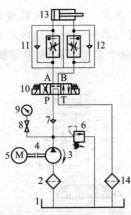

图 4-21　双向回油节流
调速回路

1—油箱；2—粗过滤器；
3—定量液压泵；4—联轴器；
5—电动机；6—溢流阀；7—单向阀；
8—压力表开关；9—压力表；
10—三位四通电磁换向阀；
11，12—单向调速阀；13—液压缸；
14—回油过滤器

于其他节流调速回路的主要特点。

其他问题与分析见上节。

4）修改设计及说明　根据 GB/T 786.1—2009 的规定及上述指出的问题，笔者重新绘制了图 4-21。

关于双向回油节流调速回路图 4-21，作如下说明：

① 添加了粗过滤器、联轴器、电动机、单向阀、压力表开关、压力表、回油过滤器等；

② 修改原图中双调速阀的图形符号；

③ 修改三位四通电磁换向阀中位机能；

④ 对溢流阀添加了弹簧可调节图形符号，使其具有调定（限定）液压泵的输出（最高工作）压力的功能；

⑤ 进行了一些细节上的修改，如修改液压缸、液压泵及电磁作用方向，添加了液压泵旋转方向指示箭头等。

（9）插装阀节流调速回路

如图 4-22 所示，此为某文献中给出的回油节流回路 Ⅵ（笔者按原图绘制），并在图下进行了液压回路描述和特点及应用说明。笔者认为图中存在一些问题，具体请见下文。

1）液压回路描述　单向节流阀 Ⅰ 由单向阀插装元件 CV_1 与带行程调节机构的节流阀插装元件 CV_2 组合而成。当二位四通电磁换向阀 1 处于左位时，因 A 腔压力 p_A 大于 B 腔压力 p_B，CV_1 开启，CV_2 关闭，压力油经单向阀 CV_1 和 A 口进入液压缸 2 的左腔，右腔经阀 1 向油箱排油，液压缸向右移动。当阀 1 通电切换至右位时，压力油经阀 1 进入液压缸右腔，此时，B 腔压力 p_B 大于 A 腔压力 p_A，故 CV_2 开启，CV_1 关闭，液压缸左腔油液经单向阀 B、CV_2 和 A 口回油箱，液压缸向左运动，其速度通过节流阀 CV_2 的行程调节机构调节。

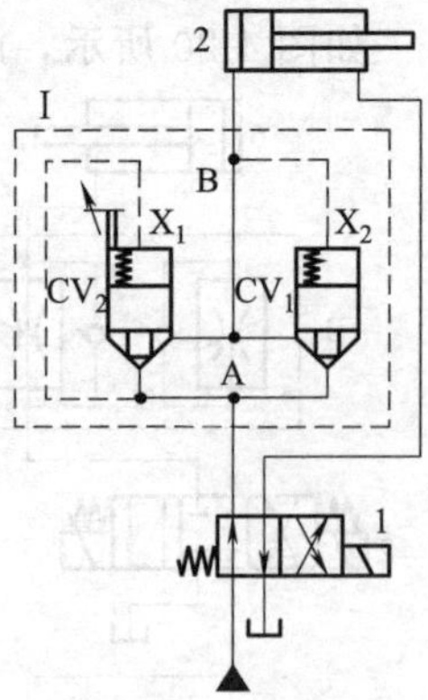

2）特点及应用　该回路为插装单向节流阀的回油节流调速回路。节流阀 CV_2 的行程调节机构起到调节速度的作用。

3）问题与分析　原图、液压回路描述和特点及应用说明中都存在一些问题，其主要问题如下：

① 二通插装阀的图形符号存在一定问题；

② 回路描述混乱且存在错误。

同一幅液压系统及回路图样中的零部件编注序号应一致，不能既使用阿拉伯数字，又使用罗马数字。

在回路描述中的"A 腔、A 口、B 腔、单向阀 B"等与图样标注不符且指向不明，由此产生了如："液压缸左腔油液经单向阀 B、CV_2 和 A 口回油箱……"这样的错误描述，而且如 X_1 和 X_2 在液压回路描述和特点及应用说明中根本就没有提及。

二通盖板式插装阀中的插装件的工作状态不仅取决于工作腔 A 和 B 的压力，而且，还取决于控制腔 C 的压力、弹簧力及液动力等。因此有参考文献指出："三个腔的压力关系是主要的，在很大程度上它决定了插入元件的工作状态。"

在原图的回路描述中，如"当二位四通电磁换向阀 1 处于左位时，因 A 腔压力 p_A 大于 B 腔压力 p_B，CV_1 开启，CV_2 关闭，压力油经单向阀 CV_1 和 A 口进入液压缸 2 的左腔，右腔经阀 1 向油箱排油，液压缸向右移动。"的描述，其中 CV_1 和 CV_2 处于相同的 A 腔压力 p_A 和 B 腔压力 p_B 作用下，但究竟为什么能"CV_1 开启，CV_2 关闭。"根本就没有描述

图 4-22　回油节流
回路 Ⅵ（原图）

1—二位四通电磁换向阀；
2—液压缸

清楚，其下的回路描述也存在同样的问题。

4）修改设计及说明　根据 GB/T 786.1—2009 的规定及上述指出的问题，笔者重新绘制了图 4-23。

关于插装阀回油节流调速回路图 4-23，作如下说明：

① 用三位四通电磁换向阀代替了二位四通电磁换向阀；

② 将二通插装阀的插装件、控制盖板等明确表示；

③ 为了表示更加清楚，将带行程限制器的控制盖板 5 中包含的可代替节流孔 4 另行给出了序号；同样，将方向控制阀（标准）控制盖板 8 中包含的可代替节流孔 7 也另行给出了序号；

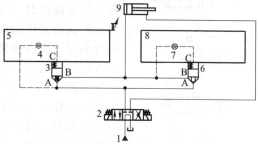

图 4-23　插装阀回油节流调速回路

1—液压源；2—三位四通电磁换向阀；
3—带节流端的流量控制阀插装件；4,7—可代替节流孔；
5—带行程限制器的控制盖板；6—方向控制阀插装件；
8—方向控制阀（标准）控制盖板；9—液压缸

④ 进行了一些细节上的修改，如修改了液压缸、行程限制器（已经在重新绘制原图时修改）等。

如图 4-23 所示，当三位四通电磁换向阀 2 处于左位时，因 A 腔压力 p_A 大于 B 腔压力 p_B，方向控制阀插装件 6 的控制腔 C 又与 B 腔相连，所以方向控制阀插装件 6 被开启；但因带节流端的流量控制阀插装件 3 的控制腔 C 与 A 腔相连，所以带节流端的流量控制阀插装件 3 不能被开启，仍处于关闭状态；压力油经三位四通电磁换向阀 2、方向控制阀插装件 6（插装式单向阀）输入液压缸 9 的无杆腔，液压缸 9 有杆腔的油液经三位四通电磁换向阀 2 回油箱，液压缸 9 进行缸进程。

当三位四通电磁换向阀 2 换向至右位时，压力油经三位四通电磁换向阀 2 输入液压缸 9 有杆腔，此时，B 腔压力 p_B 大于 A 腔压力 p_A。因方向控制阀插装件 6 的控制腔 C 与 B 腔相连，所以方向控制阀插装件 6 被关闭，亦即插装式单向阀反向关闭；但因带节流端的流量控制阀插装件 3 的控制腔 C 与 A 腔相连，所以带节流端的流量控制阀插装件 3 被开启，亦即插装式节流阀进行回油节流调速；液压缸 9 无杆腔油液经带节流端的流量控制阀插装件 3、三位四通电磁换向阀 2 回油箱，液压缸 9 进行缸回程；其缸回程速度可通过带行程限制器的控制盖板 5 上的行程限制器调节。

当三位四通电磁换向阀 2 复中位时，液压缸 9 停止、液压源 1 卸荷。

还有一些其他形式的节流式调速回路，如图 4-24～图 4-26 所示，供读者参考选用。

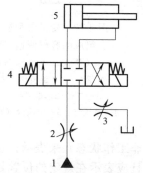

图 4-24　P、T 油路进、回油
双向节流调速回路

1—液压源；2,3—节流阀；
4—三位四通电磁换向阀；5—液压缸

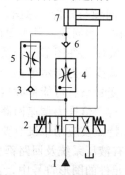

图 4-25　A 油路进、回油
双向节流调速回路

1—液压源；2—三位四通电磁换向阀；
3,6—节流阀；4,5—调速阀；7—液压缸

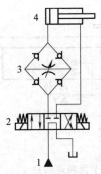

图 4-26 A 油路单向
阀桥式整流进、回油
双向节流调速回路
1—液压源；
2—三位四通电磁换向阀；
3—单向阀桥式整流节流阀组；
4—液压缸

如图 4-24 所示，采用 P 和 T 油路进油和回油双向节流调速回路，可使液压缸 5 的速度刚度提高，且可承受一定的负值负载。因液压执行元件的速度总是由节流阀 2 和 3 中相对流量调节得小的那台确定，所以如果节流阀 2 和 3 调节得一致，有可能使单出杆活塞液压缸 5 的往复速度接近或相等。

如图 4-25 所示，采用 A 油路进油和回油双向节流调速回路，可使液压缸 7 的往复运动速度分别调节，包括力求往复运动速度一致的调节。该回路可应用于液压缸需要双向节流调速的场合，尤其当液压缸在一个运动方向上可能要承受负值负载的场合，且可将这套速度控制阀组安装在 B 油路上以适应这种需要。

如图 4-26 所示，采用 A 油路单向阀桥式整流节流阀组 3 的进油和回油双向节流调速回路，可使液压缸的往复运动速度一致，包括图4-26中的单出杆活塞液压缸。为了提高速度控制精度，还可以采用更为精密的速度控制阀，如二通流量控制阀、电调制（比例）流量控制阀等。

4.1.2 容积式调速回路

（1）变量泵-液压缸容积调速回路

如图 4-27 所示，此为某文献中给出的变量泵和液压缸组成的容积调速回路（开式）Ⅰ（笔者按原图绘制），并在图下进行了液压回路描述和特点及应用说明。笔者认为图中存在一些问题，具体请见下文。

1）液压回路描述 图 4-27 所示为变量泵和液压缸组成的容积调速回路（开式）Ⅰ。当1YA通电时，换向阀切换至右位，液压缸右腔活塞向左移动。改变变量泵的排量即可调节液压缸的运动速度；溢流阀 2 起安全阀作用，用于防止系统过载；溢流阀 5 起背压阀作用。

2）特点及应用 当安全阀 2 的调定压力不变时，在调速范围内，液压缸 4 的最大输出推力是不变的，即液压缸的最大推力与泵的排量无关，不会因调速而发生变化。故此回路又称为恒推力调速回路。而最大输出功率是随速度的上升而增加的。

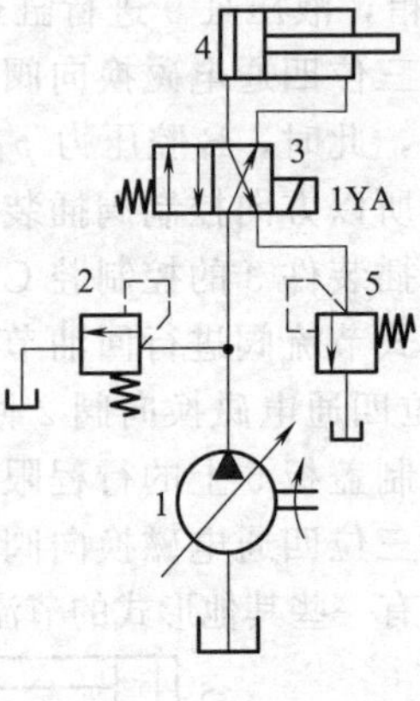

3）问题与分析 原图、液压回路描述和特点及应用说明中都存在一些问题，其主要问题如下：

① 液压元件图形符号及其连接有多处不规范；

② 缺少压力指示等；

③ 变量泵有可能带载启动，且无法卸荷；

④ 对"恒推力调速回路"的称谓存疑；

⑤ 特点及应用中没有要点内容。

所有液压系统及回路都应以液压元件未受激励的状态（非工作状态）来表示；在液压缸等液压元件的图形符号中，油口的图形符号也是有规定的，且应表示在规定的位置处。

原图中表示的二位四通电磁换向阀是工作状态，在液压回路图中这样的表示是不正确的；原图中液压缸及其油口的图形符号包括连接位置也都是不正确的（已经在重新绘制原图时修改）。

图 4-27 变量泵和液压缸
组成的容积调速回路
（开式）Ⅰ（原图）
1—变量泵；2—溢流阀（安全阀）；
3—二位四通电磁换向阀；
4—液压缸；5—溢流阀（背压阀）

且不管"恒推力调速回路"这一称谓出于何处，根据其文中所述，因其没有准确的内涵和外延，所以不可能正确，况且也没有意义。

对于变量泵-定量液压执行元件的容积调速回路，由于变量泵有内泄漏，且随负载增大、压力增高而泄漏量增加，因此使液压执行元件运行速度降低；当负载增大到某一值时，变量泵输出流量将趋近于"零"，液压执行元件将会在低速下出现停止运动的现象。可见这种回路在低速下的承载能力是很差的。

笔者注：定量执行元件主要是指液压缸和定量液压马达，以区别变量液压马达。

但该液压回路也有其优点，因没有一般节流调速回路中的溢流阀所造成的溢流功率损失和节流阀（调速阀）所造成的节流功率损失，所以效率高、发热少，适用于功率较大，并需要有一定调速范围的液压系统及回路。

该回路常应用于拉床、插床、液压机及工程机械等大功率的液压系统中。

4）修改设计及说明　根据 GB/T 786.1—2009 的规定及上述指出的问题，笔者重新绘制了图 4-28。

关于变量泵-液压缸容积调速回路图 4-28，作如下说明：

① 添加了粗过滤器、联轴器、电动机、单向阀、压力表开关、压力表、回油过滤器等；

② 用三位四通电磁换向阀代替了二位四通电磁换向阀；

③ 用电磁溢流阀代替了溢流阀作为液压系统的安全阀；

④ 对作为背压阀的溢流阀添加了弹簧可调节图形符号，使其具有调定（限定）回油背压的功能；

⑤ 进行了一些细节上的修改，如修改液压缸、液压泵旋转方向指示箭头等。

图 4-28 所示液压回路其变量液压泵 3 可通过电磁溢流阀 6 卸荷；且必要时，T 油路可设置压力表。

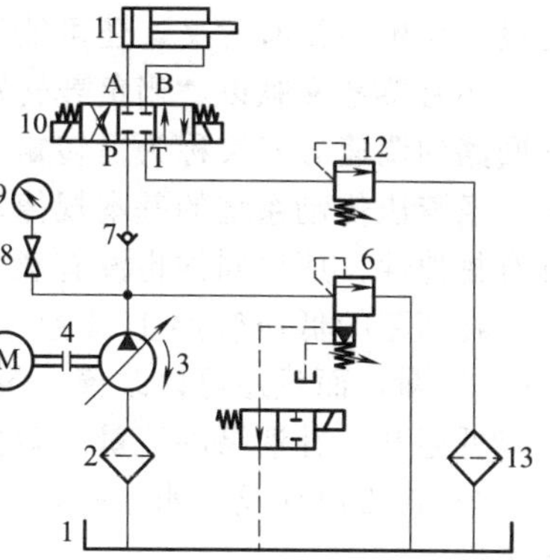

图 4-28　变量泵-液压缸容积调速回路
1—油箱；2—粗过滤器；3—变量液压泵；
4—联轴器；5—电动机；6—电磁溢流阀；
7—单向阀；8—压力表开关；9—压力表；
10—三位四通电磁换向阀；11—液压缸；
12—溢流阀；13—回油过滤器

（2）变量泵-定量马达容积调速回路

如图 4-29 所示，此为某文献中给出的变量泵和定量马达组成的容积调速回路（闭式）（笔者按原图绘制），并在图下进行了液压回路描述和特点及应用说明。笔者认为图中存在一些问题，具体请见下文。

1）液压回路描述　改变变量泵的排量即可调节液压马达的转速。图中的溢流阀 5 起安全阀作用，用于防止系统过载；单向阀 2 用来防止停机时油液倒流油箱和空气进入系统。为了补偿泵 4 和马达 6 的泄漏，增加了补油泵 1。补油泵 1 将冷却后的油液送入回路，而从溢流阀 3 溢出回路中多余的热油，进入油箱冷却。补油泵的工作压力由溢流阀 3 来调节。

2）特点及应用　当安全阀 5 的调定压力不变时，在调速范围内，执行元件（定量马达 6）的最大输出转矩是不变的。即马达的最大输出转矩与泵的排量无关，不会因调速而发生变化。故此回路又称为恒转矩调速回路。而最大输出功率是随速度的上升而增加的。

3）问题与分析　原图、液压回路描述和特点及应用说明

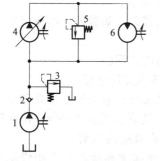

图 4-29　变量泵和定量
马达组成的容积调速
回路（闭式）（原图）

1—补油泵；2—单向阀；3—溢流阀；
4—变量泵；5—溢流阀（安全阀）；
6—定量马达

中都存在一些问题，其主要问题如下：

　　① 在原图中溢流阀 3 的设置位置有问题；

　　② 回路描述存在一定问题；

　　③ 对"恒转矩调速回路"的称谓存疑；

　　④ 特点与应用中缺少要点内容。

　　如原图中溢流阀 3 在回路中的设置位置，其只能溢流由补油泵 1 输出的液压油液，而不能实现其在回路描述中的"而从溢流阀 3 溢出回路中多余的热油，进入油箱冷却。"

　　该回路中定量马达 6 的输出转矩和回路的工作压力都是由负载转矩来决定的，尽管其不因调速而发生改变，但如负载转矩变化，其输出转矩和回路的工作压力一定随之变化；当负载转矩达到某一值时，因工作压力升高，液压泵和液压马达的内泄漏量增加，变量泵输出流量趋近于"零"，液压马达的转速将会在低速下出现停止转动的现象。

　　因此，仅以"马达的最大输出转矩与泵的排量无关"而定义此回路为"恒转矩调速回路"，不但定义的前提或条件有问题，而且还与实际工况不符，其所表示的这种回路的功能在设计应用中没有意义，还可能造成歧义或误解。

　　还有参考文献以"当负载转矩恒定时，马达的输出转矩和回路工作压力都恒定不变，故本回路的调速方式又称为恒转矩调速。"为由来定义此回路为恒转矩回路，但其仅是具体化了一条液压传动系统的基本规律，即"液压系统及回路的工作压力是由负载决定"，因其不具有排他性，所以同样也没有意义。

　　在回路的低压管路上设置一个小流量的补油泵，不但可以补偿液压泵和液压马达的（外）泄漏，而且还可以改善主泵的吸油条件，或可置换一部分温度较高的液压油液，有利于降低温升。补油泵的流量一般按主泵流量的 20%～30% 选取。

　　4）修改设计及说明　根据 GB/T 786.1—2009 的规定及上述指出的问题，笔者重新绘制了图 4-30。

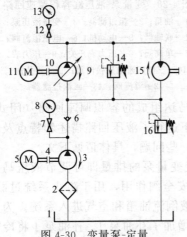

图 4-30　变量泵-定量
马达容积调速回路

1—油箱；2—粗过滤器；3—液压泵；
4,10—联轴器；5,11—电动机；6—单向阀；
7,12—压力表开关；8,13—压力表；
9—变量液压泵；14—溢流阀（安全阀）；
15—液压马达；16—溢流阀

　　关于变量泵-定量马达容积调速回路图 4-30，作如下说明：

　　① 添加了粗过滤器、联轴器、电动机、压力表开关、压力表等；

　　② 修改了溢流阀 16 的连接位置；

　　③ 添加了弹簧可调节图形符号，使溢流阀具有调定（限定）系统和子系统压力的功能；

　　④ 进行了一些细节上的修改，如修改了液压泵旋转方向指示箭头等。

　　图 4-30 所示液压回路为闭式回路。

　　（3）定量泵-变量马达容积调速回路

　　如图 4-31 所示，此为某文献中给出的定量泵和变量马达组成的容积调速回路（笔者按原图绘制），并在图下进行了液压回路描述和特点及应用说明。

　　笔者认为原图、液压回路描述和特点及应用说明中都存在一些问题，具体请见下文。

　　1）液压回路描述　此回路为开式回路，由定量泵 4、变量马达 1、安全阀 3、换向阀 2 组成。此回路通过调节变量马达的排量 V_m 来改变马达的输出转速，从而实现调速。

　　2）特点及应用　此回路输出功率不变，故又称"恒功率调速回路"。

3）问题与分析　原图、液压回路描述和特点及应用说明中都存在一些问题，其主要问题如下：

① 缺少压力指示等；

② 液压回路描述和特点及应用说明中缺少基本内容。

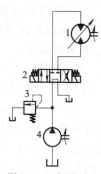

图 4-31　定量泵和变量马达组成的容积调速回路（原图）

1—变量马达；
2—三位四通电磁换向阀；
3—溢流阀（安全阀）；
4—定量泵

液压马达是将流体能量转换成机械功（能）的元件。当驱动液压马达的液压泵为定量泵，且其最高工作压力被设在其出口处溢流阀限定（制）时，可输入液压马达的最大液压功率即被限定，或可表述为恒定；液压马达的输出功率值为其转速与转矩的乘积，在暂不考虑液压马达容积效率等因素造成功率损失的情况下，认为由液压泵输入的液压功率，液压马达全都 100％ 地转换输出了机械功率，亦即液压马达输出的转速与转矩的乘积为一恒定值；当调节液压马达的排量使其减小时，定量泵供给的定流量液压油液使其转速增高，则输出转矩势必减小；当调节液压马达的排量使其增大时，定量泵供给的定流量液压油液使其转速降低，则输出转矩势必增大；但是，以上两种情况只有在液压系统处于最高工作压力下表述才确切，而"液压系统及回油的工作压力是由负载决定"，在液压系统及回油为最高工作压力下的其他压力时，这一恒功率输出情况并不存在，换个说法：该回路恒功率输出这种工况，仅在液压系统及回路的工作压力为最高工作压力时存在。因此，"恒功率调速回路"还不如"限功率调速回路"确切。

该回路的优点是其能在变量液压马达调定的各个转速下，可使液压马达保持输出某个限值的机械功率，且这一限值的机械功率可以很大；但其缺点是液压马达调速范围小。因此这种调速回路通常需要与节流调速组合使用。

这种回路适用于卷扬机、起重运输机械液压系统上。

因该回路一般不能单独使用，且修改涉及的面很大，所以此节不再对原图进行修改了。

（4）变量泵-变量马达容积调速回路

如图 4-32 和图 4-33 所示，此为某文献中给出的变量泵和变量马达组成的容积调速回路Ⅰ和Ⅲ（笔者按原图绘制），并在图下进行了液压回路描述和特点及应用说明。笔者认为图中都存在一些问题，具体请见下文。

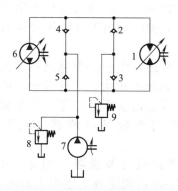

图 4-32　变量泵和变量马达
组成的容积调速回路Ⅰ（原图）

1—变量液压马达；2～5—单向阀；
6—变量液压泵；7—补油泵；
8—溢流阀；9—溢流阀（安全阀）

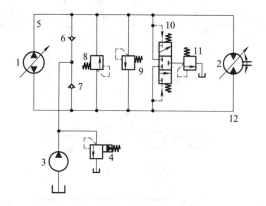

图 4-33　变量泵和变量马达
组成的容积调速回路Ⅲ（原图）

1—变量液压泵；2—变量液压马达；3—补油泵；
4,11—溢流阀；5,12—管路；
6,7—单向阀；8,9—溢流阀（安全阀）；
10—三位三通液控换向阀

1）液压回路描述　图 4-32 回路描述：由于泵和马达的排量均可改变，因此增大了调速范围，所以此回路既可以调节变量马达的排量 V_m 来实现调速，也可以调节变量泵的排量 V_b 来实现调速。

在此回路中，单向阀 4 和 5 用于使辅助补油泵 7 能双向补油，而单向阀 2 和 3 使安全阀 9 在两个方向都能起过载保护作用。

图 4-33 回路描述：此回路变量泵 1 可以正反向供油，变量马达 2 可以正反向旋转。双向过载保护分别由溢流阀 8 和 9 实现。定量泵 3 为补油泵。滑阀 10 系统油液的热交换。回路通过调节变量泵、变量马达的排量改变液压马达的输出转速。由于液压泵和液压马达的排量均可改变，因此增大了调速范围（等于变量泵的调速范围与变量马达的调速范围的乘积）。

2）特点及应用　图 4-32 特点及应用说明：这种调速回路实际上是上述回路的组合，属于闭式回路。

图 4-33 特点及应用说明：该回路适用于起重运输机械及矿山采掘机械等大功率机械设备的液压系统中。

3）问题与分析　原图、液压回路描述和特点及应用说明中都存在一些问题，其主要问题如下：

① 缺少压力指示等；

② 液压回路描述和特点及应用说明过于简单且存在错误。

图 4-32 和图 4-33 所示为双向变量泵与双向变量马达组成的容积调速回路。变量泵可以正反向供油，变量马达可以正反向旋转。

在变量泵-变量马达调速回路中，可用变量泵换向、调速，而以变量马达辅助调速，且多采用闭式回路。

一般机械要求低速时输出扭矩大，高速时能保持足够的输出功率，变量泵-变量马达这种调速回路恰好能满足这一要求。以手动变量液压泵-手动变量液压马达调速回路为例，当将变量马达的排量调到最大值时，然后由小到大逐渐调节变量泵的排量，则变量马达的转速相应也会由最低逐渐升高到一个较高值，此时相当于变量泵-定量马达调速回路；如仍需进一步提高液压马达的转速，即可将变量马达的排量逐渐由大调小，则变量马达的转速相应也会由低逐渐升高到最高值，此时相当于定量泵-变量马达调速回路。

综上所述，变量泵-变量马达这种调速回路的调速范围大，并且有较高的效率。但其调速范围不是"等于变量泵的调速范围与变量马达的调速范围的乘积"。

4）修改设计及说明　根据 GB/T 786.1—2009 的规定及上述指出的问题，笔者重新绘制了图 4-34。

关于变量泵-变量马达容积调速回路图 4-34 作如下说明：

① 添加了粗过滤器、联轴器、电动机、压力表开关、压力表等；

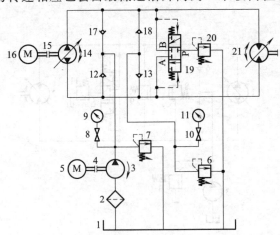

图 4-34　变量泵-变量马达容积调速回路
1—油箱；2—粗过滤器；3—补油泵；4,15—联轴器；
5,16—电动机；6—溢流阀（安全阀）；7,20—溢流阀；
8,10—压力表开关；9,11—压力表；
12,13,17,18—单向阀；14—变量液压泵；
19—三位三通液控换向阀；21—变量液压马达

② 修改了三位三通液控换向阀图形符号；

③ 修改了补油泵出口溢流阀图形符号；

④ 添加了弹簧可调节图形符号，使溢流阀具有调定（限定）系统和子系统压力的功能；

⑤ 进行了一些细节上的修改，如删除了错误管路节点、无表述的序号等。

如图4-34所示，三位三通液控换向阀19的A和B油口分别连接于变量泵及变量马达的两油口。当其压差达到一定值时，阀19换向将低压油路与溢流阀20接通，低压热油可通过溢流阀20排回油箱，实现与补油泵3所供冷油的交换。

为了保证这种热交换，补油泵口溢流阀7的设定压力略高于溢流阀20的设定压力。

（5）限压式变量泵-调速阀容积节流调速回路

如图4-35所示，此为某文献中给出的限压式变量泵-调速阀容积节流调速回路（笔者按原图绘制），并在图下进行了液压回路描述和特点及应用说明。笔者认为图中存在一些问题，具体请见下文。

1）液压回路描述　调节调速阀节流口的开口大小，就改变了进入液压缸的流量，从而改变液压缸活塞的运动速度。如果变量液压泵的流量大于调速阀调定的流量，由于系统中没有设置溢流阀，多余的油液没有排油通道，因此势必使液压泵和调速阀之间油路的油液压力升高。但是当限压式变量叶片泵的工作压力增大到预先调定的数值后，泵的流量会随工作压力的升高而自动减小，变量泵的输出流量自动与液压缸所需流量相适应。

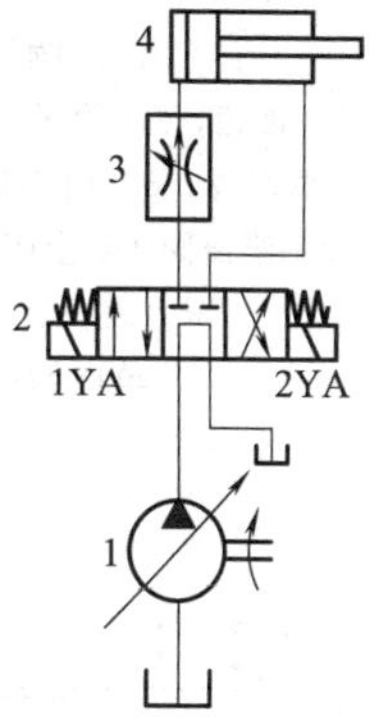

2）特点及应用　在这种回路中，泵的输出流量与通过调速阀的流量是相适应的，回路没有溢流损失。因此效率高，发热量小。同时，采用调速阀，液压缸的运动速度基本不受负载变化的影响，即使在较低的运动速度下工作，运动也较平稳。

该回路广泛应用于负载变化不大的中、小功率组合机床的液压系统中。

3）问题与分析　原图、液压回路描述和特点及应用说明中都存在一些问题，其主要问题如下：

① 此回路缺少必要的功能组成部分，如安全阀和压力指示等；

② A油路上安装的调速阀应为单向调速阀；

③ 液压回路描述和特点及应用说明存在一定问题。

不管是限压式变量泵-调速阀容积节流调速液压系统还是其他液压系统，没有设置安全阀的液压系统是不安全的液压系统，是液压系统及回路设计禁忌之一。

该回路液压缸的缸进程速度由调速阀来控制；调速阀不仅能保证输入液压缸无杆腔的流量的稳定，而且可以使限压式变量泵的供给流量自动地和液压缸的缸进程所需的流量相适应，因而也可以使液压泵的供给压力基本恒定。

该回路虽然没有溢流损失，但仍有节流损失，其大小与液压缸无杆腔压力有关。在液压缸负载小、缸进程速度低的场合，这种回路的效率就很低。

4）修改设计及说明　根据GB/T 786.1—2009的规定及上述指出的问题，笔者重新绘制了图4-36。

关于限压式变量泵-调速阀容积节流调速回路（修改图）图4-36，作如下说明：

① 添加了粗过滤器、联轴器、电动机、溢流阀、压力表开关、压力表等；

② 用单向调速阀替换了调速阀；

图4-35　限压式变量泵-调速阀容积节流调速回路（原图）
1—限压式变量泵；2—三位四通电磁换向阀；3—调速阀；4—液压缸

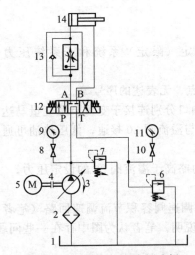

图 4-36　限压式变量泵-调速阀
容积节流调速回路（修改图）

1—油箱；2—粗过滤器；3—限压式变量泵；
4—联轴器；5—电动机；6—溢流阀（背压阀）；
7—溢流阀（安全阀）；8,10—压力表开关；
9,11—压力表；12—三位四通电磁换向阀；
13—单向调速阀；14—液压缸

③ 进行了一些细节上的修改，如修改节流孔的可调整图形符号方向、电磁铁作用方向、液压泵旋转方向指示箭头等。

如图 4-36 所示，溢流阀 7 为液压系统安全阀，处于常闭状态；溢流阀 6 设置安装在 T 油路上用作背压阀，可以增大液压缸运行的平稳性。

变量液压泵多种多样，仅以斜轴式轴向变量泵为例就有：如图 4-37（a）所示 LV 恒功率变量泵、图 4-37（b）所示 LV 带机械行程限位的恒功率变量泵、图 4-37（c）所示 LV 带液压行程限位的恒功率变量泵、图 4-37（d）所示 LV 带压力切断（遥控）和液压行程限位的恒功率变量泵、图 4-37（e）所示 LVS 恒功率负荷传感变量泵、图 4-37（f）所示 DR 恒压变量泵（阀内装）、图 4-37（g）所示 DR 恒压变量泵（遥控）、图 4-37（h）所示 DRS 恒压带负荷传感变量泵、图 4-37（i）所示 EP 电控比例变量泵、图 4-37（j）所示 EP 带压力切断的电控比例变量泵、图 4-37（k）所示 HD 液控变量泵、图 4-37（l）所示 HD 带压力切断的液控变量泵等。

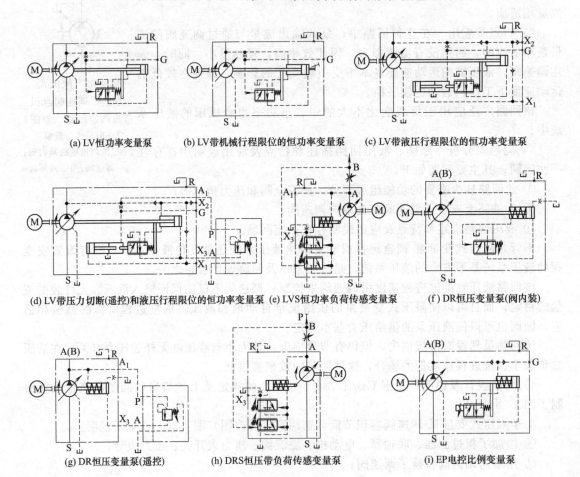

(a) LV恒功率变量泵　　(b) LV带机械行程限位的恒功率变量泵　　(c) LV带液压行程限位的恒功率变量泵

(d) LV带压力切断(遥控)和液压行程限位的恒功率变量泵　(e) LVS恒功率负荷传感变量泵　(f) DR恒压变量泵(阀内装)

(g) DR恒压变量泵(遥控)　　(h) DRS恒压带负荷传感变量泵　　(i) EP电控比例变量泵

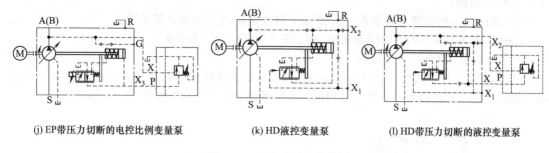

(j) EP带压力切断的电控比例变量泵   (k) HD液控变量泵   (l) HD带压力切断的液控变量泵

图 4-37　斜轴式轴向变量泵

还有以步进电机驱动定量泵的,具体可参见第 4.4.7 节图 4-93 泵控同步液压板料折弯机液压系统。

4.1.3　减速回路

（1）用单向行程节流阀的减速回路

如图 4-38 所示,此为某文献中给出的用行程节流阀的速度转换回路（笔者按原图绘制）,并在图下进行了液压回路描述和特点及应用说明。笔者认为图中存在一些问题,具体请见下文。

1）液压回路描述　该回路用两个行程节流阀实现液压缸双向减速的目的。当活塞接近左右行程终点时,活塞杆上的滑块压下行程节流阀的触头,使其节流口逐渐关小,增加了液压缸回油阻力,使活塞逐渐减速。

2）特点及应用　适用于行程终了慢慢减速的回路中,如注塑机、灌装机等回路中。

3）问题与分析　原图、液压回路描述和特点及应用说明中都存在一些问题,其主要问题如下:

① 回路名称不准确;

② 双出杆缸无法中间停止,液压泵无法卸荷;

③ 缺少压力指示等;

④ 液压回路描述和特点及应用说明中有不规范的地方。

在其回路描述中已有"该回路用两个行程节流阀实现液压缸双向减速的目的。"的功能描述。因此,该回路就应称为采用单向行程节流阀的减速回路。

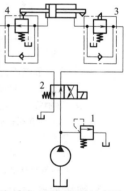

图 4-38　用行程节流阀的
速度转换回路（原图）

1—溢流阀;
2—二位四通电磁换向阀;
3,4—单向行程节流阀

设置安装在 A 和/或 B 油路上的节流调速控制阀应带有单向阀,称谓中不能省略单向或单向阀;滑块是已经过相关标准定义的术语,触发单向行程节流阀的应为撞块或挡块。

在该回路中,撞块的形状关系到双出杆缸的减速性能,一般需要在实机上试验修正。

4）修改设计及说明　根据 GB/T 786.1—2009 的规定及上述指出的问题,笔者重新绘制了图 4-39。

关于采用单向行程节流阀的减速回路图 4-39,作如下说明:

① 添加了粗过滤器、联轴器、电动机、单向阀、压力表开关、压力表、回油过滤器等;

② 用三位四通电磁换向阀替换了二位四通电磁换向阀;

③ 修改了单向行程节流阀图形符号;

④ 对溢流阀添加了弹簧可调节图形符号,使其具有调定（限定）液压泵的输出（最高

工作）压力功能；

⑤ 进行了一些细节上的修改，如添加了液压泵旋转方向指示箭头等。

笔者注：单向行程节流阀（单向减速阀）图形符号参考了油研产品样本。

（2）采用换向阀的减速回路

如图 4-40 所示，此为某文献中给出的用行程阀的速度转换回路（笔者按原图绘制），并在图下进行了液压回路描述和特点及应用说明。笔者认为图中存在一些问题，具体请见下文。

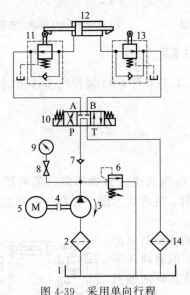

图 4-39　采用单向行程
节流阀的减速回路

1—油箱；2—粗过滤器；3—液压泵；
4—联轴器；5—电动机；6—溢流阀；
7—单向阀；8—压力表开关；
9—压力表；10—三位四通电磁换向阀；
11,13—单向行程节流阀；
12—双出杆缸；14—回油过滤器

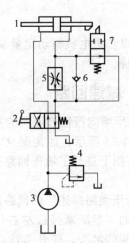

图 4-40　用行程阀的
速度转换回路（原图）

1—双出杆缸；2—手动换向阀；
3—液压泵；4—溢流阀；
5—调速阀；6—单向阀；
7—行程阀

1）液压回路描述　图 4-40 所示位置，手动换向阀 2 处在右位，双出杆缸 1 快进。此时，溢流阀 4 处于关闭状态。当活塞杆所连接的挡块压下行程阀 7 时，行程阀 7 关闭，液压缸右腔的油液必须通过调速阀 5 才能流回油箱，活塞运动速度转变为慢速工进。此时，溢流阀 4 处于溢流稳压状态。当换向阀 2 处于左位时，压力油经单向阀 6 进入液压缸右腔，液压缸左腔的油液直接流回油箱，活塞快速退回。

2）特点及应用　这一回路可使执行元件完成"快进→工进→快退→停止"这一自动工作循环。

这种回路的快速与慢速的转换过程比较平稳，转换点的位置比较准确；缺点是行程阀必须有合理的安装位置，管路连接比较复杂。

若将行程阀 7 改为行程开关，手动换向阀 2 改为电磁换向阀，由行程开关发出信号控制电磁换向阀的换向，这种安装比较方便，除行程开关需装在机械设备上外，其他液压元件可集中安装在液压（泵）站中，但速度转换时平稳性以及换向精度较差。

3）问题与分析　原图、液压回路描述和特点及应用说明中都存在一些问题，其主要问题如下：

① 回路名称不准确；

② 缺少压力指示等；

③ 液压回路描述和特点及应用说明有问题。

在 GB/T 17446—2012 中没有"行程阀"这一术语；液压元件产品标准中有"滚轮换向阀"；一些产品样本中有"凸轮操纵换向阀"等。因此，该回路称为采用（滚轮）换向阀的减速回路比较合适。

"自动工作循环"或"自动循环"和"工作循环"应是有确切含义的术语，其主要内涵为除（人工）启动操作外，人工不需要再行干预，即可完成连续运行。

因图 4-40 所示回路不具有上述功能，所以，在其特点及应用中"这一回路可使执行元件完成'快进→工进→快退→停止'这一自动工作循环。"的表述是错误的。

笔者注：关于术语"自动循环"和"工作循环"可参见 GB/T 28241—2012《液压机　安全技术条件》。

4）修改设计及说明　根据 GB/T 786.1—2009 的规定及上述指出的问题，笔者重新绘制了图 4-41。

关于采用换向阀的减速回路图 4-41，作如下说明：

① 添加了粗过滤器、联轴器、电动机、单向阀、压力表开关、压力表、行程开关、回油过滤器等；

② 用三位四通电磁换向阀替换了手动换向阀；

③ 修改了调速阀图形符号；

④ 对溢流阀添加了弹簧可调节图形符号，使其具有调定（限定）液压泵的输出（最高工作）压力功能；

⑤ 进行了一些细节上的修改，如添加了液压泵旋转方向指示箭头等。

如图 4-41 所示，当三位四通电磁换向阀 10 换向至右位时，双出杆缸 12 右端活塞杆向右伸出，缸右腔油液经二位四通电磁换向阀 17、三位四通电磁换向阀 10、粗过滤器 2 回油箱 1，此时缸为右行快进；当右端活塞杆右行触发行程开关 13 时，二位四通电磁换向阀 17 得电换向至右位，缸右腔油液经调速阀 15、三位四通电磁换向阀 10、回油过滤器 18 回油箱 1，此时缸为右行工进；当右端活塞杆

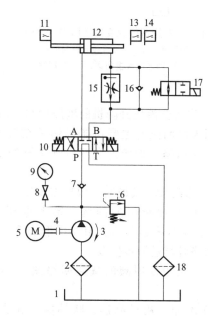

图 4-41　采用换向阀的减速回路
1—油箱；2—粗过滤器；3—液压泵；4—联轴器；
5—电动机；6—溢流阀；7,16—单向阀；8—压力表开关；
9—压力表；10—三位四通电磁换向阀；
11,13,14—行程开关；12—双出杆缸；15—调速阀；
17—二位四通电磁换向阀；18—回油过滤器

继续右行触发行程开关 14 时，三位四通电磁换向阀 10 可换向至中位，双出杆缸 12 停止运动，也可使三位四通电磁换向阀 10 直接换向至左位，双出杆缸 12 左行快退，此时亦可使二位四通电磁换向阀 17 失电复位；当左端活塞杆左行触发行程开关 11 时，三位四通电磁换向阀 10 换向至中位，双出杆缸 12 停止运动，由此"这一回路可使执行元件完成'快进→工进→（停止）→快退→停止'这一自动工作循环。"如果采用的不是单向顺序阀，此回路只完成上述功能，则单向阀 7 可以去掉。

（3）采用专用阀的减速回路

如图 4-42 所示，此为某文献中给出的用专用阀的速度转换回路（笔者按原图绘制），并在图下进行了液压回路描述和特点及应用说明。笔者认为图中存在一些问题，具体请见下文。

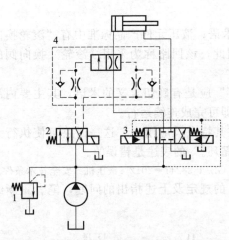

图 4-42　专用阀的速度转换回路（原图）

1—溢流阀；2—二位四通电磁换向阀；

3—三位四通电液换向阀；4—专用阀

1）液压回路描述　换向阀 3 转换到左位，换向阀 2 断电处于左位，压力油流入液压缸左腔，使活塞向右移动。减速时，使换向阀 2 通电处于右位，专用阀 4 逐渐转换到右位，进入液压缸左腔的油液须经过专用阀 4 的节流阀，活塞速度减慢。

2）特点及应用　减速时没有冲击，但减速时间较长，用于全液压升降机的液压回路。

3）问题与分析　原图、液压回路描述和特点及应用说明中都存在一些问题，其主要问题如下：

① 原图中一些元件图形符号不规范；

② 缺少压力指示等；

③ 电液换向阀的先导控制液压源可能有问题；

④ 液压泵无法卸荷或可能带压启动；

⑤ 作为全液压升降机的液压回路应用缺少必要的功能。

因为该回路的主要功能仍然是在液压缸运行的一定阶段进行减速，所以还是应该归类为减速回路。如作为全液压升降机的液压回路应用，一般应具有平衡（支承）及锁紧功能。

4）修改设计及说明　根据 GB/T 786.1—2009 的规定及上述指出的问题，笔者重新绘制了图 4-43，但没有根据具体应用如用于全液压升降机的液压回路对其进一步修改。

关于采用专用阀的减速回路图 4-43，作如下说明：

① 添加了粗过滤器、联轴器、电动机、单向阀、压力表开关、压力表、回油过滤器等；

② 修改了电液换向阀的先导控制液压源；

③ 修改了液控调速阀、三位四通电液换向阀图形符号；

④ 对溢流阀添加了弹簧可调节图形符号，使其具有调定（限定）液压泵的输出（最高工作）压力功能；

⑤ 进行了一些细节上的修改，如添加了液压泵旋转方向指示箭头等。

为了使液控调速阀具有切换（换向）速度可调节，将原图中的固定节流孔修改为可调节流孔。

还有另外几种可用于液压缸运行的某一定阶段进行减速（可调慢速）的电磁调速阀，如由可调流量控制阀和电磁换向阀组成的单段、两段、三段等电磁调速阀，其可应用于执行机构需"慢速→停

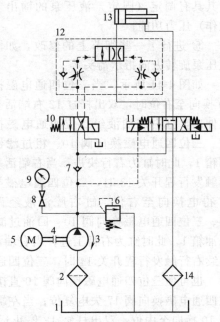

图 4-43　采用专用阀的减速回路

1—油箱；2—粗过滤器；3—液压泵；4—联轴器；

5—电动机；6—溢流阀；7—单向阀；

8—压力表开关；9—压力表；

10—二位四通电磁换向阀；

11—三位四通电磁换向阀；

12—液控调速阀（专用阀）；

13—液压缸；14—回油过滤器

止"或"停止→慢速""慢速→快速"或"快速→慢速""慢速→快速→慢速"等速度控制的场合，具体采用时请事先与液压阀制造商联系。

4.2 增速回路分析与设计

增速回路是指在不增加液压源供给流量的前提下，使执行元件速度增高的液压回路，即为快速回路。

4.2.1 液压泵增速回路

如图4-44所示，此为某文献中给出的用低压泵的快速运动回路（笔者按原图绘制），并在图下进行了液压回路描述和特点及应用说明。笔者认为图中存在一些问题，具体请见下文。

（1）液压回路描述

当换向阀5切换到右位后，两泵同时向液压缸上腔供油，活塞快速下降。运动部件接触工件后，缸上腔压力升高，打开卸荷阀8使泵1卸荷，由泵2单独供油，活塞转为慢速加压行程。当换向阀5切换到左位时，由泵2供油到液压缸的下腔，上腔的回油流回油箱，活塞上升，这时泵1通过单向阀7、换向阀5卸荷。

（2）特点及应用

活塞与运动部件的质量由平衡阀6支承。

本回路适用于运动部件质量大和快慢速比值大的压力机。

（3）问题与分析

原图、液压回路描述和特点及应用说明中都存在一些问题，其主要问题如下：

① 标称平衡阀6的图形符号错误；

② 缺少压力指示等；

③ 此回路特点及应用没有说明清楚。

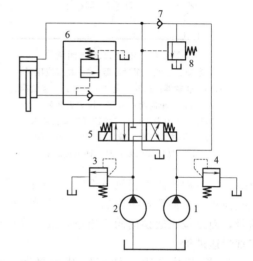

图4-44 用低压泵的快速运动回路（原图）
1—低压液压泵；2—高压液压泵；3,4—溢流阀；
5—三位四通电磁换向阀；6—平衡阀；
7—单向阀；8—卸荷阀

标称平衡阀6的应为内控式单向顺序阀，但因其图形符号明显不符合标准规定，只得大量查阅相关文献、资料，最后确认其在2008年出版的那部参考文献重新绘制时出现了错误。

该回路与采用高低压双泵液压源不同之处在于：此回路高低压双泵液压源没有在换向阀前合流，且在缸回程中只有高压泵向其有杆腔供油，而低压泵则通过换向阀卸荷。

因此，这种回路只适用于两腔面积比大的单出杆活塞缸，一般两腔面积比应大于3。

（4）修改设计及说明

根据GB/T 786.1—2009的规定及上述指出的问题，笔者重新绘制了图4-45。

关于液压泵增速回路图4-45，作如下说明：

① 添加了粗过滤器、联轴器、电动机、单向阀、压力表开关、压力表、回油过滤器等；

② 修改了平衡阀图形符号；

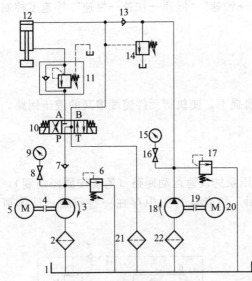

图 4-45 液压泵增速回路

1—油箱；2,22—粗过滤器；3—高压液压泵；
4,19—联轴器；5,20—电动机；6,17—溢流阀；
7,13—单向阀；8,16—压力表开关；
9,15—压力表；10—三位四通电磁换向阀；
11—平衡阀；12—液压缸；14—卸荷阀；
18—低压液压泵；21—回油过滤器

③ 对溢流阀包括卸荷阀添加了弹簧可调节图形符号，使其具有调定（限定）液压泵的输出（最高工作）压力功能；

④ 进行了一些细节上的修改，如添加了液压泵旋转方向指示箭头、换向阀中位机能 A、B 和 T 油口内部连接点等。

关于采用卸荷溢流阀即可去掉溢流阀的问题，请参考本书第 2.1.4 节；关于被称作平衡阀的是外控式单向顺序阀还是内控式单向顺序阀问题，请参考本书第 3.7.1 节。图 4-45 所示液压泵增速回路涉及以上两个问题的部分没有进一步修改。

4.2.2 液压缸增速回路

（1）采用增速缸的增速回路

如图 4-46 所示，此为某文献中给出的增速缸的快速运动回路 I（笔者按原图绘制），并在图下进行了液压回路描述和特点及应用说明。笔者认为图中存在一些问题，具体请见下文。

1）液压回路描述 当换向阀 2 处于左位时，压力油流入增速缸 A 腔，因 A 腔有效面积小，活塞快速向右运动（此时液压缸 B 腔经换向阀 3 从油箱自吸补油）。当活塞快速运动到设定位置时，压下行程开关，行程开关发信号，使二位三通换向阀 3 通电，液压泵输出的油液同时进入 A 腔和 B 腔，B 腔面积较大，实现慢速进给。

2）特点及应用 增速缸结构复杂，增速缸的外壳构成工件（作）缸的活塞部件。通常应用于中小型液压机中。

3）问题与分析 原图、液压回路描述和特点及应用说明中都存在一些问题，其主要问题如下：

① 原图中图形符号不规范；

② 缺少压力指示；

③ 对三位四通电液换向阀的先导控制没有表示；

④ 对增速缸的表述不甚清楚。

增速缸是一种组合式液压缸，一般由单出杆活塞缸和用于增速的活塞缸或柱塞缸组合而成，而用于增速的活塞缸或柱塞缸是以活塞及活塞杆为缸体（筒）的，以实现缸进程和/或缸回程中某一段缸行程的增速运动。

4）修改设计及说明 根据 GB/T 786.1—2009 的规定及上述指出的问题，笔者重新绘制了图 4-47。

关于采用快速缸的增速回路图 4-47，作如下说明：

① 添加了粗过滤器、联轴器、电动机、单向阀、压力表开关、压力表、回油过滤器等；

② 修改了原图中几乎所有元件的图形符号；

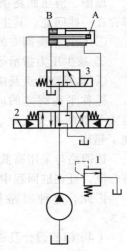

图 4-46 增速缸的快速运动回路 I（原图）

1—溢流阀；

2—三位四通电液换向阀；

3—二位三通电磁换向阀

③ 明确了电液换向阀的先导控制。

必要时，应采用二位三通电液换向阀替换二位三通电磁换向阀；如应用于液压机液压系统，可能还缺少若干功能。

（2）采用辅助缸的增速回路

如图 4-48 所示，此为某文献中给出的辅助缸的快速运动回路Ⅰ（笔者按原图绘制），并在图下进行了液压回路描述和特点及应用说明。笔者认为图中存在一些问题，具体请见下文。

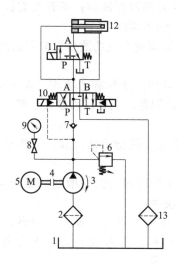

图 4-47 采用快速缸的增速回路
1—油箱；2—粗过滤器；3—液压泵；
4—联轴器；5—电动机；6—溢流阀；
7—单向阀；8—压力表开关；9—压力表；
10—三位四通电液换向阀；
11—二位三通电磁换向阀；
12—增速缸；13—回油过滤器

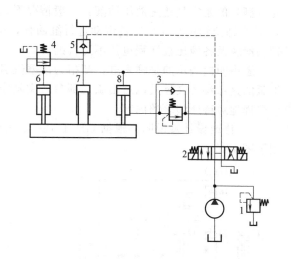

图 4-48 辅助缸的快速运动回路Ⅰ（原图）
1—溢流阀；2—三位四通电磁换向阀；3—平衡阀；4—顺序阀；
5—液控单向阀；6,8—辅助缸；7—主缸

1）液压回路描述 当换向阀 2 处于右位时，压力油流入两个有效面积较小的辅助缸 6、8 上腔，使主缸 7 活塞和辅助缸 6、8 的活塞快速下降。此时主缸 7 上腔通过阀 5 自高位油箱自吸补油。

当接触到工件后，油压上升到阀 4 的调定压力时，阀 4 打开。压力油同时流入缸 6、8 和缸 7 的上腔，活塞转为加压行程。

当换向阀 2 处于左位时，压力油经阀 3 中的单向阀流入缸 8 下腔，缸 6、8 上腔油液经换向阀 2 流回主油箱，活塞上升。此时液控单向阀 5 在压力油作用下打开，缸 7 上腔的压力油液流回辅助油箱。

2）特点及应用 本回路采用辅助缸增速，活塞向下运动时增速。此回路在大中型液压机系统中普遍使用。阀 3 为平衡阀，防止滑块因自重下滑。

3）问题与分析 原图、液压回路描述和特点及应用说明中都存在一些问题，其主要问题如下：

① 原图中液压元件图形符号及其连接存在着原理错误；

② 缺少压力指示等一些基本功能；

③ 液压回路描述和特点及应用说明中存在着指鹿为马等问题。

在图 4-48 所示原图中，阀 4 应为顺序阀。在 2008 年出版的这部参考文献和 2011 年出版的《现代机械设计手册》中，相同阀的图形符号可以识别，但如图 4-48 所示，在其后的 2011 年出版（2015 年 3 月重印）的和 2015 年 12 月出版（2016 年 1 月印刷）的两部参考文献中，阀 4 图形符号出现错误而且很难识别。

原图的回路描述存在的具体问题如下：

① 液压缸 7 为柱塞缸，可以称为主缸，但其只有一个腔，根本就没有什么"缸 7 上腔"；

② 辅助缸 6 为活塞缸，但只在无杆腔有油口，而有杆腔却没有油口；不管在有杆腔内充（满）的是空气还是液压油液，一般情况下其都不能进行正常的往复运动；

③ 即使辅助缸 6 可以被带动进行缸回程，主缸和辅助缸如此布置的液压机只靠辅助缸 8 带动滑块及各液压缸回程也是不可行的。

图中明白表示的是柱塞缸，却指为活塞缸且描述只有活塞缸才具有的功能。在 2008 年出版的这部参考文献及以后出版几部参考文献中均未注意此问题，尤其作为设计手册，其更应严谨地对待所编著的内容。

4）修改设计及说明　根据 GB/T 786.1—2009 的规定及上述指出的问题，笔者重新绘制了图 4-49。

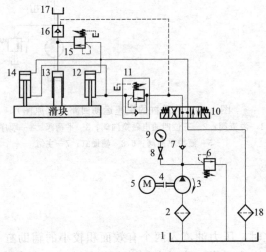

图 4-49　采用辅助缸的增速回路

1—油箱；2—粗过滤器；3—液压泵；4—联轴器；5—电动机；
6—溢流阀；7—单向阀；8—压力表开关；9—压力表；
10—三位四通电磁换向阀；11—平衡阀；
12，14—活塞式液压缸；13—柱塞缸；15—顺序阀；
16—液控单向阀（充液阀）；17—上置油箱；
18—回油过滤器

关于采用辅助缸的增速回路图 4-49，作如下说明：

① 添加了粗过滤器、联轴器、电动机、单向阀、压力表开关、压力表、回油过滤器等；

② 修改了平衡阀、顺序阀等图形符号；

③ 对溢流阀添加了弹簧可调节图形符号，使其具有调定（限定）液压泵的输出（最高工作）压力功能；

④ 对活塞式液压缸添加了油口，并重新设计了管路连接；

⑤ 进行了一些细节上的修改，如添加了液压泵旋转方向指示箭头、换向阀中位机能 P、A、B 和 T 油口内部连接点等。

如图 4-49 所示，当三位四通电磁换向阀 10 换向至右位时，液压泵 3 的供给流量通过单向阀 7、三位四通电磁换向阀 10、平衡阀 11 中的单向阀向两台活塞式液压缸 12、14 的有杆腔输入液压油液；当液压泵 3 供给的液压油液压力达到液控单向阀（充液阀）16 反向开启压力时，液控单向阀（充液阀）16 反向开启，柱塞缸（主缸）13 容腔内的油液通过液控单向阀（充液阀）16 回上置油箱 17，两台活塞式液压缸 12、14 的无杆腔内的油液也通过三位四通电磁换向阀 10、回油过滤器 18 回油箱 1，两台活塞式液压缸 12、14 带动柱塞缸 13 和滑块等一起回程。

"辅助缸"和"主缸"一样，其为在 JB/T 4174—2014 中定义的术语，具有明确的内涵和外延。

4.2.3 蓄能器增速回路

如图 4-50 所示，此为某文献中给出的蓄能器辅助供油的快速运动回路（笔者按原图绘制），并在图下进行了液压回路描述和特点及应用说明。笔者认为图中存在一些问题，具体请见下文。

（1）液压回路描述

图 4-50 所示为用蓄能器辅助供油的快速回路，用蓄能器使液压缸实现快速运动。当换向阀处于中位时，液压缸停止工作，液压泵 3 经单向阀向蓄能器 1 供油。随着蓄能器内油量的增加，压力亦升高，至液控顺序阀 2 的调定压力时，液压泵卸荷。当换向阀处于左位或右位时，液压泵 3 和蓄能器 1 同时向液压缸供油，实现快速运动。

（2）特点及应用

这种回路适用于短时间内需要大流量的场合，并可用小流量的液压泵使液压缸获得较大的运动速度。但蓄能器充液时，液压缸必须有足够的停歇时间。

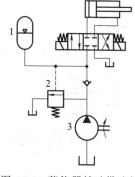

图 4-50　蓄能器辅助供油的
快速运动回路（原图）
1—蓄能器；2—顺序阀；3—液压泵

（3）问题与分析

原图、液压回路描述和特点及应用说明中都存在一些问题，其主要问题如下：

① 该回路设计有问题；

② 缺少压力指示等一些理应具备的功能；

③ 液压回路描述和特点及应用说明不全面。

采用顺序阀作为带蓄能器液压系统中液压泵的卸荷阀非常少见，笔者认为应该存在很多问题。常见的以及液压阀制造商推荐的卸荷方法是采用卸荷溢流阀。

在该回路中，因蓄能器可对液压缸往复运动增速，所以蓄能器的（公称）容量应该足够大；应将液压系统的卸荷压力调整得高于液压系统的最高工作压力；该液压系统及回路可以减小装机功率。

（4）修改设计及说明

根据 GB/T 786.1—2009 的规定及上述指出的问题，笔者重新绘制了图 4-51。

关于蓄能器增速回路图 4-51，作如下说明：

① 添加了粗过滤器、联轴器、电动机、压力表开关、压力表、截止阀等；

② 用卸荷溢流阀代替了顺序阀；

③ 对蓄能器添加了一些功能，如可关闭、可泄压、压力可指示等；

④ 进行了一些细节上的修改，如添加了液压泵旋转方向指示箭头、修改电磁铁作用方向等。

即使图样中蓄能器的图形符号为隔膜式蓄能器，也不排除可采用其他型式的蓄能器，如囊式蓄能器或活塞式蓄能器。

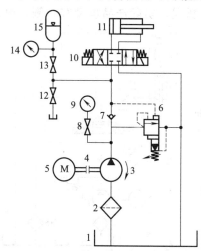

图 4-51　蓄能器增速回路
1—油箱；2—粗过滤器；3—液压泵；
4—联轴器；5—电动机；6—卸荷溢流阀；
7—单向阀；8—压力表开关；9,14—压力表；
10—三位四通电磁换向阀；11—液压缸；
12,13—截止阀；15—蓄能器

4.2.4 充液阀增速回路

如图 4-52 所示，此为某文献中给出的自重补油快速运动回路（笔者按原图绘制），并在图下进行了液压回路描述和特点及应用说明。笔者认为图中存在一些问题，具体请见下文。

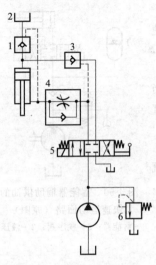

图 4-52　自重补油快速
运动回路（原图）

1,3—液控单向阀；2—辅助油箱；
4—单向节流阀；5—三位四通电磁换向阀；
6—溢流阀

（1）液压回路描述

当换向阀 5 处于右位时，活塞因自重迅速下降，此时所需的流量大于液压泵的供油量，液压缸上腔呈现出负压，液控单向阀 1 打开，辅助油箱 2 的油液补入液压缸上腔；当活塞接触工件时，阀 1 关闭，开始加压。

当换向阀 5 切换到左位时，压力油打开阀 1 和阀 3，液压缸上腔的油经阀 1 流到辅助油箱；当辅助油箱充满后，回油经阀 3 流回主油箱，活塞上升。

节流阀 4 用来调整活塞下降的速度，避免活塞下降太快，造成液压缸上腔充油不足，使升压时间延长。

（2）特点及应用

适用于垂直安装的液压缸，与活塞相连的工作部件的质量较大时，可采用自重补油快速运动回路。

（3）问题与分析

原图、液压回路描述和特点及应用说明中都存在一些问题，其主要问题如下：

① 原图中图形符号有问题；

② 缺少压力指示等；

③ 液压泵不能卸荷；

④ 液压回路描述中存在问题。

在图 4-52 中，三位四通电磁换向阀的图形符号应是错误，实际产品也没有一侧是电磁铁控制（操纵），而另一侧是手动操纵的这种换向阀。

液压缸中的活塞被密闭在液压缸缸体（筒）中，其不可能接触到工件。

当换向阀 5 切换到左位时，压力油打开阀 1 和阀 3，活塞上升；而不是："液压缸上腔的油经阀 1 流到辅助油箱；当辅助油箱充满后，回油经阀 3 流回主油箱，活塞上升。"

（4）修改设计及说明

根据 GB/T 786.1—2009 的规定及上述指出的问题，笔者重新绘制了图 4-53。

关于充液阀增速回路图 4-53，作如下说明：

① 添加了粗过滤器、联轴器、电动机、单向阀、压力表开关、压力表、回油过滤器、溢流管等；

② 修改了三位四通电磁换向阀图形符号；

③ 对溢流阀添加了弹簧可调节图形符号，使其具有调定（限定）液压泵的输出（最高工作）压力功能；

④ 用单向阀代替了液控单向阀；

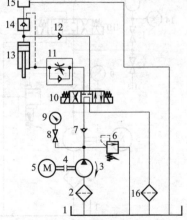

图 4-53　充液阀增速回路

1—油箱；2—粗过滤器；3—液压泵；
4—联轴器；5—电动机；6—溢流阀；
7,12—单向阀；8—压力表开关；
9—压力表；10—三位四通电磁换向阀；
11—单向节流阀；13—液压缸；
14—液控单向阀（充液阀）；15—上置油箱；
16—上置油箱溢流管

⑤ 进行了一些细节上的修改，如添加了液压泵旋转方向指示箭头等。

如图 4-53 所示，当三位四通电磁换向阀 10 换向至右位时，液压泵 3 供给的液压油液通过单向阀 7、三位四通电磁换向阀 10、单向节流阀 11 中的单向阀输入液压缸 13 有杆腔；当液压泵 3 供给的液压油液压力达到液控单向阀（充液阀）14 反向开启压力时，液控单向阀（充液阀）14 反向开启，液压缸 13 无杆腔内的油液通过液控单向阀（充液阀）14 回上置油箱 15，液压缸 13 回程。当上置油箱内油液量达到设定值时，多余的油液将可通过大口径溢流管自流回油箱 1。

4.2.5 差动回路

（1）差动回路 I

如图 4-54 所示，此为某文献中给出的差动连接快速运动回路 I（笔者按原图绘制），并在图下进行了液压回路描述和特点及应用说明。笔者认为图中存在一些问题，具体请见下文。

1）液压回路描述 当换向阀 2 处于右位时，液压缸为差动连接，活塞快速向右移动；当换向阀 2 处于左位时，活塞向左快速退回。

2）特点及应用 用于组合机床动力滑台液压回路、压力机差动增速回路等。

通过换向阀 2 的最大流量为液压泵的输出流量和液压缸右腔回油量之和，故换向阀的规格应与之相适应。

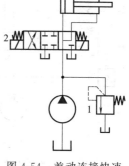

图 4-54 差动连接快速
运动回路 I（原图）
1—溢流阀；2—换向阀

3）问题与分析 原图、液压回路描述和特点及应用说明中都存在一些问题，其主要问题如下：

① 回路图中元件的状态表示有问题，甚至是错误的；

② 缺少压力指示等；

③ 液压回路描述和特点及应用说明不但不清楚，而且有问题。

关于液压元件应以未受激励的状态（非工作状态）在液压系统及回路图中表示，前文已经多次提及，此处不再重复。但图 4-54 中换向阀 2 中位有一油口接油箱（应是接 T 油口的表示），而右位（端）相同的油口却又接液压泵出口（应是接 P 油口的表示），这样的表示不但无法实现其功能，还存在原理错误。

尽管在 2008 年出版的那部参考文献图样中，换向阀中位各油口没有与其他管路连接，但回路图以换向阀右位状态表示也是不正确的。

该回路期望实现的功能之一是往复运动速度一致；因差动回路是以降低液压缸输出力为代价提高速度，所以该回路一般只能用于传递或输送，而不能用于液压机主缸。

4）修改设计及说明 根据 GB/T 786.1—2009 的规定及上述指出的问题，笔者重新绘制了图 4-55。

关于差动回路 I 图 4-55，作如下说明：

① 添加了粗过滤器、联轴器、电动机、单向阀、压力表开关、压力表、回油过滤器等；

② 修改了三位四通电磁换向阀图形符号及其连接；

③ 对溢流阀添加了弹簧可调节图形符号，使其具有调

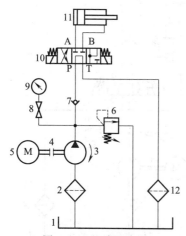

图 4-55 差动回路 I
1—油箱；2—粗过滤器；3—液压泵；
4—联轴器；5—电动机；6—溢流阀；
7—单向阀；8—压力表开关；9—压力表；
10—三位四通电磁换向阀；
11—液压缸；12—回油过滤器

定（限定）液压泵的输出（最高工作）压力功能；

④ 进行了一些细节上的修改，如添加了液压泵旋转方向指示箭头等。

在 GB/T 17446—2012 中定义了差动回路，即："从执行元件（通常是液压缸）排出的液压油液被直接引到其进口或系统，目的是以降低液压缸输出力为代价提高速度。"

该回路如使其往复运动速度一致，则需液压缸两腔面积比为 2。

（2）差动回路Ⅱ

如图 4-56 所示，此为某文献中给出的差动连接快速运动回路Ⅴ（笔者按原图绘制），并在图下进行了液压回路描述和特点及应用说明。笔者认为图中存在一些问题，具体请见下文。

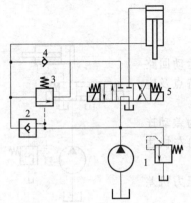

图 4-56 差动连接快速
运动回路Ⅴ（原图）

1—溢流阀；2—液控单向阀；3—顺序阀；

4—单向阀；5—三位四通电磁换向阀

1）液压回路描述 换向阀 5 切换至右位时，压力油流入液压缸上腔，液压缸下腔的油经阀 2 流回上腔，形成差动连接，会随快速下移。当液压缸负载增加后，上腔油压升高，下腔油压降低，阀 2 关闭，阀 3 打开，下腔的油经阀 3 与换向阀 5 流回油箱，液压缸转入非差动连接，活塞下移速度变慢。换向阀 5 切换至左位时，压力油经阀 4 流入液压缸下腔，活塞向上退回。

2）特点及应用 活塞向下移动时有两个速度，分别为工进和快进。

3）问题与分析 原图、液压回路描述和特点及应用说明中都存在一些问题，其主要问题如下：

① 回路中采用阀 2，其设计意图不清楚或错误；

② 缺少压力指示等；

③ 缺少应用说明。

图 4-56 中液控单向阀 2 不仅图形符号错误，而且液控部分没有作用。既不可能反向开启液控单向阀，也没有反向开启的必要，又是一处画蛇添足。

4）修改设计及说明 根据 GB/T 786.1—2009 的规定及上述指出的问题，笔者重新绘制了图 4-57。

关于差动回路Ⅱ图 4-57，作如下说明：

① 添加了粗过滤器、联轴器、电动机、压力表开关、压力表、回油过滤器等；

② 用单向阀替换了液控单向阀；

③ 对溢流阀添加了弹簧可调节图形符号，使其具有调定（限定）液压泵的输出（最高工作）压力功能；

④ 进行了一些细节上的修改，如添加了液压泵旋转方向指示箭头，修改了电磁铁作用方向等。

如图 4-57 所示，当三位四通电磁换向阀 9 处于左位时，液压泵 3 的供给流量通过三位四通电磁换向阀 9 输入液压缸 13 无杆腔，液压缸 13 有杆腔油液通过单向阀 12 与液压泵 3 供给流量合流一起输入液压缸 13 无杆腔，组成差动回路，实现

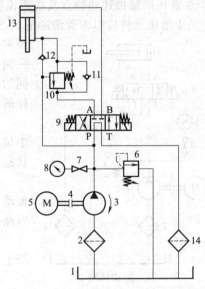

图 4-57 差动回路Ⅱ

1—油箱；2—粗过滤器；3—液压泵；4—联轴器；

5—电动机；6—溢流阀；7—压力表开关；

8—压力表；9—三位四通电磁换向阀；10—顺序阀；

11,12—单向阀；13—液压缸；14—回油过滤器

液压缸 13 的快速缸进程运动（快进）；当液压缸 13 承受负载增加，液压缸 13 无杆腔压力升高，同时液压缸有杆腔压力降低，则单向阀 12 被反向压力关闭、顺序阀 10 被此压力打开，液压缸 13 有杆腔油液与液压泵 3 供给流量合流油路被堵死，差动回路解除，液压缸 13 有杆腔油液改由通过顺序阀 10、三位四通电磁换向阀 9、回油过滤器 14 回油箱，实现液压缸 13 的慢速缸进程运动（工进）。

当三位四通电磁换向阀 9 处于右位时，液压泵 3 的供给流量通过三位四通电磁换向阀 9、单向阀 11 输入液压缸 13 有杆腔，液压缸 13 缸回程，液压缸 13 无杆腔油液经回油过滤器 14 回油箱。

此回路可用于压块机液压系统中，其中顺序阀 10 和单向阀 11 组成单向顺序阀。

为了扩大该回路的应用范围或使其更具实用价值，应在单向顺序阀前加装（单向）节流调速控制阀（阀 12），使其工进速度可调，如图 4-58 所示。

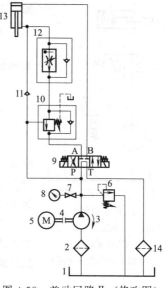

图 4-58 差动回路Ⅱ（修改图）

由二通插装阀组成的差动回路可参考第 5.1.3 节插装阀换向回路。

4.3 缓冲制动回路分析与设计

液压执行元件所带动的运动件如果速度较高和/或质量较大，若突然停止或换向时，由于运动件及液压工作介质有惯性，因此就会产生很大的冲击和振动。为了减小或消除这种冲击和振动就需要缓冲。缓冲是指运动件在趋近其运动终点时借以减速的手段，缓冲回路就是采取了一些办法、措施以实现缓冲的液压回路。

采用缓冲是为了使运动件平稳停止和/或换向，使运动件（较）迅速停止即为制动。制动回路是利用溢流阀等元件在执行元件（主要是液压马达）回油路上产生背压，使执行元件受到阻力（矩）而被平稳制动的液压回路。

制动回路还包括利用液压制动器产生摩擦阻力（矩）使执行元件平稳制动的液压回路。

液压马达的制动回路不在本节中分析与设计，请另外见第 6.3.2 节液压马达制动锁紧回路。

4.3.1 液压缸缓冲回路

如图 4-59 所示，此为某文献中给出的液压缸缓冲回路（笔者按原图绘制），并在图下进行了液压回路描述和特点及应用说明。笔者认为图中存在一些问题，具体请见下文。

（1）液压回路描述

用可调式双向缓冲液压缸来起缓冲作用，减少冲击和振动，实现缓冲，缓冲动作可靠。

（2）特点及应用

适用于缓冲行程位置固定的工作场合，其缓冲效果由缓冲液压缸的缓冲装置调整。

（3）回路图溯源与比较

经查对，相同的回路图除见于 2000 年、2011 年、2015 年三部专著中，还见于 2007（2016）年出版的《机械设计手册》和 2011 年出版的《现代机械设计手册》等其他参考文献中，但特点说明略有不同，如"由缓冲液压缸组成的缓冲回路，对液压回路没有特殊的要求，缓冲动作可靠，但对缓冲液压缸的行程设计要求严格，不容易变换，适合于缓冲行程位置固定的工作场合，故限制了适应的范围。其缓冲效果由缓冲液压缸的缓冲装置调整"。另

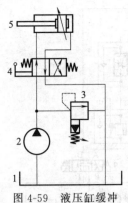

图 4-59 液压缸缓冲
回路（原图）

1—油箱；2—液压泵；3—溢流阀；
4—二位四通手动换向阀；
5—双侧带调节缓冲液压缸

如"此回路缓冲动作可靠，起到缓冲作用，减少冲击和振动。"

（4）问题与分析

原图、液压回路描述和特点及应用说明中都存在一些问题，其主要问题如下：

① 手动换向阀不具有使液压缸停止功能；

② 缺少压力指示等；

③ 液压回路描述和特点及应用说明过于简单且存在一些问题。

缓冲的目的之一是使液压缸及其所带的运动件在停止或换向前减速。如果液压系统及回路本身不具有使液压缸及其所带的运动件停止的功能，单单只靠液压缸自身所具有的缓冲装置缓冲，其缓冲效果不一定好，也不一定可靠。

在液压缸出厂试验中，因带缓冲的缸的缓冲性能是根据客户试验要求进行的，所以，液压缸的供需双方应有技术合同约定相关产品的缓冲技术要求。

在液压系统及回路中使用带缓冲的缸有一些技术要求和注意事项，具体采用前请设计者事先查阅液压缸相关标准和《液压缸设计与制造》专著。

（5）修改设计及说明

根据 GB/T 786.1—2009 的规定及上述指出的问题，笔者重新绘制了图 4-60。

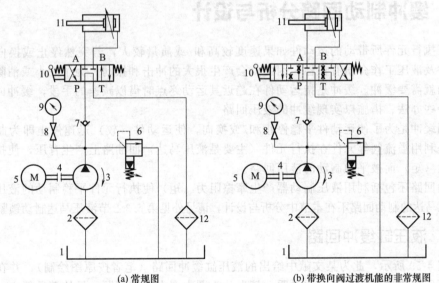

(a) 常规图　　　　　　　　　(b) 带换向阀过渡机能的非常规图

图 4-60　液压缸缓冲回路（修改图）

1—油箱；2—粗过滤器；3—液压泵；4—联轴器；5—电动机；6—溢流阀；7—单向阀；
8—压力表开关；9—压力表；10—三位四通手动换向阀；11—液压缸；12—回油过滤器

关于液压缸缓冲回路（修改图）图 4-60，作如下说明：

① 添加了粗过滤器、联轴器、电动机、单向阀、压力表开关、压力表、回油过滤器等；

② 用三位四通手动换向阀替换了二位四通手动换向阀；

③ 修改了双侧带调节缓冲液压缸图形符号（已经在重新绘制原图中修改）；

④ 进行了一些细节上的修改，如添加了液压泵旋转方向指示箭头。

不管是为了使液压缸停止还是换向而采取缓冲，其都应考虑在液压系统及回路中首先采取措施使液压缸减速或停止。在双侧带调节缓冲液压缸液压系统中，采用中位机能为 P 与 T

连通的三位四通换向阀。因其过渡机能可使 P、B 和 T 连通，或 P、A 和 T 连通，且为带阻尼的连通，其性能可减小换向冲击，所以是一种较好的选择。带换向阀过渡机能的液压缸缓冲回路（修改图）的非常规图请见图 4-60 (b)。

关于液压缸缓冲回路还可参见第 4.4.4 节 (3)，其中"一种可调行程缓冲柱塞双作用液压缸"为笔者专利。

4.3.2　蓄能器缓冲回路

如图 4-61 所示，此为某文献中给出的蓄能器缓冲回路（笔者按原图绘制），并在图下进行了液压回路描述和特点及应用说明。笔者认为图中存在一些问题，具体请见下文。

（1）液压回路描述

蓄能器用于吸收因负载突然变化使液压缸产生位移而产生的压力冲击。当冲击太大，蓄能器吸收容量有限时，可由安全阀消除。

（2）特点及应用

蓄能器的容量应与液压缸正常工作时产生的压力冲击相适应。

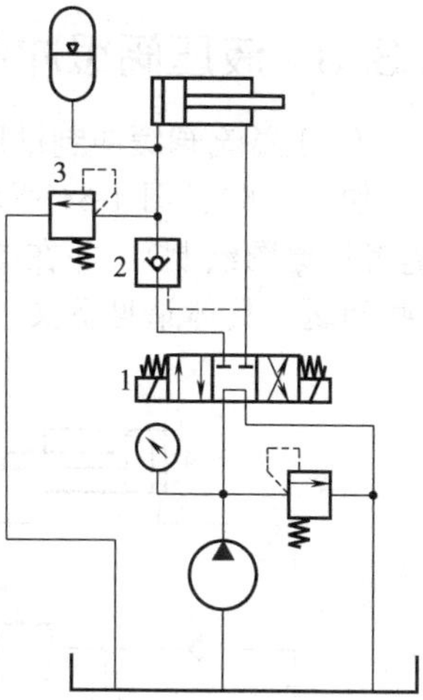

（3）问题与分析

原图、液压回路描述和特点及应用说明中都存在一些问题，其主要问题如下：

① 液压泵缺少单向阀保护；

② 三位四通换向阀中位机能可能有问题；

③ 在液压回路描述中的安全阀指向不清；

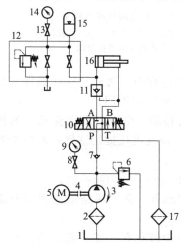

图 4-62　蓄能器缓冲回路（修改图）
1—油箱；2—粗过滤器；3—液压泵；
4—联轴器；5—电动机；6—溢流阀；
7—单向阀；8,13—压力表开关；
9,14—压力表；10—三位四通电磁换向阀；
11—液控单向阀；12—蓄能器控制阀组；
15—蓄能器；16—液压缸；17—回油过滤器

④ 液压回路描述和特点及应用说明中缺少必要的内容。

既然原图样中一些元件已经编号，就应在图题下给出名称。但图 4-61 却没有给出，以致于在其回路说明中安全阀指向不清。

既然已经预知液压系统及回路存在压力冲击，就应对液压泵加以保护。在液压泵出口设置单向阀可以防止液压油液倒流，同时也可减小液压冲击对液压泵的影响，还可以使液压泵卸荷压力不至于为"零"。尽管液压泵卸荷压力不是"零"，可能影响一点效率，但对换向阀平稳换向是有一些好处的。

如图 4-61 所示，蓄能器设置在液压缸无杆腔旁路上，究竟可以吸收液压缸哪个方向上"产生位移而产生的压力冲击"？恐怕是回路描述中存在的最大问题。

（4）修改设计及说明

根据 GB/T 786.1—2009 的规定及上述指出的问题，笔者重新绘制了图 4-62。

关于蓄能器缓冲回路（修改图）图 4-62，作如下说明：

① 添加了粗过滤器、联轴器、电动机、单向阀、压力表开关、压力表、回油过滤器等；

② 用蓄能器控制阀组替换了阀 3；

图 4-61　蓄能器缓冲回路（原图）

③ 修改了三位四通电磁阀中位机能；

④ 进行了一些细节上的修改，如添加了液压泵旋转方向指示箭头。

如图 4-62 所示，将蓄能器连接在液压缸无杆腔油口最近处，可以吸收缸回程运动突然停止或反向运动可能造成的压力冲击，使压力不会遽（剧）增。

该回路可用于高压输电线间隔棒振摆试验液压系统、矿用装载机离合器等。

4.3.3 液压阀缓冲制动回路

（1）溢流阀缓冲制动回路

如图 4-63、图 4-64 所示，此为某文献中给出的溢流阀缓冲回路Ⅰ、溢流阀缓冲回路Ⅱ（笔者按原图绘制），并在图下进行了液压回路描述和特点及应用说明。笔者认为图中都存在一些问题，具体请见下文。

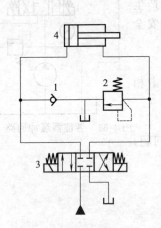

图 4-63 溢流阀缓冲回路Ⅰ
1—单向阀；2—溢流阀；
3—三位四通电磁换向阀；4—液压缸

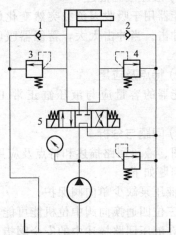

图 4-64 溢流阀缓冲回路Ⅱ
1,2—单向阀；3,4—直动（式）溢流阀；
5—三位四通电磁换向阀

1）液压回路描述 图 4-63 回路描述：液压缸 4 向右运动过程中，活塞及移动部件有惯性；当换向阀 3 处于中位，回路停止工作时，溢流阀起到制动和缓冲作用。

图 4-64 回路描述：当换向阀 5 处于左位时，活塞杆向右移动；由于直动溢流阀 4 的作用，不会突然向右。向左运动时，由于直动溢流阀 3 的作用，减缓液压缸活塞换向时产生的液压冲击。

2）特点及应用 图 4-63 特点及应用：液压缸无杆腔经单向阀 1 从油箱补油。

图 4-64 特点及应用：适用于经常换向而且会产生冲击的场合，例如压路机振动部分液压回路。

3）问题与分析 原图、液压回路描述和特点及应用说明中都存在一些问题，其主要问题如下：

① 回路名称不准确；

② 液压回路描述和特点及应用说明不准确。

在上述两个回路中，因溢流阀的主要作用不是使液压缸减速，所以这两个回路应为制动回路。对液压缸两腔中任何一腔而言，其制动回路都是相同的，作用也是相同的，不应出现不同作用的描述。尤其是"当换向阀 5 处于左位时，活塞杆向右移动；由于直动溢流阀 4 的作用，不会突然向右。"这样的描述非常值得商榷。

4）修改设计及说明　根据 GB/T 786.1—2009 的规定及上述指出的问题，笔者重新绘制了图 4-65。

关于溢流阀缓冲制动回路图 4-65，作如下说明：

① 添加了粗过滤器、联轴器、电动机、单向阀、压力表开关、压力表、回油过滤器等；

② 用双向防气蚀溢流阀替换了防气蚀阀（单向阀）和溢流阀；

③ 对溢流阀添加了弹簧可调节图形符号，使其具有调定（限定）（最高工作）压力功能；

④ 进行了一些细节上的修改，如添加了液压泵旋转方向指示箭头、电磁铁作用方向等。

如图 4-65 所示，双向防气蚀溢流阀 11 是一种定型产品，其中的单向阀又称为防气蚀阀。该回路没有对液压系统及回路的其他功能进行添加，具体采用时请设计者一并考虑。

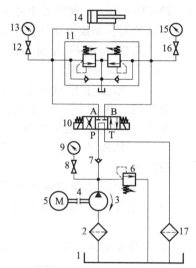

图 4-65　溢流阀缓冲制动回路

1—油箱；2—粗过滤器；3—液压泵；4—联轴器；
5—电动机；6—溢流阀；7—单向阀；8,12,16—压力表开关；
9,13,15—压力表；10—三位四通电磁换向阀；
11—双向防气蚀溢流阀；14—液压缸；17—回油过滤器

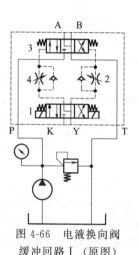

图 4-66　电液换向阀
缓冲回路Ⅰ（原图）

1—换向阀的先导阀（三位四通电磁换向阀）；
2,4—单向节流阀；3—换向阀的主阀（液控换向阀）

（2）电液换向阀缓冲回路

如图 4-66 所示，此为某文献中给出的电液换向阀缓冲回路Ⅰ（笔者按原图绘制），并在图下进行了液压回路描述和特点及应用说明。笔者认为图中存在一些问题，具体请见下文。

1）液压回路描述　调节主阀 3 和先导阀 1 之间的单向节流阀 2（或 4）的开口量，就调节了流入主阀的控制腔的流量，延长主阀芯的换向时间，达到缓冲的目的。

2）特点及应用　适用于经常需要换向，而且产生很大冲击的场合，缓冲效果较好。

3）问题与分析　原图、液压回路描述和特点及应用说明中都存在一些问题，其主要问题如下：

① 电液换向阀图形符号不完整且存在问题；

② 带先导节流阀（液控油路液阻）的电液换向阀的功能没有讲清楚；

③ 在回路描述中缺少要点。

在图 4-66 中没有明确先导控制液压源，亦即不清楚是内控还是外控型电液换向阀。

先导节流阀可以调节主阀芯的换向速度，同时也应能调节主阀芯的回中（复位）速度。由此判断，其单向节流阀安装方向不对。

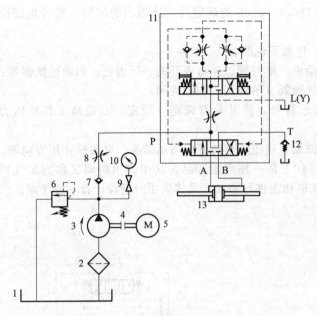

图 4-67 电液换向阀缓冲回路

1—油箱；2—粗过滤器；3—液压泵；4—联轴器；5—电动机；
6—溢流阀；7—单向阀；8—节流阀；9—压力表开关；10—压力表；
11—三位四通电液换向阀；12—带有复位弹簧的单向阀（背压阀）；
13—双侧带缓冲双出杆缸

使用带先导节流阀的电液换向阀之所以能够起到一定的缓冲作用，主要是将液流流道（液控油路）的突然快速关闭（开启）变成了相对缓慢的关闭（开启），而其中可能存在的减速不是主要因素。

在液压系统内因流量的急遽减小即可产生压力冲击，亦即出现水锤现象。

4）修改设计及说明　根据 GB/T 786.1—2009 的规定及上述指出的问题，笔者重新绘制了图 4-67。

关于电液换向阀缓冲回路图 4-67，作如下说明：

① 添加了粗过滤器、联轴器、电动机、单向阀、节流阀、压力表开关、背压阀、液压缸等；

② 修改了三位四通电液换向阀图形符号；

③ 对溢流阀添加了弹簧可调节图形符号，使其具有调定（限定）液压泵（最高工作）压力功能；

④ 进行了一些细节上的修改，如添加了液压泵旋转方向指示箭头、电磁铁作用方向等。

如图 4-67 所示，在内控外泄型三位四通电液换向阀中，先导阀 P 油路上节流阀及 A、B 油路上单向节流阀可以调节主阀的换向速度；特别是 A、B 油路上单向节流阀可以调节主阀的回中速度。

需要强调的是，带先导节流阀的电液换向阀一般不能从根本上解决执行元件（如液压缸）的冲击碰撞问题。因为其没有将液压缸及其所带动的负载所具有的动量（能）转换为热能，所以还应与其他缓冲措施配合使用，如带缓冲的缸。

（3）节流阀缓冲回路

如图 4-68 所示，此为某文献中给出的节流阀缓冲回路（笔者按原图绘制），并在图下进行了液压回路描述和特点及应用说明。笔者认为图中存在一些问题，具体请见下文。

1）液压回路描述　活塞杆上有凸块 4 或 5（在重新绘制原图中省略），当其运动碰撞到行程开关时，电磁铁 3YA 或 4YA 断电，单向节流阀开始节流，实现液压缸的缓冲。

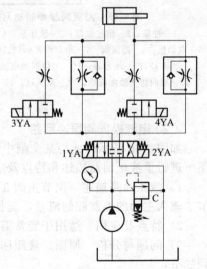

图 4-68　节流阀缓冲回路（原图）

2）特点及应用　可应用于大型、需要经常往复运动的场合，如牛头刨床中。

3）问题与分析　原图、液压回路描述和特点及应用说明中都存在一些问题，其主要问题如下：

① 在原图中存在多处液压元件图形符号不规范问题；

② 回路工作原理描述不清楚；

③ 该回路缓冲效果不一定可靠。

如图4-68所示，在2008年、2011年和2015年出版的三部参考文献图样中都有"C"字，笔者根据图4-70调速阀缓冲回路（原图）判断，"C"字应为某原图中元件编号。

电磁铁3YA或4YA断电，怎么就可以控制"单向节流阀开始节流"？其在电磁铁3YA或4YA通电时，难道单向节流阀就没有一点节流吗？

该文献中的液压回路都是按液压缸进油节流调速设置的。当电磁铁3YA或4YA通电时，电磁换向阀及节流阀、单向节流阀中的节流阀两油路都应该可以通油。如果单向节流阀选择的规格较小，则只是单向节流阀中的节流阀油路通过的流量少一些而已，但绝不是一点流量没有通过。此时相当于二级调（减）速回路中的高速状态。

当电磁铁3YA或4YA断电时，电磁换向阀及节流阀油路被断开。除电磁换向阀泄漏外，再没有油液能通过此油路，只有单向节流阀中的节流阀油路可以通油，但其通油能力小，亦即液压缸输入流量小，液压缸减速处于二级调（减）速回路中的低速状态。

因液压缸及所带动的负载惯性，进油节流减速需要进行一定的行程后才能实现，如果驱动的负载质量很大，甚至可能出现进油路吸空（气蚀）问题，所以，单向节流阀选择的规格不能太小。从液压缸回油的角度考虑，单向节流阀选择的规格也不能小。

综上所述，该回路在本书中应归类在"采用换向阀的减速回路"。

4）修改设计及说明　根据GB/T 786.1—2009的规定及上述指出的问题，笔者重新绘制了图4-69。

关于节流阀缓冲回路图4-69，作如下说明：

① 用单向节流阀替换了节流阀；

② 修改为液压缸回油节流调速；

③ 进行了一些细节上的修改，如修改了三位四通电磁换向阀中位机能图形符号、电磁铁作用方向等。

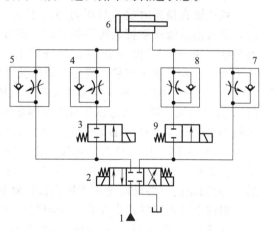

图4-69　节流阀缓冲回路

1—液压源；2—三位四通电磁换向阀；

3,9—二位二通电磁换向阀；

4,5,7,8—单向节流阀；6—液压缸

如图4-69所示，当三位四通电磁换向阀2处于左位时，液压源1供给的液压油液通过三位四通电磁换向阀2、二位二通电磁换向阀3、单向节流阀4中的单向阀以及单向节流阀5中的单向阀输入液压缸6无杆腔，液压缸6有杆腔液压油液通过单向节流阀8中的节流阀、二位二通电磁换向阀9以及单向节流阀7中的节流阀、三位四通电磁换向阀2回油箱，液压缸进行高速缸进程；当缸进程到达某一位置时，触发行程开关发讯，二位二通电磁换向阀9电磁铁得电换向，将单向节流阀8所在油路断开，此时只有单向节流阀7中的节流阀工作，液压缸回油量减小，亦即实现液压缸二级减速，液压缸进行低速缸进程。

同样，缸回程也可实现减速。由于节流调（减）速设置在液压回油路上，不存在进油路吸空（气蚀）等问题，因此，单向节流阀5和7选择的规格可以较小，亦即可以使液压缸速度减到很低。实现了缓冲的目的。

（4）调速阀缓冲回路

如图4-70所示，此为某文献中给出的调速阀缓冲回路（笔者按原图绘制），并在图下进行了液压回路描述和特点及应用说明。笔者认为图中存在一些问题，具体请见下文。

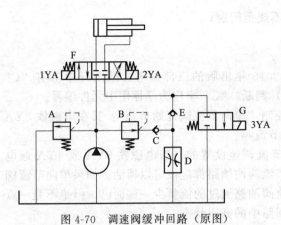

图 4-70 调速阀缓冲回路（原图）

② 回路功能描述不一致；

③ 回路实用性有问题。

1) 液压回路描述 调速阀 D 由于减压阀 B 的作用预先处于工作状态，从而起到避免液压缸活塞前冲的目的。在液压缸停止运动前，活塞杆碰行程开关，使 3YA 断电，调速阀开始工作，活塞减速，达到缓冲的目的。

2) 特点及应用 二位二通换向阀 G 是为了使活塞快速移动设置的。

3) 问题与分析 原图、液压回路描述和特点及应用说明中都存在一些问题，其主要问题如下：

① 缺少压力指示等；

液压缸在换向时前冲与压力冲击不是一个问题。液压缸在换向时前冲是一种液压缸异动，既可能是液压系统及回路的问题，也可能是液压缸本身结构的问题，主要发生在速度变换包括"快→慢""慢→快""启动→停止""停止→启动"等过程中，造成的后果主要不是压力升降，而是液压缸启动或停止时的突然窜动以及速度变换中运行不平稳。

根据 1982 年出版的这部参考文献中对该回路的描述："当液压泵启动后，压力油经溢流阀 A 流回油箱，同时通过减压阀 B（调整压力为 7bar）打开单向阀 C，关闭单向阀 E，经调速阀 D 流回油箱，使 D 处于工作状态。当 2DT（2YA）通电后，压力油流入液压缸左腔，右腔回油经阀 F、E 与 D 流回油箱。由于阀 D 预先已处于工作状态，因此活塞向右进给不会前冲。此时由于阀 D 产生背压使阀 C 关闭，活塞进给速度由阀 D 调节。阀 G 用于快速进退。"此回路的主要功能是用于防止液压缸启动时前冲，而非是（减速）缓冲。

但在上述回路描述中存在一个问题，即能否"由于阀 D 产生背压使阀 C 关闭"。笔者认为，在液压泵启动后，包括阀 F 处于左位、中位或右位时，阀 C 都不大可能关闭，而是液压泵供给的部分液压油液始终经阀 B、阀 C、阀 D 回油箱。

液压泵供给的部分液压油液始终经阀 B、阀 C、阀 D 回油箱，其相当是液压系统的一条减压支路（子系统），且不做有用功，这样的液压回路应无实用价值。

但在 2008 年出版的这部参考文献中介绍："应用于轮式装载机行走机构"，可笔者根据现有资料没有查找到是在哪种机型的轮式装载机上采用。

4) 修改设计及说明 根据 GB/T 786.1—2009 的规定及上述指出的问题，笔者重新绘制了图 4-71。

关于调速阀缓冲回路（修改图）图 4-71，作如下说明：

① 添加了粗过滤器、联轴器、电动

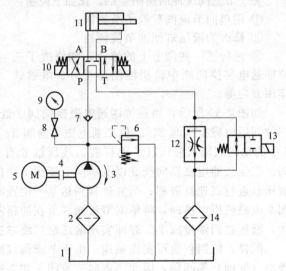

图 4-71 调速阀缓冲回路（修改图）

1—油箱；2—粗过滤器；3—液压泵；4—联轴器；
5—电动机；6—溢流阀；7—单向阀；8—压力表开关；
9—压力表；10—三位四通电磁换向阀；11—液压缸；
12—调速阀；13—二位二通电磁换向阀；14—回油过滤器

机、单向阀、压力表开关、回油过滤器等；

② 删除了减压支路及减压阀、减压油路和回油路上单向阀；

③ 对溢流阀添加了弹簧可调节图形符号，使其具有调定（限定）液压泵（最高工作）压力功能；

④ 进行了一些细节上的修改，如添加了液压泵旋转方向指示箭头、电磁铁作用方向等。

如图 4-71 所示，当液压泵 3 启动后，液压泵 3 输出油液主要通过单向阀 7、三位四通电磁换向阀 10、二位二通电磁换向阀 13 及回油过滤器 14 回油箱（卸荷）；当三位四通电磁换向阀 10 准备换向时，二位二通电磁换向阀 13 优先换向，使液压泵 3 输出油液全部通过单向阀 7、三位四通电磁换向阀 10、调速阀 12 及回油过滤器 14 回油箱，并使 T 油路具有一定的背压；当三位四通电磁换向阀 10 换向后，二位二通电磁换向阀 13 延迟（时）复位，液压泵 3 供给使液压油液通过单向阀 7、三位四通电磁换向阀 10 输入液压缸 11，液压缸 11 回油通过三位四通电磁换向阀 10、调速阀 12 及回油过滤器 14 回油箱，因为调速阀 12 的节流调速作用，回油存在一定的背压，所以在三位四通电磁换向阀 10 换向时，液压缸 11 不会发生突然前冲。当二位二通电磁换向阀 13 延迟（时）复位后，液压缸 11 回油节流调速取消，液压缸 11 开始快速运动。

当液压缸 11 接近行程终点（停止）时，触发行程开关发讯，二位二通电磁换向阀 13 得电换向，液压缸 11 回油节流调速恢复，液压缸 11 转为慢速运动，实现了缓冲的目的。

在该回路中采用调速阀 12，只是考虑在液压工作介质温度、黏度等发生变化时，可尽量保证该回路防前冲和缓冲两项性能不变。

4.4 速度同步回路分析与设计

在 GB/T 17446—2012 标准中定义的同步回路是多路运行受控在同时发生的回路。但此定义缺少基本内涵，没有反映液压技术所涉及的同步回路应有的同步特征。

液压技术所涉及的同步回路，至少应是两个（台）执行元件（如液压缸）或多个（台）执行元件间速度和/或行程的比较，即活塞和活塞杆间往和/或复直线运动速度和/或行程的同步。

以一个（台）液压缸往和/或复直线运动为目标，使另一个（台）或一些液压缸跟踪此液压缸的运动，并尽可能地与之趋近或保持同步，此为跟踪同步；跟踪同步的目标可以是当前目标，但主要是终极目标；同步精度一般是以达到终极目标的行程绝对误差或行程相对误差来描述的。因此，跟踪同步主要是结果同步，亦即行程同步。

两个（台）液压缸或两个（台）以上液压缸各自按预先设（计）定的一个速度调整（解），并尽可能地使之趋近或保持这一速度，此为速度同步。速度同步的目标是既有大小又有方向的一个速度设（计）定值，且可能是时间或行程的函数；同步精度一般是以达到当前目标包括终极目标的行程绝对误差或行程相对误差来描述的。因此，速度同步主要是过程同步，当然也包括结果同步。

速度同步和行程同步都是液压技术要研究的课题，其中速度同步是一个过程和结果的同步问题。所以，解决和达到一定精度的速度同步是当今液压技术中的一个关键技术。

下列几种回路都是用来解决两个（台）或两个（台）以上执行元件（主要是指液压缸）速度同步问题的，但因以下几种速度同步回路所能达到的速度同步精度不同，加之各个执行元件所承受的外部负载、所受内外摩擦力、制造质量、结构强度和刚度、内外泄漏及其安装连接形式等各不相同，所以这几种速度同步回路在实际应用时应进行选择、论证。

下列速度同步回路不包括使用机械的方法（含刚性连接液压缸活塞杆）强制执行元件速度同步，亦即机械同步。

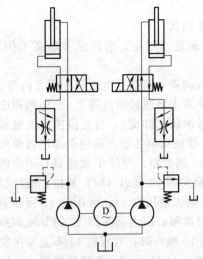

图 4-72　用等流量单向泵
同步的回路（原图）

下列速度同步回路包括第 5.4 节的位置同步回路中的液压缸全部带有排气器，其所在位置能够将液压系统油液中所含空气或气体排净，但在液压系统及回路图中没有特别表示这一功能。排净液压系统油液中所含空气或气体，是保证同步精度的基本条件之一。

4.4.1　液压泵同步回路

如图 4-72 所示，此为某文献中给出的用等流量单向泵同步的回路（笔者按原图绘制），并在图下进行了液压回路描述和特点及应用说明。笔者认为图中存在一些问题，具体请见下文。

（1）液压回路描述

用一个电动机驱动两个等流量的定量泵，使两个液压缸同步动作。当两个等流量泵的流量不完全相等时，可用两个调速阀来修正速度同步误差。

（2）特点及应用

正常工作时，两个换向阀应同时切换。同步精度为 2‰～5‰，液压系统简单，系统效率较高，互相不干扰。液压缸泄漏和泵容积效率是影响同步精度的主要因素，宜采用容积效率较稳定的柱塞泵。适用于高压、大流量、同步精度高的场合。

（3）问题与分析

原图、液压回路描述和特点及应用说明中都存在一些问题，其主要问题如下：

① 缺少压力指示、油温控制等功能；
② 缺少控制同步精度的条件；
③ 回路描述有问题，可能涉及原理问题；
④ 特点及应用说明不准确。

如暂时忽略其中的调速阀，则该回路为典型的液压泵-液压缸同步回路。如要使两台液压缸速度同步，则需要设定满足若干条件，且也不可能达到较高的同步精度，其中仅是液压元件的筛选难度就很大。

如调速阀参与两台液压缸的速度同步控制，则该回路即为 T 油路回油节流调速回路；以图 4-72 所示回路为例，其只可能在一定条件下实现缸进程或缸回程单向的、一定精度的速度同步，而不可能实现双向速度同步。

使两台液压缸的负载一致（均衡）且重复不变，是该回路可能实现较高精度速度同步的重要条件，但这也是实际工作中很难做到的。

根据笔者经验，这种回路不可能实现较高精度的速度同步，且重复精度也很低。因此要慎重对待"适用于高压、大流量、同步精度高的场合。"

液压泵同步回路可应用实例，请参见本章第 4.4.5 节和第 4.4.7 节。

4.4.2　液压马达同步回路

如图 4-73 所示，此为某文献中给出的同步马达同步回

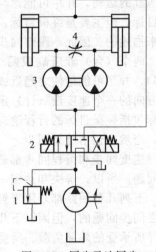

图 4-73　同步马达同步
回路 I（原图）

1—溢流阀；2—三位四通电磁换向阀；
3—双向液压马达；4—节流阀

路Ⅰ（笔者按原图绘制），并在图下进行了液压回路描述和特点及应用说明。笔者认为图中存在一些问题，具体请见下文。

（1）液压回路描述

两个等排量双向液压马达3的轴刚性连接，把等量的油分别输入尺寸相同的液压缸中，使液压缸实现同步。节流阀4用于行程端点消除两缸位置误差，换向阀中位时，液压泵低压卸荷。

（2）特点及应用

这种回路的同步精度比采用流量控制阀的同步回路高，但专用的配流元件使系统复杂，制造成本高。

（3）问题与分析

原图、液压回路描述和特点及应用说明中都存在一些问题，其主要问题如下：

① 究竟是两台马达还是一台分流器，易使人存有疑问；

② 同步液压马达图形符号值得商榷；

③ 节流阀的作用有问题，可能还涉及原理问题；

④ 液压回路描述和特点及应用说明不够全面。

如是"两个等排量双向液压马达3的轴刚性连接"，则一般应分别给出序号，尤其在可能产生误解的情况下；如是（齿轮式）同步马达（分流器），则应给出一个序号，且齿轮式分流器是由彼此间具有刚性约束的两对或两对以上齿轮啮合组件所构成的，用于分流或集流的可逆式液压元件。

如图4-73所示，如将节流阀4连接在两台液压马达两油口间，在两台液压缸负载不一致（均衡）情况下，两台液压马达极有可能只向一台液压缸供（排）油，亦即失去了"分流器"功能。

在偏载情况下，从压力角度理解，两台液压马达中的一台，应具有液压泵的作用。所以其图形符号应包含液压泵的功能元素。

该回路易受马达排量、容积效率和负载差异的影响，同步精度一般不高。高精度同步马达的同步精度在±1.5%～±2.0%，高压大流量同步马达的精度在2.5%±3.0%，且价格较贵。

适用于两台液压缸两腔面积对应相等且行程较长的场合，如翻卷机滑座液压系统、平台起升液压系统等。

（4）修改设计及说明

根据GB/T 786.1—2009的规定及上述指出的问题，笔者重新绘制了图4-74。

关于液压马达同步回路图4-74，作如下说明：

① 用防气蚀溢流阀（阀4、5、6、7）代替了原图中的节流阀4；

② 明确了双向双联泵或马达为齿轮式同步马达（分流器）；

③ 改变了分流误差的修正原理；

④ 修改了图形符号等。

因为齿轮式同步马达（分流器）的分流误差会因积累而使其差值越来越大，所以应加以修正。图4-74所示液压回路可在液压缸每次行程终点处消除误差。

除齿轮式同步马达外，现在常用的还有柱塞式同步马达，其能在偏载情况下获得较高的同步精度，柱塞式同步马达的同步精度在±0.5%～±0.8%。

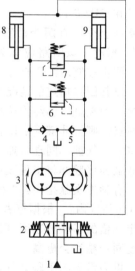

图4-74　液压马达同步回路
1—液压源；2—三位四通电磁换向阀；
3—齿轮式同步马达（分流器）；
4，5—单向阀；6，7—溢流阀；
8，9—液压缸

同步马达除可以等量分流外，还可以按比例分配流量，作为比例分配（流）器使用。

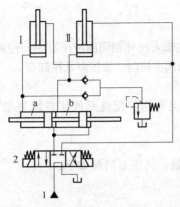

图 4-75 同步缸同步回路 I（原图）

4.4.3 串联缸速度（位置）同步回路

如图 4-75 所示，此为某文献中给出的同步缸同步回路 I（笔者按原图绘制），并在图下进行了液压回路描述和特点及应用说明。笔者认为图中存在一些问题，具体请见下文。

（1）液压回路描述

同步缸的出入流量是相等的，可同时向两个液压缸供油，实现位移同步。如果缸 I 的活塞已到达行程终点，而缸 II 的活塞尚未到达终点，则油腔 a 的余油可通过溢流阀排油回油箱。油腔 b 的油可继续流入缸 II 的下腔，使之移动到终点。同理，如果缸 II 的活塞先到达行程终点，亦可使缸 I 的活塞相继到达终点。

（2）特点及应用

同步缸缸径及两个活塞的尺寸完全相同并共用一个活塞杆。同步缸容积大于液压缸容积，两个单向阀和背压阀是为了提高同步精度的放油装置，其同步精度可达 2%～5%。可用于负载变化较大的场合。

（3）问题与分析

原图、液压回路描述和特点及应用说明中都存在一些问题，其主要问题如下：

① 回路及液压缸名称值得商榷；

② 该回路缸返程修正同步误差时，可能会出现气蚀；

③ 在特点及应用中给出的同步精度不准确。

在 GB/T 17446—2012 中没有"同步缸"这一术语，但定义了"串联缸"，即："在同一活塞杆上至少有两个活塞在同一个缸的分隔腔室内运动的缸"。据此，该回路应称为串联缸速度（位置）同步回路，用于同步控制的液压缸亦应具体表述为串联缸。

以其回路描述的情况为例，如缸 II 缸回程时出现同样的情况，即在缸 I 已经到达缸回程终点，而缸 II 尚未到达缸回程终点，则缸 II 继续缸回程时，缸 I 与串联缸连接腔将出现吸空——气蚀。同理，如果缸 II 缸回程先到达终点，缸 I 与串联缸连接腔亦将出现吸空——气蚀。

有参考文献指出："用同步缸同步的速度同步误差一般在 1.0% 以内"，根据笔者设计、制造和使用串联缸的经验，一定规格的串联缸速度（位置）同步回路，现在可以达到的速度同步精度会更高。

更为常见的串联缸行程终点消除两液压缸位置误差的方法是在串联缸活塞上设置双作用单向阀，具体请见原理图 4-76。

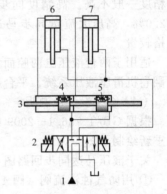

图 4-76 带双作用单向阀
串联缸同步回路
1—液压源；2—三位四通电磁换向阀；
3—串联缸（同步缸）；
4,5—双作用单向阀；6,7—液压缸

4.4.4 液压缸串联速度（位置）同步回路

（1）液压缸串联速度（位置）同步回路 I

如图 4-77 所示，此为某文献中给出的带补偿装置的串联液压缸同步回路 I（笔者按原图绘制），并在图下进行了液压回路描述和特点及应用说明。笔者认为图中存在一些问题，具体请见下文。

1）液压回路描述　图 4-77 所示为带补偿装置的两个液压缸串联的同步回路。液压缸 5 回油腔排出的油液，又被送入液压缸 4 的进油腔。如果串联油腔活塞的有效面积相等（即 $A_1 = A_2$），便可实现同步运动。

由于泄漏和制造误差，影响了串联液压缸的同步精度，当活塞往复多次后，会产生严重的失调现象，因此要采取补偿措施。

当两缸同时下行时，若缸 5 活塞先到达行程终点，则挡块压下行程开关 S_1，电磁铁 3YA 通电，溢流阀 2 左位工作，压力油经溢流阀 2 和液控单向阀 3 进入缸 4 上腔，进行补油，使其活塞继续下行到达行程终点。如果缸 4 活塞先到达终点，行程开关 S_2 使电磁铁 4YA 通电，溢流阀 2 右位工作，压力油进入液控单向阀控制腔，打开阀 3，缸 5 下腔与油箱接通，使其活塞继续下行到达行程终点，从而消除积累误差。

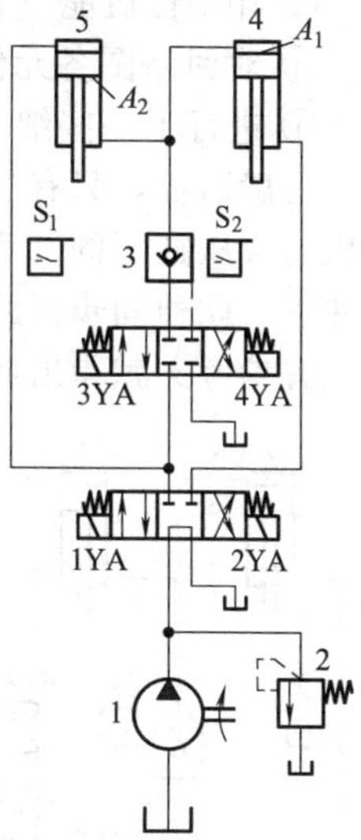

2）特点及应用　两个串联液压缸的活塞有效面积相等（即 $A_1 = A_2$），是实现同步运动的保证。两液压缸能承受不同的负载，但泵的供油压力要大于两缸工作压力之和。这种回路允许较大的偏载，偏载所造成的压差不影响流量的改变，只会导致微小的压缩和泄漏。因此同步精度较高，回路效率也较高。

图 4-77　带补偿装置的串联液压缸同步回路Ⅰ（原图）

1—液压泵；2—溢流阀；3—液控单向阀；4,5—液压缸

3）问题与分析　原图、液压回路描述和特点及应用说明中都存在一些问题，其主要问题如下：

① 回路名称有问题；

② 液压元件图形符号不规范；

③ 液压元件选型有问题；

④ 回路图中元件编号与回路描述不符；

⑤ 液压回路描述和特点及应用说明不准确。

不能以图形符号（模数）尺寸大小来表示不同规格（尺寸）的液压缸，原图（在重新绘制原图时已修改）以缸径尺寸大的图形符号来表示相对大缸径液压缸，以缸径尺寸小的图形符号来表示相对小缸径液压缸是不对的。

如图 4-77 所示，液压缸 4 和 5 皆为单出杆活塞液压缸，其液压缸 4 无杆端活塞有效面积与液压缸 5 有杆端（活塞）有效面积很难相等。液控单向阀 3 与中位 P、A、B 和 T 断开的换向阀连接，其反向截止性能没有保障。

图 4-77 中溢流阀编号为 2，而在回路描述中又将此编号赋予了电磁铁 3YA、4YA 所在的换向阀，非常混乱。

如被串联连接的两台液压缸皆为单出杆活塞液压缸，则"会产生严重的失调现象"一般不是"由于泄漏和制造误差"造成的，而最为可能的是由 A_1 与 A_2 不相等造成的。

关于回路名称问题，请见下节。

4）修改设计及说明　根据 GB/T 786.1—2009 的规定及上述指出的问题，笔者重新绘制了图 4-78。

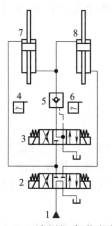

图 4-78　液压缸串联速度（位置）同步回路Ⅰ

1—液压源；2,3—三位四通电磁换向阀；4,6—行程开关；5—液控单向阀；7,8—双出杆缸

关于液压缸串联速度（位置）同步回路Ⅰ图 4-78，作如下说明：

① 用双出杆缸替换了单出杆活塞液压缸；

② 用中位机能为 P 断开、A、B 和 T 连通的三位四通电磁换向阀替换了原图中的换向阀；

③ 对回路图各元件进行了重新编号；

④ 进行了一些细节上的修改，如电磁铁作用方向、换向阀中位机能 P 与 T 连接位置等。

一般而言，只有当液压缸 8 为双出杆缸时，才可能保证液压缸 7 的（活塞）有杆端有效面积与液压缸 7 的（活塞）无杆端有效面积相等，进而实现双缸精度较高的同步运动。在此条件下，此种同步回路的速度（位置）同步误差一般在 2.0% 以内。

有参考文献指出此回路："适用于同步精度要求高的中小功率液压系统"。

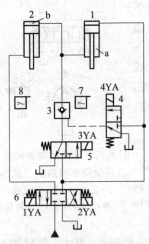

图 4-79　带补偿装置的串联
液压缸同步回路Ⅱ（原图）

1,2—液压缸；3—液控单向阀；

4,5—二位三通电磁换向阀；

6—三位四通电磁换向阀；

7,8—行程开关

（2）液压缸串联速度（位置）同步回路Ⅱ

如图 4-79 所示，此为某文献中给出的带补偿装置的串联液压缸同步回路Ⅱ（笔者按原图绘制），并在图下进行了液压回路描述和特点及应用说明。笔者认为图中存在一些问题，具体请见下文。

1）液压回路描述　回路中液压缸 1 有杆腔 a 的有效面积与液压缸 2 无杆腔 b 的有效面积设计为相等，故从 a 腔排出的油液进入 b 腔后，两缸实现同步下降。

回路中的补偿装置可使同步误差在每一次运动中都得到消除。当换向阀 6 切换到右位时，两缸同时下行，若缸 1 的活塞先到终点，则触动行程开关 7，使电磁铁 3YA 通电，阀 5 切换至右位，压力油经阀 5 和液控单向阀 3 向液压缸 2 的 b 腔补油，推动活塞继续运动到终点。若缸 2 先运动到终点，则触动行程开关 8 使电磁铁 4YA 通电，阀 4 切换至上位，控制压力油反向导通液控单向阀 3，使缸 1 的 a 腔通过阀 3 回油，其活塞即可继续运动到终点。

2）特点及应用　此回路只适用于负载较小的液压系统。

3）问题与分析　原图、液压回路描述和特点及应用说明中都存在一些问题，其主要问题如下：

① 回路名称有问题；

② 两台二位三通电磁换向阀图形符号不一致；

③ 回路描述有问题；

④ 补偿装置性能不可靠；

⑤ 回路应用说明不准确。

因串联缸（或串联液压缸）是在 GB/T 17446—2012 中定义的术语，其为一台总成，而非是两台液压缸串联连接，所以，此种回路应称为液压缸串联速度（位置）同步回路。

比较两台二位三通电磁换向阀 4 和 5 的图形符号，尽管其与在"图样说明"中不同，但阀内部油流流动方向应是指定的，不能任意绘制。

该回路"两缸实现同步下降"或同步上升的前提条件应是"液压缸 1 有杆腔 a 的有效面积与液压缸 2 无杆腔 b 的有效面积设计为相等"，但恰恰这一点很难做到。

液压缸往复运动（结束）为一个循环，每一次运动可能是指一次缸进程或一次缸回程，该回路只能在缸进程终点处进行行程同步误差补偿（修正），而在缸回程时不具有这一功能。所以，在 2008 年出版的这部参考文献中表述较为准确："而补偿措施使同步误差在每一次下行运动中及时消除，以避免误差的积累。"

但是，在两台液压缸带载情况下，需要对两台液压缸位置同步误差进行补偿时，如果液压缸1的a腔压力高于其无杆腔压力（系统工作压力），即使阀5切换至右位，也因无法正向开启液控单向阀3，而不能对液压缸2的b腔补油；如果阀4切换至上位，反向开启液控单向阀3，则可能瞬间使液压缸1的a腔和液压缸2的b腔一起泄压，导致液压缸2退回、负载偏转、液压缸1前冲等危险情况。

"此回路只适用于负载较小的液压系统"这样的应用说明不清楚其根据，而现在液压缸串联速度（位置）同步回路在液压剪板机上应用较为普遍，具体请见下节。其在1982年出版的这部参考文献中的表述："本回路能适应较大的负载，系统效率较高"，应与现在实际情况基本相符。

4）修改设计及说明　根据GB/T 786.1—2009的规定及上述指出的问题，笔者重新绘制了图4-80。

关于液压缸串联速度（位置）同步回路Ⅱ图4-80，作如下说明：

① 用溢流阀、顺序阀替换了原图中补偿装置；

② 用中位机能为P与T连接、A、B断开的三位四通电磁换向阀替换了原图中的换向阀。

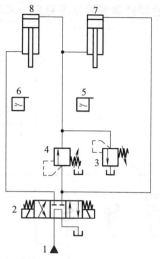

图4-80　液压缸串联速度
（位置）同步回路Ⅱ
1—液压源；2—三位四通电磁换向阀；
3—溢流阀；4—顺序阀；
5,6—行程开关；7,8—液压缸

如图4-80所示，当三位四通电磁换向阀2换向至左位时，液压源1供给液压油液输入液压缸7无杆腔，液压缸7有杆腔与液压缸8无杆腔连通且活塞（有效）面积相等，液压缸7带动液压缸8一起同步进行缸进程；如果液压缸7先到达行程终点或指定位置，而液压缸8还没有到达这一位置，则液压源1（系统工作）压力升高，开启顺序阀4直接向液压缸8无杆腔补偿液压油液，使液压缸8可以进一步到达行程终点或指定位置；如果液压缸8先到达行程终点或指定位置，而液压缸7还没有到达这一位置，则液压源1（系统工作）压力升高，进而导致液压缸7有杆腔（包括液压缸8无杆腔）压力升高，打开溢流阀3进行溢流，液压缸7得以继续进行缸进程，直至到达行程终点或指定位置。行程开关5、6分别用于检（监）测液压缸7、8到达指定位置的情况，如被触发可进一步用于控制三位四通电磁换向阀2的动作。

这种同步误差修正方法都是在两台液压缸连通腔没有失压的情况下实施的，比较安全可靠，而且在液压缸有杆腔上设置溢流阀也符合相关标准规定。

（3）液压缸串联速度（位置）同步回路Ⅲ

如图4-81所示，这是笔者首先设计的一种QC11Y-13×2500/3200闸式液压剪板机液压系统原理图。此种闸式液压剪板机与现在常见的闸式液压剪板机主要不同之处在于采用了笔者的专利（专利号：ZL 2014 2 0433665.7）"一种可调行程缓冲柱塞双作用液压缸"。

现在常见的闸式液压剪板机上两台双作用液压缸一般采用串联安装，即所谓液压缸串联同步回路液压系统。其中缸内径大的一般称为主缸，通常又称为左液压缸或左缸；缸内径小的一般称为副缸，通常又称为右液压缸或右缸。在两液压缸设计中力求左缸有杆端有效面积与右缸无杆端活塞面积相等，即力求左缸缸回程排量与右缸缸进程排量相等，但设计中实际做不到，只能力求接近，即两液压缸的理论基准点在运动时不完全同步，亦即滑块（亦称上刀架或刀架）在运动中始终摆动。此种液压剪板机的滑块回程一般由蓄能器控制右缸（副缸）有杆端，在滑块工进过程中要始终克服该回程力。

笔者注：在GB/T 17446—2012中的定义"缸回程排量"和"缸进程排量"有问题。

在滑块回程时，现在常见的这种规格液压剪板机的左液压缸（主缸）缸盖（底）处设计了固定缓冲装置，用于缸回程终点处缓冲。在实际使用中，现在这种规格液压剪板机的左缸的缓冲装置效果不稳定、不可靠，经常出现活塞直接撞缸底现象。

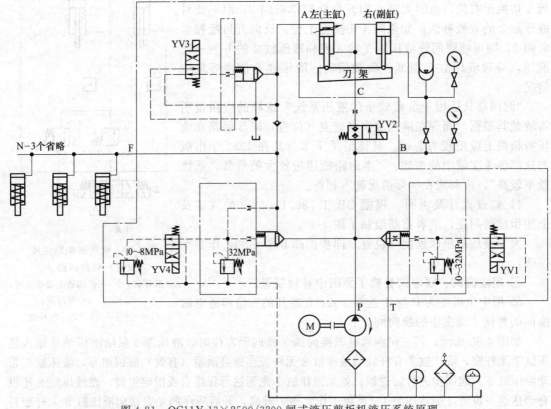

图 4-81　QC11Y-13×2500/3200 闸式液压剪板机液压系统原理

带动闸式液压剪板机上刀架回程的串联液压缸中的主液压缸回程死点处的缓冲装置设计是闸式液压剪板机设计中一个难题。现在的实际情况是反求设计尚且做不到，更谈不上优化设计了。主要问题在于这种液压缸串联同步回路液压控制系统中主液压缸缓冲装置设计没有现成的数学模型，各设计参数莫衷一是，相关标准也没有具体规定。因此，工程上急需对此种缓冲装置设计给出各设计参数选择、计算及确定的方法，按计算公式计算、设计出理论上可行的新型缓冲装置，并对已有的缓冲装置进行验算或校核。

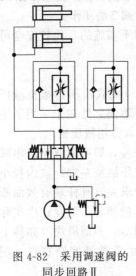

图 4-82　采用调速阀的
同步回路Ⅱ

4.4.5　流量控制阀速度同步回路

如图 4-82 所示，此为某文献中给出的采用调速阀的同步回路Ⅱ（笔者按原图绘制），并在图下进行了液压回路描述和特点及应用说明。笔者认为图中存在一些问题，具体请见下文。

（1）液压回路描述

两个液压缸是并联的，在它们的进（回）油路上，分别串联了一个调速阀，仔细调节两个调速阀的开口大小，便可控制或调节进入自两个液压缸流出的流量，使两个液压缸在一个运动方向上实现同步。

（2）特点及应用

回路是用调速阀的单向同步回路，回路结构简单。但是两个调速阀的调节比较麻烦，而且还受油温、泄漏等的影响，故同步精度不高，一般在 5％～7％。

（3）回路图溯源与比较

比较各部参考文献关于同步精度的表述，除表述为："但是两个调速阀的调节比较麻烦，而且还受油温、泄漏等的影响，故同步精度不高，一般在 5%～7%。"外，还有表述为："但同步精度受调速阀性能和油温的影响，且两个调速阀较难调节到同流量，系统效率也较低。一般速度同步误差在 5%～10%。"

（4）问题与分析

原图、液压回路描述和特点及应用说明中都存在一些问题，其主要问题如下：

① 对回路同步精度存疑；

② 对设计成缸回程同步存疑；

③ 重复精度有问题。

单出杆活塞缸一般都是用其缸进程驱动负载，因而要求两台液压缸的缸进程同步。但如图 4-81 所示设计成两台液压缸的缸回程同步，应该意义不大。

笔者曾经将流量控制阀速度同步回路应用在再生轮胎硫化机上，效果一般。根据当时的调试经验，存在的主要问题是在不同负载或不均衡负载下各液压缸速度（位置）同步重复精度差。如果结合液压泵同步回路，或许在实际应用中把握更大一些。

（5）修改设计及说明

根据 GB/T 786.1—2009 的规定及上述指出的问题，笔者重新绘制了图 4-83。

关于双泵流量控制阀速度同步回路图 4-83，作如下说明：

① 添加了粗过滤器、联轴器、电动机、压力表开关、压力表、回油过滤器、冷却器、温度计等；

② 将单泵液压系统改为双泵液压系统，且每台液压泵只供给对应的液压缸；

③ 修改成 A 和 B 油路回油节流调速回路；

④ 对溢流阀添加了弹簧可调节图形符号，使其具有调定（限定）液压泵（最高工作）压力功能；

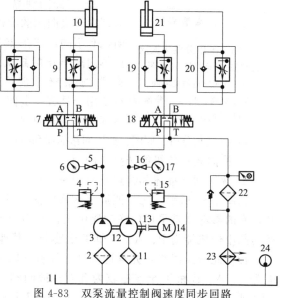

图 4-83　双泵流量控制阀速度同步回路

1—油箱；2,11—粗过滤器；3,12—液压泵；4,15—溢流阀；
5,16—压力表开关；6,17—压力表；7,18—三位四通电磁换向阀；
8,9,19,20—单向调速阀；10,21—液压缸；13—联轴器；
14—电动机；22—回油过滤器；23—冷却器；24—温度计

⑤ 进行了一些细节上的修改，如修改液压泵旋转方向指示箭头等。

尽管油温变化对调速阀性能影响较小，但将油箱内液压油液的温度控制在一个较小的工作温度范围内，对调速阀维持稳定的流量是有好处的。

如能做好液压元件的筛选工作，将该液压系统的同步精度控制在 5% 以内是有保证的。

4.4.6　分流集流阀速度同步回路

（1）分流集流阀速度同步回路 I

在 GB/T 17446—2012 中定义了分流阀，即："将输入的流量按选定的比例分成两股分开的输出流量的流量控制阀"。但在国内某同步液压阀制造公司的企业标准中将分流集流阀、单向分流阀、单向集流阀和比例阀统称为分流集流阀或速度同步阀。

笔者注：1. 将"比例阀"归类于分流集流阀，显然与现在实际情况不符。

2. 在 GB/T 17446—2012 中也定义了集流阀，即："将两股或多股进口流量汇合成一股出口流量的流量控制阀"。

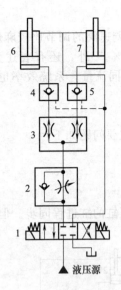

图 4-84　采用分流集流阀
的双缸同步回路（原图）
1—三位四通电磁换向阀；
2—单向节流阀；3—分流集流阀；
4,5—液控单向阀；6,7—液压缸

如图 4-84 所示，此为某文献中给出的采用分流集流阀的双缸同步回路（笔者按原图绘制），并在图下进行了液压回路描述和特点及应用说明。笔者认为图 4-84 中存在一些问题，具体请见下文。

1）液压回路描述　当三位四通电磁阀 1 切换至左位时，压力油经阀 1、单向节流阀 2 中的单向阀、分流集流阀 3（此时作分流阀用）、液控单向阀 4 和 5 分别进入液压缸 6 和 7 的无杆腔，实现双液压缸伸出的同步运动。

当阀 1 切换至右位时，液压油经阀 1 进入两缸的有杆腔，同时反向导通阀 4 和阀 5，双缸无杆腔经阀 4 和阀 5、分流集流阀 3（此时作集流阀用）、阀 1 回油，实现双缸退回同步运动。

2）特点及应用　回路通过输出流量等分的分流集流阀 3 实现液压缸 6 和 7 的双向同步运动。

3）回路图溯源与比较　比较各部参考文献，各图样间的主要区别在于换向阀的中位机能不同；其液压回路描述和特点及应用说明也有不同，如在 2010 年出版的这部液压同步系统专著中有："液控单向阀防止两缸负载不等时串油，并可锁紧活塞杆处在任何位置；""此法不但能承受偏载，油路两个方向分别有分流集流功能，故适用于具有一定偏载双向同步，且同步要求高（依据不同的同步精度选择不同的阀）的液压系统。同样压损大、效率低。"等论述。

4）问题与分析　原图、液压回路描述和特点及应用说明中都存在一些问题，其主要问题如下：
① 换向阀中位机能选择有问题；
② 液压回路描述和特点及应用说明中缺少基本内容。

如图 4-84 所示，三位四通电磁换向阀 1 的中位机能为 P、A、B 和 T 油口在阀内全部断开，有的参考文献采用的换向阀中位机能为 P 与 T 连通、A、B 断开，有的参考文献采用的换向阀中位机能为 P、A、B 和 T 全连通，其他参考文献都与图 4-84 所示相同。

针对此液压回路，究竟选择哪一种换向阀中位机能比较合理？笔者认为：换向阀中位机能为 P、A、B 和 T 全连通较为合理；换向阀中位机能为 P 与 T 连通、A、B 断开次之；图 4-84 所示的换向阀中位机能为 P、A、B 和 T 油口在阀内全部断开最不合理。

理由如下：

a. 因为两液控单向阀的控制油路与换向阀 B 油口连接，当换向阀处中位时，控制油要泄回油箱，所以选用 H 中位机能的换向阀较为合理；

b. 因为液压泵在换向阀复中位时应卸荷，所以选 M 中位机能的换向阀比选 O 中位机能的换向阀合理。

图 4-84 所示是采用分流集流阀的双缸同步回路，在其液压回路描述和特点及应用说明中就应该将分流集流阀（或同步阀）的性能讲清楚。该阀的几个重要指标及要求为：公称压力、同步误差、公称流量、工作流量范围及积累误差如何消除等。

但在某液压同步系统专著中的工作原理叙述（见上文）不准确，且没有必要，还留下了隐患，理由如下：

a. 分流集流阀每次分流或集流后必须有终点补偿，且还要给出足够的时间。也就是说，液压缸只能停在两端，根本不用也不能靠液控单向阀将活塞及活塞杆锁紧在任何位置；选装液控单向阀就是为了防止在液压缸活塞及活塞杆处在上端时，换向阀换向至中位后，两液压缸下腔液压工作介质因（重力）负载作用，造成通过分流集流阀、换向阀等向油箱的泄漏，即两液压缸的沉降。此处应该着重强调分流集流阀一般为滑阀结构，有泄漏。如果可以将活塞及活塞杆锁紧在任何位置，那么终点补偿就将无法描述。

　　b. 究竟这种回路同步精度如何？不管在其工作原理还是在应用范围中都没有叙述。选择或论证一个液压同步回路，同步精度是很重要的。笔者查阅了大量文献和资料及产品样本并根据笔者使用分流集流阀的经验，以下论述较为正确："在完全偏载时同步精度为1%～3%"。

　　c. 这部专著认为图 4-84 所示这种液压回路"压损大、效率低。"但笔者不清楚其根据。有参考资料指出："分流集流阀有一定的适用流量范围。低于公称流量过多时，分流精度显著降低，阀的压降为0.8～1.0MPa，故不宜用于低压系统。"笔者理解这段话根本不是针对该回路讲的，它是在讲分流集流阀的使用注意事项，是针对所有使用分流集流阀的液压系统及回路讲的。

　　在笔者查阅的某分流集流阀制造商产品样本中有这样的表述："分集流阀的工作流量应符合标牌的规定范围，流量过小，同步误差增大，（流量）过大压力损失急剧增大。"

　　5）修改设计及说明　根据 GB/T 786.1—2009 的规定及上述指出的问题，笔者重新绘制了图 4-85。

　　关于分流集流阀速度同步回路 I 图 4-85，作如下说明：

　　① 添加了单向节流阀8、负载 W_1 和 W_2 等；

　　② 修改了三位四通电磁换向阀中位机能；

　　③ 删除了图样中"液压源"文字；

　　④ 进行了一些细节上的修改，如单向节流阀节流口可调节图形符号、电磁铁作用方向等。

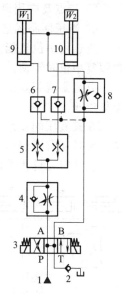

图 4-85　分流集流阀
速度同步回路 I

1—液压源；2—单向阀；
3—三位四通电磁换向阀；
4,8—单向节流阀；
5—分流集流阀；
6,7—液控单向阀；
9,10—液压缸

　　如图 4-85 所示，增加设置单向节流阀8，用于防止在两液压缸 9 和 10 开始下降时可能产生的前冲（窜动）。该回路采用中位机能为 P、A、B 和 T 连通的换向阀较为合理，但应在 T 油口设置一个单向阀作为背压阀，防止分流集流阀管路内出现"中空"。

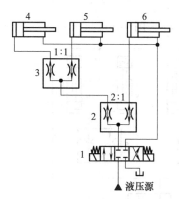

图 4-86　采用分流集流阀的
三缸同步回路（原图）

1—三位四通电磁换向阀；
2—2∶1分流集流阀；
3—1∶1分流集流阀；4～6—液压缸

　　（2）分流集流阀速度同步回路 II

　　如图 4-86 所示，此为某文献中给出的采用分流集流阀的三缸同步回路（笔者按原图绘制），并在图下进行了液压回路描述和特点及应用说明。笔者认为图中存在一些问题，具体请见下文。

　　1）液压回路描述　回路通过分流比为 2∶1 和 1∶1 的两个分流集流阀 2 和 3 给三个液压缸 4、5、6 分配相等的流量，实现三缸同步运动。

　　2）特点及应用　用同样的方法还可以构成采用分流集流阀的四缸同步回路。

　　3）回路图溯源与比较　经查对，相同的回路图见于1982～2016 年出版的若干部参考文献中。在 2010 年出版的这部液压同步系统专著中，几乎对分流集流阀所控制的液压缸全部提出结构、尺寸、精度相同，容积效率相等的要求，如"结构、尺寸、精度相同，容积效率相等的三只油缸 5，通过分流集流阀使各缸进回油量均等，故三缸的活塞杆伸缩均同步运行。"

　　笔者注：引述中的"5"为其原著中液压缸序号。

　　4）问题与分析　原图、液压回路描述和特点及应用说明中都存在一些问题，其主要问题如下：

　　① 液压源无法通过三位四通换向阀中位卸荷；

② 特点及应用说明不准确；

③ 液压回路描述和特点及应用说明过于简单。

应选用中位机能为 P 与 T 连通、A、B 断开的换向阀，以便可使液压源三位四通电磁换向阀复中位时卸荷。

分流集流阀如用于四缸同步控制，则不能选用比例式分流集流阀，如图 4-86 中 2：1 分流集流阀。

在某液压同步系统专著中提出的对所控液压缸的要求，笔者认为其在工程中没有实际意义，况且还有错误。

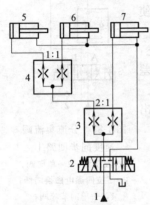

图 4-87　分流集流阀速度
同步回路Ⅱ
1—液压源；
2—三位四通电磁换向阀；
3—2：1 分流集流阀；
4—1：1 分流集流阀；
5～7—液压缸

以执行元件为单出杆双作用液压缸为例，如果使各液压缸的基本参数如缸内径、活塞杆外径、行程等相同，技术性能指标值如内泄漏量、外泄漏量、最低启动压力、带载摩擦力等也相等，当然对采用分流集流阀的同步回路最为有利，也可以说对所有同步回路最为有利。关键是这样的液压缸有吗？假如不管什么标准性、通用性、互换性等，以其中一台液压缸为标准液压缸，那另一台液压缸也只能尽量接近这台标准液压缸而已。况且分流集流阀就有手动变量和自动变量型，其就是为解决液压缸的尺寸、精度、泄流量等不同而设计的。如果一味强调相同、相等，那这种回路还能有吗？最后说一点，有差速和差缸径的同步回路也是可以使用分流集流阀的。

笔者注：在液压缸相关标准中根本没有"容积效率"这一术语或技术性能指标。

5）修改设计及说明　根据 GB/T 786.1—2009 的规定及上述指出的问题，笔者重新绘制了图 4-87。

关于分流集流阀速度同步回路Ⅱ图 4-87，作如下说明：

① 修改了三位四通电磁换向阀中位机能；

② 删除了图样中"液压源"文字；

③ 进行了一些细节上的修改，如电磁铁作用方向等。

其他采用分流集流阀的一些三缸、四缸同步回路，请见图 4-88～图 4-90。

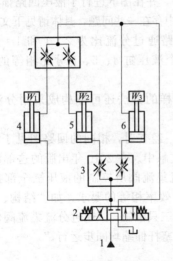

图 4-88　分流集流阀速度同步回路Ⅲ
1—液压源；2—三位四通电磁换向阀；
3,7—可调式分流集流阀；4～6—液压缸

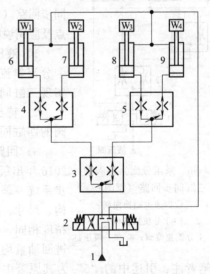

图 4-89　分流集流阀速度同步回路Ⅳ
1—液压源；2—三位四通电磁换向阀；
3～5—自调式分流集流阀；6～9—液压缸

采用分流集流阀的一些多缸同步回路，不能无限制地分流集流。

4.4.7 伺服、比例、数字变量泵速度（位置）同步回路

如图 4-91 所示，此为某文献中给出的用伺服泵同步的回路（笔者按原图绘制），并在图下进行了液压回路描述和特点及应用说明。笔者认为图中存在一些问题，具体请见下文。

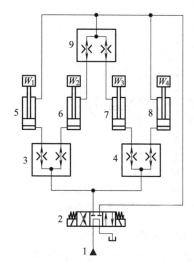

图 4-90　分流集流阀速度同步回路Ⅳ

1—液压源；2—三位四通电磁换向阀；

3,4,9—分流集流阀；5～8—液压缸

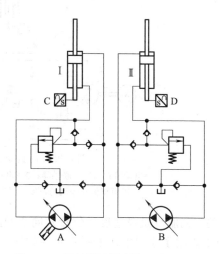

图 4-91　用伺服泵同步的回路（原图）

（1）液压回路描述

回路以主动缸Ⅱ为基准，由位移传感器 C 与 D 检测出两缸活塞的位移，经比较而得到的偏差信号经放大后，输入伺服泵 A，操纵泵斜盘倾角来改变流量，使随动缸Ⅰ活塞跟随主动缸Ⅱ活塞同步动作。

（2）特点及应用

如控制变量泵 B 的斜盘倾角，可以使活塞任意增速和减速，同步精度一般在 0.5% 左右。适用于高压、大流量、同步精度高的液压系统。

（3）问题与分析

原图、液压回路描述和特点及应用说明中都存在一些问题，其主要问题如下：

① 图形符号没有及时更新；

② 回路图绘制得不规范；

③ 液压回路描述和特点及应用说明过于陈旧；

④ 液压回路描述和特点及应用说明不全面。

以图 4-91 中伺服泵 A 图形符号为例，三十多年来在各部文献中都一个样；另外，现在回路图中不能再以罗马数字、拉丁字母来作元件的编号。

不宜将本来已规范的阀组又故意绘制得不易直观看懂，七拐八拐地连接各个元件，增加阅图难度。

以现在一些参考文献的观点而论，此液压回路为典型的液压控制系统。其中的伺服泵 A 既是液压源又是液压控制元件，通常采用阀控式电液位置伺服机构作为变量泵的变量控制机构，其实质是一个小功率的液压放大装置。因此伺服泵 A 所在回路称为"泵控式电液速度控制系统"更为合适。

关于液压传动系统和液压控制系统分类相关问题，读者可参见本书前言。

（4）修改设计及说明

根据 GB/T 786.1—2009 的规定及上述指出的问题，笔者重新绘制了图 4-92。

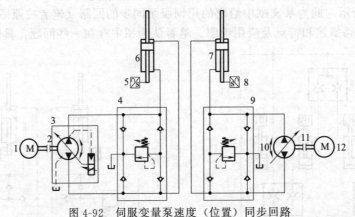

图 4-92　伺服变量泵速度（位置）同步回路

1,12—电动机；2,11—联轴器；3—电液伺服控制双向变量液压泵；4,9—防气蚀溢流阀；
5,8—以模拟信号输出的速度信号转换器；6,7—双出杆缸；10—双向变量液压泵

关于伺服变量泵速度（位置）同步回路图 4-92，作如下说明：

① 修改了原图中几乎所有元件的图形符号（液压缸、信号转换器等已在重新绘制原图中修改）；

② 将阀组"防气蚀溢流阀"用实线包围标出；

③ 对溢流阀添加了弹簧可调节图形符号，使其具有调定（限定）液压泵及液压缸的（最高工作）压力功能；

④ 进行了一些细节上的修改，如添加了联轴器、液压泵双向旋转方向指示箭头等。

若要将图 4-92 所示回路在实际中应用，还需增加若干项功能，可进一步参考泵控同步液压板料折弯机液压系统，具体请见图 4-93。

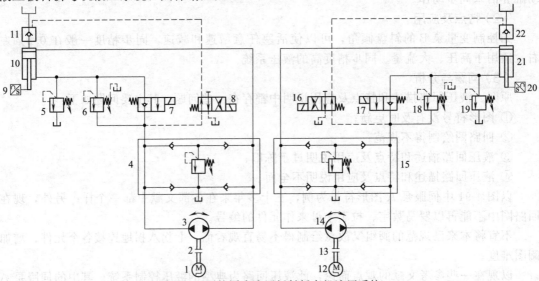

图 4-93　泵控同步液压板料折弯机液压系统

1,12—伺服电机；2,13—联轴器；3,14—双向液压泵；4,15—防气蚀溢流阀；5,19—溢流阀；6,18—顺序阀；
7,17—二位二通电磁换向座阀；8,16—二位四通电磁换向阀；9,20—以模拟信号输出的速度信号转换器；
10,21—液压缸；11,22—液控单向阀（充液阀）

现在液压板料折弯机（以下简称折弯机）有专门的数控系统且有标准（JB/T 11216—2012）。当折弯机处于工作状态时，数控系统根据速度（或位置）检测装置（如光栅尺等）检测到信号，经自动计算后发出一定电压的模拟量给伺服电机的驱动器，通过控制伺服电机转速快慢来控制液压缸运行速度的快慢。以此而论，其是依靠控制变速泵的供给流量变化来控制折弯机两台液压缸运行速度并使其速度（或位置）同步的。

图 4-93 所示回路仅为原理说明，其实际产品可进一步集成或简化，如可去掉一台二位四通电磁换向阀，进而可使两台液控单向阀（充液阀）反向开启同步。

还可以采用数字信号来控制液压泵的供给流量，使折弯机两台液压缸运行速度（或位置）同步，亦即相应的回路即为数字变量泵速度（位置）同步回路。

实际上，现在就有用步进电机来驱动泵变量的数字泵。

4.4.8　比例阀速度（位置）同步回路

如图 4-94 所示，此为某文献中给出的电液比例调速阀同步回路（笔者按原图绘制），并在图下进行了液压回路描述和特点及应用说明。笔者认为图中存在一些问题，具体请见下文。

（1）液压回路描述

图 4-91 所示为用电液比例调速阀实现同步运动的回路。回路中使用一个普通调速阀 1 和一个比例调速阀 2，它们装在由多个单向阀组成的单向阀桥式整流回路中，并分别控制着液压缸 3 和 4 的运动。当两个活塞出现位置误差时，检测装置发出信号，调节比例调速阀的开度，使缸 4 和缸 3 的运动实现同步。这种回路的同步精度较高，位置精度可达 0.5mm，已能满足大多数工作部件所要求的同步精度。

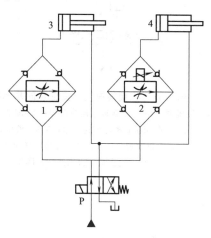

图 4-94　电液比例调速阀同步回路（原图）
1—普通调速阀；2—比例调速阀；
3,4—液压缸

（2）特点及应用

适用于同步精度要求高的液压系统，如大型闸门的同步升降等。由于比例阀对环境适应性强，因此，用它来实现同步控制被认为是一种新的发展方向。

（3）问题与分析

原图、液压回路描述和特点及应用说明中都存在一些问题，其主要问题如下：

① 电液比例调速阀图形符号没有及时更新；

② 液压回路描述和特点及应用说明过于陈旧；

③ 液压回路描述和特点及应用说明不全面，且有一定问题。

尽管在 GB/T 786.1—2009 中没有明确规定电液比例调速阀的图形符号，但三十多年前的图形符号肯定有问题，因为期间 GB/T 786—1976 和 GB/T 786.1—1993 已经被代替。

从 1982 年算起到已经过去了三十多年的今天，电调制（比例）方向控制阀、电调制（比例）流量控制阀和电调制（比例）压力控制阀等应用已十分广泛，"用它来实现同步控制被认为是一种新的发展方向"这样的表述没有必要再重复了。

在回路描述中一再混淆速度同步和位置同步的概念，且体现不出"以偏差消除误差"这一反馈控制的原理。

根据笔者设计、制造和使用含有电调制（比例）流量控制阀的液压系统及回路，以双缸同步回路为例，现在的同步精度已经提高到回路描述中给出值的近 10 倍。

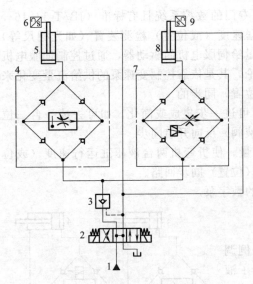

图 4-95 比例阀速度（位置）同步回路
1—液压源；2—三位四通电磁换向阀；3—液控单向阀；
4—单向阀桥式整流调速阀组；5,8—液压缸；
6,9—以模拟信号输出的速度信号转换器；
7—单向阀桥式整流比例调速阀组

（4）修改设计及说明

根据 GB/T 786.1—2009 的规定及上述指出的问题，笔者重新绘制了图 4-95。

关于比例阀速度（位置）同步回路图 4-95，作如下说明：

① 添加了液控单向阀、速度检测装置；

② 修改了比例调速阀图形符号；

③ 进行了一些细节上的修改，如两台液压缸在图样中的布置具有了直观同步要求，添加了联轴器、液压泵双向旋转方向指示箭头等。

如图 4-95 所示，用放大的偏差信号来控制比例调速阀组 7，使液压缸 8 跟随液压缸 5 运动实现速度同步。

伺服比例阀采用比例电磁铁作为电-机械转换器，而功率级滑阀又采用伺服阀的加工工艺，是比例和伺服技术紧密结合的结果。伺服比例阀阀芯采用伺服阀的结构和加工工艺（零遮盖阀口、阀芯与阀套之间的配合精度与伺服阀相当），解决了闭环控制要求死区小的问题。它的性能介于伺服阀和普通比例阀之间。

第 5 章

方向和位置控制典型液压回路分析与设计

方向控制回路是控制液压系统中执行元件的启动、停止或运动方向的液压回路。本书将其划分为换向、连续动作、顺序动作等液压回路。

位置控制回路是控制液压系统中执行元件（主要指液压缸）上可动件（如活塞杆）到达指（预）定位置的液压回路。本书将其划分为限程回路、定位回路、同步回路等液压回路。

方向和位置控制回路图是用图形符号表示液压传动系统该部分（局部）的功能的图样。

5.1 换向回路分析与设计

换向回路是指通过控制输入执行元件油流的通、断及改变其流动方向来实现执行元件的启动、停止或变换运动方向的液压回路。

5.1.1 手动（多路）换向阀换向回路

（1）手动换向阀换向回路

如图 5-1 所示，此为某文献中给出的先导阀控制液动换向阀的换向回路（笔者按原图绘制），并在图下进行了液压回路描述和特点及应用说明。笔者认为图中存在一些问题，具体请见下文。

1）液压回路描述　回路中用辅助泵 2 提供低压控制油，通过手动先导阀 3 来控制液动换向阀 4 来实现主油路的换向。当转阀 3 在右位时，控制油进入阀 4 的左端，右端的油液经转阀 3 回油箱，使阀 4 左位接入、活塞下降。当转阀 3 切入到左位时，控制油使阀 4 换向至右位，活塞上移退回。当转阀 3 到中位时，阀 4 两端的控制油通油箱，在弹簧力的作用下，其阀芯回复到中位，主泵卸荷。

2）特点及应用　用于流量较大和换向平稳性要求较高的场合。尤其是自动化程度要求较高的组合

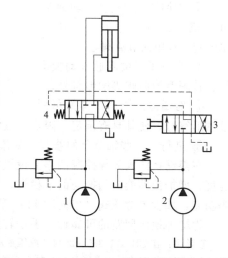

图 5-1　先导阀控制液动
换向阀的换向回路（原图）

1—主泵；2—辅助泵；
3—手动先导阀（转阀）；4—液动换向阀

机床液压系统中被普遍采用。

3）问题与分析　原图、液压回路描述和特点及应用说明中都存在一些问题，其主要问题如下：

① 原图中一些液压元件图形符号不正确；

② 缺少压力指示等；

③ 特点及应用说明有问题。

在图 5-1 中所示的手动先导阀的图形符号，应为在 GB/T 786.1—2009 中规定的拉力控制而非回转控制的方向控制阀；液动换向阀 P 和 T 油口与 A 和 B 油口颠倒；液压缸绘制的也不规范（已在重新绘制中修改）。

如使液动换向阀换向平稳则必须采取一定措施，如图 5-2 所示。

手动换向回路不能在"自动化程度要求较高的组合机床液压系统中被普遍采用"，因为自动控制就是相对手动控制而言的。

在另一部参考文献中关于该回路的特点及应用说明较为正确，即："在机床夹具、油压机和起重机等不需要自动换向的场合，常常采用手动换向阀来进行换向（图 5-1）。这种换向回路常用于大型压机上。"

4）修改设计及说明　根据 GB/T 786.1—2009 的规定及上述指出的问题，笔者重新绘制了图 5-2。

关于手动换向阀换向回路图 5-2，作如下说明：

① 添加了粗过滤器、联轴器、电动机、压力表开关、压力表、单向阀、双单向节流阀等；

② 修改了三位四通液动换向阀、转阀型换向阀等图形符号；

③ 对溢流阀添加了弹簧可调节图形符号，使其具有调定（限定）液压泵的（最高工作）压力功能；

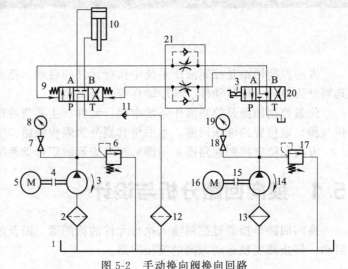

图 5-2　手动换向阀换向回路

1—油箱；2,13—粗过滤器；3,14—液压泵；4,15—联轴器；
5,16—电动机；6,17—溢流阀；7,18—压力表开关；
8,19—压力表；9—三位四通液动换向阀；10—液压缸；
11—单向阀；12—回油过滤器；20—（手动）转阀型换向阀；
21—双单向节流阀

④ 进行了一些细节上的修改，如添加了液压泵单向旋转方向指示箭头等。

在液动换向阀先导控制油路上设置单向节流阀，通过调节节流阀可以控制主阀芯的换向速度，增加液动换向阀换向的平稳性；液压缸所在回路也应相应设置缓冲（减速）、防前冲等功能，如设置背压阀（单向阀 11）等。

为增加换向回路的可靠性，手动转阀型换向阀应选用内部带有定位机构的。

笔者注：在 GB/T 10369—2014《液压手动及滚轮换向阀》中只有对滑阀的技术要求，是否包括手动转阀型换向阀值得商榷，本书暂且将其归类到液压手动换向阀。

（2）手动多路换向阀换向回路

如图 5-3 所示，此为某文献中给出的用多路换向阀换向的换向回路Ⅰ（笔者按原图绘制），并在图下进行了液压回路描述和特点及应用说明。笔者认为图中存在一些问题，具体请见下文。

1）液压回路描述 将泵输出的压力油引入阀 B 阀芯的右端，液压缸工作腔的压力油引至阀芯的左端，两者的压力差由弹簧力平衡。因此当泵流量比换向阀 A 所调节的流量大时，压力差增加，阀芯左移，使泵流量减少。反之，泵的流量增加。当液压缸达到行程终点时，截止阀 C 动作，一方面使泵保持由该阀所调定的最高压力，另一方面又使泵仅输出补偿泄漏所需的微小流量。

2）特点及应用 功率损失小、效率高，适用于大功率的中高压系统。

3）回路图溯源与比较 经查对，相同的回路图见于 1982～2011 年出版的若干部参考文献中。在 1982 年出版的这部参考文献中还有如下内容：

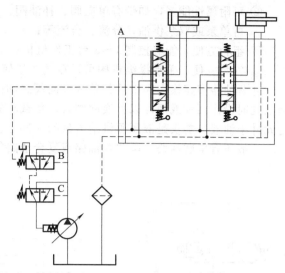

图 5-3　用多路换向阀换向的换向回路 I

"本回路基本上可使负载所需功率与泵的输出功率相等。""通过这种连续动作，泵流量始终与阀 A 的调节流量相等。使泵的输出压力与液压缸压力的差值始终保持在弹簧所调定的数值（6～8bar）范围内，因此功率损失小。""当液压缸不工作时，阀 A 均处于中位，阀 B 左端通油箱，泵输出的油经阀 B 与 C 反馈至泵，这时泵压增至最高，泵输出的流量为补偿泄漏所需的流量。"

4）问题与分析 原图、液压回路描述和特点及应用说明中都存在一些问题，其主要问题如下：

① 多路换向阀图形符号错误；

② 缺少对多路换向阀的描述；

③ 图 5-3 所示泵与现在常用的恒功率变量泵不同。

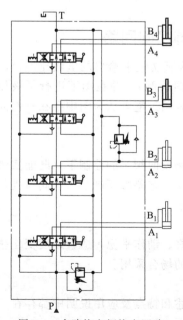

图 5-4　多路换向阀换向回路

不管是现行的 GB/T 786.1—2009 标准，还是已经被历次代替的标准，其在图 5-3 中所示的多路换向阀图形符号都是错误的。

笔者分析重点不在于图 5-3 所示的变量泵的控制是否正确，但现在常用的恒功率变量泵控制与其不同，且是一个总成。

以"用多路换向阀换向的换向回路 I"为名称的换向回路，却对多路换向阀的工作原理、回路功能等几乎没有任何描述，笔者对各部参考文献选择以此回路介绍多路换向阀回路存疑。

5）修改设计及说明 根据 GB/T 786.1—2009 的规定及上述指出的问题，笔者重新绘制了图 5-4。

关于多路换向阀换向回路图 5-4，作如下说明：

如图 5-4 所示，并联油路的 EBM12 型多路换向阀是手动操纵的由多片式换向阀组合而成的方向控制阀，主要用于运输机械、矿山机械或其他液压机械的液压系统中，其具有如下特点：

① 换向冲击小，微调性能好；

② 可附属性能多,如带有单向阀、补油阀、过载阀等;

③ 可单泵或双泵供油,分流、合流等;

④ 组合方便,能够控制1～8台工作机构;

⑤ 安装方便,手动操纵机构可设在阀体任何一端。

并联油路多路换向阀中的各单片换向阀之间的进油路并联,各单片换向阀可独立操作。但当同时操作两片或两片以上换向阀时,负载小的工作机构先动作,此时分配到各动作的执行元件中油液可能仅是液压源供给流量的一部分。

一般还有串联油路、串并联油路或复合油路等多路换向阀可供选用,具体请见图5-5～图5-7。

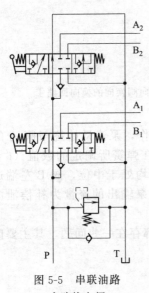

图 5-5　串联油路
多路换向阀

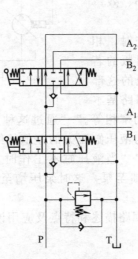

图 5-6　串并联油路
多路换向阀

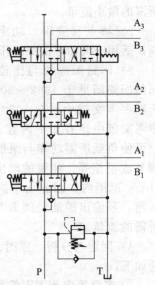

图 5-7　带过桥阀体的复合
油路多路换向阀

笔者注:图5-4～图5-7参考了《榆次液压产品》样本。

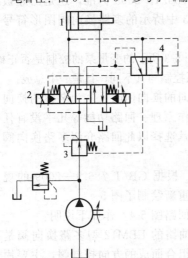

图 5-8　电液比例换向阀换向回路(原图)

1—液压缸;2—电液比例换向阀;

3—定差减压阀;4—液控二位三通换向阀

5.1.2　比例换向阀换向回路

如图5-8所示,此为某文献中给出的电液比例换向阀换向回路(笔者按原图绘制),并在图下进行了液压回路描述和特点及应用说明。笔者认为图中存在一些问题,具体请见下文。

(1)液压回路描述

液压缸1在电液比例换向阀2的控制下,既能实现往复换向,又能实现调速。定差减压阀3为主阀口提供压力补偿。

(2)特点及应用

此类回路控制性能好、动作平稳,适宜速度变化缓慢、运动部件质量不大的场合采用。

(3)问题与分析

原图、液压回路描述和特点及应用说明中都存在一些问题,其主要问题如下:

① 电液比例换向阀图形符号不正确；

② 缺少定差减压型电液比例方向（流量）阀的原理叙述；

③ 负载压力油引出阀与实际阀结构不符；

④ 液压回路描述和特点及应用说明缺少应有的内容。

在 GB/T 786.1—2009 中规定了比例方向阀的图形符号，依此判断在图 5-8 中所示的电液比例换向阀图形符号不正确。

由电液比例换向阀 2、定差减压阀 3 及液控二位三通换向阀 4（序号为笔者添加，其功能为负载压力油引出阀）组成的是定差减压型电液比例方向（流量）阀，其实质是一种定差减压阀（压力补偿器）在前的调速阀。现在用于负载压力反馈的负载压力油引出阀大多采用梭阀而不是液控二位三通换向阀。

电液比例换向阀与常用的电液换向阀类似，其先导控制也分外控外排、外控内排、内控外排和内控内排等形式，在图 5-8 中所示电液比例换向阀 2 应为内控外排式，一般内控油路可不用特别表示。

电液比例换向阀 2 在本回路中具有换向和节流调速双重作用。以此而论，此回路应归类到调速回路更为恰当。

（4）修改设计及说明

根据 GB/T 786.1—2009 的规定及上述指出的问题，笔者重新绘制了图 5-9。

关于电液比例换向阀换向回路（修改图）图 5-9，作如下说明：

① 添加了油箱、粗过滤器、联轴器、电动机、压力表开关、压力表等；

② 用梭阀替换了液控二位三通换向阀；

③ 修改了电液比例换向阀图形符号；

④ 对溢流阀添加了弹簧可调节图形符号，使其具有调定（限定）液压泵的（最高工作）压力功能；

⑤ 进行了一些细节上的修改，如添加了液压泵单向旋转方向指示箭头等。

不管是电液比例换向阀还是电磁比例换向阀，其都必须同比例放大器配套使用。

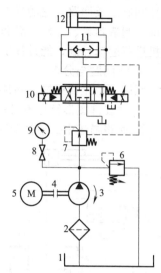

图 5-9　电液比例换向阀
换向回路（修改图）

1—油箱；2—粗过滤器；3—液压泵；
4—联轴器；5—电动机；6—溢流阀；
7—定差减压阀；8—压力表开关；
9—压力表；10—电液比例换向阀；
11—梭阀；12—液压缸

另外，为了提高液压系统的可靠性，减少故障，一般在含有比例阀的液压系统及回路的压力油路上还可加装较为精密的过滤器。

5.1.3　插装阀换向回路

如图 5-10 所示，此为某文献中给出的用插装阀组成的三通换向阀换向回路（笔者按原图绘制），并在图下进行了液压回路描述和特点及应用说明。笔者认为图中存在一些问题，具体请见下文。

（1）液压回路描述

该换向回路由小流量电磁阀进行控制。图示位置时，插装阀 C 上腔通压力油，插装阀 D 上腔通油箱。因此油口 P 关闭，

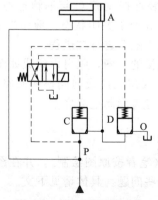

图 5-10　用插装阀组成的
三通换向阀换向回路

油口 O 打开，活塞向右移动。电磁铁通电后，则插装阀 C 上腔通油箱，插装阀 D 上腔通压力油，油口 P 打开，油口 O 关闭，液压缸实现差动连接，活塞向左移动。

（2）特点及应用

对于大流量液压系统可采用插装阀，将插装阀嵌入集成块体孔道内部，在集成块外面叠加控制阀组成回路。它的优点如下：流道阻力小、通油能力大、动作速度快、密封好、结构简单、制造容易、工作可靠和可以组成多功能阀。由于插装阀是开关式元件，因此可以用计算机进行逻辑控制，能设计出最合理的液压系统。

（3）问题与分析

原图、液压回路描述和特点及应用说明中都存在一些问题，其主要问题如下：

① 插装件图形符号不对；

② 回路描述中二通插装阀各部名称不规范；

③ 液压回路描述和特点及应用说明内容过于陈旧。

在图 5-10 中的插装阀 C、插装阀 D 图形符号，既不符合 GB/T 786.1—2009 的规定，也不符合 JB/T 5922—2005 的规定。

在 GB/T 17490—1998 中规定回油箱油口以"T"标识，其后再不应以"O"标识；关于二通插装阀各部名称问题前文已述，这里不再重复。

（4）修改设计及说明

根据 GB/T 786.1—2009 的规定及上述指出的问题，笔者重新绘制了图 5-11。

关于由（二通）插装阀组成的

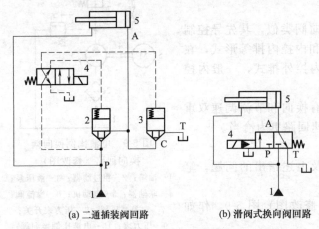

（a）二通插装阀回路　　　（b）滑阀式换向阀回路

图 5-11　用插装阀组成的三通换向阀换向回路（修改图）
1—液压源；2,3—插装件；
4—换向阀（二位四通电磁换向阀、二位三通电液换向阀）；5—液压缸

三通换向阀换向回路（修改图）图 5-11 作如下说明：

如图 5-11（a）所示，插装件 2 工作腔 A 与控制腔 C 连通，插装件 2 处于关闭状态；插装件 3 控制腔 C 与油箱连通，插装件 3 处于开启状态；液压源 1 供给的液压油液直接输入液压缸 5 的有杆腔，液压缸 5 的无杆腔油液通过插装件 3 回油箱，液压缸 5 进行缸回程，即其等效滑阀式换向阀回路如图 5-11（b）所示状态。

当其先导控制阀二位四通电磁换向阀 4 电磁铁得电时，插装件控制腔 C 与油箱连通，插装件处于开启状态；插装件 3 控制腔与液压源 1 连通，插装件 3 处于关闭状态；液压缸 5 两腔通过插装件 2 连通且皆与液压源 1 连通，变成差动回路，液压缸 5 进行缸进程。

由两个插装件，按照其各腔（两个工作腔和 1 个控制腔）连接的不同，除可以组成如图 5-11 所示的二位三通换向阀换向回路之外，还可组成三位三通、四位三通换向阀换向回路；四通换向阀可由两个三通回路组合而成，具体应用时请参考相关专著和制造商样本。

5.1.4　双向泵换向回路

如图 5-12 所示，此为某文献中给出的双向定量泵换向回路（笔者按原图绘制），并在图下进行了液压回路描述和特点及应用说明。笔者认为图中存在一些问题，具体请见下文。

（1）液压回路描述

正转时，液压泵左边油口为出油口，压力油经两个单向阀进入液压缸左腔，同时使液控单向阀 F 打开，液压缸右腔的油液经节流阀 E 和液控单向阀 F 回油箱，液压缸活塞右行。而液压泵的吸油则通过单向阀 A 进行，溢流阀 J 调定液压缸活塞右行时的工作压力。本回路为对称式油路，反向动作类似。

（2）特点及应用

用双向定量泵换向，要借助电动机实现泵的正反转，电动机正转时，油压由溢流阀 B 调节；电动机反转时，油压由溢流阀 J 调节。活塞以回油节流阀调速移动。电动机停转时，液控单向阀 G 与 F 将液压缸锁紧。其适用于换向频率不高的液压系统。应用本回路时，要在轻载或卸荷状态下启动液压泵。

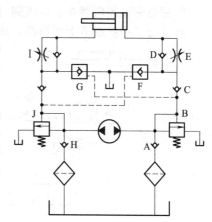

图 5-12　双向定量泵换向回路（原图）

（3）问题与分析

原图、液压回路描述和特点及应用说明中都存在一些问题，其主要问题如下：

① 回路图布置不合理；

② 各元件序号标识有问题；

③ 缺少压力指示等；

④ 液压泵启动工况不确定。

图 5-12 所示回路不易使人一目了然，况且也没有必要将已经标准化的元件再拆分表示；回路中的各元件都应给出编号，但不得以拉丁字母编号。

以图 5-12 所示回路的状态，"要在轻载或卸荷状态下启动液压泵"没有保障。

（4）修改设计及说明

根据 GB/T 786.1—2009 的规定及上述指出的问题，笔者重新绘制了图 5-13。

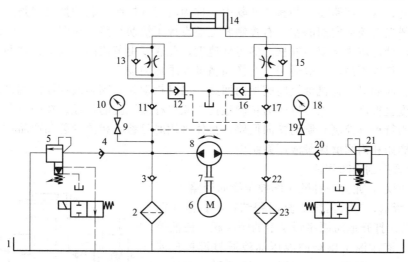

图 5-13　双向定量泵换向回路（修改图）

1—油箱；2,23—粗过滤器；3,4,11,17,20,22—单向阀；5,21—电磁溢流阀；6—电动机；7—联轴器；8—双向定量泵；9,19—压力表开关；10,18—压力表；12,16—液控单向阀；13,15—单向节流阀；14—液压缸

关于双向定量泵换向回路图 5-13，作如下说明：

① 添加了粗过滤器、电动机、联轴器、压力表开关、压力表等；

② 用电磁溢流阀替换了溢流阀，并在其进口处加装了单向阀；

③ 进行了一些细节上的修改，如添加了液压泵双向旋转方向指示箭头等。

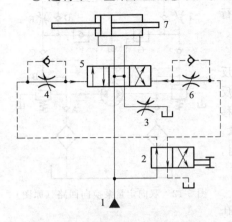

图 5-14　一种机液换向阀换向回路
1—液压源；2—机动先导阀；3—节流阀；
4,6—单向节流阀；5—液控换向阀（主阀）；
7—双出杆缸

5.1.5　其他操纵（控制）换向回路

（1）机液换向阀换向回路

如图 5-14 所示，此为一种机液换向阀换向回路。

如图 5-14 所示，由机动先导阀 2、单向节流阀 4 和 6、液控换向阀（主阀）5 等组成机液（控）换向阀。当机动先导阀 2 处于如图 5-14 所示状态时，液压源 1 供给的液压油液通过（机）液控换向阀 5 输入双出杆缸 7 左腔，活塞及活塞杆向右运动；当机动先导阀 2 的（机动）推或拉控制机构动作时，机动先导阀 2 换向，先导控制液压油液经单向节流阀 6 的单向阀进入主阀 5 右控制腔，主阀 5 左控制腔回油经单向节流阀 4 的节流阀节流后回油箱，控制主阀 5 换向，液压源 1 供给的液压油液通过（机）液控换向阀 5 输入双出杆缸 7 右腔，活塞及活塞杆向左运动。

如果通过双出杆缸 7 所带动的滑块或滑台操纵机动先导阀 2，双出杆缸 7 即可实现连续的往复运动，亦即为平面磨床工作台的液压换向回路。

该回路除可通过调节单向节流阀 4 和/或 6 来控制换向时间（速度）外，一般主阀芯还设计由节流槽或制动锥来实现回油节流、控制换向时间。单向节流阀 4 和/或 6 一旦调定，从向机动先导阀 2 发出换向信号，到双出杆缸 7 减速制动（停止），这一过程的时间基本上是一定的。因此，这一回路在一些参考文献中又称为时间（控制）制动换向回路。为了缩短换向时间，一般在液控换向阀的左、右控制腔上还设计了快换油路（在图 5-14 中未示出）。

该回路换向精度取决于双出杆缸 7 的运动速度，此速度由节流阀 3 调节；这种回路换向时间短，但换向精度不高，一般适用于对换向精度要求低的场合。

控制原理相同的另一种机液换向阀换向回路，因其机动先导阀和液控换向阀设计得更为复杂，制造精度也很高，所以可以较为精确地控制双出杆液压缸的行程。在一些参考文献中把这种回路称为行程（控制）制动换向回路，具体采用时可参考相关专著和产品样本，其主要应用在外圆磨床和内圆磨床等液压系统中。

（2）顺序阀控制换向回路

如图 5-15 所示，此为一种顺序阀控制换向回路。

如图 5-15 所示，当液压缸 5 缸回程结束时，液压源 1 供给压力升高，打开单向顺序阀 4 中的顺序阀，使液控换向阀 2 换向，液压源 1 供给的液压油液通过液控换向阀 2 向液压缸 5 无杆腔输入，液压缸 5 缸进程；当液压缸 5 缸进程结束时，液压源 1 供给压力升高，打开单向顺序阀 3 中的顺序阀，使液控换向阀 2 换向，液压源 1 供给的液压油液通过液控换向阀 2 向液压缸 5 有杆腔输入，液压缸 5 缸回程；由此靠顺序阀控制使液压缸 5 进行往复运动。

这种顺序阀控制换向回路在一些参考文献中又称液

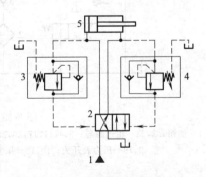

图 5-15　一种顺序阀控制换向回路
1—液压源；2—液控换向阀；
3,4—单向顺序阀；5—液压缸

控换向阀自动控制换向回路。

（3）单作用缸换向回路

如图 5-16 所示，此为一种弹簧复位单作用缸换向回路。

如图 5-16 所示，当二位三通电磁换向阀 2 电磁铁得电时，阀 2 换向，液压源 1 供给的液压油液通过阀 2 输入弹簧复位单作用缸，缸 3 进行缸进程；当阀 2 失电时，阀 2 复位，缸 3 靠弹簧复位（缸回程），实现了弹簧复位单作用缸往复运动。

其他液压缸如重力作用单作用缸亦可采用此回路实现往复运动。

（4）双向变量泵换向回路

如图 5-17 所示，此为一种双向变量泵换向回路。

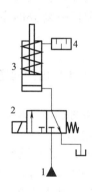

图 5-16　一种弹簧复位单作用缸换向回路
1—液压源；2—二位三通电磁换向阀；
3—弹簧复位单作用缸；4—消声器

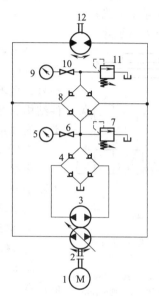

图 5-17　一种双向变量泵换向回路
1—电动机；2—联轴器；3—双联双向变量泵；4,8—单向阀桥路；
5,9—压力表；6,10—压力表开关；7,11—溢流阀；12—双向液压马达

如图 5-17 所示，双联双向变量泵 3 中的小排量低压泵不管是正向还是反向旋转，其总能通过单向阀桥路 4 和 8 向双向液压马达 12 的低压侧补油，亦即单向阀桥路具有自动换向作用（功能）。

5.2　连续动作回路分析与设计

连续动作回路是指通过控制输入执行元件油流的流动方向来实现（一台）执行元件的变换运动方向的液压回路。

5.2.1　压力继电器控制的连续动作回路

如图 5-18 所示，此为某文献中给出的用压力继电器控制的连续往复运动回路（笔者按原图绘制），并在图下进行了液压回路描述和特点及应用说明。笔者认为图中存在一些问题，具体请见下文。

（1）液压回路描述

图 5-18 所示位置时，活塞左移。当负载增大或活塞移动到终点

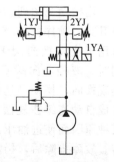

图 5-18　用压力继电器
控制的连续往复
运动回路（原图）

后，进油压力升高使压力继电器 2YJ 发信号，1YA 通电，换向阀右位接通，活塞向右移动。当进油压力升高至压力继电器 1YJ 动作时，1YA 断电，活塞又向左移动。

（2）特点及应用

本回路为用压力继电器控制的连续往复运动回路。系统压力变化，压力继电器发出电信号，使电磁铁通断，控制换向阀动作，实现连续往复运动。用于换向精度和换向平稳性要求不高的液压系统。

（3）问题与分析

原图、液压回路描述和特点及应用说明中都存在一些问题，其主要问题如下：

① 二位四通电磁换向阀连接错误；

② 图形符号不准确；

③ 缺少压力指示等。

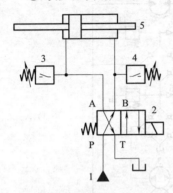

图 5-19　压力继电器控制
的连续动作回路
1—液压源；2—二位四通电磁换向阀；
3,4—压力继电器；5—双出杆缸

1YJ 和 2YJ 既不是已于 2005.10.14 作废的 GB/T 7159—1987《电气技术中文字符号制订通则》中规定的压力继电器符号，也不符合 GB/T 20939—2007《技术产品及技术产品文件结构原则　字母代号　按项目用途和任务划分的主类和子类》的规定。

（4）修改设计及说明

根据 GB/T 786.1—2009 的规定及上述指出的问题，笔者重新绘制了图 5-19。

关于压力继电器控制的连续动作回路图 5-19，作如下说明：

① 修改了二位四通电磁换向阀的连接；

② 修改了压力继电器图形符号（已在重新绘制原图中修改）。

图 5-19 所示回路仅作为原理说明使用，如需实际采用，请读者自行考虑增设其他功能；液压缸也可采用单出杆双作用液压缸。

5.2.2　顺序阀控制的连续动作回路

如图 5-20 所示，此为某文献中给出的用顺序阀控制的连续往复运动回路Ⅱ（笔者按原图绘制），并在图下进行了液压回路描述和特点及应用说明。笔者认为图中存在一些问题，具体请见下文。

（1）液压回路描述

当摆动马达到达行程终点时，进油压力升高，顺序阀 A（或 B）打开，压力油作用于液动换向阀 E 的下端（或上端）。同时，液控单向阀 C（或 D）开启，阀 E 实现换向，摆动马达反向运动，如此循环完成自动连续往复摆动。若在行程中途因

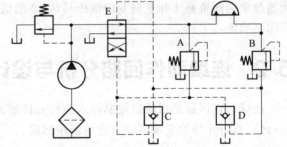

图 5-20　用顺序阀控制的连续往复运动回路Ⅱ（原图）

某种原因而使进油压力升高至阀 A（或阀 B）的开启压力，则摆动马达能从此位置开始反转。故障排除后，仍能恢复到正常的全行程。

（2）特点及应用

本回路为用顺序阀控制的连续往复运动回路。顺序阀相当于液动换向阀的先导阀，A（或 B）先动，换向阀 E 后动。适用于流量较大、功率较大的液压系统，如工程机械等。

（3）问题与分析

原图、液压回路描述和特点及应用说明中都存在一些问题，其主要问题如下：

① 液压元件的图形符号不规范；

② 连接有些混乱，不易使人一目了然地看懂；

③ 将注意事项并入回路描述不合适。

在 GB/T 786.1—2009 中各元件（包括附件）的接口是有规定的，不能如图 5-20 中过滤器接口如此绘制，其接口明显短于规定长度。

在 2008 年出版的这部参考文献中，如下内容："若在行程中途因某种原因而使进油压力升高至阀 A（或阀 B）的开启压力，则摆动马达能从此位置开始反转。故障排除后，仍能恢复到正常的全行程。"其是写在"回路选用原则和注意事项"标题下的。

（4）修改设计及说明

根据 GB/T 786.1—2009 的规定及上述指出的问题，笔者重新绘制了图 5-21。

关于顺序阀控制的连续动作回路图 5-21，作如下说明：

① 添加了电动机、联轴器、单向阀、节流阀、压力表开关、压力表等；

② 修改了顺序阀、液控换向阀、摆动马达等图形符号；

③ 用电磁溢流阀代替了溢流阀；

④ 重新连接了各元、附件；

⑤ 进行了一些细节上的修改，如添加了液压泵旋转方向指示箭头等。

如图 5-21 所示，液压泵 3 可在空载下启动并在其出口处设置了单向阀 7，用于防止油流倒流；可通过节流阀 8 对摆动马达进行调速；但该回路缺少制动和补油（防气蚀）等功能。

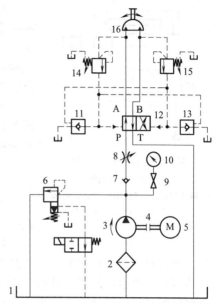

图 5-21　顺序阀控制连续动作回路
1—油箱；2—粗过滤器；3—液压泵；4—联轴器；
5—电动机；6—电磁换向阀；7—单向阀；
8—节流阀；9—压力表开关；10—压力表；
11,13—液控单向阀；12—液控换向阀；
14,15—顺序阀；16—摆动马达

5.2.3　行程操纵（控制）连续动作回路

（1）行程开关控制的连续动作回路

如图 5-22 所示，此为某文献中给出的用行程开关控制的连续往复运动回路Ⅰ（笔者按原图绘制），并在图下进行了液压回路描述和特点及应用说明。笔者认为图中存在一些问题，具体请见下文。

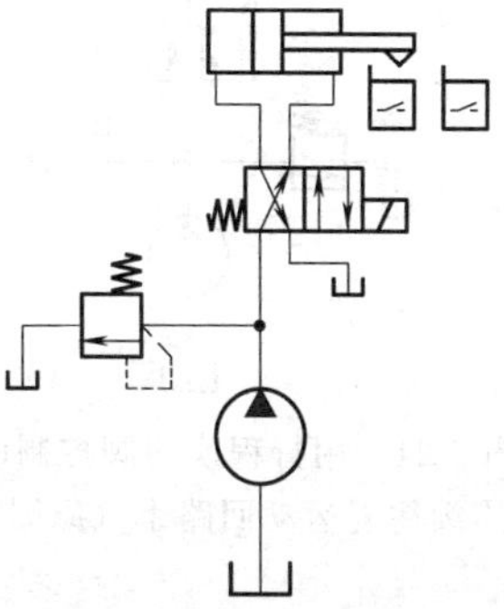

1）液压回路描述　图 5-22 所示状态，电磁铁断电，换向阀左位接通，压力油进入液压缸右腔，活塞左移。当撞块压下左侧行程开关，电磁铁通电，换向阀右位接通，压力油进入液压缸左腔，活塞右移。当撞块压下右侧行程开关，电磁铁断电，换向阀左位接通，开始下一循环，实现活塞的连续往复运动。

2）特点及应用　用行程开关发信号使电磁换向阀连续通断来实现液压缸自动往复。由于电磁换向阀的换向时间短，故会产生换向冲击。本回路只适用于换向频率低于每分钟 30 次、流量小于 63L/min、运动部件质量不大的场合。

图 5-22　用行程开关控制的连续往复运动回路Ⅰ

3) 问题与分析　原图、液压回路描述和特点及应用说明中都存在一些问题,其主要问题如下:

① 行程开关图形符号不准确;
② 缺少压力指示等;
③ 图 5-22 所示液压回路状态与回路描述不符;
④ 行程开关触点状态与回路描述似有不符。

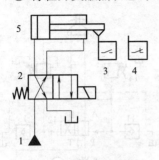

图 5-23　行程开关控制
的连续动作回路

1—液压源;2—二位四通电磁换向阀;
3,4—行程开关;5—液压缸

行程开关图形符号中应有电气触点,不能如原图中只有一个功能框(在原图重新绘制中已经修改)。根据回路描述,当右侧行程开关被压下时,电磁铁断电;而当左侧电磁铁被压下时,电磁铁通电。由此判断,左右行程开关触点状态应有不同。

图 5-22 所示液压回路状态,不是"电磁铁断电,换向阀左位接通,压力油进入液压缸右腔,活塞左移。"这一瞬间的状态,而是活塞在左移过程中。

4) 修改设计及说明　根据 GB/T 786.1—2009 的规定及上述指出的问题,笔者重新绘制了图 5-23。

关于行程开关控制的连续动作回路图 5-23,作如下说明:

如图 5-23 所示液压回路状态为液压缸 5 缸回程结束前一刻。当行程开关 3 被压下,其常开触点闭合,控制二位四通换向阀 2 电磁铁得电,阀 2 换向,液压源 1 供给的液压油液通过阀 2 输入液压缸 5 无杆腔,液压缸 5 缸进程;当液压缸 5 缸进程结束时,行程开关 4 被压下,其常闭触点断开,阀 2 电磁铁失电,阀 2 复位,液压源 1 供给液压油液通过阀 2 输入液压缸 5 有杆腔,液压缸 5 缸回程。

液压缸 5 往复运动,靠触发两行程开关电气触点开断,控制液压缸 5 连续动作。

（2）滚轮换向阀控制的连续动作回路

如图 5-24 所示,此为某文献中给出的用行程换向阀控制的连续往复运动回路 I(笔者按原图绘制),并在图下进行了液压回路描述和特点及应用说明。笔者认为图中存在一些问题,具体请见下文。

1) 液压回路描述　利用工作部件上的撞块与行程换向阀来控制液动换向阀换向使活塞自动往复。当换向阀 A 切换至左位,夹紧缸 I 夹紧后,压力油打开顺序阀 B 流入工作缸 II 使活塞向右移动。换向阀 A 切换至右位后,工件松开,顺序阀 B 因进口压力降低而关闭,活塞 II 即停止运动。

2) 特点及应用　该回路中的行程换向阀与撞块的安装位置要与行程相匹配,适用于驱动机床工作台实现往复直线运动的机床传动液压系统。

3) 问题与分析　原图、液压回路描述和特点及应用说明中都存在一些问题,其主要问题如下:

① 顶杆操纵换向阀及其他换向阀图形符号有问题;
② 回路描述不完整,缺少主要功能的具体描述。

换向阀 A 缺少操纵元件;顶杆换向阀图形符号不规范;液动换向阀的阀内部油流方向、油口连接不正确。

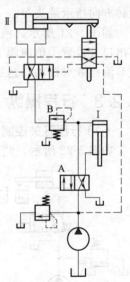

图 5-24　用行程换向阀控制的
连续往复运动回路 I (原图)

在其回路描述中缺少行程换向阀是如何控制液控换向阀换向的具体描述，进一步缺少液控换向阀是如何控制工作缸Ⅱ连续往复运动的具体描述，其中行程换向阀换向是如何保持的可能是此回路的最大问题。

4）修改设计及说明　根据GB/T 786.1—2009的规定及上述指出的问题，笔者重新绘制了图5-25。

关于滚轮换向阀控制的连续动作回路图5-25，作如下说明：

如图5-25所示，当使二位四通电磁换向阀2电磁铁得电后，液压源1供给的液压油液通过阀2输入液压缸3无杆腔，液压缸3有杆腔通油箱，液压缸3缸进程；当液压缸3缸进程结束（如夹紧工件）时，液压源1供给的液压油液压力升高，打开顺序阀4，通过阀2、阀4、阀5输入液压缸10无杆腔，液压缸10有杆腔通油箱，液压缸10缸进程；尽管液压缸10开始缸进程后二位三通滚轮换向阀8即行复位，但因在二位四通液控换向阀5控制油路上设有液控单向阀7，使得其控制压力得以保持；当液压缸10缸进程达到将二位三通滚轮换向阀9滚轮压下处，阀9换向，进而控制阀5换向，液压源1供给的液压油液通过阀2、

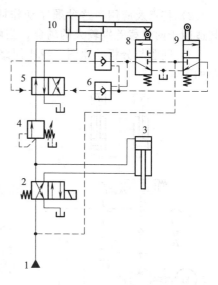

图5-25　滚轮换向阀控制的连续动作回路
1—液压源；2—二位四通电磁换向阀；
3,10—液压缸；4—顺序阀；
5—二位四通液控换向阀；6,7—液控单向阀；
8,9—二位三通滚轮换向阀

阀4、阀5输入液压缸10的有杆腔，液压缸10无杆腔通油箱，液压缸10缸回程；当液压缸10缸回程达到将二位三通滚轮换向阀8滚轮压下处，亦即图5-25所示液压回路状态，液压缸10即可进行下一次缸进程；直至使二位四通电磁换向阀2失电复位，液压源1供给的液压油液通过阀2输入液压缸3有杆腔，液压缸3无杆腔通油箱，液压缸3缸回程（如松开工件），同时，顺序阀4前压力降低（接近"零压力"），顺序阀4关闭，液压缸10即行停止前，液压缸10可连续动作。

说明：在图5-25中所示二位三通滚轮换向阀8为非滚轮压下状态。

5.3　顺序动作回路分析与设计

顺序动作回路是指控制两台或两台以上执行元件依次动作的液压回路。按其控制方法的不同可分为压力控制、行程控制和时间控制等液压回路。

5.3.1　压力控制顺序动作回路

（1）负载压力控制的顺序动作回路

如图5-26所示，此为某文献中给出的负载压力决定的顺序动作回路（笔者按原图绘制），并在图下进行了液压回路描述和特点及应用说明。笔者认为图中存在一些问题，具体请见下文。

1）液压回路描述　W_1 和 W_2 分别为液压缸Ⅰ和Ⅱ的负载，p_1 和 p_2 分别为它们的负载压力。若 $p_1 < p_2$，则在图示情况下，必然是缸Ⅰ的活塞首先上升，其行程结束时，系统压力升高，上升到 p_2 时，液压缸Ⅱ的活塞才开始上升。

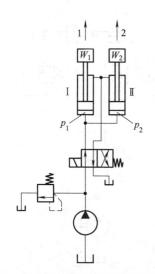

图5-26　负载压力决定的
顺序动作回路

2）特点及应用　这种顺序动作回路突出的优点是结构简单，但受负载变化的影响大。其适用于两负载差别较大的场合；当两缸负载压力差较小时，不能实现可靠的顺序动作。

3）问题与分析　原图、液压回路描述和特点及应用说明中都存在一些问题，其主要问题如下：

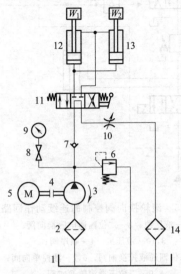

图 5-27　负载压力（自动）控制的
顺序动作回路

1—油箱；2—粗过滤器；3—液压泵；
4—联轴器；5—电动机；6—溢流阀；
7—单向阀；8—压力表开关；9—压力表；
10—节流阀；11—三位四通手动换向阀；
12,13—液压缸；14—回油过滤器

① 缺少液压指示等；

② 液压泵可能带载启动；

③ 二位四通电磁换向阀连接不对；

④ 回路描述不够全面。

液压缸Ⅰ、液压缸Ⅱ的无杆腔压力不能以其各自负载压力指示，其至少有 0、p_1、p_2 等几级压力。

在其他参考文献中对该回路有如此描述："因换向阀通电后，系统压力升高至 p_1，首先驱动缸Ⅰ活塞上升。""而下降时，回路阻力小的先动。由于负载的变化（摩擦力和加速度的影响），其压力顺序不是严格的。"

图 5-26 中电磁换向阀不应以如此状态表示，理由不再重复。

4）修改设计及说明　根据 GB/T 786.1—2009 的规定及上述指出的问题，笔者重新绘制了图 5-27。

关于负载压力（自动）控制的顺序动作回路图 5-27，作如下说明：

① 添加了粗过滤器、联轴器、电动机、压力表开关、压力表、节流阀、回油过滤器等；

② 用手动换向阀替换了电磁换向阀；

③ 对溢流阀添加了弹簧可调节图形符号，使其具有调定（限定）液压泵的（最高工作）压力功能；

④ 进行了一些细节上的修改，如添加了液压泵单向旋转方向指示箭头等。

如图 5-27 所示，液压泵 3 可通过手动换向阀 11 中位进行不完全卸荷；单向阀 7 可保护液压泵 3；设置于 T 油路上的节流阀 10 可以调速，尤其是缸回程时调速（支承）；液压缸可在任何位置（短时）停止。

该液压回路尽管简单，但因涉及液压传动系统的一个基本原理以及双缸或多缸动作基本规律，所以提示读者应加以注意。

（2）顺序阀控制的顺序动作回路

如图 5-28 所示，此为某文献中给出的用顺序阀控制的顺序动作回路Ⅰ（笔者按原图绘制），并在图下进行了液压回路描述和特点及应用说明。笔者认为图中存在一些问题，具体请见下文。

1）液压回路描述　二位四通电磁阀通电，阀切换到左位，压力油进入 A 缸左腔。由于系统压力低于单向顺序阀 1 的调定压力，因此顺序阀未开启，A 缸活塞向右运动实现夹紧，完成动作①，回油经阀 2 的单向阀流回油箱。当缸 A 的活塞右移到终点，工件被夹紧，系统压力升高。此时，顺序阀 1 开

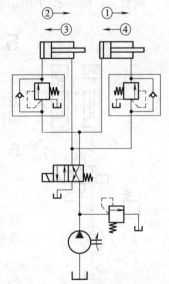

图 5-28　用顺序阀控制的
顺序动作回路Ⅰ（原图）

启，压力油进入加工液压缸 B 左腔，活塞向右运动进行加工，回油经换向阀回油箱，完成动作②。加工完毕后，二位四通电磁阀断电，右位接入系统，压力油液进入 B 缸右腔，回油经阀 1 的单向阀流回油箱，活塞向左快速运动实现快退，完成动作③。动作③到达终点后，油压升高，使阀 2 的顺序阀开启，压力油液进入 A 缸右腔，回油经换向阀回油箱，活塞向左运动松开工件，完成动作④。

2）特点及应用　这种顺序动作回路适用于液压缸数量不多、负载阻力变化不大的液压系统。系统中有两个执行元件，夹紧液压缸 A 和加工液压缸 B，阀 1 和阀 2 是单向顺序阀，两液压缸按夹紧→工作进给→快退→松开的顺序动作。这种顺序动作回路的可靠性，在很大程度上取决于顺序阀的性能及其压力调整值。顺序阀的调定压力应比先动作的液压缸的工作压力高 0.8～1.0 MPa，以免在系统压力波动时，发生误动作。

3）问题与分析　原图、液压回路描述和特点及应用说明中都存在一些问题，其主要问题如下：

① 液压元件的图形符号及连接有问题；

② 液压回路描述和特点及应用说明不全面。

在其他参考文献中对该回路有如此描述："顺序阀的调定压力必须大于前一行程的最高工作压力（一般高出 8～10 bar），否则前一行程尚未终止，下一行程就快速动作。""其优点是动作灵敏，安装连接较为方便；缺点是可靠性不高，位置精度低。"

因该液压回路不涉及速度（位置）同步、定位限位及锁紧等功能，所以"位置精度低"只能从顺序动作的终始位置精度低来理解才具有一定意义。

4）修改设计及说明　根据 GB/T 786.1—2009 的规定及上述指出的问题，笔者重新绘制了图 5-29。

关于顺序阀控制的顺序动作回路图 5-29，作如下说明：

① 添加了粗过滤器、联轴器、电动机、压力表开关、压力表、回油过滤器等；

② 修改单向顺序阀图形符号；

③ 用三位四通电磁换向阀替换了二位四通电磁换向阀；

④ 对溢流阀添加了弹簧可调节图形符号，使其具有调定（限定）液压泵的（最高工作）压力功能；

⑤ 进行了一些细节上的修改，如修改了液压泵单向旋转方向指示箭头等。

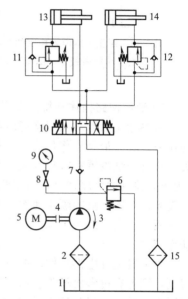

图 5-29　负载压力（自动）控制的顺序动作回路

1—油箱；2—粗过滤器；3—液压泵；
4—联轴器；5—电动机；6—溢流阀；
7—单向阀；8—压力表开关；9—压力表；
10—三位四通电磁换向阀；
11,12—单向顺序阀；
13,14—液压缸；15—回油过滤器

如图 5-29 所示，单向顺序阀 11 和 12 的外泄油路必须引出包围线；液压泵 3 也应能空载启动并可卸荷；液压缸 13 和 14 应能停止。

可根据需要，换向阀可采用其他操纵方式的换向阀，如行程操纵的换向阀等。

根据笔者设计、使用该液压回路的经验，其发热问题不可忽视。

（3）压力继电器控制的顺序动作回路

如图 5-30 所示，此为某文献中给出的用压力继电器控制的多缸顺序动作回路Ⅲ（笔者按原图绘制），并在图下进行了液压回路描述和特点及应用说明。笔者认为图中存在一些问题，具体请见下文。

1）液压回路描述　电磁铁 1YA 通电，电磁换向阀 3 的左位接入回路，缸 1 活塞前进到

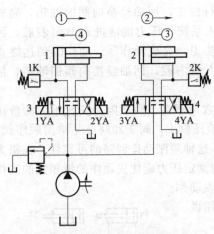

图 5-30　用压力继电器控制的多缸
顺序动作回路Ⅲ（原图）

右端点后，回路压力升高，压力继电器 1K 动作，使电磁铁 3YA 得电，电磁换向阀 4 的左位接入回路，缸 2 活塞向右运动。按返回按钮，1YA、3YA 同时失电，且 4YA 得电，阀 4 右位接入回路，缸 2 活塞向左运动。当缸 2 活塞退回原位后，回路压力升高，压力继电器 2K 动作，使 2YA 得电，阀 3 右位接入回路，缸 1 活塞后退直至到起点。

2）特点及应用　为了确保动作顺序的可靠性，压力继电器的调定压力应比前一动作液压缸所需最大工作压力高出 0.5 MPa 以上。否则在管路中压力冲击或波动下会造成误动作。

3）问题与分析　原图、液压回路描述和特点及应用说明中都存在一些问题，其主要问题如下：

① 液压泵可能要带载启动；

② 缺少压力指示等；

③ 液压回路描述和特点及应用说明中缺少一些内容。

有参考文献针对该回路指出：“为了避免发生误动作，压力继电器的动作压力应高于先动作液压缸的最高工作压力。也可采用压力与行程联合控制，在活塞行程终点安装行程开关，只有当继电器和行程开关都发出信号才能使电磁铁动作，以提高顺序动作的可靠性。”“用压力控制的顺序回路，由于管路中的压力冲击，因此会使后一行程的液压缸产生先动作的现象；对于多缸的顺序动作，在给定系统最高工作压力的范围内，有时无法安排各压力顺序的调定压力。故对于顺序要求严格或多缸的液压系统，宜采用行程控制方式来实现顺序动作。”

为了避免发生误动作，在液压系统调试中，压力继电器究竟应如何调定压力确实是一个问题，笔者有过多次经验教训。笔者提示，压力继电器的压力调定除与前一动作时的最高工作压力有关外，还与压力继电器本身技术性能参数有关，如压力稳定性、灵敏度和重复精度误差值等，具体选用时请参照相关标准及参考制造商产品样本。

由此对：“为了确保动作顺序的可靠性，压力继电器的调定压力应比前一动作液压缸所需最大工作压力高出 0.5MPa 以上。”的出处及正确性存疑。

总之，压力继电器的调定压力比前一动作液压缸的最高工作压力高出的越少，其可靠性越低。有的参考文献甚至给出“应高 0.3～0.5MPa”，同时给出：“为了能使压力继电器可靠地发信号，其压力调定值又应比溢流阀的调定压力低 0.3～0.5MPa。”读者在调试相同或类似液压系统时一定得多加注意。

4）修改设计及说明　根据 GB/T 786.1—2009 的规定及上述指出的问题，笔者重新绘制

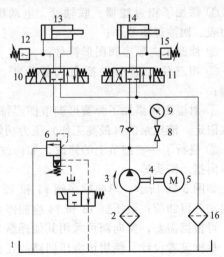

图 5-31　压力继电器控制的顺序动作回路
1—油箱；2—粗过滤器；3—液压泵；4—联轴器；
5—电动机；6—电磁溢流阀；7—单向阀；
8—压力表开关；9—压力表；10，11—三位四通电磁换向阀；
12，15—压力继电器；13，14—液压缸；16—回油过滤器

了图 5-31。

关于压力继电器控制的顺序动作回路图 5-31，作如下说明：

① 添加了粗过滤器、联轴器、电动机、单向阀、压力表开关、压力表、回油过滤器等；

② 修改了压力继电器图形符号（已在重新绘制原图中修改）；

③ 用电磁溢流阀替换了溢流阀；

④ 进行了一些细节上的修改，如修改了液压泵单向旋转方向指示箭头等。

进一步还可采用压力继电器与行程开关联合控制。

5.3.2　行程操纵（控制）顺序动作回路

（1）滚轮换向阀控制的顺序动作回路 I

如图 5-32 所示，此为某文献中给出的用行程换向阀控制的顺序动作回路（笔者按原图绘制），并在图下进行了液压回路描述和特点及应用说明。笔者认为图中存在一些问题，具体请见下文。

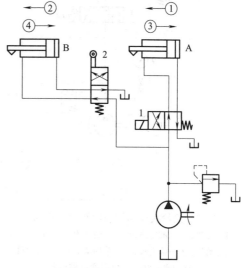

1）液压回路描述　图 5-32 所示状态下，A、B 两液压缸的活塞均在右端。当电磁铁通电时，换向阀 1 切换至左位，液压缸 A 右腔进油，活塞向左移动，完成动作①；当挡块压下行程换向阀 2 后，行程阀 2 切换至上位，液压缸 B 活塞也向左移动，完成动作②；当电磁换向阀 1 复位后，液压缸 A 先复位，完成动作③；随着挡块后移。行程阀 2 复位后，液压缸 B 退回实现动作④，完成一个工作循环。

2）特点及应用　这种回路工作可靠，但动作顺序一经确定再改变就比较困难。

图 5-32　用行程换向阀控制的顺序动作回路（原图）

3）问题与分析　原图、液压回路描述和特点及应用说明中都存在一些问题，其主要问题如下：

① 液压泵可能要带载启动；

② 缺少压力指示等；

③ 回路描述不准确。

因液压滚轮换向阀一般不具有换向保持功能，只有在滚轮被压下并保持压下状态时，其换向功能才能实现，所以，当电磁换向阀 1 复位后，液压缸 A 开始缸回程，一旦挡块脱离其压下的滚轮换向阀，滚轮换向阀会马上复位，液压缸 B 也开始缸回程，即液压缸 A、B 一起缸回程，动作③和④重叠在一起。

这种回路一般管路较长，安装布管较为麻烦，如想改变动作顺序则较困难。其适用于机械加工设备的液压系统。

4）修改设计及说明　根据 GB/T 786.1—2009 的规定及上述指出的问题，笔者重新绘制了图 5-33。

关于滚轮换向阀控制的顺序动作回路 I 图 5-33，作如下说明：

① 添加了粗过滤器、联轴器、电动机、单向阀、压力表开关、压力表、回油过滤器等；

② 修改了滚轮换向阀图形符号；

③ 用三位四通电磁换向阀替换了二位四通电磁阀；

④ 对溢流阀添加了弹簧可调节图形符号，使其具有调定（限定）液压泵的（最高工作）压力功能；

⑤ 进行了一些细节上的修改，如修改了液压泵单向旋转方向指示箭头等。

（2）滚轮换向阀控制的顺序动作回路Ⅱ

如图 5-34 所示，此为某文献中给出的用行程换向阀控制的多缸顺序动作回路Ⅰ（笔者按原图绘制），并在图下进行了液压回路描述和特点及应用说明。笔者认为图中存在一些问题，具体请见下文。

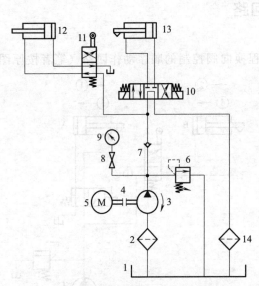

图 5-33 滚轮换向阀控制的顺序动作回路Ⅰ

1—油箱；2—粗过滤器；3—液压泵；4—联轴器；
5—电动机；6—溢流阀；7—单向阀；8—压力表开关；
9—压力表；10—三位四通电磁换向阀；
11—二位四通滚轮换向阀；12,13—液压缸；
14—回油过滤器

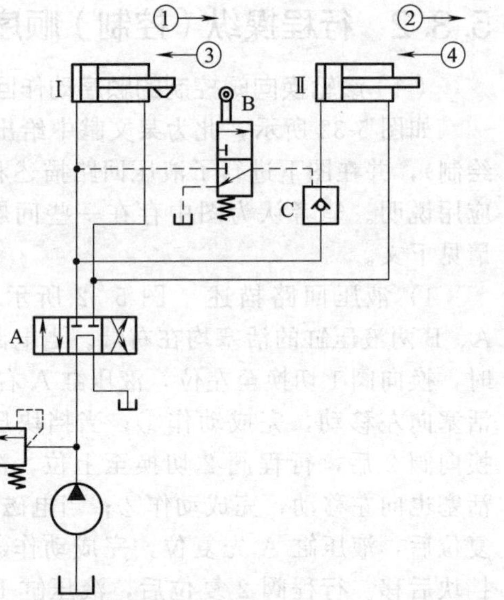

图 5-34 用行程换向阀控制的多缸顺序动作回路Ⅰ

1）液压回路描述 当换向阀 A 切换至左位后，缸Ⅰ活塞向右移动。当活塞上的滑块压下行程换向阀 B 的触头时，液控单向阀 C 打开，缸Ⅱ活塞向右移动。换向阀 A 切换至右位后，缸Ⅰ与缸Ⅱ活塞向左退回。

2）特点及应用 本回路采用行程换向阀和液控单向阀来实现多缸顺序动作，回路可靠性比采用顺序阀高，不易产生误动作，但改变动作顺序困难。

3）问题与分析 原图、液压回路描述和特点及应用说明中都存在一些问题，其主要问题如下：

① 换向阀 A 缺少操纵元件；

② 缺少压力指示等；

③ 缺少顺序动作的进一步描述；

④ 缺少应用说明。

如回路描述："换向阀 A 切换至右位后，缸Ⅰ与缸Ⅱ活塞向左退回。"那么，动作③和动作④就是一起动作，亦即从顺序动作角度讲其为一个动作。

根据其他参考文献介绍，此液压回路可用于冶金及机械加工设备的液压系统。

其他问题如以拉丁字母、罗马数字左位零部件编号等问题在此就不再一一指出了。

4）修改设计及说明　根据 GB/T 786.1—2009 的规定及上述指出的问题，笔者重新绘制了图 5-35。

关于滚轮换向阀控制的顺序动作回路 Ⅱ 图 5-35，作如下说明：

① 添加了粗过滤器、联轴器、电动机、单向阀、压力表开关、压力表、回油过滤器等；

② 修改了滚轮换向阀图形符号（已经在重新绘制原图中修改）；

③ 明确了三位四通换向阀为电磁操纵；

④ 对溢流阀添加了弹簧可调节图形符号，使其具有调定（限定）液压泵的（最高工作）压力功能；

⑤ 进行了一些细节上的修改，如添加了液压泵单向旋转方向指示箭头等。

该回路在实际采用时，应注意挡块型式的设计，其关系到顺序动作的可靠性。

（3）行程开关控制的顺序动作回路

如图 5-36 所示，此为某文献中给出的用行程开关控制的顺序动作回路（笔者按原图绘制），并在图下进行了液压回路描述和特点及应用说明。笔者认为图中存在一些问题，具体请见下文。

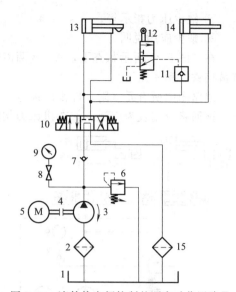

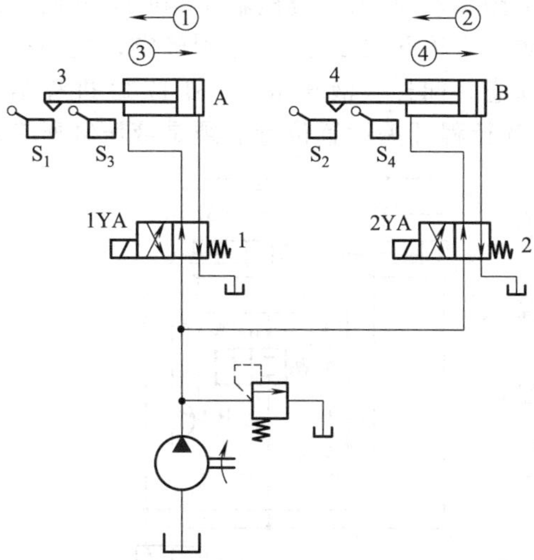

图 5-35　滚轮换向阀控制的顺序动作回路 Ⅱ

1—油箱；2—粗过滤器；3—液压泵；4—联轴器；
5—电动机；6—溢流阀；7—单向阀；8—压力表开关；
9—压力表；10—三位四通电磁换向阀；
11—液控单向阀；12—二位三通滚轮换向阀；
13,14—液压缸；15—回油过滤器

1）液压回路描述　图 5-36 所示状态下，A、B 两液压缸的活塞均在右侧。当电磁换向阀 1YA 通电换向时，液压缸 A 左行完成动作 ①；到达预定位置时，液压缸 A 的挡铁触动行程开关 S_1，使 2YA 通电换向，液压缸 B 左行完成动作 ②；当液压缸 B 左行到达预定位置时，触动行程开关 S_2，使 1YA 断电，液压缸 A 返回，实现动作 ③；当液压缸 A 右行到达预定位置时，液压缸 A 触动行程开关 S_3，使 2YA 断电换向，液压缸 B 完成动作 ④；液压缸 B 右行触动行程开关 S_4 时，行程开关 S_4 发出信号，使泵卸荷或引起其他动作，完成一个工作循环。

2）特点及应用　采用电气行程开关控制的顺序回路，调整行程大小和改变动作顺序均甚方便，且可利用电气互锁使动作顺序可靠。

图 5-36　用行程开关控制的顺序动作回路（原图）

3）问题与分析　原图、液压回路描述和特点及应用说明中都存在一些问题，其主要问题如下：

① 图示状态与回路描述不符；

② 行程开关图形符号不正确；

③ 元件编号却没有使用；

④ 液压泵可能带载启动且无法卸荷；

⑤ 缺少压力指示等；

⑥ 缺少应用说明。

在"图5-36所示状态下，A、B两液压缸的活塞均在右侧。"而行程开关S_3和S_4却没有被挡铁3和4压下。

回路图中所有元（附）件都应编号，且应在液压回路描述和特点及应用说明中使用。

该回路应用较为广泛，如在机床刀架的液压系统中应用等。

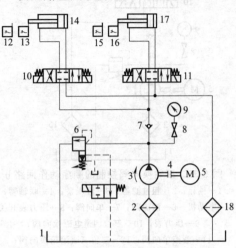

图5-37 行程开关控制的顺序动作回路

1—油箱；2—粗过滤器；3—液压泵；4—联轴器；
5—电动机；6—电磁溢流阀；7—单向阀；
8—压力表开关；9—压力表；10,11—三位四通
电磁换向阀；12,13,15,16—行程开关；
14,17—液压缸；18—回油过滤器

位置由行程开关12、15分别确定，但无论如何，其行程开关设置位置必须是液压缸所带动的挡铁在往复运动中可以触发到的。

挡铁形式以及相对行程开关的安装（调整）位置等关系到液压回路的可靠性和耐久性。

现在，液压缸的行程（或位置）可以通过内置位移传感器（或接近开关）进行检（监）测，进而进行控制。有标准规定："只要可行，应使用靠位置检测的顺序控制，且当压力或延时控制的顺序失灵可能引起危险时，应始终使用靠位置检测的顺序控制。"

5.3.3 时间控制顺序动作回路

如图5-38所示，此为某文献中给出的时间控制的顺序动作回路（笔者按原图绘制），并在图下进行了液压回路描述和特点及应用说明。笔者认为图中存在一些问题，具体请见下文。

（1）液压回路描述

图5-38所示为使用延时阀4来实现液压缸2和液压缸3工作行程的顺序动作回路。当阀1电磁

根据笔者实践经验，此种液压回路的可靠性很大程度上取决于行程开关的质量。

4）修改设计及说明 根据GB/T 786.1—2009的规定及上述指出的问题，笔者重新绘制了图5-37。

关于行程开关控制的顺序动作回路图5-37，作如下说明：

① 添加了粗过滤器、联轴器、电动机、单向阀、压力表开关、压力表、回油过滤器等；

② 修改了行程开关图形符号；

③ 用电磁溢流阀代替了溢流阀；

④ 用三位四通电磁换向阀代替了二位四通电磁换向阀；

⑤ 进行了一些细节上的修改，如添加了液压泵单向旋转方向指示箭头等。

如图5-37所示，液压缸14和17缸回程结束位置由行程开关13、16分别确定，且必须是触发状态。同样，液压缸14和17缸进程结束

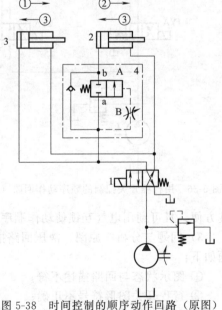

图5-38 时间控制的顺序动作回路（原图）

1—二位四通电磁换向阀；2,3—液压缸；
4—（单向）延时阀（含液动换向阀A和节流阀B等）

铁通电，左位接入回路后，液压缸 3 实现动作①；同时压力油进入延时阀 4 中的节流阀 B，推动液动阀 A 缓慢左移。延续一定时间后，液动阀 A 切换至右位，接通油路 a、b，油液才进入液压缸 2，实现动作②。当换向阀 1 电磁铁断电时，压力油同时进入液压缸 3 和液压缸 4 右腔，使液压缸同时返向。由于通过节流阀的流量受负载和温度的影响，因此延时不易准确，一般要与行程控制方式配合使用。

（2）特点及应用

时间控制顺序动作回路是使多个液压缸按时间先后完成顺序动作的回路。这种回路功能的实现依靠延时元件（如延时阀、时间继电器等）。通过调节节流阀 B 的开度，可以调节液压缸 3 和液压缸 2 动作先后延续的时间。

（3）问题与分析

原图、液压回路描述和特点及应用说明中都存在一些问题，其主要问题如下：

① 液压泵可能带载启动且无法卸荷；

② 缺少压力指示等；

③ 液压回路描述和特点及应用说明存在一定问题。

如图 5-38 所示，调节节流阀 B，即可调节液压缸 3、液压缸 2 先后动作的时间差，亦即调节节流阀 B 即可控制液压缸 2 的缸进程延时动作时间长短。

这种回路可靠性较差，不宜用于液压缸 2 延时动作时间较长的场合。

（4）修改设计及说明

根据 GB/T 786.1—2009 的规定及上述指出的问题，笔者重新绘制了图 5-39。

关于时间控制顺序动作回路图 5-39，作如下说明：

① 添加了粗过滤器、联轴器、电动机、单向阀、压力表开关、压力表、回油过滤器等；

② 用三位四通电磁换向阀代替了二位四通电磁换向阀；

③ 对溢流阀添加了弹簧可调节图形符号，使其具有调定（限定）液压泵的（最高工作）压力功能；

④ 进行了一些细节上的修改，如添加了液压泵单向旋转方向指示箭头等。

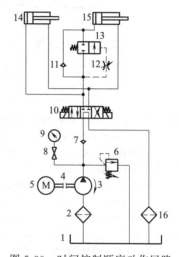

图 5-39　时间控制顺序动作回路
1—油箱；2—粗过滤器；3—液压泵；
4—联轴器；5—电动机；6—电磁溢流阀；
7,11—单向阀；8—压力表开关；
9—压力表；10—三位四通电磁换向阀；
12—节流阀；13—二位二通液压换向阀；
14,15—液压缸；16—回油过滤器

采用一种或几种方法控制各液压缸先后动作的时间差，此类控制常称为时间控制。如图 5-39 所示，采用液控换向阀 13 延时换向的方法，控制液压缸 14 和 15 先后动作的时间差。

还有用凸轮盘（轴）、专用阀等来控制各液压缸先后动作时间差的。尽管这种控制方法可以把几台液压缸的动作时间重叠起来，但调节不易准确，一般采用的不多。

5.4　位置同步回路分析与设计

同步回路中两台执行元件如液压缸的位置同步精度，可由其行程的绝对误差或相对误差来描述。当液压缸 A 和液压缸 B 同时动作，其各自行程分别为 s_A 和 s_B，则绝对误差和相对误差分别为：

绝对误差
$$\Delta = s_A - s_B$$

相对误差
$$\delta = \frac{2(s_A - s_B)}{s_A + s_B} \times 100\%$$

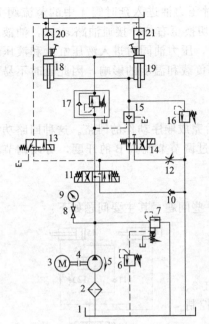

5.4.1　可调行程缸位置同步回路

可调行程缸是指其行程停止位置可以改变，以允许行程长度变化的缸。如图 5-40 所示，此为液压上动式板料折弯机用液压系统，其中的两台液压缸为可调行程缸。

如图 5-40 所示，可调行程缸 18 和 19 的缸进程停止位置可以分别调节，可使两台液压缸的绝对误差或相对误差处于所在主机标准规定的允差范围内。

但可调行程缸至今还没有国家和行业标准，其行程定位精度和行程重复定位精度可参考主机的精度要求。

笔者的专利《伺服电机直驱数控行程精确定位液压缸》（ZL 2014 2 0336713.0）的行程定位精度≤±0.015mm，行程重复定位精度≤0.010mm。

5.4.2　电液比例阀控制位置同步回路

如图 5-41 所示，此为大型构件液压同步提升系统的主液压系统。

在 2015 年出版的《大型构件液压同步提升技术》这部专著中介绍："液压同步提升系统的工作装置都是液压驱动的，在不同的工程使用中，（起）吊点的布置和油缸安排都不尽相同。为了提高液压提升设备的通用性、可靠性，液压系统采用模块化、标准化设计技术。每一套模块以一套泵站系统为核心，根据提升重物（起）吊点的布置以及油缸数量，可进行多个模块组合，以满足实际提升工程的需要。"

图 5-40　液压上动式板料折弯机用液压系统
1—油箱；2—粗过滤器；3—电动机；
4—联轴器；5—液压泵；6—远程调压阀；
7—先导式溢流阀；8—压力表开关；9—压力；
10—单向阀（背压阀）；11—三位四通电磁换向阀；
12—节流阀；13—二位三通电磁换向阀；
14—二位四通电磁换向阀；15—液控单向阀；
16—溢流阀；17—单向顺序阀；18，19—可调行程缸；
20，21—液控单向阀（充液阀）

如图 5-41 所示，单个液压泵站由主液压系统和锚具辅助系统组成，其中主液压系统由液压动力源、电磁换向阀、单向阀桥式整流电液比例调速阀组、提升液压缸等组成。

该主液压系统以确保各提升液压缸的位置同步精度为目的，采用电液比例调速阀来控制各提升液压缸的速度，借助位置（或速度）传感器等组成闭环控制系统，以达到位置同步精度要求。

在各提升液压缸无杆腔油口处设置了液控单向阀，用于单向锁紧提升液压缸并具有管路防爆作用；在各单向阀桥式整流电液比例调速阀组与各提升液压缸间设置了二位四通电磁换向阀，其在电磁铁得电时二位四通电磁换向阀的 P、A、B、T 油口全部封闭，可方便系统调试和提升液压缸回程控制，也可实现单缸制动。

为保证主液压系统安全、可靠运行，在吸油管路、压力管路和回油管路上分别设置了过滤器，以保证液压油液的清洁度；在二位四通电磁换向阀 T 油口设置了安全阀，以防止提升液压缸回油超压；在三位四通电磁换向阀 T 油口回油管路上设置了背压阀，主要是为了提高各提升液压缸运行的平稳性以及保证空气不能进入液压系统内部而影响同步精度。

笔者指出：以"液压同步"来描述同步回路中各执行元件如液压缸的位置同步精度并不准确。笔者曾对一项名称中含有"液压同步"的地方标准的征求意见稿提出过异议，其在正式公布时采用了"数控同步"，而没有使用"液压同步"。在 GB/T 17446—2012 中以及其他

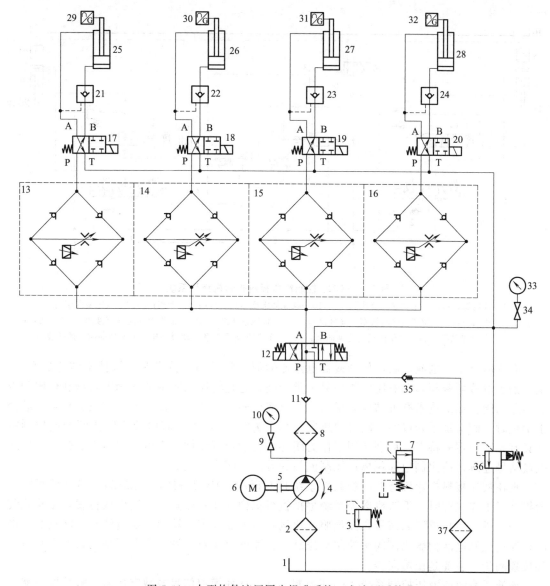

图 5-41 大型构件液压同步提升系统（主液压系统）

1—油箱；2—粗过滤器；3—远程调压阀；4—变量泵；5—联轴器；6—电动机；7—先导式溢流阀；8—压力管路过滤器；
9，34—压力表开关；10，33—压力表；11—单向阀；12—三位四通电磁换向阀；
13～16—单向阀桥式整流电液比例调速阀组；17～20—二位二通电磁换向阀；21～24—液控单向阀；
25～28—提升液压缸；29～32—位置信号转换器；35—背压阀；36—安全阀；37—回油过滤器

现行标准中未见"液压同步"这一术语。另外，提升液压缸是一种专门用途的液压缸，结构较为特殊，在图 5-41 中的液压缸图形符号不代表其实际结构。

5.4.3　电液伺服比例阀控制位置同步回路

现在数控板料折弯机有一种机型是电液伺服（比例）阀液压系统控制双缸，双缸驱动滑块，亦即液压同步数控板料折弯机（或称数控同步液压板料折弯机）。

如图 5-42 所示，此为 CNC 控制液压板料折弯机液压系统，主要由电液伺服比例阀、伺服液压缸以及带比例压力调节和手动最高压力溢流功能阀二通插装阀等组成。

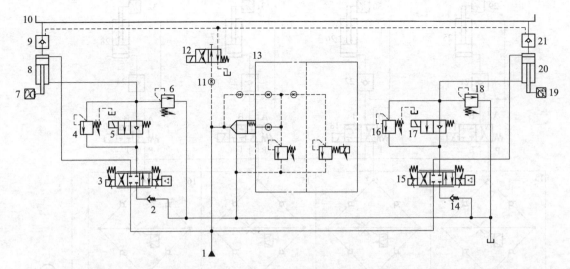

图 5-42 CNC控制液压板料折弯机液压系统

1—液压源；2,14—单向阀（背压阀）；3,15—电液伺服比例阀；4,16—平衡阀；5,17—电磁换向座阀；
6,18—溢流阀；7,19—位置信号转换器（光栅尺）；8,20—伺服液压缸；9,21—液控单向阀（充液阀）；10—油箱；
11—可代替节流孔；12—二位四通电磁换向阀；13—带比例压力调节和手动最高压力溢流功能阀二通插装阀

　　有资料介绍，电液伺服比例阀或称电液比例伺服阀是伺服技术与比例技术结合的产物，是区别于电液伺服阀和电液比例阀的另一类型阀，它是将比例阀中的比例电磁铁和伺服阀中的阀芯和阀套加工技术有机结合获得的。与电液比例阀相比，它最重要的特征就是当阀芯处于中位时，阀口是零开口的（阀口的遮盖量几乎为零），这意味着电液伺服比例阀的控制特性具有死区为零的特点，特别适用于作为闭环系统的控制元件。它可以按给定的输入电压或电流信号连续地按比例地远距离地控制流体的方向、压力和流量。

　　现在液压板料折弯机有专门的数控系统且有标准（JB/T 11216—2012）。当液压板料折弯机处于工作状态时，折弯机数控系统根据执行机构（如液压缸）的速度或位置，由检测装置（如光栅尺等）检测到信号，经伺服（比例）放大器处理后输出一定电流给电液伺服比例阀，通过控制电液伺服比例阀来控制液压缸运行速度及相对位置，进而保证两台液压缸速度和位置同步，主要是位置同步。

　　该液压系统或液压控制系统为闭环控制，且可选择模拟信号或数字信号。数控同步液压板料折弯机有地方标准（DB34/T 2036—2014），其中规定了双缸带动的滑块的定位精度和重复定位精度。

5.5　限程与多位定位回路分析与设计

　　本节的限程回路即限制液压缸行程回路是指通过控制输入（输出）液压缸油流的通、断，以达到限制液压缸行程的目的的液压回路。当然，通过设置于液压缸内部或外部装置也可实现这一目的，但其不是本节的分析内容。

　　多位定位回路是指可使液压缸除了静止位置外，至少还可达到两个分开的指定位置的液压回路。

5.5.1　液压缸限程回路

　　如图 5-43 所示，此为某文献中给出的用行程换向阀限程的回路（笔者按原图绘制），并在图下进行了液压回路描述和特点及应用说明。笔者认为图中存在一些问题，具体请见下文。

（1）液压回路描述

换向阀左位接通压力油通过单向顺序阀进入液压缸的下腔，活塞上移；换向阀右位接通，压力油进入液压缸的上腔，活塞下移。当活塞下移到限定位置时，滑块上的撞块使二位二通行程阀切换，液压缸上腔与油箱相通而卸荷，实现限程。

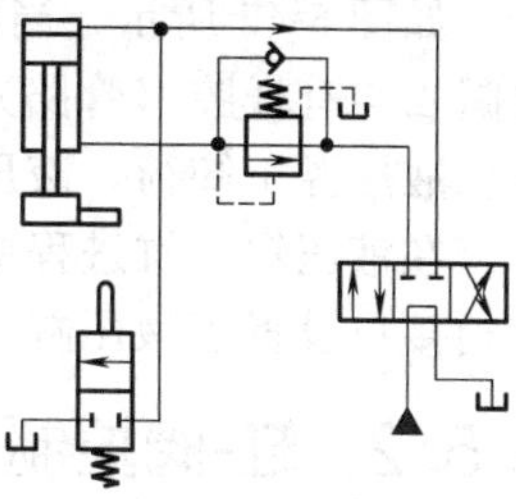

图 5-43　用行程换向阀
限程的回路（原图）

（2）特点及应用

本回路由三位四通换向阀、单向顺序阀（平衡阀）和二位二通机动换向阀控制油流的通断和换向，实现限程。通常用于压力机液压系统。

（3）问题与分析

原图、液压回路描述和特点及应用说明中都存在一些问题，其主要问题如下：

① 原图中的图形符号有问题；

② 特点及应用中缺少必要的内容。

限制液压缸行程回路主要用于防止撞缸头或撞缸底。因为当液压缸超行程或不允许以缸头或缸底作为限位器使用的液压缸撞缸头或撞缸底时，可能造成严重的事故，所以通常采用限程回路作为安全措施之一。

这种液压安全限程方法与机械限程方法比较，不需要高强度的承载件来承受液压缸的（最大）输出力，性能较为可靠，结构较为简单。

（4）修改设计及说明

根据 GB/T 786.1—2009 的规定及上述指出的问题，笔者重新绘制了图 5-44。

关于换向阀液压缸限程回路图 5-44，作如下说明：

① 修改了单向顺序阀（平衡阀）等图形符号；

② 对三位四通换向阀添加了操纵元件；

③ 将二位二通机动换向阀明确为二位二通滚轮换向阀。

有参考文献对该回路的表述较为确切："当滑块行程超过限定位置时，滑块上的撞块使二位二通行程阀切换。液压缸上腔与油箱相同而卸荷，活塞由平衡阀支承，不会继续移动而撞到缸盖。"

有一些参考文献还介绍了另一"利用单向阀限制最大工作行程"的液压回路，具体请见图 5-45。

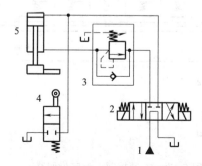

图 5-44　换向阀液压缸限程回路
1—液压源；2—三位四通电磁换向阀；3—平衡阀；
4—二位二通滚轮换向阀；5—液压缸

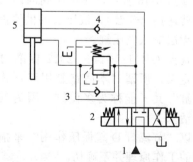

图 5-45　单向阀液压缸限程回路
1—液压源；2—三位四通电磁换向阀；
3—平衡阀；4—单向阀；5—液压缸

如图 5-45 所示，当液压缸 5 活塞运动到单向阀 4 接口与无杆腔连通时，无杆腔通过单向阀 4 与有杆腔（管路）连通，并经三位四通电磁换向阀 2 接通油箱，液压缸 5 无杆腔泄压、液压源 1 卸荷，液压缸 5 由平衡阀支承。因此限制了液压缸的行程。

在液压缸 5 缸进程中，有杆腔液压油液通过单向阀 4 回油箱，平衡阀不起作用。但将单向阀接口设置于液压缸 5 活塞需要经过的缸筒上，可能会对活塞密封性能产生影响。

5.5.2　缸-阀控制多位定位回路

如图 5-46 所示，此为某文献中给出的液压缸多位定位回路（笔者按原图绘制），并在图下进行了液压回路描述和特点及应用说明。笔者认为图中存在一些问题，具体请见下文。

（1）液压回路描述

换向阀 A 通电后，压力油同时流入液压缸左右腔，活塞不动。当需要使活塞在位置 2 停留时，使该位置的二通阀通电，于是左腔压力降至背压阀 C 的压力。由于节流口 D 起保压作用，因此右腔压力不降低，活塞向右运动，直至活塞将位置 2 的油口关闭，活塞停留在位置 2 上，并使换向阀 A 断电，液压缸中压力降至背压阀 B 的压力。

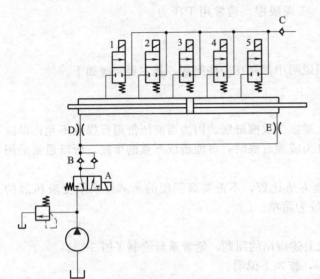

图 5-46　液压缸多位定位回路（原图）

（2）特点及应用

本回路是用双杆式多位液压缸与二通阀的多位回路。通常用于 5 个位置需要停留的液压系统。

（3）问题与分析

原图、液压回路描述和特点及应用说明中都存在一些问题，其主要问题如下：

① 液压元件图形符号不规范；

② 连接有错误；

③ 对"多位液压缸"这一术语的定义值得商榷；

④ 回路描述有一定问题。

如图 5-46 所示，作背压阀的两台单向阀如此连接（安装），液压泵的供给液压油液将无法输入液压缸。

根据 GB/T 17446—2012 标准对多位缸的定义，所谓"本回路是用双杆式多位液压缸"其不能称为多位缸，因为其只有一个活塞。

以"节流口 D 起保压作用"来描述该回路的工作原理并不确切。

（4）修改设计及说明

根据 GB/T 786.1—2009 的规定及上述指出的问题，笔者重新绘制了图 5-47。

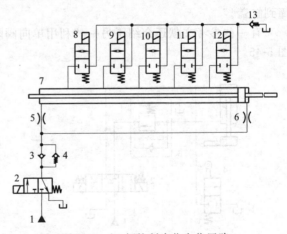

图 5-47　缸-阀控制多位定位回路

1—液压源；2—二位三通电磁换向阀；3—单向阀；
4,13—背压阀（单向阀）；5,6—节流孔（器）；
7—带定位油孔的液压缸；8～12—二位二通电磁换向阀

关于缸-阀控制多位定位回路图 5-47，作如下说明：

① 添加了背压阀 13 下游的回到油箱；

② 修改了背压阀 4 的连接；

③ 进行了一些细节上的修改，如二位二通换向阀、二位三通换向阀等。

为了便于液压回路的原理说明，对图 5-47 所示液压缸进行局部变形处理，并将其称为"带定位油孔的液压缸"。

这种"带定位油孔的液压缸"上的定位油孔一旦确定，将很难再进行更改和调整，亦即多位定位的位置不可调整。同样，将油口设置于活塞需要经过的缸筒上，可能会对活塞密封性能产生影响。

另外，因为这种回路定位精度较低，在外负载作用下其定位位置很难保持，且可能需要持续消耗能量，所以实际应用较少。

5.5.3 多位缸定位回路

如图 5-48 所示，此为某文献中给出的液压缸三位定位回路（笔者按原图绘制），并在图下进行了液压回路描述和特点及应用说明。笔者认为图中存在一些问题，具体请见下文。

（1）液压回路描述

当阀 A、B 均断电时，活塞 C 处于 2 位；阀 A 通电，活塞 C 处于 3 位；阀 B 通电，则活塞 C 处于 1 位。

（2）特点及应用

活塞 D 固定不动，通过电磁阀 A、B 控制，使活塞 C 有三个停留位置。本回路用于在 3 个位置停留的液压系统。

（3）问题与分析

原图、液压回路描述和特点及应用说明中都存在一些问题，其主要问题如下：

① 对多位液压缸缺少描述；

② 回路描述不够准确；

③ 缺少特点说明。

在 GB/T 17446—2012 标准中定义了"多位缸"，即除静止位置外，提供至少两个分开位置的缸。根据上述定义，具有活塞 C 和 D 的液压缸应为多位缸。

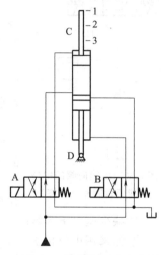

图 5-48　液压缸三位定位
回路（原图）

如图 5-48 所示，当阀 A、B 电磁铁均失电时，多位缸活塞杆端可处于 2 位置；当阀 A、B 电磁铁均得电时，多位缸活塞杆端也可处于 2 位置。

因活塞 C 或 D 皆可以缸头和缸底作为行程限位器，所以这种多位缸定位回路定位精确、可靠。但前提必须是这种液压缸允许以缸头和缸底作为行程限位器。

（4）修改设计及说明

根据 GB/T 786.1—2009 的规定及上述指出的问题，笔者重新绘制了图 5-49。

关于多位缸定位回路图 5-49，作如下说明：

如图 5-49 所示，将多位缸左端活塞固定，当二位四通电磁换向阀 2 和 3 电磁铁皆处于失电状态时，液压源 1 供给的液压油液分别通过阀 2 输入多位缸左缸的无杆腔、通过阀 3 输入多杆缸油

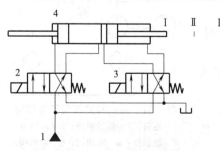

图 5-49　多位缸定位回路
1—液压源；2,3—二位四通电磁换向阀；
4—多位缸

缸的有杆腔，则多杆缸右端活塞杆端处于位置Ⅰ。当阀2电磁铁得电，阀3电磁铁仍处于失电状态，则多杆缸右端活塞杆端可处于位置Ⅱ；或当阀3电磁铁得电，阀2电磁铁仍处于失电状态，则多杆缸右端活塞杆端也可处于位置Ⅱ。当二位四通电磁换向阀2和3电磁铁皆处于得电状态时，液压源1供给的液压油液分别通过阀2输入多位缸左缸的有杆腔、通过阀3输入多杆缸油缸的无杆腔，则多杆缸右端活塞杆端处于位置Ⅲ。

5.6　锁紧回路分析与设计

锁紧回路是使执行元件在停止工作时，将其锁紧在要求的位置上的液压回路。

为了使液压执行元件能在任意位置上停止或者在停止工作时，准确地停止在原定或既定位置上，不因外力作用而发生移（转）动（沉降）或窜动，可以采用锁紧回路。

锁紧回路一般以锁紧精度（位置精度）和锁紧效果及可靠性加以评价。

5.6.1　液压阀锁紧回路

（1）换向阀的锁紧回路

如图5-50所示，此为某文献中给出的用换向阀的中位机能锁紧回路（笔者按原图绘制），并在图下进行了液压回路描述和特点及应用说明。笔者认为图中存在一些问题，具体请见下文。

1）液压回路描述　采用O型或M型机能的三位换向阀；当阀芯处于中位时，液压缸的进出油口都被封闭，可以将活塞锁紧。

2）特点及应用　这种锁紧回路结构简单，但由于换向阀的环形间隙泄漏较大，故一般只能用于锁紧要求不高或只需短暂锁紧的场合。

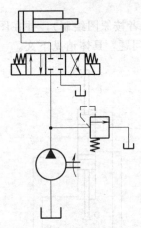

图5-50　用换向阀的中位机能锁紧回路（原图）

3）问题与分析　原图、液压回路描述和特点及应用说明中都存在一些问题，其主要问题如下：

① 缺少压力指示等；

② 如采用中位机能为O型的三位四通换向阀，则液压泵启动及卸荷是一个问题；

③ 液压回路描述和特点及应用说明过于简单。

此回路为双向锁紧回路，即液压缸的进出油口（路）被一齐切断（封闭）。但因滑阀式换向阀一般存在着内泄漏，采用这种方法锁紧液压缸，其存在着锁紧精度较低、锁紧效果较差、锁紧不可靠问题。

为了克服上述问题，可考虑采用液压电磁换向座阀，具体请参考图5-53。

4）修改设计及说明　根据GB/T 786.1—2009的规定及上述指出的问题，笔者重新绘制了图5-51。

关于换向阀的双向锁紧回路图5-51，作如下说明：

① 添加了粗过滤器、联轴器、电动机、单向阀、压力表开关、压力表等；

② 对溢流阀添加了弹簧可调节图形符号，使其具有调定（限定）液压泵及液压缸的（最高工作）压力功能；

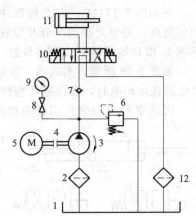

图5-51　换向阀的双向锁紧回路

1—油箱；2—粗过滤器；3—液压泵；
4—联轴器；5—电动机；6—溢流阀；
7—单向阀；8—压力表开关；9—压力表；
10—三位四通电磁换向阀；
11—液压缸；12—回油过滤器

③ 进行了一些细节上的修改，如添加了液压泵单向旋转方向指示箭头等。

图 5-51 所示液压回路采用中位机能为 P 和 T 连接，A、B 封闭的三位四通电磁换向阀 10。当换向阀 10 处于中位时，液压缸 11 的进出油口（路）都被封闭，可以将液压缸 11 的活塞锁紧，使液压缸在不工作时，将其保持在既定位置。

（2）单向阀的锁紧回路

如图 5-52 所示，此为某文献中给出的用单向阀的锁紧回路（笔者按原图绘制），并在图下进行了液压回路描述和特点及应用说明。笔者认为图中存在一些问题，具体请见下文。

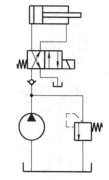

1）液压回路描述 当液压泵停止工作时，液压缸活塞向右方向的运动被单向阀锁紧，向左方向则可以运动。液压泵出口处的单向阀在泵停止运作时还有防止空气渗入液压系统的作用，并可防止执行元件和管路等处的冲击压力影响液压缸。

2）特点及应用 常用于仅要求单方向锁紧的回路，如机床夹具夹紧装置的液压回路。这种回路的夹紧精度受换向阀内泄漏量的影响。

图 5-52 用单向阀的锁紧回路（原图）

3）问题与分析 原图、液压回路描述和特点及应用说明中都存在一些问题，其主要问题如下：

① 缺少压力指示等；

② 液压泵可能要带载启动及无法卸荷；

③ 特点说明不全面。

此液压回路在一般情况下只能单向锁紧，只有在液压缸处于缸回程终点（极限位置）处，才能实现双向锁紧（其活动件如活塞必须抵靠缸底）。

因为该回路因滑阀式换向阀存在着内泄漏，所以其（单向）锁紧精度（位置精度）和锁紧效果及可靠性与图 5-50 所示回路相当。

4）修改设计及说明 根据 GB/T 786.1—2009 的规定及上述指出的问题，笔者重新绘制了图 5-53。

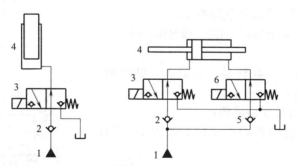

(a) 单向阀锁紧单作用液压缸回路　　(b) 单向阀锁紧双作用液压缸回路

图 5-53 单向阀的锁紧回路

1—液压源；2,5—单向阀；3,6—二位三通电磁换向座阀；4—液压缸（柱塞缸、双出杆缸）

关于单向阀的锁紧回路图 5-53，作如下说明：

如图 5-53（a）所示状态，当液压源 1 卸荷（或切断）时，柱塞缸 4 可被单向阀 2 锁紧在任何位置，此为单向锁紧回路。

如图 5-53（b）所示状态，当液压源 1 卸荷（或切断）时，双出杆缸 4 的两腔分别被单向阀 2 和 5 锁紧，此为双向锁紧回路。因采用了二位三通电磁换向座阀 3 和 6，即使存在外负载作用，也可将其锁紧、保持在任何位置。

液压电磁换向座阀（或称电磁球阀）沿关闭流动方向密封性能好，长期处于高压下无"滞塞"现象，其与单向阀配合使用，可以到达"零"泄漏。

此种锁紧回路锁紧精度高、锁紧性能可靠。

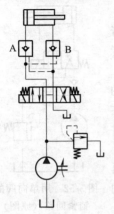

图 5-54　用液控单向阀
的锁紧回路（原图）

（3）液控单向阀的锁紧回路

如图 5-54 所示，此为某文献中给出的用液控单向阀的锁紧回路（笔者按原图绘制），并在图下进行了液压回路描述和特点及应用说明。笔者认为图中存在一些问题，具体请见下文。

1）液压回路描述　在液压缸进、回油路中都串联液控单向阀（又称液压锁），换向阀的中位机能应使液控单向阀的控制油液泄压，即换向阀只宜采用 H 型或 Y 型中位机能。换向阀处于中间位置时，液压泵卸荷，输出油液经换向阀回油箱。由于系统无压力，因此液控单向阀 A 和 B 关闭，液压缸左右两腔的油液均不能流动，活塞被双向闭锁。

2）特点及应用　液压缸活塞可以在任何位置锁紧。由于液控单向阀有良好的密封性，因此闭锁效果较好。这种回路广泛应用于工程机械、起重运行机械等有较高锁紧要求的场合。

3）问题与分析　原图、液压回路描述和特点及应用说明中都存在一些问题，其主要问题如下：

① 液压元件图形符号及其连接存在一定问题；

② 液压回路描述和特点及应用说明不够全面。

液控单向阀具有良好的密封性能，锁紧精度只受液压缸内泄漏的影响。因此此回路锁紧精度较高，即使在外负载作用下，也能使液压缸长期锁紧。

这种回路常用于汽车起重机的支腿油路中，也用于矿山采掘机械的液压支架和飞机起落架的锁紧回路中。

4）修改设计及说明　根据 GB/T 786.1—2009 的规定及上述指出的问题，笔者重新绘制了图 5-55。

关于（用）液控单向阀的锁紧回路（修改图）图 5-55，作如下说明：

① 添加了粗过滤器、联轴器、电动机、单向阀、压力表开关、压力表等；

② 用电磁溢流阀替换了溢流阀；

③ 三位四通电磁换向阀的中位机能改为 P 封闭，A、B 和 T 连通；

④ 将 A、B 油路上分别设置的液控单向阀用实线包围起来；

⑤ 进行了一些细节上的修改，如修改了液控油路的连接、添加了液压泵单向旋转方向指示箭头等。

如图 5-55 所示，常将用实线包围起来的 A、B 油路上分别设置的液控单向阀 11 称为液压锁；在液压锁所在的液压系统及回路中，以中位机能为 P 封闭，A、B 和 T 油口连通的换向阀与液压锁匹配最为常见，也最无异议。

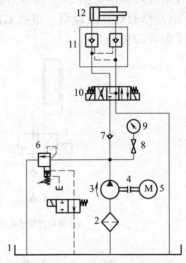

图 5-55　（用）液控单向阀的锁紧
回路（修改图）

1—油箱；2—粗过滤器；3—液压泵；
4—联轴器；5—电动机；6—电磁溢流阀；
7—单向阀；8—压力表开关；9—压力表；
10—三位四通电磁换向阀；
11—液压锁；12—液压缸

（4）外控式顺序阀的锁紧回路

如图 5-56 所示，此为某文献中给出的用液控顺序阀的双向锁紧回路（笔者按原图绘制），并在图下进行了液压回路描述和特点及应用说明。笔者认为图中存在一些问题，具体请见下文。

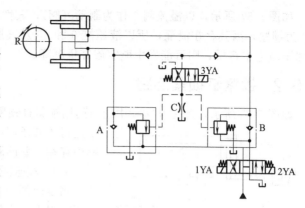

图 5-56　用液控顺序阀的双向锁紧回路

1）液压回路描述　本回路用两个液压缸来驱动一个大的回转装置 R。当 1YA、3YA 通电时，压力油将阀 A 打开，R 逆时针反向旋转；停车时，使 1YA 断电，3YA 仍通电，阀 A 遥控腔的油通过节流孔 C 回油箱，使阀 A 逐渐关闭回油路起缓冲作用；当停车或电气失效时，3YA 断电，阀 A 与 B 迅速关闭将液压缸锁紧，以防止大风等外力使 R 旋转。

2）特点及应用　回路为采用液控顺序阀的双向锁紧回路，具有缓冲制动的功能。缓冲制动的效果取决于节流阀 C 的开度，锁紧则取决于单向顺序阀 A、B。

3）问题与分析　原图、液压回路描述和特点及应用说明中都存在一些问题，其主要问题如下：

① 液压元件图形符号及其连接存在一些问题；

② 回路描述不准确；

③ 该回路的工作原理不明确。

如图 5-56 所示，管路线不可与总成的包围线重合，更不能用包围线代替管路线（供油管路线、回油管路线）。

"当 1YA、3YA 通电时，压力油将阀 A 打开，"同时，也可将阀 B 打开。

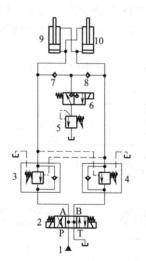

图 5-57　用液控顺序阀的双向锁紧回路（修改图）

1—液压源；2—三位四通电磁换向阀；3,4—外控单向顺序阀；5—溢流阀；6—二位三通电磁换向座阀；7,8—单向阀；9,10—液压缸

当 1YA（或 2YA）、3YA 通电时，设置于单向阀、二位四通电磁阀后的节流阀 C 的作用（图中图形符号应为固定节流孔或节流器）应为 B 油路旁路节流调速或 A 油路旁路节流调速。这种回路不适用于低速场合，且存在功率损失。

停车时，使 1YA 断电，3YA 仍通电，不一定就能实现"阀 A 遥控腔的油通过节流孔 C 回油箱，使阀 A 逐渐关闭回油路起缓冲作用。"因为大的回转装置可能造成很大的压力冲击，这一压力冲击可经过单向阀、二位四通电磁换向阀而影响单向顺序阀 A 的控制压力，使单向顺序阀 A 的开启与关闭变得不确定，甚至出现振荡。

以单向顺序阀 A 或节流阀 C 制动，其性能不明确。

4）修改设计及说明　根据 GB/T 786.1—2009 的规定及上述指出的问题，笔者重新绘制了图 5-57。

关于用液控顺序阀的双向锁紧回路（修改图）图 5-57，作如下说明：

① 用溢流阀代替了节流阀；

② 修改了连接包括外控单向顺序阀的外部控制；

③ 进行了一些细节上的修改，如添加阀内管路的连接点等。

如图 5-57 所示，以溢流阀 5 作为制动（阀），其性能明确、可靠；但以单向顺序阀 3 和 4 作为锁紧，因其存在泄漏，所以液压缸 9 和 10 及其所带动件可能发生移动。如此液压回路用于航空旅客桥，则可能发生航空旅客桥沉降。

5.6.2 锁紧缸锁紧回路

如图 5-58 所示，此为某文献中给出的用锁紧缸锁紧的回路（笔者按原图绘制），并在图下进行了液压回路描述和特点及应用说明。笔者认为图中存在一些问题，具体请见下文。

（1）液压回路描述

当换向阀切换，液压缸Ⅱ工作时，由单向阀 A 和液压缸阻力所产生的油压克服锁紧缸Ⅰ的弹簧力而使锁紧松开。当换向阀回到中位而泵卸荷时，单向阀 A 产生的压力不足以克服弹簧力，弹簧使锁紧缸Ⅰ活塞伸出并将活塞锁紧。

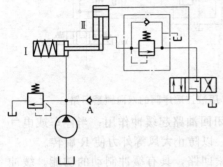

图 5-58 用锁紧缸锁紧的回路

（2）特点及应用

适用于锁紧时间长、锁紧精度要求高的液压系统。

（3）问题与分析

原图、液压回路描述和特点及应用说明中都存在一些问题，其主要问题如下：

① 换向阀缺少操纵元件；

② 缺少压力指示等；

③ 锁紧原理存在一定问题；

④ 液压回路描述和特点及应用说明不准确。

用于锁紧的弹簧复位单作用缸（特制）可对活塞杆施加作用力（矩）将活塞及活塞杆锁紧，而不能直接作用于活塞上，因活塞是在缸筒（体）内部作往复运动的缸零件。

不管是特制的弹簧复位单作用缸还是其他型式的液压缸，如图 5-58 所示状态作用于主缸（液压缸Ⅱ），则都会造成主缸受侧向力作用。即使不顾及侧向力问题，特制的弹簧复位单作用缸作用在主缸上的锁紧力也不可调节。

单向阀 A 除具有背压作用外，其还应具有防止锁紧缸Ⅰ中液压油液排空的作用。

笔者认为这种锁紧并不可靠，不一定适用于长时间锁紧。

（4）修改设计及说明

根据 GB/T 786.1—2009 的规定及上述指出的问题，笔者重新绘制了图 5-59。

关于锁紧缸锁紧回路图 5-59，作如下说明：

① 添加了锁紧缸回路，包括换向阀和锁紧缸；

② 更改了锁紧原理；

③ 进行了一些细节上的修改，如外控单向顺序阀图形符号等。

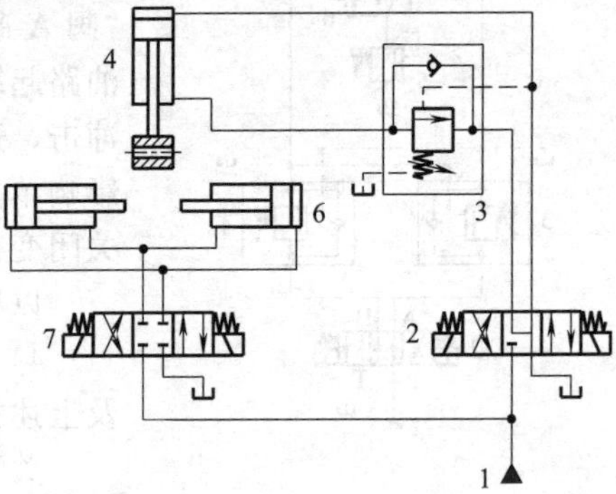

如图 5-59 所示，对称设置的锁紧缸 5 和 6 不是直接作用于液压缸 4 的活塞杆上，而是以其带动的轴销（图中未示出）插入液压缸 4 带动的滑块上预制的销孔中，实现对液压缸 4 的锁紧。

此种锁紧回路，笔者在其设计、制造的液压机上多次采用。

图 5-59 锁紧缸锁紧回路

1—液压源；2,7—三位四通电磁换向阀；

3—外控单向顺序阀（平衡阀）；

4—液压缸；5,6—锁紧缸

第 **6** 章

其他典型液压回路分析与设计

6.1 辅助液压回路分析与设计

以"辅助回路"命名本节所涉及的液压回路并不一定确切，因为在液压系统中这些回路所具有的功能可能是必须的，如滤油回路。

除液压源、压力控制、速度控制、方向和位置控制液压回路外，一般将滤油回路、油温控制回路、润滑回路、安全保护回路、维护管理回路以及冲（清）洗回路等归类为辅助回路。

鉴于本书篇幅的限制，如冲（清）洗回路等没有选择图例加以分析与设计，读者如需采用请参考其他专著或相关标准，如 GB/T 25133—2010《液压系统总成　管路冲洗方法》、GB/T 30504—2014《船舶和海上技术 液压油系统 组装和冲洗导则》、GB/T 30508—2014《船舶和海上技术　液压油系统　清洁度等级和冲洗导则》等。

6.1.1 滤油回路

如图 6-1 所示，此为某文献中给出的压油管滤油回路（笔者按原图绘制），并在图下进行了液压回路描述和特点及应用说明。笔者认为图中存在一些问题，具体请见下文。

（1）液压回路描述

滤油器直接安装在液压泵出口处，使全部流量都经过精滤，将吸油管滤油器未滤去的杂质和液压泵产生的磨损颗粒滤去，保护除液压泵以外的全部液压元件。为了避免滤油器淤塞而引起液压泵过载，滤油器必须安装在溢流阀支路的后面，而不能放在它的前面，如图 6-1（a）所示。或者与一个安全阀并联，如图 6-1（b）、（c）所示。

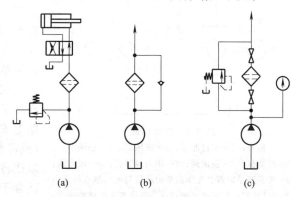

图 6-1　压油管滤油回路（原图）

（2）特点及应用

本回路是精过滤的滤油回路，适用于对污染敏感的液压系统。对于图 6-1（b）、（c）所示回路，安全阀的开启压力应高于滤油器的最大允许压差。压差太大会使较大的杂质颗粒挤过过滤孔，并有压坏滤芯的危险。

（3）问题与分析

原图、液压回路描述和特点及应用说明中都存在一些问题，其主要问题如下：

① 图 6-1 中液压元件图形符号至少存在 8 处问题；

② 液压泵吸油管路上缺少粗过滤器；

③ 液压回路缺少基本功能；

④ 液压回路描述和特点及应用说明不准确。

根据安装位置过滤器一般可分为吸油过滤器、回油过滤器和压力管路过滤器，其中压力管路过滤器是安装在压力管路上的过滤器。

"淤塞"不是 GB/T 17446—2012 规定的术语。以淤积的污染物、沉积的污染物或截留的污染物堵（阻）塞过滤器表述较为合适、恰当。

图 6-1 中液压元件图形符号存在如下具体问题：

① 图 6-1（a）中溢流阀图形符号不规范；

② 所有过滤器图形符号不规范；

③ 图 6-1（a）中换向阀图形符号及其连接错误；

④ 图 6-1（a）中液压缸图形符号已被代替；

⑤ 图 6-1（b）中旁通阀（或称旁路单向阀）图形符号不正确；

⑥ 图 6-1（c）中安全阀图形符号错误；

⑦ 图 6-1（c）中压力表图形符号不正确；

⑧ 过滤器、截止阀、单向阀等图形符号尺寸模数不对。

以上仅是笔者发现的一些一般问题，读者如果有兴趣可以查阅原著，应该还可以发现更多的问题，如缺少管路连接（点）等。

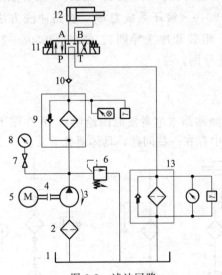

图 6-2　滤油回路
1—油箱；2—粗过滤器；3—液压泵；4—联轴器；
5—电动机；6—溢流阀；7—压力表开关；8—压力表；
9—带旁路单向阀、光学阻塞指示器与电气触点的压力
管路过滤器；10—单向阀；11—三位四通电磁换向阀；
12—液压缸；13—带压差指示器与电气
触点的回油过滤器

（4）修改设计及说明

根据 GB/T 786.1—2009 的规定及上述指出的问题，笔者重新绘制了图 6-2。

关于滤油回路图 6-2，作如下说明：

① 添加了吸油管路过滤器——粗过滤器、联轴器、电动机、压力表开关、单向阀、回油过滤器等；

② 修改了溢流阀（安全阀）、过滤器、截止阀（压力表开关）、压力表、换向阀、液压缸等图形符号；

③ 进行了一些细节上的修改，如添加了液压泵单向旋转方向指示箭头等。

如图 6-2 所示，此滤油回路在吸油管路上安装了粗过滤器（或吸油过滤器），在压力管路上安装了压力管路过滤器，在回油管路上（或可在油箱回油口处）安装了回油过滤器，以便将使用中的工作介质的颗粒污染物限定在适合于所选择的元件和预期应用所要求的等级内（或表述为以便使液压油液的污染度适合于系统中对污染最敏感的元件的要求）。

需要特别指出的是，除非需方与供方商定，在泵吸油管路上不推荐使用吸油过滤器。但容许使用吸油口滤网或粗过滤器。

一般含有电液伺服比例液压阀的液压控制系统都在压力管路上安装有压力管路过滤器。

如果是重要、大型或精密的液压系统包括液压控制系统，宜适当考虑应用独立的过滤系统（装置），具体请见图6-3。

如图6-3所示，一种独立的过滤系统（装置）具有过滤精度高、额定流量大、初始压力损失小、纳垢容量大等特点。

除上述过滤器可安装在吸油管路、回油管路和压力管路上外，过滤器还可直接安装在个别元件的进油口处作为局部油液过滤。它能使部分油液经过精滤，以保护个别重要的元件，如电液伺服阀或比例阀等。因此也可采用规格较小的过滤器。但笔者不完全同意有的参考文献（包括下列相关标准）中提出的："这种回路不应将安全阀（旁路阀）与滤油器并联，以避免由于系统的压力冲击而使安全阀瞬时打开，让杂质颗粒进入元件。"观点。

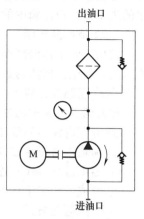

图6-3　一种独立的过滤系统（装置）

在GB/T 3766—2015中关于过滤器有如下的相关规定："如果由污染引起的阀失灵会产生危险，则在供油管路内接近伺服阀或比例阀之处宜另外安装无旁通（阀）的并带有易察看的堵塞指示器的全流量过滤器。该滤芯的压溃额定压力应超过该系统最高工作压力。流经无旁通（阀）过滤器的液流阻塞不应产生危险。"

针对GB/T 3766—2015的上述规定，笔者在这里提出三个质疑：

a. 在GB/T 20079—2006中规定"当过滤器安装有旁路阀时，设计结构应避免沉积的污染物直接通过旁路阀。"既然过滤器本身在结构上可以避免上述问题，则在GB/T 3766—2015中的上述规定的必要性令人质疑。

b. 何种滤芯的压溃额定压力（最小压溃压力）能超过该系统最高工作压力令人质疑。

c. 过滤器无旁通阀，一旦液流阻塞，液压执行元件不能正常动作所产生的后果（危险）不都是可以预判的，其是否符合在GB/T 15706—2012中规定的相关原则令人质疑。

6.1.2　油温控制回路

如图6-4所示，此为某文献中给出的油温自动调节的回路（笔者按原图绘制），并在图下进行了液压回路描述和特点及应用说明。笔者认为图中存在一些问题，具体请见下文。

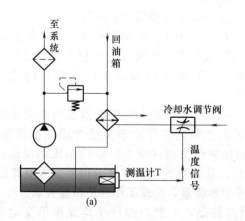
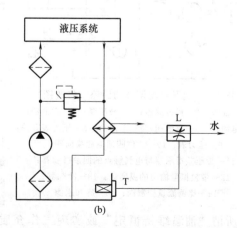

图6-4　油温自动调节的回路（原图）

（1）液压回路描述

在油箱中装有温度计 T，根据测得的温度来自动调节冷却水节流阀的开度，以改变冷却水的进水量，使油箱中的油温维持恒定。

（2）特点及应用

适用于对工作温度要求较高的大功率液压系统，自动控制油液的温度。冷却器装在回油路末端，使全部回油通过冷却器。

（3）回路图比较

比较两部文献中的油温自动调节回路，其主要不同之处在于：

① 方框内注出的液压系统有或无；

② 油箱内液压油液及液面的有或无；

③ 温度信号（线）连续与断开；

④ 有或无用文字在图样上注出元件名称或功能等。

（4）问题与分析

原图 6-4（a）、液压回路描述和特点及应用说明中都存在一些问题，其主要问题如下：

① 安装在吸油管路上的粗过滤器露出液面的图样及实际安装都是错误的；

② 测温计测得的温度信号的传输路线断开也是不对的；

③ 溢流阀的溢流口（或出口）不宜再通过其他元件如冷却器接油箱；

④ 没有给出"油温维持恒定"的温度变化范围；

⑤ 特点及应用说明不通顺。

在某参考文献中，回路的特点："液压系统能自动控制油的温度"；应用范围："适用于对工作温度要求较高的大功率液压系统"；回路选用原则和注意事项："冷却器装在回油路末端，使全部回油通过冷却器"。而上述特点及应用将以上三部分内容合并，则出现不通顺问题。

（5）修改设计及说明

根据 GB/T 786.1—2009 的规定及上述指出的问题，笔者重新绘制了图 6-5。

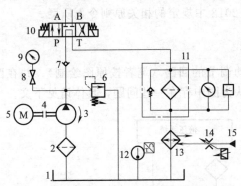

图 6-5 油温自动调节的回路（修改图）

1—油箱；2—粗过滤器；3—液压泵；4—联轴器；
5—电动机；6—溢流阀；7—单向阀；8—压力表开关；
9—压力表；10—三位四通电磁换向阀；
11—带压差指示器与电气触点的回油过滤器；
12—带模拟量输出的温度计；13—冷却器；
14—比例流量控制阀；15—冷却水源

关于油温自动调节的回路（修改图）图 6-5，作如下说明：

① 添加了联轴器、电动机、单向阀、压力表开关、压力表、换向阀、冷却水源等；

② 去掉了压力管路上的过滤器而添加了回油过滤器；

③ 修改了测温计图形符号；

④ 用比例流量控制阀代替了冷却水节流阀；

⑤ 进行了一些细节上的修改，如去掉了所有文字、添加了液压泵单向旋转方向指示箭头等。

如图 6-5 所示，由带模拟量输出的温度计 12 检测油箱内工作介质温度并以模拟量输出，通过比例阀控制（放大）器控制比例流量控制阀 14，使其按设定温度要求调节输入冷却器 13 的冷却水流量，实现工作介质恒温控制。

所谓"油温维持恒定"或实现工作介质恒温控制，一般以温度平均显示值变动量在 ±4.0℃ 内即为恒温，更为精密的控制可要求达到 ±2.0℃，但实际很难做到。

现在以油箱内工作介质实际温度与设定温度的偏差来控制变频水泵，即改变冷却水源供给流量来调节工作介质温度，应是一种较好的方法。

笔者提示：在设计、安装、使用冷却器不当时，可能发生水侧的水向油侧的泄漏。一旦出现泄漏，将是很严重的事故。笔者曾不止一次经历过这种事故，敬请读者小心谨慎。

相对而言，风冷是一种较为安全的冷却方式，但其冷却能力有限。

6.1.3 润滑回路

如图 6-6 所示，此为某文献中给出的经减压阀的多支路润滑回路（笔者按原图绘制），并在图下进行了液压回路描述和特点及应用说明。笔者认为图中存在一些问题，具体请见下文。

（1）液压回路描述

回路由定量泵供油、溢流阀定压，经减压阀向润滑油路提供稳定的低压油。润滑油路先用减压阀减压，再经固定小孔 L 节流，润滑油量分别由节流阀 A 与 B 调节。

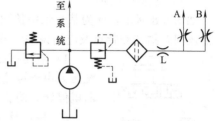

图 6-6　经减压阀的多支路润滑回路（原图）

（2）特点及应用

用于多支路的润滑，过滤器用于润滑油路的精过滤。

（3）问题与分析

原图、液压回路描述和特点及应用说明中都存在一些问题，其主要问题如下：

① 缺少压力指示等；

② 缺少必要的功能；

③ 液压回路描述和特点及应用说明不全面。

凡设置有减压阀的子系统都应设置压力表，否则减压阀将无法调节。稀油润滑系统一般公称压力都在 2.0MPa 以下，极少有超过 6.3MPa 的。常用计量件或分配器对各润滑点的供油量进行控制和分配。

锻压机械的重要摩擦部位的润滑一般应采用集中润滑系统，且应防止突然停电或液压泵等发生故障时立即终止润滑的情况。

（4）修改设计及说明

根据 GB/T 786.1—2009 的规定及上述指出的问题，笔者重新绘制了图 6-7。

关于润滑回路图 6-7，作如下说明：

如图 6-7 所示，润滑系统的液压源及一些元件含附件与常见的液压系统没有区别。但根据润滑点的要求不同，可能需要多点、间歇、定量、比例、分时、强制等润滑方式。因此，还需要采用不同的控制和分配元件及控制方法。况且，润滑系统一般所依据的标准也与液压系统不同，即机床及其他类型的通用机械可按照 GB/T 6578—2002《机床润滑系统》的相关规定设计。

只有当液压系统与润滑系统（使）用相

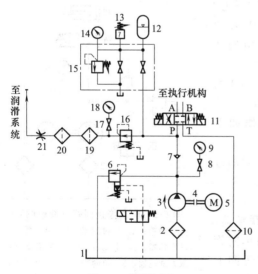

图 6-7　润滑回路

1—油箱；2—粗过滤器；3—液压泵；4—联轴器；
5—电动机；6—电磁溢流阀；7—单向阀；
8,17—压力表开关；9,14,18—压力表；
10—回油过滤器；11—三位四通电磁换向阀；12—蓄能器；
13—压力继电器；15—蓄能器控制阀组；16—减压阀；
19,20—过滤器；21—截止节流阀

同液压油液时，液压系统和润滑系统才可考虑合在一起。但务必要除去杂质，如设置过滤器19、20。

为防止突然停电或液压泵等发生故障时立即终止润滑的情况，设置了蓄能器12及控制阀组等，使其在一定延长时间内可以保证正常润滑。

其实集中润滑系统（稀油润滑装置）有专门的术语和分类、图形符号和技术条件标准，一些机械（机器）如机床也有润滑系统标准，具体设计时可遵照执行。

6.1.4 安全保护回路

（1）应急停止回路

如图 6-8 所示，此为某文献中给出的应急停止回路（笔者按原图绘制），并在图下进行了液压回路描述和特点及应用说明。笔者认为图中存在一些问题，具体请见下文。

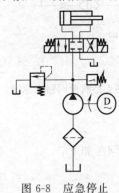

图 6-8 应急停止
回路（原图）

1）液压回路描述 系统正常工作时，压力由溢流阀调定。当系统压力由于溢流阀失灵而升高时，预调的压力继电器动作，使电动机断电停转，防止其他事故发生。

2）特点及应用 本回路可以防止系统压力过载，压力继电器的调定值要高于系统的工作压力。

3）问题与分析 原图、液压回路描述和特点及应用说明中都存在一些问题，其主要问题如下：

① 液压元件图形符号不规范；

② 缺少压力指示等；

③ 液压缸可能带载启动；

④ 特点及应用说明有问题。

缺少压力指示，溢流阀包括压力继电器的设定压力无法调定。

压力继电器的调定值要高于系统的最高工作压力，即溢流阀调定压力，而且应高出最高工作压力的10%。否则，极可能在正常工作时出现压力继电器动作而使电动机停止工作。

4）修改设计及说明 根据 GB/T 786.1—2009 的规定及上述指出的问题，笔者重新绘制了图 6-9。

关于应急停止回路（修改图）图 6-9，作如下说明：

① 添加了单向阀、压力表开关、压力表、回油过滤器等；

② 用电磁溢流阀代替了溢流阀；

③ 进行了一些细节上的修改，如修改了联轴器、电动机符号、电磁铁作用方向，添加了液压泵单向旋转方向指示箭头等，其中液压缸和压力继电器等图形符号在重新绘制原图时已经修改。

在紧急情况下，除了可以使驱动液压泵的电动机（立即）停止运转外，还可以设置安全装置切断液压泵的液压油液供给（输出），如图 6-10所示。

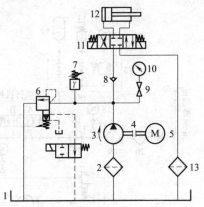

图 6-9 应急停止回路（修改图）

1—油箱；2—粗过滤器；3—液压泵；
4—联轴器；5—电动机；6—电磁溢流阀；
7—压力继电器；8—单向阀；9—压力表开关；
10—压力表；11—三位四通电磁换向阀；
12—液压缸；13—回油过滤器

采用带手动应急操作的二位二通电磁换向阀作为应急切断阀十分必要，而且三位四通电磁换向阀也应带手动应急操作。在发生事故尤其是人身伤害事故时，其对解救被困人员非常实用，笔者曾有过这方面现场应用经历。

在液压系统及回路中，应急停止或急停通常是靠设置急停装置（如急停按钮）来实现的。有标准规定："当存在可能影响成套机械装置或包括液压系统的整个区域的危险（如火灾危险）时应提供一个或多个急停装置（如急停按钮）。至少应有一个急停按钮是远程控制的。"

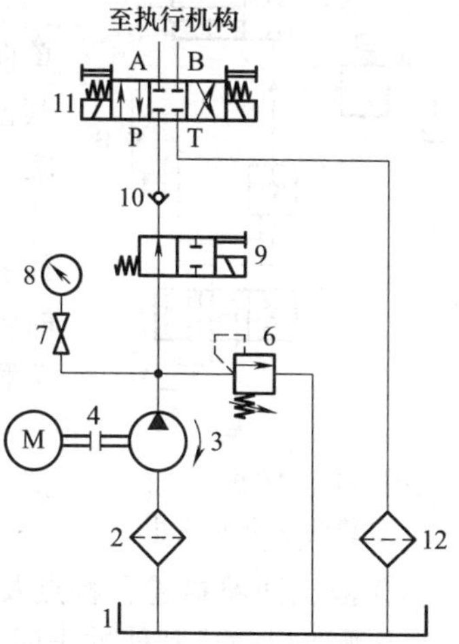

（2）双手操纵的安全回路

如图 6-11 所示，此为某文献中给出的双手控制的安全回路（笔者按原图绘制），并在图下进行了液压回路描述和特点及应用说明。笔者认为图中存在一些问题，具体请见下文。

1）液压回路描述　回路用两个手动换向阀作为液动主换向阀的先导阀，必须同时压下两个手动换向阀的手柄才能使活塞向左移动。如果有一个手柄松开，活塞即停止运动。活塞向右退回时，必须两个手柄都松开。

2）特点及应用　本回路用来避免工人的双手受伤。

3）问题与分析　原图、液压回路描述和特点及应用说明中都存在一些问题，其主要问题如下：

① 液压元件图形符号不规范；

② 缺少压力指示等；

③ 图 6-11 所示回路属于本质不安全液压回路；

④ 液压回路描述和特点及应用说明过于简单。

图 6-10　用切断阀的应急停止回路
1—油箱；2—粗过滤器；3—液压泵；
4—联轴器；5—电动机；6—溢流阀；
7—压力表开关；8—压力表；
9—切断阀（带手动应急操作的二位
二通电磁换向阀）；10—单向阀；
11—带手动应急操作的三位四通
电磁换向阀；12—回油过滤器

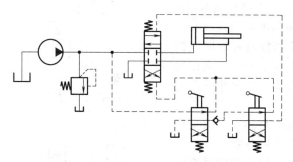

图 6-11　双手控制的安全回路（原图）

如图 6-11 所示，当两个手动换向阀手柄都松开即都不操作时，液压缸活塞及活塞杆（可能）向右退回。其为本质不安全的设计，同时也不符合相关标准的规定。

目前锻压机械及液压机等液压机械大都要求双手操纵，其双手操纵的对象一般为按钮，而非液压阀手柄。况且，以液压阀组成双手操纵装置比较复杂，成本也高。

如要求双手操纵按钮，可按照 GB/T 19671—2005《机械安全双手操纵装置功能状况及设计原则》等相关标准设计。

因以双手操纵手动换向阀手柄作为安全保护措施的液压系统及回路很少见，所以对图 6-11 回路也没有必要做进一步修改了。

借此液压回路再讲两个问题：其一如果液压系统中同时设置了自动控制和手动控制，则手动控制一般应优先于自动控制；其二手动控制的操作手柄动作方向应与执行机构的动作方向一致，如上推手柄宜使执行机构向上运动。

（3）液压缸的安全回路

如图 6-12 所示，此为某文献中给出的防止液压缸过载的安全回路Ⅱ（笔者按原图绘制），并在图下进行了液压回路描述和特点及应用说明。笔者认为图中存在一些问题，具体请见下文。

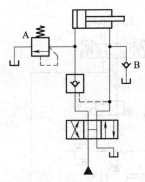

图 6-12 防止液压缸
过载的安全回路Ⅱ

1) 液压回路描述　换向阀右位接通，压力油（经）过液控单向阀进入液压缸左腔，活塞右移驱动负载工作。当遇到超载或其他冲击时，溢流阀 A（起安全阀作用）开启溢流，保护液压系统。液压缸右腔可通过单向阀 B 从油箱补油。

2) 特点及应用　有些液压设备的液压缸活塞会受到其他物体的冲撞，使液压缸的左腔压力急剧升高，导致油管的破裂。同时液压缸右腔又会出现负压，空气容易侵入缸内。该回路适用于工程机械的液压系统。

3) 问题与分析　原图、液压回路描述和特点及应用说明中都存在一些问题，其主要问题如下：

① 换向阀图形符号有问题；

② 液压回路描述和特点及应用说明有一些问题。

当遇到超载或其他冲击时，如换向阀仍为右位接通状态，溢流阀 A（起安全阀作用）开启溢流，则溢流阀 A 的调定压力一定低于系统溢流阀调定压力，确切地说其主要保护的是液压缸而非液压系统。

特点及应用中所描述的现象可能发生，但主要是工作介质中混入空气的析出，进一步可能产生气蚀。

采用溢流阀限制液压缸无杆腔压力固然重要，但更"应采取措施防止压力剧增造成液压缸下腔（有杆腔）的损坏"。

4) 修改设计及说明　根据 GB/T 786.1—2009 的规定及上述指出的问题，笔者重新绘制了图 6-13。

关于液压缸的安全回路图 6-13，作如下说明：

如图 6-13 所示，由单向阀（补油阀）7 和直动式溢流阀 8 等组成的双作用液压缸无杆腔防气蚀溢流阀和由单向阀（补油阀）6 和直动式溢流阀 5 等组成的双作用液压缸有杆腔防气蚀溢流阀，可以在双作用液压缸 9 被液控单向阀 3 和 4 双向锁紧的情况下，防止由于负载作用（冲击、碰撞等）或异常情况造成的压力剧增和气蚀的发生。

对于可以预判发生上述状况的无杆腔或有杆腔，可以采用单腔防护，但一般应防气蚀与限压两项功能不可分割。

用于防止液压缸（主要是有杆腔）超压的安全阀应是直动式的，其设定压力应高出最高工作压力的 10%。但前提是液压缸可以承受该压力。

（4）防止管路爆破的安全回路

如图 6-14 所示，此为某文献中给出的管路损坏应急回路Ⅰ（笔者按原图绘制），并在图下进行了液压回路描述和特点及应用说明。笔者认为图中存在一些问题，具体请见下文。

1) 液压回路描述　正常情况下油路是接通的，p_1 近似等于液压缸下腔的压力 p_2。当管接头或软管破裂时，p_1 侧降为大气压力，阀 A 靠 p_2 侧的压力把油路切断，从而自动防止液压缸的活塞下降。

2) 特点及应用　本回路为用于升降装置的急停回路。紧急切断阀 A 通常装于液压缸上或尽量靠近液压缸的地方。可用于港口、矿山、建筑等起重设备的液压系统。

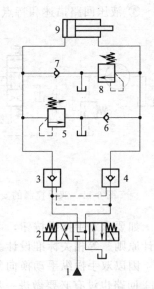

图 6-13　液压缸的安全回路
1—液压源；2—三位四通
电磁换向阀；3,4—液控单向阀；
5,8—直动式溢流阀；6,7—单向阀
（补油阀）；9—双作用液压缸

阀 A 的压力调节到 1MPa 以下。

3）问题与分析　原图、液压回路描述和特点及应用说明中都存在一些问题，其主要问题如下：

① 液压元件图形符号存在问题，尤其是"紧急切断阀 A"；

② 难以找到"紧急切断阀 A"，应用有问题；

③ 液压回路描述和特点及应用说明内容过于陈旧。

关于"紧急切断阀"，笔者查阅了大量国内外液压阀产品样本，没有查到上文所描述的这种液压用"紧急切断阀"。

如果以图 6-14 所示图形符号分析"p_1 近似等于液压缸下腔的压力 p_2"，在有弹簧力作用的情况下，其"紧急切断阀"应处于或趋于关闭状态，即不能实现"正常情况下油路是接通的"这种功能。

三十多年过去了，产品更新换代了很多次。尽管液压原理可能还适用，但液压系统及回路是需要实际应用的，即应是"液压实用回路"。

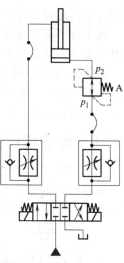

图 6-14　管路损坏应急
回路 I （原图）

4）修改设计及说明　根据 GB/T 786.1—2009 的规定及上述指出的问题，笔者重新绘制了图 6-15 和图 6-16。

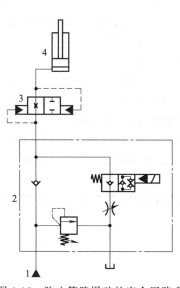

图 6-15　防止管路爆破的安全回路 I
1—液压源；2—升降机复合阀；3—防爆阀；4—液压缸

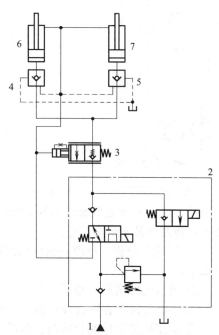

图 6-16　防止管路爆破的安全回路 II

如图 6-15 所示，在正常的情况下，防爆阀保持常开状态。当液压系统的流量突然不正常地增加，超过防爆阀设定的流量，如管路爆裂、负载超过额定或节流阀被调大流量，此时防爆阀将瞬间关闭，保护液压机械及负载的安全。

笔者设计、制造的某汽车零部件有限公司运货液压吊盘上应用过这种防爆阀，试验效果良好。

如图 6-16 所示，某公司的 FD 型平衡阀在液压系统中用来控制液压执行元件的速度，使之与负载无关；同时，其附加的单向阀功能，可作为防止管路故障的保护。但上述安装负载压力不得超过 20MPa。

除上述不带次级压力溢流阀的液压回路外，还有可带次级压力溢流阀的液压回路，其在自升式海洋石油钻井平台桩腿等液压系统中有实际应用。

借图 6-16 所示液压回路再讲两个问题：其一在液压系统及回路图中，不但每个元件包括附件都应给出一个唯一的标识代号（序号），而且，对软管总成也应如此；其二在所有零件表、总布置图和/或回路图中，应以此标识代号识别元件和软管总成。

6.1.5 维护管理回路

（1）液压元件检查与更换回路

如图 6-17 所示，此为某文献中给出的液压元件检查与更换回路（笔者按原图绘制），并在图下进行了液压回路描述和特点及应用说明。笔者认为图中存在一些问题，具体请见下文。

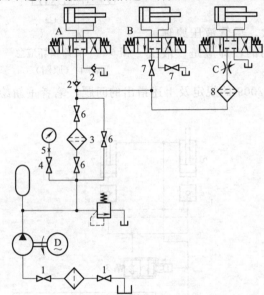

图 6-17　液压元件检查与更换回路（原图）

1）液压回路描述　阀 1 用于检查更换液压泵吸油管滤油器。机器停止工作时拆下换向阀 B，将两个截止阀 7 关闭，机器的其余部分仍可继续工作。阀 4 用于停止压力表工作，延长压力表寿命。阀 6 用于检查更换滤油器 3，将两个串联的截止阀关闭，打开并联截止阀，机器仍可运转。

2）特点及应用　用于液压设备在工作过程中或停止时，将元件拆下进行检查或更换。压油管滤油器用于保护精滤油器 8；精滤油器 8 是用来防止微量节流阀 C 堵塞的；阻尼器 5 用于缓冲压力冲击。

3）回路图溯源与比较　经查对，相同的回路图见于 1982～2016 年间出版的若干部参考文献中。在 2008 年出版的这一部参考文献中回路的特点中指出："在工作过程中拆下元件，可保证系统的其他部分能继续工作。在机器停转时拆下元件，可使系统油液不流失，使之能迅速恢复工作。"

4）问题与分析　原图、液压回路描述和特点及应用说明中都存在一些问题，其主要问题如下：

① 液压元件图形符号不规范；
② 一些元件配置不合理或缺少功能；
③ 液压回路设计观念陈旧、落后；
④ 液压回路描述和特点及应用说明不全面。

如图 6-17 所示，以现在液压系统及回路的设计观念而论，对于原来已设置了压力管路过滤器的液压系统及回路，不可在缺少该过滤器的情况下继续运行。

吸油过滤器在一般情况下只能选择粗过滤器，且常常安装于油箱内，其上游不可能再设置截止阀。即使可以选用粗过滤器以外的其他吸油过滤器，一般吸油过滤器也设有自封阀，保证在更换或清洗滤芯时油箱内油液不会流出。

一般压力表开关可通过调节开口大小起到阻尼作用，减轻压力表急剧跳动，防止损坏；况且还可以采用抗震压力表，其依靠内部充填阻尼液体（硅油或甘油），设置阻尼管、阻尼片及阻尼螺钉等措施，克服工作介质强烈脉动和环境振动给压力表带来的冲击损害，从而确保测量精度，延长仪表的使用寿命。因此一般在压力表和压力表开关之间不用再设置节流装置或节流器，即使建议用节流装置，也是针对防止事故的扩大和蔓延而言的。

"机器停止工作时拆下换向阀 B，将两个截止阀 7 关闭，机器的其余部分仍可继续工作"这种情况只能是发生在管式连接的换向阀上，而现在管式换向阀的应用已经越来越少，这种做法已不具有普遍意义。

如图 6-17 所示回路最大的问题可能是蓄能器缺少控制。一般安装有蓄能器的液压系统及回路，在液压系统关机（如驱动液压泵的电动机停止工作）时，蓄能器内所蓄存的能量不允许使可动件（如液压缸驱动的滑块）产生进一步动作；应能自动地将蓄能器内液压油液压力泄压；如果做不到，应配备手动阀泄压。为了维修而拆下蓄能器前，应能使蓄能器内液压油液压力泄压至"零"。

5）修改设计及说明　根据 GB/T 786.1—2009 的规定及上述指出的问题，笔者重新绘制了图 6-18。

关于液压元件检查与更换回路（修改图）图 6-18，作如下说明：

① 添加了蓄能器控制阀组等；

② 删除了粗过滤器上游的截止阀、压力表前的阻尼器等；

③ 用电磁换向阀代替了溢流阀，用带旁路单向阀、光学阻塞指示器与电气触点的压力管路过滤器代替了以截止阀为旁通（路）的过滤器和节流阀上游的过滤器，用单向阀代替了换向阀 P、T 油口处的截止阀；

④ 进行了一些细节上的修改，如修改了联轴器、蓄能器、过滤器图形符号，电动机符号、电磁铁作用方向、液压泵单向旋转方向指示箭头、压力表指针方向等，其中液压缸、蓄能器等图形符号在重新绘制原图时已经修改。

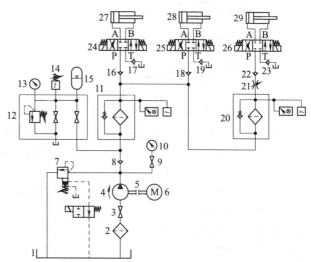

图 6-18　液压元件检查与更换回路（修改图）

1—油箱；2—粗过滤器；3—截止阀；4—液压泵；
5—联轴器；6—电动机；7—电磁溢流阀；8,16～19,22,23—单向阀；
9—压力表开关；10,13—压力表；11,20—带旁路单向阀、
光学阻塞指示器与电气触点的压力管路过滤器；
12—蓄能器控制阀组；14—压力继电器；15—蓄能器；
21—节流阀；24～26—三位四通电磁换向阀；27～29—液压缸

如图 6-18 所示，粗过滤器 2 下游的截止阀 3 用于液压泵 4 的检查或更换；电磁溢流阀 7 可用于液压泵 4 限压和卸荷；单向阀 8 主要用于防止蓄能器 15 内液压油液倒流进入液压泵 4；蓄能器控制阀组 12 中的截止阀可将蓄能器 15 与系统切断及泄压，并设置了安全阀、压力表及压力继电器，以便于蓄能器的使用、检查、维护或更换；各三位四通电磁换向阀 P（T）油口处的单向阀既可防止各液压缸间串油，又可将管式单向阀反接以截止向其所在的换向阀供油，以便在拆下该换向阀后，液压系统中其他液压缸还可动作；各三位四通电磁换向阀 T 油口处的单向阀还兼作背压阀。

对于板式换向阀，可采用盖板（堵板、垫板）封闭原来安装面上的各油孔（口）。

（2）检查回路

如图 6-19 和图 6-20 所示，此为某文献中给出的压力检查回路和油液清洁度检查回路（笔者按原图绘制），并在图下进行了液压回路描述和特点及应用说明。笔者认为图中都存在一些问题，具体请见下文。

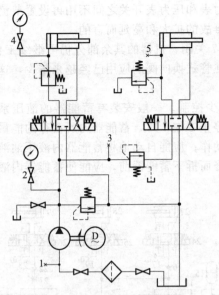

图 6-19 压力检查回路（原图）

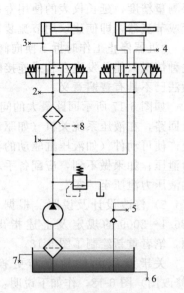

图 6-20 油液清洁度检查回路（原图）

1）液压回路描述 图 6-19 回路描述：1 处可装真空计，测定泵吸入口真空度；2 处用于调节主油路压力；3 处可安装压力表，调节顺序阀的开启压力；4 处用于调节减压阀出口压力；5 处可安装压力表，以调节安全阀压力。

图 6-20 回路描述：1 用来检查来自液压泵的油液清洁度；2 用来检查滤油器的滤油效果。3 和 4 用来检查油管及液压缸内的油路污染情况；5 用来检查回油路的油液污染情况；6 用来检查沉淀在油箱底部的污染物质；7 用来检查油箱内油液情况；8 用来检查由滤油器出来的水分和杂质。

2）特点及应用 图 6-19 特点及应用：液压机械在安装或检修后必须经过调试才能正常工作。调试时，必须测出回路中各点的压力，以便调整到设计值。该回路用于液压系统安装调试以及检修时各部位的压力检查。

图 6-20 特点及应用：本回路可在液压设备工作一段时间后，检查油液的污染程度。在油箱附近回油管装背压阀，使整个回路内经常充满油，以防管道生锈。

3）问题与分析 原图、液压回路描述和特点及应用说明中都存在一些问题，其主要问题如下：

① 有多处液压元件的图形符号不规范，其以"叉"表示的应是液压管路内堵头；

② 存在测量点位置设置不合理问题；

③ 对测量点设置缺少必要的说明；

④ 还存在其他一些问题。

非永久安装的压力表等处接口应采用"T"形图形符号表示，其确切的含义是："封闭管路或接口"。

液压泵的自吸性能检验（查）应严格规定测量点。否则，可能会造成误判或引发争议。

液压泵出口的压力测量点设置宜按相关标准规定。一般要求压力测量点应设置在距液压泵出口的（2～4）d（d 为管道内径）处。并允许将测量点移至离液压泵出口更远处，并应参考管路的压力损失。

对一般液压系统调试而言，没有必要也不用如图 6-19 所示，在顺序阀前再单独设置压力测量点，以 2 处的压力表指示调试顺序阀没有问题。对在回油路上安装单向阀作为背压阀的一般也不设置压力测量点。一般常见的压力管路过滤器上未见有如图 6-20 所示的"8 用来检查由滤油器出来的水分和杂质。"装置及功能。

其他问题如液压泵带载启动、液压泵出口旁路截止阀设置、减压阀反向通油、粗过滤器露出油箱液面、图 6-20 中缺少压力指示等，在此就不一一指出并加以分析了。

4）修改设计及说明　根据 GB/T 786.1—2009 的规定及上述指出的问题，笔者重新绘制了图 6-21。

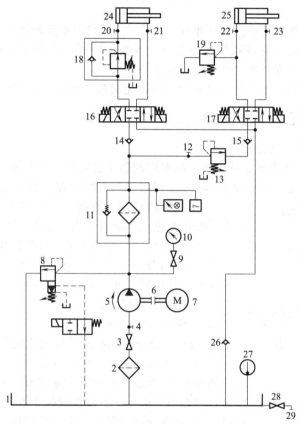

图 6-21　检查回路

1—油箱；2—粗过滤器；3—截止阀；4，12，20～23—测量点；5—液压泵；6—联轴器；
7—电动机；8—电磁溢流阀；9—压力表开关；10—压力表；11—带旁路单向阀、光学阻塞指示器与
电气触点的压力管路过滤器；13—顺序阀；14，15，26—单向阀；16，17—三位四通电磁换向阀；
18—单向减压阀；19—溢流阀；24，25—液压缸；27—温度计；28—截止阀；29—油液取样点油口

关于检查回路图 6-21，作如下说明：

如图 6-21 所示，除油液取样点油口 29 外，其他压力测量点如 4、12、20～23 等在一般情况下，皆可作为液压工作介质的取样点油口，并根据 GB/T 17489—1998《液压颗粒污染分析　从工作系统管路提取液样》等相关标准规定操作；除油箱温度由温度计 27 测量外，还可在离压力测量点（2～4）d（d 为管道内径）处设置温度测量点（图中未示出）；液压缸 24、25 的内部清洁度（污染度）评定可参照相关标准或参考《液压缸设计与制造》等专著。对于大型液压油缸清洁度的检验可以采用一腔加压另一腔排油的方法，用油污检测仪对液压油缸排出的油液进行检测。

如需较为准确地检测液压缸容腔内工作介质的污染度，则应按相关标准要求设置油样取样口。

对于大型、精密、贵重的液压设备，还可安装工作介质污染度在线监测装置（如在线颗粒计数器）。

根据 GB/T 17490—1998 的规定，取样点油口标识为"M"。

如果在高压管路中设计、安装用于液压油液取样的取样阀，应安放高压喷射危险的警告标志，使其在取样点清晰可见，并应遮护取样阀。

6.2 互不干涉回路分析与设计

具有两台或多台执行元件的液压系统可能存在压力和/或流量相互干扰问题，即不同时动作的执行元件可能造成液压系统压力波动，或要求同时动作的却出现先后动作或快慢不一，以及因速度快慢不同而在动作上的相互干扰。

互不干涉回路的功能就是使几台执行元件在完成各自的（循环）动作时彼此互不影响。

6.2.1 液压阀互不干涉回路

（1）单向阀互不干扰回路

如图 6-22 所示，此为某文献中给出的单向阀防干扰回路 I（笔者按原图绘制），并在图下进行了液压回路描述和特点及应用说明。笔者认为图中存在一些问题，具体请见下文。

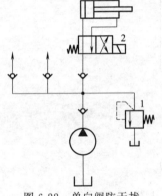

图 6-22 单向阀防干扰
回路 I（原图）

1）液压回路描述 在各分支油路上安装一只单向阀，可以防止操作其他液压缸时产生的压力下降对支路的影响。

2）特点及应用 常用于夹紧缸等的保压，保压时间短。

3）问题与分析 原图、液压回路描述和特点及应用说明中都存在一些问题，其主要问题如下：

① 液压泵可能带载启动；

② 缺少压力指示等；

③ 液压回路描述和特点及应用说明存在一定问题；

④ 单向阀如此串联连接值得商榷。

如图 6-22 所示，其应为定量泵保压回路且液压泵处于继续运转状态下的保压。当溢流阀处于溢流状态时，各执行元件（液压缸）的保压压力基本不变（系统压力保持在溢流阀调定的数值上）；当溢流阀处于非溢流状态时，已保压的执行元件才可能出现保压压力逐渐下降的情况，但此不应是此回路描述的重点。

当各子系统中进油路上没有设置单向阀时，如另一换向阀换向而使其所在子系统执行元件动作，则处于开泵保压的执行元件压力将立即下降，其实质是液压系统的压力下降造成的，亦即出现了压力干扰问题。

两台单向阀串联连接，尤其是近距离串联连接，可能影响单向阀的开启和反向关闭性能。如图 6-22 所示如此串联连接值得商榷。

在某参考文献中有一幅图样（笔者按原图绘制，但已经对其元件的图形符号进行了修改），仅用于说明单向阀互不干扰回路较为恰当，具体请见图 6-23。

如图 6-23 所示，可以在换向阀的进油口前的管路上加装单向阀来防止其他液压缸动作时可能造成的系统压力下降。

（2）顺序阀互不干扰回路

如图 6-24 所示，此为某文献中给出的单向阀防干扰回路 II（笔者按原图绘制），并在图下进行了液压回路描述和特点及应用说明。笔者认为图中存在一些问题，具体请见下文。

1）液压回路描述 回路中的顺序阀 4 与二位四通电磁换向阀 5 之间设置的单向阀 6，用来防止在液压缸 1 右行夹紧后，三位四通电磁换向阀 3 换向瞬间由于顺序阀阀芯不平衡造成的失压，而引起夹紧缸松开。

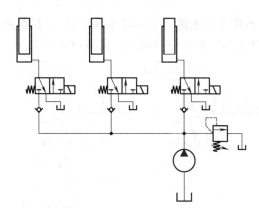

图 6-23 单向阀互不干扰回路（原图）

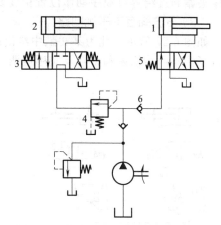

图 6-24 单向阀防干扰回路Ⅱ（原图）
1,2—液压缸；3—三位四通电磁换向阀；
4—顺序阀；5—二位四通电磁换向阀；6—单向阀

2）特点及应用 此回路仅适用于一缸夹紧后另一缸动作的场合。

3）问题与分析 原图、液压回路描述和特点及应用说明中都存在一些问题，其主要问题如下：

① 回路名称不准确；

② 液压元件图形符号不规范；

③ 缺少压力指示等；

④ 对单向阀 6 的作用存疑；

⑤ 对三位四通电磁换向阀中位机能存疑；

⑥ 液压回路描述和特点及应用说明存在一定问题。

如图 6-24 所示，当液压缸 1 右行夹紧工件后，液压系统压力进一步升高到达顺序阀 4 设定压力，顺序阀开启，此时的压力称为开启压力。当顺序阀开启后，顺序阀进口处压力应还有一点升高，而不是下降；即使考虑其动特性，也仅在进口瞬态恢复时间内有几个波形的振荡，且可以用压力超调率表示。

由此单向阀 6 是否具有防压力干扰作用存疑，似可以将其去掉。因此该回路名称则应为顺序阀互不干扰回路。

另外，选用 P 和 T 连通、A、B 封闭的三位四通电磁换向阀 3。因在液压泵与换向阀 3 间安装有顺序阀 4，其不具有使液压泵卸荷作用，所以其作用也存疑。

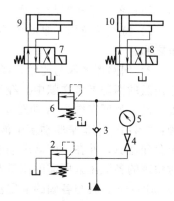

图 6-25 顺序阀互不干扰回路Ⅰ
1—液压源；2—溢流阀；3—单向阀；
4—压力表开关；5—压力表；
6—顺序阀；7,8—二位四通
电磁换向阀；9,10—液压缸

4）修改设计及说明 根据 GB/T 786.1—2009 的规定及上述指出的问题，笔者重新绘制了图 6-25。

关于顺序阀互不干扰回路Ⅰ图 6-25，作如下说明：

如图 6-25 所示，液压缸 10 先进行缸进程，当其夹紧工件后液压系统压力升高，到达顺序阀 6 调定压力后，顺序阀 6 开启，液压缸 9 后进行缸进程；在此过程中，液压缸 10 无杆腔压力即为顺序阀 6 调定压力（值），没有因液压缸 9 动作而下降，顺序阀 6 起到了保压作用。

当然，液压缸 10 的动作开始也可用顺序阀控制，即在此进油路上加装一台顺序阀 11，见图 6-26。

有参考文献介绍如图 6-26 所示回路，广泛应用于两台液压缸需要顺序动作的场合，如机床夹紧和进给等对顺序动作位置精度要求较高的液压系统。

（3）节流阀互不干扰回路

如图 6-27 所示，此为某文献中给出的节流阀防干扰回路（笔者按原图绘制），并在图下进行了液压回路描述和特点及应用说明。笔者认为图中存在一些问题，具体请见下文。

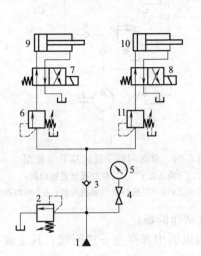

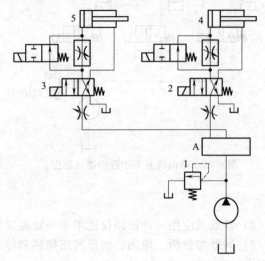

图 6-26　顺序阀互不干扰回路Ⅱ　　　　　　图 6-27　节流阀防干扰回路（原图）

1）液压回路描述　本回路采用一个分配器 A，并在分配器出油管上安装节流阀，起到定量分配的作用。在整个工作循环中，溢流阀始终是开启的，以使节流阀进口压力保持常压，防止各缸动作时相互干扰。

2）特点及应用　泵的供油量应大于快进液压缸所需要的流量与慢进液压缸所需要的流量之和。

3）回路图溯源与比较　经查对，相同的回路图见于 1982 年、2008 年、2011 年、2015 年出版的四部参考文献中。经比较，1982 年出版的这部参考文献与其他三部参考文献有多处不同，如回路图中 A 油路安装的是电动单向调速阀，而非是电动单向节流阀；文字说明为：“当用一个泵来驱动多个液压缸时，在通常情况下会产生相互干扰现象。本回路采用一个分配器 A，并在分配器出油管上装简式节流阀，起定量分配的作用。泵的供油量应大于同时快进的各液压缸所需的流量和进给缸慢进所需的流量之和。本回路泵与溢流阀的额定流量为 25L/min，其与各阀的额定流量均为 10L/min。即在整个工作循环中，溢流阀始终是开启的，使简式节流阀进油口保持常压。因此可防止各缸动作时相互干扰。”

4）问题与分析　原图、液压回路描述和特点及应用说明中都存在一些问题，其主要问题如下：

① 液压元件图形符号及回路图绘制都有问题；

② 回路描述过于简单；

③ 特点及应用说明应为错误。

根据对该参考文献的理解，该回路应具有在一台或多台液压缸快进、同时其他一台或多台液压缸正在慢进时，这些同时快进和/或慢进液压缸之间不能相互干扰。

泵的供给流量应大于所有同时快进的液压缸所需要的流量之和。

另外，分配器如是压力容器，则一般单位不具有设计、制造资质；如是三通、四通或 N 通接头，则不用如此表述。

在 2008 年出版的这一部参考文献的回路选用原则和注意事项中，其表述“分配器的进度一般要求小于 5%" 不知所云。

不应以 "A" 作为编号；图样中给出编号，图题下却没有给出名称，这也是不对的。

5）修改设计及说明 根据 GB/T 786.1—2009 的规定及上述指出的问题，笔者重新绘制了图 6-28。

关于节流阀防干扰回路（修改图）图 6-28，作如下说明：

① 添加了单向阀；

② 用电动单向调速阀代替了电动单向节流阀；

③ 删除了所谓的"分配器"；

④ 对溢流阀添加了弹簧可调节图形符号，使其具有调定（限定）液压源的（最高工作）压力功能；

⑤ 进行了一些细节上的修改，如修改了节流阀、液压缸（已经重新绘制原图时修改）等图形符号。

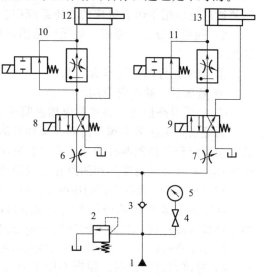

图 6-28　节流阀防干扰回路（修改图）

（4）顺序节流阀互不干扰回路

如图 6-29 所示，此为某文献中给出的采用顺序节流阀的叠加阀式防干扰回路（笔者按原图绘制），并在图下进行了液压回路描述和特点及应用说明。笔者认为图中存在一些问题，具体请见下文。

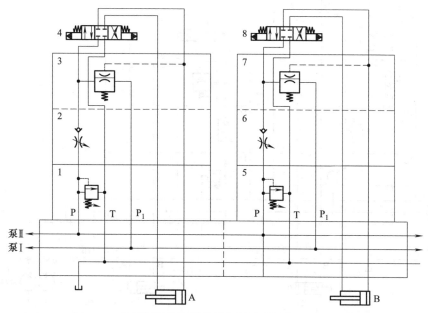

图 6-29　采用顺序节流阀的叠加阀式防干扰回路（原图）

1）液压回路描述 当换向阀 4 和 8 的左位接入系统时，液压缸 A 和 B 快速向右运动，此时远程顺序节流阀 3 和 7 由于控制压力较低而关闭。如缸 A 先完成快进动作时，则液压缸 A 的无杆缸（腔）压力升高，顺序节流阀 3 的阀口被打开，高压小流量泵 I 的压力由（油）经阀 3 中的节流口进入液压缸 A。此时缸 B 仍由泵 II 供油进行快进，阀 4 右位接入系统，由泵 II 的油压使缸 A 退回。

2）特点及应用　该回路采用双联泵供油，其中泵Ⅱ为双联泵中低压大流量泵，泵Ⅰ为双联泵中高压小流量泵，泵Ⅰ和泵Ⅱ分别接叠加阀的P_1口和P口。动作可靠性较高，这种回路被广泛应用于组合机床的液压系统中。

3）问题与分析　原图、液压回路描述和特点及应用说明中都存在一些问题，其主要问题如下：

① 液压元件图形符号有问题；

② 液压泵Ⅰ缺少安全阀；

③ 液压回路描述和特点及应用说明过于简单。

因叠加式顺序节流阀是由顺序阀和节流阀复合而成的复合阀（两阀共用一个阀芯），它具有顺序阀和节流阀两种功能，所以其顺序阀的控制压力是可调的，亦即弹簧应带可调整图形符号；同时，油液流过阀的路径也应带方向图形符号。

在图 6-29 中，其换向阀的操纵方式图形符号也很不规范，P油路单向节流阀缺少包围线等。

液压泵Ⅰ即P_1油路应设置安全阀限制其最高工作压力，而不应在液压泵Ⅱ出口及P油路上设置双溢流阀，此涉及到液压系统及回路液压原理是否正确。

笔者注：在回路描述中圆括号内的字为笔者勘误。

4）修改设计及说明　根据 GB/T 786.1—2009 的规定及上述指出的问题，笔者重新绘制了图 6-30。

关于顺序节流阀互不干扰回路图 6-30，作如下说明：

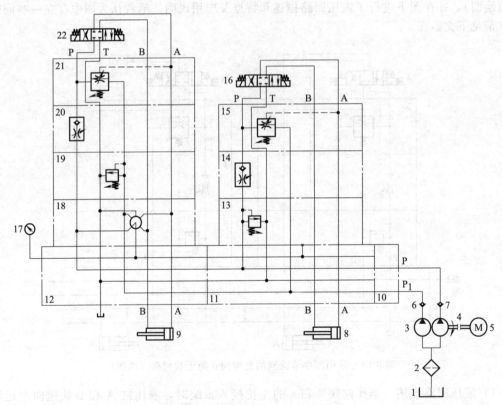

图 6-30　顺序节流阀互不干扰回路

1—油箱；2—粗过滤器；3—双联液压泵；4—联轴器；5—电动机；6,7—单向阀；8,9—液压缸；
10~12—油路块；13—P油路溢流阀；14,20—P油路单向节流阀；15,21—顺序节流阀；
16,22—三位四通电磁换向阀；17—压力表；18—压力表开关；19—P_1油路溢流阀

① 添加了高低压双泵液压源、压力表开关、压力表等；

② 修改了 P 油路单向节流阀、顺序节流阀、三位四通电磁换向阀以及 P 油路溢流阀（在重新绘制原图中已经修改）等图形符号；

③ 删掉了一台 P 油路溢流阀，添加了一台 P_1 油路溢流阀；

④ 进行了一些细节上的修改，如修改油路块等。

如图 6-30 所示，该回路采用高低压双泵液压源供油，其中 P 油路液压泵为低压大流量泵，供油压力由 P 油路溢流阀 13 调定；P_1 油路液压泵为高压小流量泵，其最高工作压力由 P_1 油路溢流阀 19 调（限）定。

6.2.2 双泵供油互不干涉回路

（1）双泵供油互不干涉回路 I

如图 6-31 所示，此为某文献中给出的双泵供油防干扰回路 I（笔者按原图绘制），并在图下进行了液压回路描述和特点及应用说明。笔者认为图中存在一些问题，具体请见下文。

1）液压回路描述　当开始工作时，电磁阀 1YA、2YA 同时通电，液压泵 2 输出的压力油经单向阀 6 和 8 进入液压缸的左腔，此时两泵同时供油时各活塞快速前进。当压下行程阀 15 和 16 后，由快进转为工作进给，单向阀 6 和 8 关闭，工进所需压力油由液压泵 1 供给。如果其中某一液压缸（例如液压缸 17）先转换成快速退回，即换向阀 9 失电换向，泵 2 输出的油液经单向阀 6、换向阀 9 和单向阀 13 的（等）元件进入液压缸 17 的右腔，左腔经换向阀回油，使活塞快速退回。而液压缸 18 仍由泵 1 供油，继续进行工作进给。这时，调速阀 5（或 7）使泵 1 仍然保持溢流阀 3 的调整压力，不受快退的影响，防止了相互干扰。在回路中调速阀 5 和 7 的调整流量应适当大于单向调速阀 14 和 12 的调整流量。这样，工作进给的速度由阀 14 和 12 来决定，换向阀 10 用来控制液压缸 18 的换向。

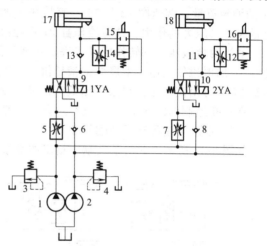

图 6-31　双泵供油防干扰回路 I（原图）

2）特点及应用　图 6-31 所示回路中，两个液压缸分别要完成快进、工作进给和快速退回的自动工作循环。回路采用双泵的供油系统，泵 1 为高压小流量泵，供给两缸工作进给所需的高压油，泵 2 为低压大流量泵，为两缸快进或快退输送低压油，它们的压力分别由溢流阀 3 和 4 调定。这种回路多用在具有多个工作部件各自分别运动的机床液压系统中。

3）问题与分析　原图、液压回路描述和特点及应用说明中都存在一些问题，其主要问题如下：

① 缺少压力指示等；

② 图 6-31 所示回路无法完成"自动工作循环"；

③ 液压回路描述和特点及应用说明存在一定问题。

电磁阀与电磁换向阀是有区别的，一般不可将电磁换向阀简称为电磁阀，且只有电磁换向阀的电磁铁可以通电（得电）或断电（失电）。

缺少发讯装置，电磁换向阀 9 和 10 的电磁铁 1YA 和 2YA 无法由通电状态转为断电状态，亦即电磁换向阀 9 和 10 无法复位、液压缸 17 和 18 无法退回（缸回程）。

有其他参考文献介绍，此回路用于多轴自动车床等传动各刀架的液压系统中。

4）修改设计及说明　根据 GB/T 786.1—2009 的规定及上述指出的问题，笔者重新绘制了图 6-32。

关于双泵供油互不（防）干扰回路 I（修改图）图 6-32，作如下说明：

如图 6-32 所示，各液压缸（在图 6-32 中仅绘制两台液压缸 26 和 27，下文也按两台液压缸叙述）都分别要完成"快进→工进→快退"的自动循环。双联泵 3 中出口接调速阀 12 和 14 的为高压小流量泵，双联泵 3 中出口接单向阀 13 和 15 的为低压大流量泵，它们的压力分别由溢流阀 6 和 7 调定。当按动启动按钮开始工作时，阀 16 和阀 17 的电磁铁同时得电，双联泵 3 中的高低压泵一起向液压缸 26 和 27 的无杆腔输入液压油液，使两台液压缸 26 和 27 同时快进，其中高压小流量泵的供给流量是由调速阀 12 和 14 控制的。

如当液压缸 26 快进到达某一位置时，致使滚轮换向阀换向，则液压缸 26 由快进转为（慢速）工进；此时调速阀 12 出口压力升高，单向阀 13 关闭，向液压缸 26 无杆腔输入油液的只有双联泵中高压小流量泵，其向液压缸 26 的供给流量亦即液压缸 26 的工进速度由调速阀 19 调定。需要说明的是，在此回路中调速阀 12 和 14 的调定流量应相应大于调速阀 19 和 21 的调定流量，调速阀 12 和 14 不直接用于调节相应的液压缸速度，而是只起保持高压小流量泵出口压力的作用。这时液压缸 27 仍在继续快进，其对液压缸 26 的工进没有干扰。

如当两台液压缸都转换成了工进，且液压缸 26 率先完成工进，触发行程开关 23 发讯，使阀 16 的电磁铁失电，双联泵向液压缸 26 的有杆腔输入液压油液，使该液压缸快退。而液压缸 27 仍可由高压小流量泵供给液压油液，继续进行工进。

在重新绘制的图 6-32 中，没有对原图中存在的液压泵带载启动等问题进行进一步修改。

（2）双泵供油互不干涉回路 II

如图 6-33 所示，此为某文献中给出的双泵供油防干扰回路 IV（笔者按原图绘制），并在

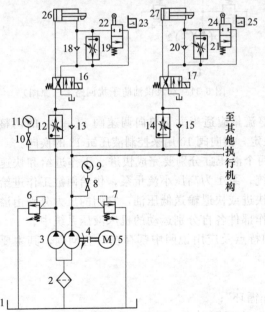

图 6-32　双泵供油互不（防）干扰回路 I（修改图）

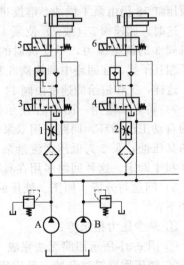

图 6-33　双泵供油防干扰回路 IV（原图）

1—油箱；2—粗过滤器；3—双联泵；4—联轴器；
5—电动机；6,7—溢流阀；8,10—压力表开关；
9,11—压力表；12,14,19,21—调速阀；
13,15,18,20—单向阀；16,17—二位四通电磁换向阀；
22,24—滚轮换向阀；23,25—行程开关；26,27—液压缸

图下进行了液压回路描述和特点及应用说明。笔者认为图中存在一些问题，具体请见下文。

1）液压回路描述　换向阀3、4切换到右位后，液压缸快速行程，泵A被隔离，由低压大流量泵B供油，切换换向阀3、6即可以使液压缸快进或快退。换向阀3、4切换到左位后，液压缸慢速行程，泵B被隔离，由高压小流量泵A供油。

2）特点及应用　可用于垂直安装的动力滑台的液压系统。

3）问题与分析　原图、液压回路描述和特点及应用说明中都存在一些问题，其主要问题如下：

① 液压回路描述和特点及应用说明过于简单；

② 对"可用于垂直安装的动力滑台的液压系统"存疑。

如图6-33所示液压回路状态，如果液压缸不是处于缸回程极限位置，因液控单向阀可以被反向开启，所以液压缸一定会进行缸回程，而不能在行程中途停留。

另外液控单向阀侧的单向阀作用不清楚。

4）修改设计及说明　根据GB/T 786.1—2009的规定及上述指出的问题，笔者重新绘制了图6-34。

关于双泵供油互不干涉回路Ⅱ（修改图）图6-34，作如下说明：

如图6-34所示，液压缸20和23各自都需要完成"快进→工进→快退"的自动工作循环。双联泵3中出口接调速阀12和13的为高压小流量泵，双联泵3中出口接阀14、18和阀15、19的为低压大流量泵。在图6-34所示状态下，各液压缸原位停止。

当阀18、阀19的电磁铁得电（通电）时，各液压缸均由双联泵3中的低压大流量泵供给液压油液并作差动快进。这时如某一液压缸，例如液压缸20，先完成快进动作，由挡铁触发行程开关21发讯使阀14电磁铁得电，阀18电磁铁失电，此时低压大流量泵通往液压缸20的油路被切断，而双联泵3中高压小流量泵供给液压油液经调速阀12、阀14、单向阀16、阀18输入液压缸20无杆腔；同时，液压缸20有杆腔油液经阀18、阀14回油箱，液压缸20工进速度由调速阀12调节。但此时液压缸23仍作快进，互不影响。

当各缸都转为工进后，它们全由高压小流量泵供油。此后，若液压缸20又率先完成工进，由挡铁触发行程开关22发讯使阀

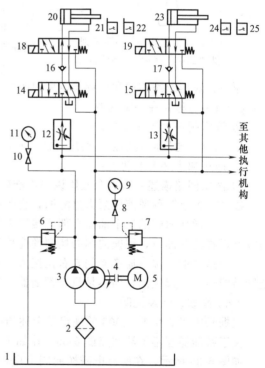

图 6-34　双泵供油互不干涉回路Ⅱ（修改图）

1—油箱；2—粗过滤器；3—双联泵；4—联轴器；5—电动机；6,7—溢流阀；8,10—压力表开关；9,11—压力表；12,13—调速阀；14,15,18,19—二位五通电磁换向阀；16,17—单向阀；20,23—液压缸；21,22,24,25—行程开关

14和阀18的电磁铁得电，液压缸20即由低压大流量泵供给液压油液快退；当各电磁铁均失电（断电）时，各缸都停止运动，并被锁在所在的位置上。由此可见，这种回路之所以能够防止多缸的快慢速度互不干扰，是因为快速和慢速各由一个液压泵分别供油，再由相应的电磁换向阀进行控制的缘故。

在重新绘制的图6-34中，没有对原图中存在的液压泵带载启动等问题进行进一步修改。

6.2.3 蓄能器互不干涉回路

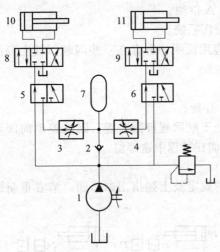

图 6-35 蓄能器和压力泵分别
供油的防干扰回路（原图）

如图 6-35 所示，此为某文献中给出的蓄能器和压力泵分别供油的防干扰回路（笔者按原图绘制），并在图下进行了液压回路描述和特点及应用说明。笔者认为图中存在一些问题，具体请见下文。

（1）液压回路描述

当回路中的二位三通换向阀 5 右位接入，而阀 6 左位接入时，蓄能器 7 供油，通过操纵三位四通换向阀 8 和 9 可分别实现液压缸 10 和 11 的双向工进；如当阀 6 右位接入时，缸 11 改为液压泵 1 供油，通过操纵阀 9 可实现缸 11 的快速进退。液压泵和蓄能器分别向不同的动作阶段供油，使两个液压缸的循环动作相互不受干扰。

（2）特点及应用

此回路效率较高，但蓄能器要有足够的容量且保证在循环内有足够时间进行充液。

（3）问题与分析

原图、液压回路描述和特点及应用说明中都存在一些问题，其主要问题如下：

① 回路名称存在一定问题；

② 液压阀缺少操纵方式；

③ 二位三通换向阀连接、使用可能存在问题；

④ 回路缺少必要的功能；

⑤ 液压回路描述和特点及应用说明不准确。

以"压力泵"称谓液压泵太过陈旧，也很不规范，且无法统一。

二位三通换向阀的三个油口全部连接压力管路，确实可能存在问题，如压力超过 6MPa 而没有设置泄漏油口，则换向阀的换向性能可能变得不可靠。

当回路中的二位三通换向阀 5 右位接入，而二位三通换向阀 6 左位接入时，液压泵 1 一定同蓄能器 7 一起供油，而不是只有蓄能器 7 供油。

（4）修改设计及说明

根据 GB/T 786.1—2009 的规定及上述指出的问题，笔者重新绘制了图 6-36。

关于蓄能器互不干涉回路图 6-36，作如下说明：

如图 6-36 所示，在所有电磁换向阀上电磁铁（不包括电磁溢流阀上电磁铁）失电状态下，液压泵 3 向蓄能器 15 充压直至达到电磁溢流阀设定压力后，通过电磁溢流阀 6 溢流，所有液压缸原位停止；当阀 10 处于左位、阀 20 处于右位时，液压泵 3 连同蓄能器 15 一起向液压缸 22 无杆腔供给液压油液，液压缸 22 进行快进；此时液压泵 3 出口压力下降，单向阀 9 反向关闭，如液压缸 23 进行工进（慢速缸进程），则可由蓄能器 15 单独供油，而不受液压缸 22 快进所造成的压力下降干扰；当液压缸 22 需要转为工进时，可使阀 10 的电磁铁失电，阀 10 复位，液压泵 3 连同蓄能器 15 一起向液压缸 22 和/或 23 无杆腔供给液压油液，液压缸 22 和 23 的工进速度分别由调速阀 11 和 16 调节，其回油分别经溢流阀（作背压阀）18 和 19 回油箱。因此液压缸工进速度稳定性较好。

当某一液压缸工进结束，例如液压缸 22 率先工进结束时，可使阀 10 的电磁铁得电，阀 10 换向至左位，阀 20 也换向至左位，液压泵 3 的供给液压油液通过阀 10、蓄能器输出的液

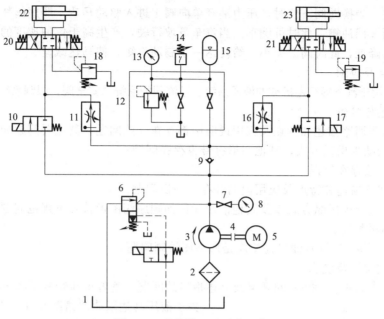

图 6-36　蓄能器互不干涉回路

1—油箱；2—粗过滤器；3—液压泵；4—联轴器；5—电动机；6—电磁溢流阀；7—压力表开关；
8,13—压力表；9—单向阀；10,17—二位二通电磁换向阀；11,16—调速阀；12—蓄能器控制阀组；
14—压力继电器；15—蓄能器；18,19—溢流阀（作背压阀）；20,21—三位四通电磁换向阀；22,23—液压缸

压油液通过调速阀 11 后合流，一起通过阀 20 向液压缸 22 有杆腔输入油液，液压缸 22 快退，液压泵 3 出口压力下降，单向阀 9 反向关闭；但因调速阀 11 的作用，蓄能器仍可为液压缸 23 工进提供所需的液压油液，进而使液压缸 22 的快退与液压缸 23 的工进不相互干扰。

6.3　液压马达回路分析与设计

液压马达是除液压缸以外的另一类（液压）执行元件，其可将流体能量转换成机械功。液压马达是靠受压的液压油液来驱动的，以双旋向液压马达（或简称为双向液压马达）为例，通过调整或控制系统中液压油液的压力、流量或通断及流动方向来控制液压马达的启动、停止、旋转方向、输出转速和输出扭矩等。

液压马达回路是以液压马达为执行元件的液压回路，按其功能（作用）可粗略划分为压力控制回路、转速控制回路和旋转方向控制回路。除在本书其他章节中的液压马达回路外，限于本书篇幅要求，本节只选择了液压马达限速、制动、锁紧、浮动、串联、并联、串并联转换及其他一些液压回路进行分析与设计。

6.3.1　液压马达限速回路

如图 6-37 所示，此为某文献中给出的顺序阀限速回路（笔者按原图绘制），并在图下进行了液压回路描述和特点及应用说明。笔者认为图中存在一些问题，具体请见下文。

（1）液压回路描述

换向阀上位时，压力油经单向阀 4 进入驱动马达，顺序阀 2 同时打开，马达的回油回到油箱，

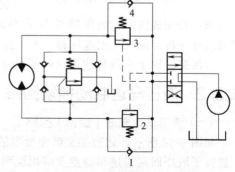

图 6-37　顺序阀限速回路（原图）

此时汽车前进。当换向阀下位时，压力油经单向阀1进入驱动马达，顺序阀3打开，马达的回油经顺序阀3回油箱，此时可倒车。当汽车下坡行驶，产生高于供油速度的超速现象，马达进油腔压力降低，此时阀2关小，给马达一个制动力矩，使马达减速。

（2）特点及应用

本回路常用于汽车等行走机械的液压系统。溢流阀为系统的安全阀，限制系统的最大压力。

（3）问题与分析

原图、液压回路描述和特点及应用说明中都存在一些问题，其主要问题如下：

① 换向阀缺少操纵方式，其他图形符号也存在问题；

② 回路连接存在错误；

③ 液压回路描述和特点及应用说明都存在一定问题。

关于换向阀缺少操纵方式以及其他液压元件如顺序阀图形符号不规范问题前文已经多次提及，此处不再赘述。

在图6-37中将A与B油口连接应是回路图绘制问题。

（4）修改设计及说明

根据GB/T 786.1—2009的规定及上述指出的问题，笔者重新绘制了图6-38。

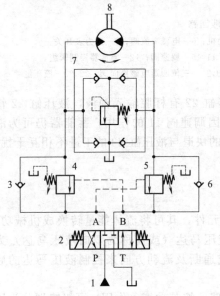

图6-38　液压马达限速回路

1—液压源；2—三位四通电磁换向阀；

3,6—单向阀；4,5—顺序阀；

7—防气蚀制动阀；8—液压马达

关于液压马达限速回路图6-38，作如下说明：

如图6-38所示，本回路为液压马达双向限速液压回路，其工作原理为：当三位四通电磁换向阀2换向至右位时，液压源1所供给的液压油液通过三位四通电磁换向阀2、单向阀3输入液压马达左油口，如A油路压力达到顺序阀5调定压力，顺序阀5开启，液压马达8右油口回油经顺序阀5、三位四通电磁换向阀2回油箱，则液压马达8正向旋转；如果外负载（如负值负载或超越负载）致使液压马达8超速旋转，则A油路压力势必降低，可使顺序阀5趋向关闭或直至关闭，从而限制了液压马达8的转速。

当三位四通电磁换向阀2换向至左位时，该回路对液压马达8反向旋转的限速原理与上述相同。

由单向阀3和顺序阀4、单向阀6和顺序阀5组成的皆为外控式单向顺序阀（或称为平衡阀）。但为了说明原理方便，在此未将其用实线或点画线包围。

本回路与第3.7.1节单向顺序阀的平衡（支承）回路的原理相同。同理，亦可将由直动式溢流阀和单向阀组合而成的平衡阀代替外控式单向顺序阀，组成另外一种液压马达限速回路。本回路中的防气蚀制动阀7的作用见下节。

本回路适用于液压马达正反向都需要限速的场合。

6.3.2　液压马达制动锁紧回路

（1）液压马达制动（锁紧）回路 I

如图6-39所示，此为某文献中给出的远程调压阀制动回路（笔者按原图绘制），并在图下进行了液压回路描述和特点及应用说明。笔者认为图中存在一些问题，具体请见下文。

1）液压回路描述　在液压马达的回油路上设置背压阀，通过远程调压阀控制，使液压马达制动。当二位三通电磁阀在常态位时，液压马达 1 回油压力为阀 3 的卸荷压力。当二位三通电磁阀吸合时，一方面液压泵经溢流阀 2 卸荷，另一方面背压阀 3 起作用，对液压马达起制动作用，使液压马达很快停下来。

2）特点及应用　布置灵活，制动方便，适用于冶金、矿产、港口等需远程控制的液压系统。溢流阀 2 使泵卸荷，能量利用合理。

3）问题与分析　原图、液压回路描述和特点及应用说明中都存在一些问题，其主要问题如下：

① 缺少压力指示等一些基本功能；

② 采用二位三通电磁换向阀存在问题；

③ 对背压阀选择缺少说明。

本书二位三通换向阀的主阀口一般选定为 P、A 和 T，而没有选定 P、A 和 B。即使油口选定的为 P、A 和 B，在图 6-39 中所示的连接也有问题；其不仅只是改 P 油口为 T 油口的问题，还可能在实际使用中存在换向性能不可靠问题。

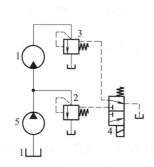

图 6-39　远程调压阀制动
回路（原图）

1—液压马达；2—溢流阀；3—背压阀；
4—二位三通电磁换向阀；5—液压泵

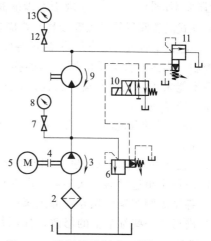

图 6-40　液压马达制动（锁紧）回路Ⅰ

1—油箱；2—粗过滤器；3—液压泵；
4—联轴器；5—电动机；6,11—先导式溢流阀；
7,12—压力表开关；8,13—压力表；
9—液压马达；10—二位四通电磁换向阀

在选择先导式溢流阀作为背压阀使用时，应注意"流量-卸荷压力和最低调节压力特性"。否则，将"引起附加能量损失"太大。

4）修改设计及说明　根据 GB/T 786.1—2009 的规定及上述指出的问题，笔者重新绘制了图 6-40。

关于液压马达制动（锁紧）回路Ⅰ图 6-40，作如下说明：

① 添加了粗过滤器、联轴器、电动机、压力表开关、压力表等；

② 用二位四通电磁换向阀代替了二位三通电磁换向阀；

③ 进行了一些细节上的修改，如添加了液压泵和液压马达旋转方向指示箭头、液压马达输出轴等。

需要特别说明的是，所谓远程控制其控制油路也不可太长。否则可能出现振动，应尽量减小配管的直径和长度。

（2）液压马达制动（锁紧）回路Ⅱ

如图 6-41 所示，此为某文献中给出的两种不同压力的制动回路Ⅲ（笔者按原图绘制），

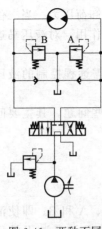

图 6-41 两种不同
压力的制动
回路Ⅲ（原图）

并在图下进行了液压回路描述和特点及应用说明。笔者认为图中存在一些问题，具体请见下文。

1）液压回路描述　图 6-41 所示为用单向阀补油的溢流阀双向制动回路，利用一个中位机能为 M 型（或 O 型）的换向阀来控制液压马达的正转、反转、停止。同时在回路上各装了两个溢流阀和单向阀，溢流阀起制动作用，单向阀起补油作用。

2）特点及应用　本回路适用于中高压系统，可用于迅速制动惯性大的大流量液压马达。

3）问题与分析　原图、液压回路描述和特点及应用说明中都存在一些问题，其主要问题如下：

① 缺少压力指示等；

② 根据给定工况，换向阀和溢流阀的选择都可能存在问题；

③ 未见体现回路名称的表述；

④ 缺少对溢流阀调压要求及风险提示。

直动式溢流阀尽管灵敏度较高、响应较快、适合作安全阀使用，但在中高压液压系统中，因其压力超调率较大、稳态压力-流量特性较差，所以制动阀中溢流阀一般为先导式溢流阀。

控制（高压）大流量液压马达的换向阀应采用电液换向阀、液控换向阀或二通插装阀等，而不能采用电磁换向阀。况且，如选择带先导节流阀调节型的电液换向阀，可以大为改善液压系统品质。

4）修改设计及说明　根据 GB/T 786.1—2009 的规定及上述指出的问题，笔者重新绘制了图 6-42。

关于液压马达制动（锁紧）回路Ⅱ图 6-42，作如下说明：

① 添加了粗过滤器、联轴器、电动机、压力表开关、压力表、单向阀等；

② 各溢流阀明确为先导式溢流阀；

③ 进行了一些细节上的修改，如添加了液压泵和液压马达旋转方向指示箭头、液压马达输出轴等。

由单向阀 11 和 12、（先导式）溢流阀 13 和 14 组成的防气蚀溢流阀的商品名称为"制动阀"。

制动阀中溢流阀调定压力不得高于系统最高工作压力。否则液压马达制动时可能出现过高的压力冲击，造成液压元件及配管过度变形或损坏。

（3）液压马达制动（锁紧）回路Ⅲ

如图 6-43 所示，此为某文献中给出的采用制动缸的液压马达制动回路Ⅰ（笔者按原图绘制），并在图下进行了液压回路描述和特点及应用说明。笔者认为图中存在一些问题，具体请见下文。

1）液压回路描述　三位手动换向阀切换至左位，压力油使二位三通液动换向阀左位接通，并流入制动缸将制动器松开，液压马达回转；换向阀换至右位时，液压马达反转；制动时，换向阀切换至中位，制动缸通过换向阀回油，弹簧力使液压马达制动。

2）特点及应用　三位手动换向阀中位时，可通过制动缸实现马达的双向制动，适用于工程机械液压系统。

3）问题与分析　原图、液压回路描述和特点及应用说明中都存在一些问题，其主要问题如下：

① 缺少压力指示等；

② "制动缸"与"制动器"应加以区分；

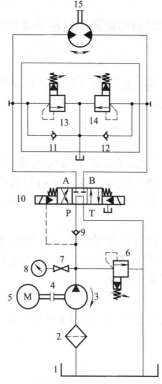

图 6-42　液压马达制动（锁紧）回路Ⅱ

1—油箱；2—粗过滤器；3—液压泵；4—联轴器；

5—电动机；6,13,14—先导式溢流阀；

7—压力表开关；8—压力表；9,11,12—单向阀；

10—三位四通电液换向阀；15—液压马达

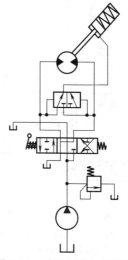

图 6-43　采用制动缸的液压
马达制动回路Ⅰ（原图）

③ 回路描述不够全面。

三位六通手动换向阀处于中位时，其换向阀本身不能对液压马达进行制动，而液压马达处于浮动状态。

制动器既可以用于制动液压马达，也可用于锁紧液压马达；而制动器用于锁紧液压马达作为一种安全措施被经常采用。

4）修改设计及说明　根据 GB/T 786.1—2009 的规定及上述指出的问题，笔者重新绘制了图 6-44。

关于液压马达制动锁紧回路Ⅲ图 6-44，作如下说明：

如图 6-44 所示，当三位四通手动换向阀 10 换向至左位或右位时，液压泵 3 所供给的液压油液经单向阀 7、阀 10、单向节流阀 12 输入制动缸（或称为闸缸）13 和 15 使其松开，然后再使液压马达 14 旋转。为了保证液压马达 14 有足够的启动扭矩并避免制动缸 13 和 15 松开过快，在制动缸 13 和 15（进出）油路上设置了单向节流阀 12。

当三位四通手动换向阀 10 复中位时，液压泵 3 卸荷，制动缸 13 和 15 泄压，液压马达 14 进出油路被封闭，液压马达 14 被制动。同时，制动缸 13 和 15 在弹簧力作用下立即复位，将液压马达 14 锁紧。在液压马达制动过程中，

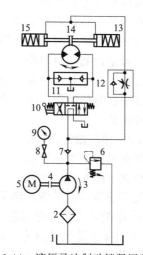

图 6-44　液压马达制动锁紧回路Ⅲ

1—油箱；2—粗过滤器；3—液压泵；

4—联轴器；5—电动机；

6—先导式溢流阀；7—单向阀；

8—压力表开关；9—压力表；

10—三位四通换向阀；

11—补油阀；12—单向节流阀；

13,15—制动缸；14—液压马达

为了防止产生吸空现象，设置了补油阀 11。

在一些参考文献中，将上述回路称为常闭式液压制动器的液压马达制动锁紧回路。

6.3.3　液压马达浮动回路

如图 6-45 所示，此为某文献中给出的采用二位二通换向阀的液压马达浮动回路（笔者按原图绘制），并在图下进行了液压回路描述和特点及应用说明。笔者认为图中存在一些问题，具体请见下文。

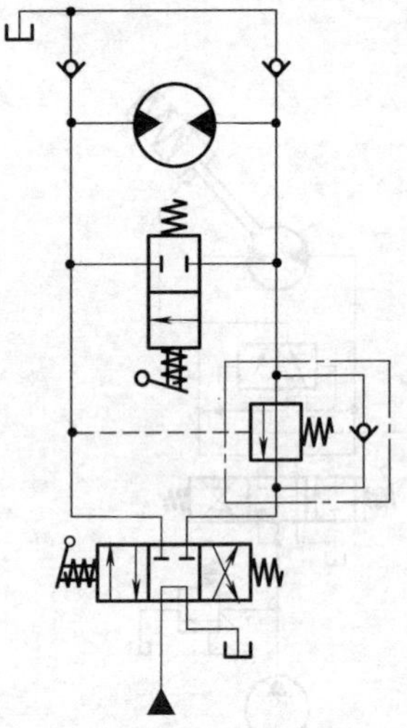

（1）液压回路描述

液压马达正常工作时，二位（二通）换向阀处于断开位置。当液压马达需要浮动时，可将二位（二通）换向阀接通，使液压马达进出油口接通，液压吊车吊钩即在自重作用下快速下降。

（2）特点及应用

本回路用于液压吊车。这种回路结构简单、操纵方便，单向阀用于补偿泄漏。如果吊钩自重轻而液压马达内阻力相对较大时，则有可能达不到快速下降的效果。

（3）问题与分析

原图、液压回路描述和特点及应用说明中都存在一些问题，其主要问题如下：

图 6-45　采用二位二通换向阀的
液压马达浮动回路（原图）

① 平衡阀图形符号错误；

② 单向阀的作用描述得不正确；

③ 缺少制动器锁紧功能且没有特别提示。

可以引用其他参考文献的液压系统及回路图，但也应对其是否正确有一定的认识。尤其作为设计手册，不加勘误地引用，其后果可能很严重。

在液压马达回路中，单向阀作为防气蚀阀其作用很明确，且只有在出现吸空时发挥作用；而这种吸空通常不是泄漏引起的，一般是由制动引起的。

查阅了一些起重机包括液压汽车起重机的液压系统及回路图，其中在卷扬回路或绞车回路中液压马达的制动锁紧功能是必不可少的。

（4）修改设计及说明

根据 GB/T 786.1—2009 的规定及上述指出的问题，笔者重新绘制了图 6-46。

关于液压马达浮动回路Ⅰ图 6-46，作如下说明：

① 修改了几乎所有的液压元件图形符号；

② 明确了防气蚀阀为一台总成；

③ 修改了各元件间的连接。

该回路在平衡阀控制油路上还可加装节流阀或节流器，且在重新绘制的图 6-46 中没有添加制动锁紧功能，读者如需采用请自行考虑添加。

还有一些常见的液压马达（液压装置）浮动回路，请见图 6-47～图 6-49。尽管这些液压马达（液压装置）回路并未将所应具有的功能全部表示出来，然而其却很容易找到应用实例，

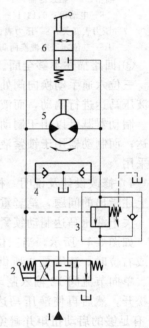

图 6-46　液压马达浮动
回路Ⅰ

1—液压源；2—三位四通
手动换向阀；3—平衡阀；
4—防气蚀阀；5—液压马达；
6—二位二通手动换向阀

读者如需采用请自行考虑添加相关功能。

如图 6-47 所示，采用中位机能为 H（或 Y）型换向阀，把液压马达的进出油口连通起来或同时接通油箱，使液压马达处于无约束的浮动状态。

如图 6-48 所示，相同或形似的液压马达浮动回路见于一些参考文献中，其工作原理为："壳转式内曲线低速马达的壳体内如充满液压油，可将所有柱塞压入缸体内，使滚轮脱离轨道，外壳就不受约束成为自由轮。"

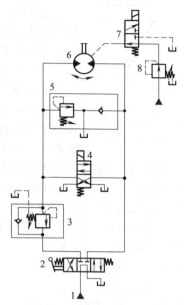

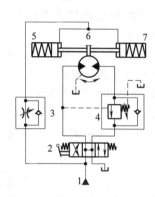

图 6-47　利用换向阀中位机能
（单向）的液压马达浮动回路

图 6-48　利用液压马达特殊
结构的液压马达浮动回路

如图 6-49 所示，该回路利用液压马达所带动的卷筒（工作部件）上安装的液压离合器离与合（啮合与脱开），使卷筒浮动，而液压马达本身并不浮动，但却能实现整个卷筒装置可以浮动的目的。

6.3.4　液压马达串并联及转换回路

（1）液压马达串联回路

如图 6-50 所示，此为某文献中给出的液压马达串联回路Ⅱ（笔者按原图绘制），并在图下进行了液压回路描述和特点及应用说明。笔者认为图中存在一些问题，具体请见下文。

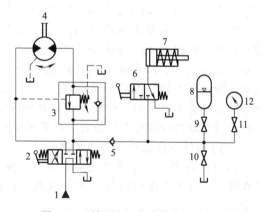

图 6-49　利用液压离合器的浮动回路

1）液压回路描述　三位四通换向阀切换至左位或右位，液压马达Ⅰ工作。如果二位换向阀切换至左位，则液压马达Ⅰ与Ⅱ串联工作。

2）特点及应用　回路可实现液压马达单动与串联的切换，可用于农业机械与轻工机械等的液压系统。

3）问题与分析　原图、液压回路描述和特点及应用说明中都存在一些问题，其主要问题如下：

① 缺少一些必需的功能；

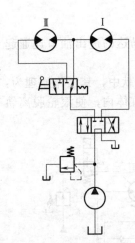

图 6-50 液压马达串联
回路 II（原图）

② 三位四通换向阀缺少操纵方式；

③ 采用二位三通手动换向阀可能有问题；

④ 回路描述过于简单。

液压马达制动后一般都需要锁紧，且在制动过程中一般都需要防气蚀。二位三通手动换向阀油口为 P、A、B，其在工作压力超过 6MPa 时，如果没有泄漏油口，其换向性能可能受到影响。

两台液压马达串联连接，如果液压马达排量、容积效率相同且密封性能好，则可使两台液压马达输出转速相同（一致）。但在供油压力不变的条件下，每台液压马达的输出扭矩仅为"液压马达 I 工作时"的一半。关于液压马达串联回路的描述还可参见第 6.3.4 节（3）。

（2）液压马达并联回路

如图 6-51 所示，此为某文献中给出的液压马达并联回路 IV（笔者按原图绘制），并在图下进行了液压回路描述和特点及应用说明。笔者认为图中存在一些问题，具体请见下文。

1）液压回路描述　三位换向阀切换后，压力油驱动液压马达 I 回转，液压马达 II 被带动空转。如果力矩不足，则可使二位换向阀切换，使液压马达 I 与 II 并联驱动。

2）特点及应用　可用于负载变化大的场合，按负载大小选择单动或并联驱动。

3）问题与分析　原图、液压回路描述和特点及应用说明中都存在一些问题，其主要问题如下：

① 缺少一些必需的功能；

② 回路描述缺少要点；

③ 特点及应用说明不够具体。

如图 6-51 所示为液压马达并联回路。通常两台液压马达输出轴刚性连接在一起，不管三位四通手动换向阀是处于左位还是右位，当二位四通手动换向阀处于左位时，液压泵所供给的液压油液主要驱动液压马达 I，而液压马达 II 被带动空转；当二位四通手动换向阀处于右位时，两台液压马达并联被一起驱动。若两台液压马达排量相等，则输入每台液压马达的流量只有液压泵供给流量的一半，其转速也只有单独驱动液压马达 I 的一半，但输出扭矩却增加了；然而，"不管二位四通手动换向阀处于何位置，回路的输出功率相同。"

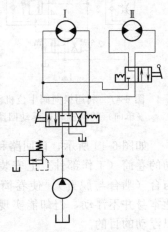

图 6-51　液压马达并联
回路 IV（原图）

（3）液压马达串并联转换回路

如图 6-52 所示，此为某文献中给出的液压马达串并联转换回路 I（笔者按原图绘制），并在图下进行了液压回路描述和特点及应用说明。笔者认为图中存在一些问题，具体请见下文。

1）液压回路描述　回路由定量泵供油，二位四通换向阀控制两液压马达的正反转。图示状态为两个液压马达并联，二位换向阀切换后则变为串联。

2）特点及应用　常用于工程机械等行走机构。

3）问题与分析　原图、液压回路描述和特点及应用说明中都存在一些问题，其主要问题如下：

① 缺少一些必要的功能；

② 液压泵可能带载启动；

③ 二位四通换向阀缺少操纵方式；

④ 二位四通换向阀P、A、B和T皆按压力油口使用有问题；

⑤ 液压回路描述和特点及应用说明过于简单。

在液压驱动的行走机械中，根据行驶条件往往需要两挡换速，当在平地行驶时可为高速，而在上坡时往往需要转换成低速。因此，可采用两台液压马达串联连接（高速）、或并联连接（低速）实现上述目的。但不管两台液压马达是高速还是低速旋转、串联还是并联连接，其输出的功率不变（另一种表述为回路的输出功率相同）。

在图6-52中的二位四通换向阀不但缺少操纵方式，而且其双向油流方向的表示在GB/T 786.1—2009方向阀应用实例中也没有。

假定在图6-52中的二位四通换向阀的操纵方式为手动操纵，则其T油口所允许的背压（最高工作压力）也低于该阀的公称压力。

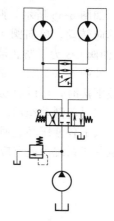

图 6-52　液压马达
串并联转换
回路Ⅰ（原图）

6.3.5　液压马达的其他回路

液压马达应用实例不胜枚举，对液压马达的功能要求也多种多样。下面再举几例如图6-53～图6-56所示的液压马达回路供读者参考选用，但其可能只具有一项或几项功能，具体采用时请读者考虑自行添加相关功能。

如图6-53所示，此为一种液压马达比例调速回路。有参考文献介绍："通过串接在回路内的比例流量阀进行遥控式无级调速。液压马达可双向运转。"

如图6-54所示，此为一种液压马达恒速控制回路。有参考文献介绍："本回路利用节流阀9调节液压马达7的转速，利用二位二通液控换向阀6使液压马达7的转速保持恒定，精度较高。"

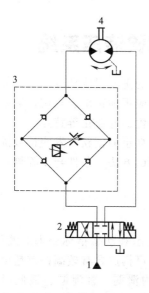

图 6-53　液压马达比例调速回路

1—液压源；2—三位四通电磁换向阀；

3—单向阀桥式整流电液比例调速阀组；

4—双向液压马达

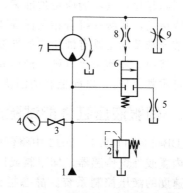

图 6-54　液压马达恒速控制回路

1—（定量）液压源；2—溢流阀；3—压力表开关；

4—压力表；5,8—节流器（孔）；

6—二位二通液控换向阀；7—单向液压马达；9—节流阀

如图 6-55 所示，此为防止液压马达反转的回路。有参考文献介绍："本回路液压马达只能单向转动。单向阀 4 使液压马达 5 短路，压力油经单向阀 4 与换向阀 2 回油箱。单向阀（补油阀）3 为了防止液压马达 5 受外负载作用而增速转动时吸空。"

如图 6-56 所示，此为液压马达功率回收回路。有参考文献介绍，在液压马达所带动的负载下落时，可以驱动液压马达（此时液压马达转变成了液压泵）将其能量贮存在蓄能器中，同时起制动作用。此能量可用于液压马达空载返回。

以上各液压马达回路皆有应用实例，如图 6-55 所示防止液压马达反转的回路在原木剥皮机液压系统中就有应用，且其中的单向阀 4 明确示出为带有复位弹簧的单向阀。

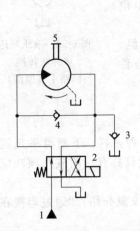

图 6-55 防止液压马达反转的回路
1—液压源；2—二位四通电磁换向阀；
3—单向阀（补油阀）；4—单向阀；
5—单向液压马达

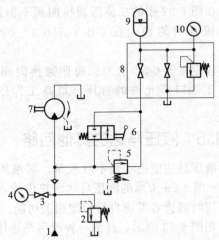

图 6-56 液压马达功率回收回路
1—液压源；2—溢流阀；3—压力表开关；
4,10—压力表；5—顺序阀；6—二位二通手动换向阀；
7—单向液压马达；8—蓄能器控制阀组；9—蓄能器

6.4 伺服液压缸、数字液压缸性能试验液压系统

液压试验或测试所涉及的液压系统及回路是液压系统工程的重要组成部分，与一般液压系统及回路相比，其功能应更加准确、全面，控制方式、方法应更加正确、实用，测量及控制精度应更高，且必须符合相关标准要求，具有规范化、程序化、专业化等特点。

本节所涉及的是既有液压缸的性能试验或测试，但笔者对真正的创新与发明持鼓励与包容态度。然而，任何一台（种）液压元件包括附件的试验或测试方法（条件与步骤等）及结果必须可重复（现），以此抵制伪创新和滥竽充数的所谓发明。

6.4.1 伺服液压缸性能试验液压系统

在 DB44/T 1169.1—2013 中将伺服液压缸定义为："有静态和动态指标要求的液压缸。通过与内置或外置传感器、伺服阀或比例阀、控制器等配合，可构成具有较高控制精度和较快响应速度的液压控制系统。静态指标包括试运行、耐压、内泄漏、外泄漏、最低启动压力、带载动摩擦力、偏摆、低压下的泄漏、行程检测、负载效率、高温试验、耐久性等。动态指标包括阶跃响应、频率响应等。"

笔者认为上述伺服液压缸定义存在一定问题。其应是伺服液压缸这一概念的表述，反映伺服液压缸的本质特征和区别其他液压缸的特征；不应包含要求，且宜能在上下文表述中代

替其术语。

尽管如此，按 DB44/T 1169.2—2013《伺服液压缸　第 2 部分：试验方法》中规定的试验方法，亦应能将上述所列伺服液压缸的静态和动态指标要求（项目）试（检）验出来。

如图 6-57 所示，此为在 DB44/T 1169.2—2013 中给出的伺服液压缸性能试验液压系统原理图（笔者按原图绘制，但元件图形符号的基本要素及其相对位置可能已经修改）。

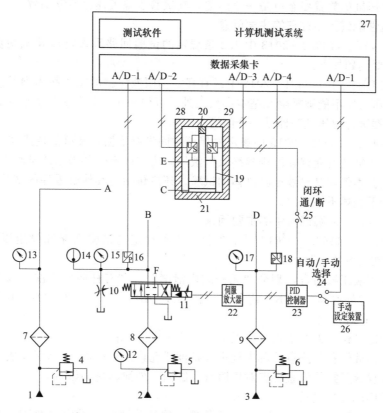

图 6-57　伺服液压缸性能试验液压系统原理（标准中图 2）

1～3—液压源；4～6—溢流阀；7～9—过滤器；10—截止节流阀；11—伺服阀；12,13,15,17—压力表；
14—温度传感器；16,18—压力传感器；19—被试液压缸；20—调节垫块；21—机架；22—伺服放大器；23—PID 控制器；
24—自动/手动选择开关；25—闭环通/断开关；26—手动设计装置；27—计算机测试系统；28,29—位移传感器

注：1. ——————液压管路。

2. —//—控制电缆。

3. A、B、C、D、E、F 分别表示测试系统中不同的液压油路接口，其中 F 口堵塞。

现根据 GB/T 3766—2015、GB/T 15622—2005《液压缸试验方法》、GB/T 17446—2012、JB/T 10205—2010、DB44/T 1169.1—2013 和 DB44/T 1169.2—2013 等标准以及其他相关标准，笔者按在 DB44/T 1169.2—2013 中规定的试验方法对该项标准中给出的伺服液压缸性能试验液压系统原理图（标准中图 2）试提出如下问题。

（1）试运行中存在的主要问题

根据在 DB44/T 1169.2—2013 中 4.1 条规定的试验回路和设定以及试验步骤，笔者认为其存在的主要问题如下：

① 试验液压系统中的油口 D 一旦与被试液压缸 19 油口 E 连接，则不可能实现"使被试液压缸 19 在无负载工况下启动"；

② 伺服阀 11 图形符号不正确，一般理解其左或右位中的一个换向功能无法实现；

③ 以加与不加调节垫块 20 的形式来决定液压缸行程长短很不科学，且实现起来困难太大；

④ 试验液压系统中不带排放气装置，如被试液压缸本身也不带排气器，则试验液压系统以及被试液压缸 19 放气困难；

⑤ 试验液压系统中的各压力表都未采取保护措施，且每一液压源压力管路上只安装一块压力表，其不可能完成 0~40MPa 间的所有压力在测量系统允许误差范围内的检测或指示；

⑥ 被试液压缸的放置姿态也是一个问题，其试验步骤表述也不够细致。

（2）耐压性能试验中存在的主要问题

根据在 DB44/T 1169.2—2013 中 4.2 条规定的试验回路和设定以及试验步骤，笔者认为其存在的主要问题如下：

① 尽管在 DB44/T 1169.1—2013 中没有规定伺服液压缸的基本技术参数或主要技术参数，但"公称压力"不能被排除在基本参数之外，以何种压力如公称压力、额定压力或额定工作压力为依据进行耐压试验即是一个问题；

② 在 DB44/T 1169.2—2013 中规定的保压时间没有依据，其可能造成液压缸报废；

③ 伺服液压缸是否允许在缸进程终点以液压缸为实际定位器做耐压试验不清楚；

④ 耐压试验不仅仅是对液压缸缸体的试验，还应包括对其他缸零件的试验；

⑤ 试验步骤表述不够细致。

（3）内泄漏、外泄漏试验中的主要问题

根据在 DB44/T 1169.2—2013 中 4.3 和 4.4 条规定的试验回路和设定以及试验步骤，笔者认为其存在的主要问题如下：

① 对双作用液压缸而言，划分"无杆腔内泄漏"和"有杆腔内泄漏"以及"无杆腔外泄漏"和"有杆腔外泄漏"并不一定科学，且其在 DB44/T 1169.2—2013 中规定的试验步骤（要求）还存在着错误；

② 在"额定工作压力"下进行内泄漏试验不一定可行；

③ 泄漏的油液体积的测量器具未规定其精度或允许误差（值），易引发质疑或争议；

④ 无法体现液压缸的放置姿态对伺服液压缸内、外泄漏量的影响。

（4）最低启动压力试验

根据在 DB44/T 1169.2—2013 中 4.5 条规定的试验回路和设定以及试验步骤，笔者认为其存在的主要问题如下：

① 何谓"试验压力"，试验压力如何设定或设定多少都不清楚；

② 其试验步骤（方法）所要达到的目的与在 DB44/T 1169.1—2013 中定义的"最低启动压力"术语不符；

③ 在 DB44/T 1169.2—2013 中图 3 的设计（置）目的不清楚；

④ 对伺服液压缸最低启动压力试验原理存疑；

⑤ 缺少缸回程最低启动压力试验。

（5）带载动摩擦力试验中的主要问题

根据在 DB44/T 1169.2—2013 中 4.6 条规定的试验回路和设定以及试验步骤，笔者认为其存在的主要问题如下：

① 在 DB44/T 1169.2—2013 中图 1 所示的机架加载试验装置，无法在伺服液压缸运动中对其加载，即无法实现"被试液压缸 19 在带载工况下从 Sa 运动到 Sb，然后再从 Sb 回到 Sa"；

② 在"使被试液压缸 19 活塞杆压紧机架 21 上横梁"情（工）况下，其检测（试验）的不是带载动摩擦力；

③ 其试验步骤（方法）所要达到的目的与在 DB44/T 1169.1—2013 中定义的"带载动摩擦力"术语不符；

④ 对伺服液压缸带载动摩擦力试验原理存疑；

⑤ 按在 DB44/T 1169.2—2013 中规定的试验方法，对在 DB44/T 1169.2—2013 中图 4 所示的带载动摩擦力曲线存疑。

鉴于本书篇幅的限制，且以上笔者指出的内容已经足够说明问题，对其他如阶跃响应试验（4.7 条）、频率响应试验（4.8 条）、偏摆试验（4.9 条）、低压下的泄漏试验（4.10 条）、行程检测（4.11 条）、负载效率试验（4.12 条）、高温试验（4.13 条）、耐久性试验（4.14 条）等在此就不一一指出其问题了。

笔者不但对该标准中的"伺服液压缸"定义持有异议，而且对"伺服液压缸"这一称谓以及如此分类液压缸也存有异议。如果配置有伺服阀或比例阀的液压系统及回路中的液压缸，就可以将其命名为"伺服液压缸"，那么按此逻辑，配置有"电控阀"的液压系统及回路中的液压缸就都应可以称为"电控液压缸"，这显然是不妥的；或者将配置有比例阀的液压系统及回路中的液压缸，还可命名为"比例液压缸"，而不是"伺服液压缸"，这也与上述伺服液压缸的定义相矛盾。

为了解决上述问题，读者可以参考图 6-58 所示液压缸密封性能出厂试验装置液压系统原理图。此为笔者根据 JB/T 10205—2010 等标准，专门为其规定的液压缸性能试验而设计的试验用液压系统。

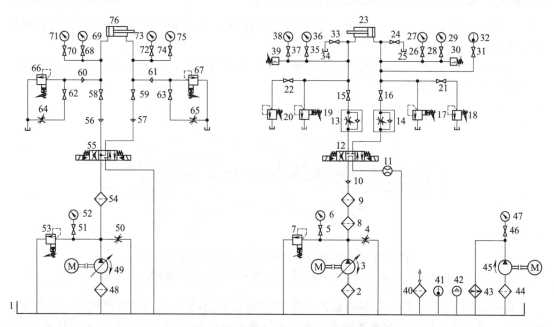

图 6-58　液压缸密封性能出厂试验装置液压系统原理

1—油箱；2,8,9,44,48,54—过滤器；3,49—变量液压泵；4,50,64,65—节流阀；
5,26,28,35,37,46,51,68,70,72,74—压力表开关；6,27,29,36,38,47,52,69,71,73,75—压力表；
7,17,18,19,20,53,66,67—溢流阀；10,56,57,60,61—单向阀；11—流量计；12,55—电液换向阀；
13,14—单向节流阀；23—被试液压缸；15,16,21,22,24,33,58,59,62,63—截止阀；25,34—接油箱；
30,39—压力继电器；31—温度计截止阀；32,41—温度计；40—空气滤清器；42—液位计；
43—温度调节器；45—定量液压泵；76—加载液压缸

说明：

① 图 6-58 所示液压系统原理，没有包括侧向力加载装置液压回路；

② 油箱 1 为带盖油箱（图中未示出油箱盖），其他未给出序号的油箱皆为此油箱；

③ 过滤器分为吸油口粗过滤器（或滤网）、压力管路粗过滤器和精过滤器；

④ 泄漏油路在图 6-58 中未示出；

⑤ 同序号的压力表（或电接点压力表）量程及精度等级可能各有不同；

⑥ 节流阀可以采用其他更为精密的流量控制阀，如调速阀等；单向节流阀也可如此；

⑦ 流量计在一些情况下可考虑不安装，如可采用量筒计量的；

⑧ 各截止阀皆为高压截止阀，且要求性能良好，能够完全截止；

⑨ 压力、温度测量点位置按相关标准规定；

⑩ 接油箱 25、34 一般为液压缸试验操作台前油箱，也可另外选用容量足够的清洁容器，但应对油液喷射、飞溅等采取必要的防范措施；

⑪ 没有设计排（放）气装置的液压缸应首选采用通过截止阀 24 或 33 排（放）气；

⑫ 溢流阀 17、19、66 和 67 应安装限制挡圈，限定其可调节的最高压力值；

⑬ 由 43、44、45、46、47 等元件组成的油温控制装置，现在已有商品；

⑭ 各过滤器上所带旁通阀及报警（或压力指示）、电液换向阀先导控制、各仪表电接点等在图 6-58 中没有进一步示出。

笔者注：溢流阀安装限制挡圈的方法符合相关标准规定。且本书其他压力和流量控制阀亦应"如果改变或调整会引起危险或失灵，应提供锁定可调节元件设定值或锁定其附件的方法。"

6.4.2 数字液压缸性能试验液压系统

根据在 GB/T 24946—2010 中对数字液压缸的定义，数字液压缸是由电脉冲信号控制位置、速度和方向的液压缸。

在 GB/T 24946—2010 中给出了数字液压缸的典型结构示意图（笔者按原图绘制，但添加了油口标识），请见图 6-59。

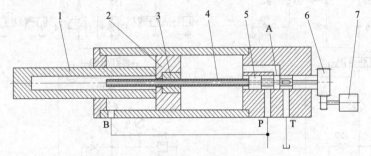

图 6-59　数字液压缸的典型结构示意图（标准中图 1）
1—活塞杆；2—活塞；3—螺母；4—螺杆；5—控制阀阀芯；6—减速齿轮；7—步进电机

在 GB/T 24946—2010 中同时给出了数字液压缸型式检验的液压系统原理图（笔者按原图绘制，但元件图形符号的基本要素及其相对位置可能已经修改，且添加了油口标识），请见图 6-60。

现根据在 GB/T 24946—2010 给出的图 6-59 数字液压缸的典型结构示意图（标准中图 1）和图 6-60 数字液压缸型式检验的液压系统原理（标准中图 2），对该项标准中规定的数字液压缸型式检验的液压系统原理图（标准中图 2）试提出如下两个问题：

（1）数字液压缸的名称问题

经查对，图 6-59 所示数字液压缸的典型结构示意图（标准中图 1）还见于一部 1990 年出版的《液压工程手册》，但其名称为电液步进缸原理图（图 9.3.24）。

"电液步进液压缸"是在 JB/T 2184—2007 以及被其代替的 JB 2184—77 规定的七种液压缸之一。

根据上述情况，笔者认为：在 GB/T 24946—2010 中规定的"数字液压缸"就是在 JB/

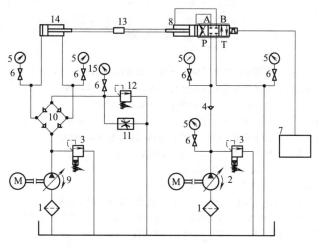

图 6-60 数字液压缸型式检验的液压系统原理（标准中图 2）

1—过滤器；2—液压泵；3—溢流阀；4—单向阀；5—压力表；6—压力表开关；7—数字控制器
（包括 PLC、计算机、专用控制腔等）；8—被试数字液压缸；9—低压液压缸；10—单向阀桥式整流阀组；
11—加载阀；12—安全阀；13—传感器；14—加载缸；15—加载压力显示

T 2184—2007（1997）中规定的"电液步进液压缸"。

（2）数字液压缸的典型结构示意图与液压系统原理图不符的问题

根据图 6-59 所示，其液压能量放大元件应为双边圆柱滑阀（三通阀），而非是在图 6-60
中所示的四通阀，亦即数字液压缸的典型结构示意图与液压系统原理图不符。

尽管四通阀也是一种常见的液压能量放大元件，且在电液步进马达中就有应用，但由于电液步进液压缸多采用差动回路（连接），因此可采用三通阀。

GB/T 24946—2010 作为一项国家标准，其给出的数字液压缸的典型结构示意图与液压系统原理图不符，应该说是一个比较严重的问题。

鉴于本书篇幅的限制，对图 6-60 中的其他问题在此就不一一指出了，如加载缸无法自行作缸回程运动等。

为了解决上述问题，笔者绘制了数字液压缸出厂试验液压系统原理图，具体请见图 6-61。

请参考图 6-58 的说明来理解图 6-61 中的各元件。

数字液压缸是一种液压动力元件（或称为液压动力机构），一般由液压功率（能量）放大元件（液压控制元件）和液压缸（液压执行元件）及步进电机等组成，以其作为驱动装置的反馈控制系统即为一种液压伺服控制系统。以此而论，在 GB/T 24946—2010 中的"数字液压缸"定义存在的问题显而易见。

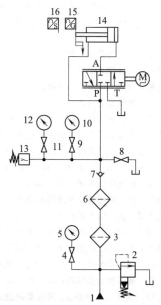

图 6-61 数字液压缸出厂试验液压原理

1—液压源；2—溢流阀；3,6—过滤器；
4,9,11—压力表开关；5,10,12—压力表；
7—单向阀；8—截止阀；13—压力继电器；
14—被试数字液压缸（一般包括液压缸、带机械
反馈的伺服阀和步进电机）；
15—位置传感器；16—速度传感器

参 考 文 献

[1] 天津市锻压机床厂. 中小型液压机设计计算 [M]. 天津：天津人民出版社，1973.

[2] 大连工学院机械制造教研室. 金属切削机床液压传动 [M]. 北京：科学出版社，1974.

[3] 济南汽车制造厂. 机床液压传动 [M]. 北京：机械工业出版社，1977.

[4] 联合编写组. 机械设计手册 [M]. 第 2 版：下册. 北京：石油化学工业出版社，1978.

[5] 唐英千. 锻压机械液压传动的设计基础 [M]. 北京：机械工业出版社，1980.

[6] 王春行. 液压伺服控制系统 [M]. 北京：机械工业出版社，1981.

[7] 俞新陆. 液压机 [M]. 北京：机械工业出版社，1982.

[8] 何存兴. 液压元件 [M]. 北京：机械工业出版社，1982.

[9] 关肇勋，黄奕振. 实用液压回路 [M]. 上海：上海科学技术文献出版社，1982.

[10] 马永辉，徐宝富，刘绍华. 工程机械液压系统设计计算 [M]. 北京：机械工业出版社，1985.

[11] 胜帆，罗志骏. 液压技术基础 [M]. 北京：机械工业出版社，1985.

[12] 严金坤. 液压动力控制 [M]. 上海：上海交通大学出版社，1986.

[13] 联合编写组. 机械设计手册 [M]. 第 2 版（修订）：下册. 北京：化学工业出版社，1987.

[14] 林建亚，何存兴. 液压元件 [M]. 北京：机械工业出版社，1988.

[15] 雷天觉. 液压工程手册 [M]. 北京：机械工业出版社，1990.

[16] 徐灏. 机械设计手册 [M]. 第 5 卷. 北京：机械工业出版社，1992.

[17] 成大先. 机械设计手册 [M]. 第 3 版：第 4 卷. 北京：化学工业出版社，1993.

[18] 雷天觉. 新编液压工程手册 [M]. 下册. 北京：北京理工大学出版社，1998.

[19] 徐灏. 机械设计手册 [M]. 第 2 版：第 5 卷. 北京：机械工业出版社，2000.

[20] 章宏甲，黄谊，王积伟. 液压与气压传动 [M]. 北京：机械工业出版社，2000.

[21] 周恩涛. 可编程控制器原理及其在液压系统中的应用 [M]. 北京：机械工业出版社，2003.

[22] 周士昌. 液压系统设计图集 [M]. 北京：机械工业出版社，2003.

[23] 成大先. 机械设计手册 [M]. 单行本. 液压传动. 北京：化学工业出版社，2004.

[24] 张利平. 液压阀原理、使用与维护 [M]. 北京：化学工业出版社，2005.

[25] 成大先. 机械设计手册 [M]. 第 5 版：第 5 卷. 北京：化学工业出版社，2007.

[26] 赵月静，宁辰校. 液压实用回路 360 例 [M]. 北京：化学工业出版社，2008.

[27] 俞新陆. 液压机的设计与应用 [M]. 北京：机械工业出版社，2009.

[28] 张利平. 现代液压技术应用 220 例 [M]. 第 2 版. 北京：化学工业出版社，2009.

[29] 张凤山，静永臣. 工程机械液压、液力系统故障诊断与维修 [M]. 北京：化学工业出版社，2009.

[30] 湛从昌等. 液压可靠性与故障诊断 [M]. 北京：冶金工业出版社，2009.

[31] 李粤. 液压系统 PLC 控制 [M]. 北京：化学工业出版社，2009.

[32] 闻邦椿. 机械设计手册 [M]. 第 5 版：第 4 卷. 北京：机械工业出版社，2010.

[33] 王海兰. 物流机械液压系统结构原理与使用维护 [M]. 北京：机械工业出版社，2010.

[34] 张绍九等. 液压同步系统 [M]. 北京：化学工业出版社，2010.

[35] 秦大同，谢里阳. 现代机械设计手册 [M]. 第 4 卷. 北京：化学工业出版社，2011.

[36] 崔培雪，冯宪琴. 典型液压气动回路 600 例 [M]. 北京：化学工业出版社，2011.

[37] 王春行. 液压控制系统 [M]. 北京：机械工业出版社，2013.

[38] 张利平. 液压控制系统设计与使用 [M]. 北京：化学工业出版社，2013.

[39] 韩桂华，时玄宇，樊春波. 液压系统设计技巧与禁忌 [M]. 第 2 版. 北京：化学工业出版社，2014.

[40] 张海平. 液压速度控制技术 [M]. 北京：机械工业出版社，2014.

[41] 卞永明. 大型构件液压同步提升技术 [M]. 上海：上海科学技术出版社，2015.

[42] 黄志坚. 实用液压气动回路 800 例 [M]. 北京：化学工业出版社，2016.